“十四五”职业教育国家规划教材
“十三五”职业教育国家规划教材
“十二五”职业教育国家规划教材
职业教育农业农村部“十四五”规划教材
高等职业教育农业农村部“十三五”规划教材

# 遗传学

## 第四版

申顺先 主编



中国农业出版社
北 京

# 内容简介

本教材适用于我国高等职业教育农林类专业的教学，也可作为生物学教师和遗传改良、生物技术、种子科学技术等专业从业人员的参考书。

本教材在前三版的基础上重新整合了内容，建立了新的课程体系，突出了基因在遗传学中的地位。进一步加强了与遗传改良等密切相关的技能知识点，充实了教学实验。加大了复习思考题量，并新增参考答案。本教材另一个特点就是开设了通往学科前沿的窗口，通俗地介绍了基因工程、基因组学、蛋白质组学和表观遗传学的内容。本教材特将对遗传学做出突出贡献的部分科学家的照片和主要业绩介绍于相应章节，以期弘扬严谨、求实的科学态度，激励学生的探索和创新精神。

# 第四版编审人员名单

**主　编**　申顺先（河南农业职业学院）

**副主编**　王海萍（湖北生物科技职业学院）

**编　者**（以姓氏笔画为序）

王启磊（河南金苑种业股份有限公司）

王海萍（湖北生物科技职业学院）

申顺先（河南农业职业学院）

李学慧（河南农业职业学院）

高瑞娜（朔州职业技术学院）

**审　稿**　卢良峰（河南农业职业学院）

李锁平（河南大学）

## 第一版编审人员名单


主　编　卢良峰

参　编　（以姓氏笔画为序）

马贵民　卢良峰　肖君泽

夏启中　葛胜娟


## 第二版编审人员名单


主　编　卢良峰（河南农业职业学院）

　　　　路文静（河北农业大学）

参　编　徐大胜（成都农业科技职业学院）

　　　　简　峰（广西农业职业技术学院）

　　　　夏国京（辽宁农业职业技术学院）

　　　　杨贵泉（新疆农业职业技术学院）

主　审　张改生（西北农林科技大学）


## 第三版编审人员名单


主　编　卢良峰

副主编　申顺先

编　者　（以姓氏笔画为序）

王金玲　卢良峰　申顺先

韩春梅　曾洁琼　雷武生

审　稿　李锁平　蔡　健

# 第四版前言

本教材是在经全国职业教育教材审定委员会审定的“十二五”职业教育国家规划教材《遗传学》（第三版）基础上修订的第四版。遗传学是研究生物遗传与变异规律的科学，是种植、养殖及生物技术类高职专业的专业基础课，是生物的遗传改良和繁育等相关专业课程的前导课程。

随着我国进入新的发展阶段，产业升级和经济结构调整不断加快，各行各业对技术技能人才的需求越来越紧迫，职业教育的重要地位和作用越来越凸显。为深入贯彻执行国务院发布的《国家职业教育改革实施方案》（国发〔2019〕4号），以促进就业和适应农业产业发展需求为导向，着力培养现代农业领域高素质劳动者和技术技能人才，及时反映遗传学新的发展水平，在对前三版《遗传学》教材认真总结和分析基础上，我们提出了这次修订的原则是：(1) 新版教材按照课程内容与职业标准对接的要求，不仅要体现思想性、科学性、先进性，而且要在前版教材的基础上进一步体现系统性、实用性与职业性；(2) 坚持理论必需、够用为度，深入浅出，讲清原理、强化应用为重点，不惟求真、求效为主，广适通用；(3) 重视信息化技术的运用，将信息化新成果与纸质教材有机结合，使内容呈现形式不仅图文并茂、喜视乐读，并且满足信息化教学要求。

本教材在前版的基础上，进一步对遗传学的基本知识、基础理论、基本实验技术与方法，更新了内容、完善了系统，而且充实了生产教学案例，增加了教学实验项目，拓展了教学实验内容，将遗传学基础理论向作物育种和种子繁育应用方面延伸，突出了专业原理课的职业性。考虑到遗传学的发展、生物技术的普及应用、人类遗传的科普以及学生继续深造的要求，本教材也着重介绍了基因学的基础知识及发展动态，充实了人类遗传的案例，增设了典型例题及分析计算方法。针对抽象原理和试验技术，增加了动画与视频等链接，利用信息化技术形象直观地使难题迎刃而解。本教材继续将对遗传学做出突出贡献的部分科学家的照片和主要业绩介绍于相应章节，以期弘扬严谨、求实的科学态度，激励学生的探索和创新精神。

凝聚了卢良峰教授和各位编者大量心血的《遗传学》教材自 2001 年首次出版以来，一直受到农业类院校广大师生的欢迎，先后被评为 21 世纪农业部高职高专规划教材、普通高等教育“十一五”国家级规划教材和“十二五”职业教育国家规划教材。在第四版教材编写过程中，虽已退休的卢良峰教授仍不辞辛苦以他严谨的治学态度，对新版教材的编写提出了很好的建议。全体编者不仅继承了老一辈遗传学教育工作者的优良作风，而且对他们表示由衷的敬佩与感谢。

本教材从首次出版到第四版出版，得到各有关院校、企业和中国农业出版社的关怀和支持，也参考使用了国内外一些公开发表的资料，全体编者在此表示诚挚感谢。欢迎广大读者指出书中不足之处，以便修正。

编　者

2019年5月

# 第二版前言

本书是2001年出版的21世纪农业部高职高专规划教材《遗传学》的第二版。遗传学是研究生物遗传与变异规律的科学。遗传学是高职高专院校生命科学类专业重要的专业基础课。

《遗传学》作为21世纪农业部第一批高职高专规划教材于2001年4月出版以来，经过数年教学实践，得到师生的普遍认可，基本实现了农业高职高专教材从无到有的历史转变。也基本把握了“以应用为目的，以必需、够用为度，以讲清概念、强化应用为重点”的教材基本定位。在此，对参加第一版《遗传学》编写的各位老师表示衷心的感谢。同时，也应该看到，由于主客观各方面的原因，第一版《遗传学》亦存在不少不足，给读者及教学过程带来一些麻烦，对此表示由衷的歉意。

这次修订的基本原则是：修订是在第一版风格基础上，第一版原有仍适用的素材包括段落首先采用，不合理的内容和编排放弃不用，增加的章节应着重处理好与前置内容的关系和衔接。

为了使本教材适用于农学及其他种植类各专业教学需要，在编写内容上首先注意保持遗传学本身的系统性，力求反映出遗传学的发展；同时注意参照高职高专人才培养目标和联系生产实际，着重指出遗传理论对生物遗传改良的应用原理。教材中除必须采用的经典例证之外，尽量引用农作物的资料，兼顾其他生物类型。本教材的重心仍是普通遗传学部分，而细菌和病毒的遗传及分子遗传学的大部分内容主要以概述为主。

编写分工为：绪论和第九章由路文静编写；第一章由杨贵泉编写；第二章和第三章由夏国京编写；第四章和第五章由徐大胜编写；第七章、第八章及教学实验由卢良峰编写；第十章和第十一章由简峰编写。路文静对初稿进行修改和汇总，卢良峰对全书进行汇审和修改。西北农林科技大学张改生教授对全书进行审阅。

我们希望该教材既能适度地反映遗传学的基础知识和最新进展，又能方便教师和学生的使用，为进一步提高遗传学的教学质量做出新贡献。

由于编者业务水平有限，本教材虽经修订，谬误与疏漏之处实在难免，衷心希望读者批评指正。

本书在编写过程中参考使用了国内外一些公开发表的资料，在参考文献中已最大量的列出。因各类文献转引者众，又历时长久，故已无法一一核实最早出处。在此对资料的所有者表示感谢。

本书中所用资料及版权问题请与我们联系。

卢良峰

2005 年 12 月

# 第三版前言

当今中国的农业职业教育日新月异，人才培养目标也在随着社会的进步和科学技术水平的发展不断地提升。在认真总结和分析遗传学教材“求真”和“求效”的关系后，我们提出了这次修订的原则：整合体系，总体提升；下重强化，上适前瞻；不惟求真，求效为主；喜视乐读，广适通用。本教材做了以下几个方面的努力。

1. 整合相关内容建立了新的课程体系，突出基因在遗传学中的地位。进一步加强“求效”技能知识点内容，充实了教学实验；加大了复习思考题量并新增参考答案。

2. 开设了通往学科前沿的窗口，在章的水平上较通俗地介绍了基因工程、基因组学及蛋白质组学、表观遗传学的内容。

3. 本教材特将对遗传学做出突出贡献的部分科学家的照片和主要业绩介绍于相应章节，以期弘扬严谨、求实的科学态度，激励学生的探索和创新精神。

本教材由卢良峰（河南农业职业学院）主编。具体编写分工为：绪论、第九章、第十章、第十四章和第十五章由卢良峰编写；第一章和第二章由王金玲（新疆农业职业技术学院）编写；第三章和第四章由申顺先（河南农业职业学院）编写；第五章和第六章由韩春梅（成都农业科技职业学院）编写；第七章和第八章由雷武生（江苏农林职业技术学院）编写；第十一章、第十二章和第十三章由曾洁琼（广西农业职业技术学院）编写。各章对应教学实验和复习思考题及其参考答案由各章编者分别编写。科学家照片与介绍主要由申顺先搜集、整理。申顺先对初稿进行修改汇总，卢良峰对全书进行统稿。李锁平教授（河南大学）和蔡健教授（阜阳师范学院）对全书进行了审阅。

本教材从初次编写到第三版出版，得到各有关院校和中国农业出版社的关怀和支持，也参考使用了国内外一些公开发表的资料，全体编者在此表示诚挚的感谢。欢迎广大读者指出书中不足之处，以便修正。

编　者

2014年1月

# 目　录

第四版前言
第二版前言
第三版前言

绪论 …… 1

第一章　遗传物质及遗传信息的流向 …… 5
第一节　主要的遗传物质是脱氧核糖核酸（DNA） …… 5
一、DNA是遗传物质的间接证据 …… 5
二、DNA是遗传物质的直接证据 …… 6
第二节　核酸的化学结构与自我复制 …… 8
一、核酸的分子结构 …… 9
二、核酸的自我复制 …… 11
第三节　蛋白质的生物合成 …… 12
一、中心法则及其发展 …… 13
二、转录 …… 13
三、翻译 …… 14
四、反转录 …… 16
复习思考题 …… 17

第二章　细胞分裂与染色体行为 …… 18
第一节　染色体 …… 18
一、细胞的主要结构与功能 …… 18
二、染色体的形态 …… 20
三、染色体的结构 …… 22
四、染色体的数目 …… 23
五、染色体分析及其应用 …… 24
第二节　细胞分裂中的染色体行为 …… 27
一、有丝分裂中的染色体行为 …… 28
二、减数分裂中的染色体行为 …… 30
第三节　生物繁殖与生活周期 …… 33
一、配子的形成和受精 …… 33
二、直感现象 …… 36

三、无融合生殖 …… 37
四、生活周期 …… 38
复习思考题 …… 40

## 第三章 孟德尔定律 …… 43

第一节 分离定律 …… 43
一、分离现象的发现 …… 43
二、分离现象的解释 …… 45
三、基因型和表现型 …… 46
四、分离定律的验证 …… 46
五、分离定律的意义与应用 …… 48
第二节 独立分配定律 …… 50
一、独立分配现象的发现（两对相对性状的遗传） …… 50
二、独立分配现象的解释 …… 51
三、独立分配定律的验证 …… 52
四、多对性状的遗传 …… 53
五、独立分配定律的意义和应用 …… 53
第三节 孟德尔定律的概率本质 …… 54
一、孟德尔定律的概率原理分析 …… 55
二、孟德尔定律的二项式展开分析 …… 56
三、孟德尔定律的卡方测验验证 …… 57
第四节 孟德尔定律的补充与丰富 …… 59
一、显隐性的相对性 …… 59
二、复等位基因 …… 61
三、致死基因 …… 62
四、基因互作 …… 62
复习思考题 …… 65

## 第四章 连锁交换定律 …… 67

第一节 连锁与交换的表现 …… 67
一、连锁遗传现象的发现 …… 67
二、连锁遗传现象的解释 …… 68
三、连锁遗传的验证 …… 69
第二节 连锁与交换的遗传机理 …… 71
一、完全连锁与不完全连锁 …… 71
二、交换与不完全连锁的形成 …… 72
第三节 交换值的测定与应用 …… 75
一、交换值的测定 …… 75
二、交换值的特点 …… 76
三、交换值的意义与应用 …… 77
第四节 基因定位与连锁遗传图 …… 78
一、基因定位 …… 78

二、连锁群与连锁遗传图 …… 83
第五节 性别决定与性连锁 …… 84
一、性别决定 …… 84
二、伴性遗传 …… 87
三、限性遗传与从性遗传 …… 89
复习思考题 …… 90

第五章 数量性状遗传 …… 93

第一节 数量性状遗传的特征与多基因假说 …… 93
一、数量性状遗传的特征 …… 93
二、数量性状遗传的多基因假说 …… 95
第二节 数量性状的遗传率 …… 98
一、广义遗传率和狭义遗传率 …… 98
二、广义遗传率的估算方法 …… 99
三、狭义遗传率的估算方法 …… 100
四、遗传率在植物育种上的应用 …… 103
复习思考题 …… 105

第六章 近亲繁殖和杂种优势 …… 107

第一节 近亲繁殖的遗传效应 …… 107
一、近亲繁殖的类型 …… 107
二、自交的遗传效应 …… 107
三、回交的遗传效应 …… 109
第二节 亲缘关系远近的衡量 …… 110
一、近交系数与血缘系数 …… 110
二、近交系数与血缘系数的计算 …… 111
第三节 纯系学说 …… 114
一、约翰森揭示纯系学说的试验 …… 114
二、纯系学说的要点 …… 114
第四节 杂种优势的分类与表现特点 …… 115
一、杂种优势的分类 …… 115
二、杂种优势表现的特点 …… 117
三、$F_2$ 群体杂种优势衰退 …… 117
第五节 杂种优势的遗传机理 …… 118
一、显性假说 …… 118
二、超显性假说 …… 119
三、两个假说的补充和其他 …… 119
复习思考题 …… 120

第七章 基因突变 …… 122

第一节 基因突变的表现与特征 …… 122
一、基因突变的类型 …… 122

二、基因突变的时期和表现 …… 123
三、基因突变的特征 …… 124
第二节 基因突变的鉴定 …… 126
一、基因突变率 …… 126
二、基因突变的鉴定 …… 127
三、基因突变率的测定 …… 127
第三节 基因突变的分子基础 …… 128
一、基因突变的分子机制 …… 128
二、基因突变的修复 …… 130
复习思考题 …… 133

第八章 染色体变异 …… 134

第一节 染色体结构变异 …… 134
一、缺失 …… 134
二、重复 …… 136
三、倒位 …… 137
四、易位 …… 139
第二节 染色体数目变异 …… 141
一、染色体数目及其变异类型 …… 141
二、整倍体及其遗传 …… 143
三、非整倍体及其遗传 …… 148
复习思考题 …… 150

第九章 细胞质遗传 …… 151

第一节 细胞质遗传的现象和特征 …… 151
一、细胞质遗传现象的发现 …… 151
二、细胞质遗传的特征 …… 152
三、母性影响 …… 152
第二节 细胞质遗传的物质基础 …… 153
一、细胞质基因的存在 …… 153
二、核基因、细胞质基因与性状表现 …… 154
第三节 植物的雄性不育的分类及花粉败育的特点 …… 156
一、植物雄性不育的分类 …… 156
二、植物花粉的败育时期及败育特点 …… 157
三、雄性不育性表达的复杂性 …… 158
第四节 基因控制的雄性不育的遗传特点及利用原理 …… 159
一、核基因控制的雄性不育性的遗传特点及利用原理 …… 159
二、细胞质雄性不育性的遗传特点及利用原理 …… 160
第五节 生态遗传雄性不育性的性状表达及利用原理 …… 162
一、生态遗传雄性不育性的性状表达 …… 162
二、生态遗传雄性不育系的选育原理 …… 165
复习思考题 …… 165

第十章　群体的遗传与进化 …… 167

第一节　群体的遗传组成 …… 167

一、群体和孟德尔群体 …… 167

二、基因型频率和基因频率 …… 167

第二节　哈迪-温伯格定律 …… 169

一、哈迪-温伯格定律的内容 …… 169

二、哈迪-温伯格定律的生物学例证 …… 171

三、基因频率的基本计算 …… 172

四、哈迪-温伯格定律的扩展 …… 173

第三节　改变群体遗传组成的因素 …… 174

一、随机交配的偏移 …… 174

二、基因突变 …… 175

三、选择 …… 176

四、迁移 …… 178

五、遗传漂变 …… 178

第四节　达尔文的生物进化学说及其发展 …… 178

一、达尔文的生物进化学说 …… 178

二、现代综合进化论 …… 179

三、分子水平的进化 …… 179

第五节　生物的进化 …… 181

一、生物进化的基本历程 …… 181

二、遗传、变异和选择在生物进化中的作用 …… 181

三、隔离在进化中的作用 …… 182

第六节　物种的形成 …… 182

一、物种的概念 …… 182

二、物种形成的方式 …… 183

复习思考题 …… 184

第十一章　细菌和病毒的遗传 …… 185

第一节　细菌和病毒在遗传研究中的意义 …… 185

一、细菌 …… 185

二、病毒 …… 187

三、细菌和病毒在遗传研究中的优越性 …… 188

第二节　噬菌体的遗传分析 …… 188

一、噬菌体的生活周期 …… 188

二、噬菌体的基因重组 …… 190

第三节　细菌的遗传分析 …… 191

一、转化 …… 191

二、接合 …… 192

三、性导 …… 197

四、转导 …… 197

复习思考题 …… 199

## 第十二章 基因的本质及其表达 …… 200

第一节 基因的本质…… 200
一、基因概念的发展 …… 200
二、基因的作用与性状的表现 …… 204
第二节 原核生物基因调控的基本模式 …… 205
一、乳糖操纵子模型及阻遏物调控 …… 205
二、分解代谢产物阻遏调控 …… 206
第三节 真核生物基因调控的基本模式 …… 208
一、真核生物基因表达调控的特点 …… 208
二、DNA 水平上的基因调控…… 210
三、转录水平的基因调控 …… 211
四、其他水平上的调控 …… 214
复习思考题 …… 215

## 第十三章 基因工程 …… 216

第一节 基因工程的产生和应用 …… 216
一、基因工程的产生 …… 216
二、基因工程的应用及展望 …… 217
第二节 基因工程的操作过程 …… 219
一、准备材料 …… 219
二、构建重组 DNA 分子 …… 222
三、外源 DNA 导入受体细胞 …… 224
四、筛选重组 DNA 分子、鉴定目的基因表达 …… 224
复习思考题 …… 224

## 第十四章 基因组学和蛋白质组学 …… 226

第一节 人类基因组计划与基因组学 …… 226
一、人类基因组计划 …… 226
二、人类基因组的结构特点 …… 227
三、基因组学及其研究内容 …… 228
四、基因图谱 …… 228
五、基因组的 DNA 序列测定 …… 232
六、基因组功能的分析 …… 232
第二节 蛋白质组学…… 233
一、蛋白质组学研究的意义和背景 …… 233
二、蛋白质组学的研究内容 …… 233
三、蛋白质组学的研究技术 …… 234
复习思考题 …… 235

## 第十五章 表观遗传 …… 236

第一节 表观遗传现象 …… 236

一、基因组印记 …… 236
二、X染色体失活 …… 237
三、副突变 …… 237
第二节 表观遗传的修饰和调控 …… 237
一、DNA甲基化调控表观遗传 …… 237
二、组蛋白的修饰调控表观遗传 …… 238
三、染色质重塑 …… 238
四、非编码的RNA调控表观遗传 …… 238
第三节 表观遗传学的研究进展 …… 239
复习思考题 …… 239

**教学实验** …… 240

实验一 植物DNA的提取与测定 …… 240
实验二 花粉母细胞的制片 …… 241
实验三 植物染色体核型分析 …… 243
实验四 小麦杂交技术 …… 245
实验五 玉米的有性杂交和杂种的性状分析 …… 248
实验六 植物遗传率的测定 …… 253
实验七 染色体结构变异的观察 …… 254
实验八 植物多倍体的诱发实验 …… 256
实验九 小麦雄性不育的鉴别 …… 257
实验十 人群中PTC味盲基因频率的分析 …… 260
实验十一 大肠杆菌感受态细胞的制备和转化 …… 261

**复习思考题参考答案** …… 264

**参考文献** …… 266

# 绪　　论

## 一、遗传学的研究内容和任务

遗传学（genetics）是研究生物遗传和变异的科学。

遗传和变异是生物体最基本的一种属性，是生命世界的一种自然现象。生物子代与亲代相似的现象就是遗传（heredity），但子代与亲代以及同亲本的子代个体之间总是存在不同程度的差异，这就是变异（variation）。遗传是相对的、保守的，而变异是绝对的、发展的。没有遗传，不可能保持性状和物种的相对稳定性；没有变异，不会产生新的性状，也就不可能有物种的进化和新品种的选育。遗传和变异这对矛盾不断地运动，经过自然选择，才形成形形色色的物种；同时经过人工选择，才育成适合人类需要的各种品种，因此，遗传、变异和选择是生物进化和新品种选育的三大因素。

遗传学的研究内容可概括为 3 个方面：①遗传物质的本质，包括遗传物质的化学本质、所包含的遗传信息、结构、组织和变化等；②遗传物质的传递，包括遗传物质的复制、染色体的行为、遗传规律和基因在群体中的数量变迁等；③遗传信息的实现，包括基因的原初功能、基因的相互作用、基因作用的调控以及生物个体发育中基因的作用机制等。

遗传学的任务旨在从研究遗传变异的现象出发，探索遗传变异的原因及其物质基础，揭示其内在的规律，进而指导人们能动地改造生物、控制种性，为人类谋福祉。

## 二、遗传学的形成和建立

遗传学和其他科学一样，源于人类的生产实践和科学实验。从远古时起，人们在农业生产和饲养家畜的过程中，就已注意到遗传和变异的普遍性。我国春秋战国时期就有“桂实生桂，桐实生桐”“种麦得麦，种稷得稷”，东汉时期又有“嘉禾异种……常无本根”的记载。国际上对遗传和变异现象进行系统研究则始于 19 世纪。

法国生物学家拉马克（J. B. Lamarck，1744—1829）通过对生物遗传变异现象的研究，提出器官的用进废退（use and disuse of organ）和获得性遗传（inheritance of acquired characters）等学说，认为环境条件的改变是生物变异的根本原因。这些学说虽有一些唯心主义的成分，但对后来生物遗传进化学说的研究和发展具有重要的推动作用。

19 世纪中叶，英国学者达尔文（C. Darwin，1809—1882）广泛研究了生物遗传变异和进化的关系，于 1859 年发表了《物种起源》，提出了自然选择（natural selection）和人工选择（artificial selection）的生物进化学说，有力地论证了生物是由简单到复杂、由低级到高级逐渐进化的，否定了传统的物种不变的观点，成为 19 世纪自然科学中最伟大的成就之一。在对遗传变异现象的解释方面，达尔文承认获得性遗传的一些论点，并提出泛生假说（hypothesis of pangenesis）。

19 世纪末，德国学者魏斯曼（A. Weismann，1834—1914）提出了种质连续论（theory of continual of germplasm），这一理论对后来遗传学的发展产生了重大而广泛的影响。

1856年奥地利学者孟德尔（G. J. Mendel，1822—1884）对豌豆进行杂交试验，并进行了细致的后代记载和统计分析，1865年发表了题为《植物杂交试验》的论文，首次揭示出性状分离和独立分配的遗传规律，认为性状遗传是受细胞中的遗传因子控制的。

孟德尔对遗传规律的重大发现当时并未引起人们的重视，直到1900年，3位植物学家：荷兰的狄·弗里斯（H. De Vries）、德国的柯伦斯（C. Correns）和奥地利的柴马克（E. Tschermak）分别用不同植物进行了与孟德尔早期研究相类似的杂交试验，并做出了与孟德尔相似的解释，从而证实了孟德尔的遗传规律，确认了它的重大意义。

因此，1900年被公认为是遗传学建立和开始发展的一年。

## 三、遗传学的发展

按照研究的特点，遗传学的发展大致可分为3个时期。

**1. 细胞遗传学时期**（1900—1939年） 这一时期遗传学研究的主要特征是验证了孟德尔遗传规律的普遍意义，发展了孟德尔遗传学说，研究工作从个体水平进展到细胞水平，并确立了一些遗传学基本概念。

1901—1903年，狄·弗里斯发表了“突变学说”。1902—1903年萨顿（W. Sutton）和鲍维里（T. Boveri）发现遗传因子的行为与染色体行为呈平行关系。1909年约翰森（W. L. Johannsen）发表了“纯系学说”，并称孟德尔假定的“遗传因子”为“基因”（gene）。1906年贝特森（W. Bateson）等在香豌豆杂交试验中发现性状连锁现象。1909年詹森斯（F. A. Janssens）观察到染色体在减数分裂时呈交叉现象，为解释基因连锁现象提供了依据。

1910年，美国生物学家摩尔根（T. H. Morgan）等以果蝇为材料进行了大量遗传学试验，同样发现了连锁与交换现象，并结合对染色体的观察，证明基因位于染色体上呈直线排列，因而发展了染色体遗传理论，提出连锁交换定律。

1927年穆勒（H. J. Muller）采用X射线诱发果蝇突变成功。1928年斯特德勒（L. J. Stadler）报道了玉米的人工诱变，证实剂量与频率呈直线关系。1937年布莱克斯里（A. F. Blakeslee）等利用秋水仙素诱导植物多倍体成功。这种用人工产生遗传变异的方法，丰富了遗传学的研究内容。

**2. 从细胞水平向分子水平过渡时期**（1940—1952年） 这一时期由于微生物遗传学和生化遗传学研究的广泛开展，使工作进入微观层次，其主要特征是以微生物为研究对象，采用生化方法探索遗传物质的本质及其功能。

1940年比德尔（G. W. Beadle）等以红色面包霉为材料，证明了基因是通过对酶合成的控制来实现对生物性状控制的，并于1941年提出“一个基因一个酶”的假说，后来根据遗传学的发展这一假说又修改为“一个基因一种多肽”。

1944年艾弗里（O. T. Avery）等在用纯化因子研究肺炎链球菌的转化实验中，证明DNA是遗传物质。1951年契巴（Y. Chiba）用细胞化学方法证明叶绿体中存在着DNA。1952年赫尔歇（A. D. Hershey）和简斯（M. Chase）在大肠杆菌的$T_2$噬菌体感染细菌的实验中，用同位素示踪法再次确认了DNA是遗传物质。至此，奠定了揭示遗传物质化学本质及基因功能的初步的理论基础。

**3. 分子遗传学时期**（1953年至现在） 分子遗传学主要是从分子水平上研究基因的本

质，包括基因的组织结构和功能以及遗传信息的传递、表达、调控等。

1953 年，沃森（J. D. Watson）和克里克（F. H. C. Crick）通过 X 射线衍射分析研究，提出了 DNA 双螺旋结构模型，拉开了分子遗传学研究的序幕，也奠定了分子遗传学研究的基础。

1958 年克里克等提出遗传三联密码的推测，并于 1961 年通过实验得到证明。1961 年雅各布（F. Jacob）和莫诺（J. Monod）提出大肠杆菌的操纵子学说，阐明了微生物基因表达的调控问题。1957 年尼伦伯格（M. W. Nirenberg）等开始解译遗传密码，经多人努力至 1969 年全部解译出 64 种遗传密码。20 世纪 60 年代初步阐明了 mRNA、tRNA、核糖体的功能及蛋白质的生物合成过程，验证了遗传信息传递的“中心法则”。1970 年特明（H. M. Temin）和巴尔的摩（D. Baltimore）发现了反转录酶，使“中心法则”得到进一步完善和发展。由于对细菌质粒、噬菌体、限制性核酸内切酶以及人工分离和合成基因的研究取得进展，1973 年成功实现了 DNA 的体外重组，由此兴起了以 DNA 重组技术为核心的生物工程，使人类进入按照需要设计并能改造物种和创造物种的新时代。

1983 年扎布瑞斯克（P. Zambryski）等用根癌农杆菌转化烟草，在世界上获得首例转基因植物。1997 年动物体细胞克隆技术取得突破性成果——克隆羊多莉诞生，此后克隆技术又在多种动物中得到重演。1988 年美国发起的人类基因组计划，经美国、英国、法国、德国、日本、中国 6 国的合作和努力，2000 年人类基因组工作草图完成，2006 年人类基因组计划全部完成。1998 年 2 月，中国、日本、美国、英国、韩国 5 国代表制订了“国际水稻基因组测序计划”，2002 年 12 月，我国科学家宣布中国水稻（籼稻）基因组精细图已经完成。随着多种生物的基因组框架图的相继公布，遗传学的研究正在进入后基因组时代，将进一步阐明各种生物基因组编码的蛋白质的功能，澄清 DNA 序列所包含遗传信息的生物学功能。

回顾遗传学百余年的发展历史不难看出，遗传学这个过去一度被认为“只不过是在生物科学领域边缘上的一座草棚”，现在已成为雄踞中心的高楼大厦。它的影响遍及生物学的全部领域并有助于其统一。现代遗传学已发展出 30 多个分支，如细胞遗传学、数量遗传学、生化遗传学、发育遗传学、进化遗传学、微生物遗传学、辐射遗传学、医学遗传学、分子遗传学、表现遗传学以及 20 世纪 90 年代诞生的分子数量遗传学、生物信息学、基因组学等。

## 四、遗传学在科学试验和生产中的作用

遗传学是生命科学的核心学科，它不仅是一门重要的基础理论科学，还与植物、动物、微生物育种工作和医学等应用科学有着密切联系，对社会和环境也有重要影响。

### （一）遗传学与生物育种

遗传学是育种实践的理论基础。在过去约 100 年中，作物育种工作除了利用自然变异选择外，都是以遗传学为依据的主动创造变异并对其选择的过程。20 世纪 30 年代通过玉米杂交种选育并大面积推广，使玉米单产大幅度提高。20 世纪 60 年代，国际玉米、小麦中心和国际水稻中心培育出矮秆丰产小麦品种和水稻品种，都使粮食产量成倍增长，被人们誉为“绿色革命”。1973 年我国率先应用水稻雄性不育系，实现籼稻“三系配套”，后来将植物雄性不育遗传原理推广应用于其他作物。20 世纪 70 年代随着体细胞遗传学的发展又相继产生了倍性育种、细胞杂交、无性系的筛选与繁殖、细胞突变体培育、染色体工程等育种方法，增加了创造变异的手段和途径，加速了育种进程。利用重组 DNA 技术的基因工程育种，更

是开辟了遗传学应用于育种实践的新纪元，转基因作物新品种的问世已为第二次“绿色革命”拉开了帷幕。在微生物育种方面，20 世纪 40 年代人工诱变育种应用于微生物，推动了抗生素工业的发展；目前科学家们正设法培育一些特殊菌类，应用于环境保护和新型能源开发等。如采用“超级细菌”处理海面浮油；应用具有专一降解能力的特种细菌处理农药、化肥对土壤的污染；利用光合细菌以工业废水为原料生产氢气，既实现了污水处理，又制造了无污染的清洁能源，同时其副产品还具有农用肥效。在动物育种方面，应用数量遗传学和群体遗传学原理，成功培育出许多畜、禽、鱼新品种；目前品种间杂种优势已广泛应用于畜牧业生产，收效显著。以遗传理论为指导的生物育种实践，正源源不断地培育出新的优良品种，必将为我国种业振兴起到积极的推动作用，为农业现代化实现插上科技的翅膀。

### （二）遗传学与人类健康

遗传学的发展将为人类健康、疾病防治、延年益寿发挥积极作用。由于遗传工程基础理论研究的进展，基因诊断和基因治疗的应用范围得到进一步扩大，安全性和疗效更加良好。2001 年人类基因组计划完成全部序列测定，目前已有上千个与疾病相关的基因被定位，并有近百个疾病基因被克隆，这将使我们对大部分疾病的遗传基础、发病机制进行更透彻的了解，大大提高人类战胜疾病的能力。此外，基因工程药物、疫苗和重组诊断试剂的开发和投产，不仅会引起医药产业的重大变革，而且将成为治疗心脑血管病、恶性肿瘤、艾滋病和自身免疫系统疾病等各种顽症痼疾的重要手段。

### （三）遗传学与社会

遗传学影响人类社会的各个方面。如在罪证的确定、亲子鉴定方面，需要应用遗传学知识和遗传学技术。人体指纹特征是受遗传控制的，采用人体指纹鉴定对锁定犯罪嫌疑人具有很高的可靠性。若采用人体的 DNA 指纹分析，其可靠程度又比常规指纹鉴定高出许多倍。

21 世纪是以遗传学为核心的生物学世纪，随着研究手段的不断改进，遗传学的发展将更加深入，人类控制和改变遗传性的能力将更强，遗传学对人类社会的各个方面的影响将更加深远。

# 第一章　遗传物质及遗传信息的流向

沃森（左）和克里克（右）创建 DNA 双螺旋结构模型

**沃森**（James Dewey Watson，1928—　）

生物学家，出生于美国芝加哥一个知识分子家庭，在父母的影响下自幼就热爱大自然。1951—1953 年在英国剑桥大学卡文迪什实验室工作期间，他和克里克合作，提出了 DNA 双螺旋结构模型。后来回到美国，在基因信息传递中 RNA 的作用、应用重组 DNA 技术攻克癌症等方面的研究中也做出了重大贡献。

**克里克**（Francis Harry Compton Crick，1916—2004）

物理学家、生物化学家，出生于英国北安普敦，开始酷爱物理学，后来对生物学也产生了浓厚的兴趣。1953 年，他和沃森一起提出了 DNA 双螺旋结构模型。1957 年，他提出了 DNA 三联体密码假说，次年，又提出分子蛋白质生物合成的“中心法则”。他在遗传密码的比例和翻译机制的研究方面也做出了重大贡献。DNA 双螺旋结构模型的提出被认为是生物科学中具有革命性的发现，1962 年，因“发现核酸的分子结构及其对生物中信息传递的重要性”，克里克、沃森和威尔金斯（M. H. F. Wilkins）一起获得了诺贝尔生理学或医学奖。

## 第一节　主要的遗传物质是脱氧核糖核酸（DNA）

生物的性状是由基因（遗传物质）决定的，那么基因必须具备遗传（基因的复制）、表型（基因的表达）和进化（基因的变异）三大功能。而它又在哪里，化学本质是什么呢？基因呈直线排列在细胞核内的染色体上。真核生物的染色体主要由核酸和蛋白质组成，其中核酸主要是脱氧核糖核酸（DNA），其次是核糖核酸（RNA）；蛋白质包括组蛋白和非组蛋白。虽然核酸和蛋白质在基因功能上都具有重要作用，但分子遗传学已拥有大量直接和间接证据，证明 DNA 是主要遗传物质，而在缺乏 DNA 的某些病毒中，RNA 是遗传物质。

### 一、DNA 是遗传物质的间接证据

DNA 作为遗传物质的间接证据主要表现在以下五个方面。

**1. 含量**　DNA 在生物细胞中含量恒定。一种生物不同组织的细胞，不论年龄大小、功能如何，它的 DNA 含量是恒定的，而且配子中的 DNA 含量正好是体细胞的一半；多倍体系列的一些物种，其细胞中 DNA 的含量随染色体倍数的增加，也呈现倍数性的递增。但细

胞内的蛋白质并没有相似的分布规律。

**2. 代谢** DNA具有代谢上的稳定性。用放射性同位素示踪研究表明，DNA分子代谢较稳定，任何元素的原子一旦与DNA相结合成为其组成部分后，则在细胞正常生长的情况下它就不会再离开DNA。细胞中其他分子则不同，它们常常一面合成，一面又被分解，变化是比较大的。

**3. 分布** DNA是所有生物的染色体的共有成分。除极少数病毒外，所有生物的染色体上都含DNA；而蛋白质则不一定，某些生物的染色体上不含蛋白质，如噬菌体、病毒的蛋白质一般不存在于染色体上，而是存在于外壳上。另外，在某些能自体复制的细胞器如线粒体、叶绿体中有它们自己的DNA，从而保证实现其特有的遗传功能。

**4. 突变** 在各类生物中，能引起DNA结构改变的化学物质都可以引起基因突变。如在物理诱变中，以紫外线诱发突变时，最有效的诱变光谱波长与DNA吸收紫外线光谱的波长是一致的，都在260nm，证明基因突变与DNA分子变异有密切联系。

**5. 复制** DNA能自我复制，具有世代的延续性；而蛋白质不具有自我复制能力。

## 二、DNA是遗传物质的直接证据

### （一）肺炎链球菌的转化试验

肺炎链球菌（也称肺炎双球菌）有两种不同的类型，即S型（光滑型）和R型（粗糙型），其中S型被一层多糖类的荚膜所保护，具有毒性，在培养基上形成光滑的菌落；R型没有荚膜和毒性，在培养基上形成粗糙的菌落。格里费斯（F. Griffith，1928）利用以上两种肺炎链球菌进行试验，试验过程见图1-1。在R型和S型内，还可按血清反应的不同分成许多抗原型，常用RⅠ、RⅡ和SI、SⅡ、SⅢ等加以区别。R型和S型的各种抗原型都比较稳定，在一般情况下不发生互变。

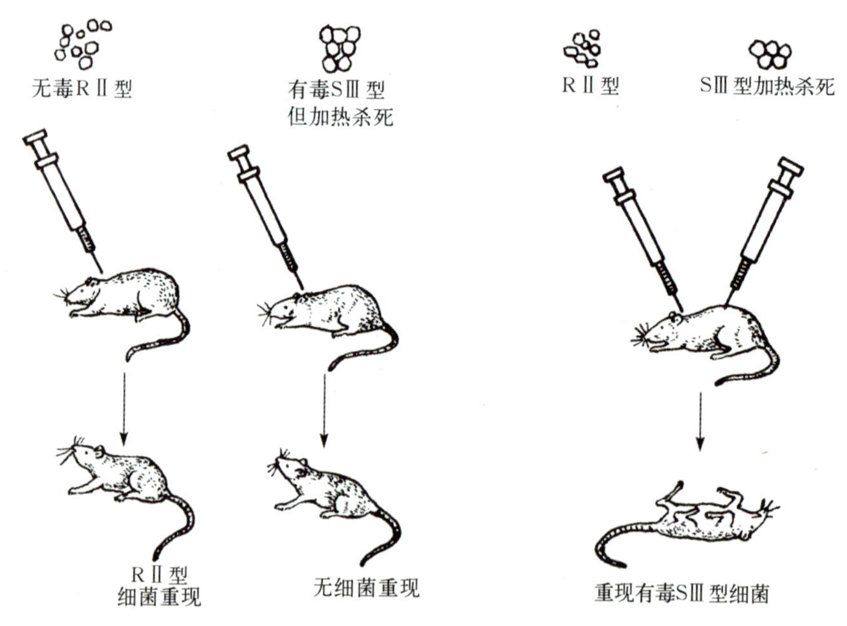


图1-1 肺炎链球菌的转化试验

（浙江农业大学.1986. 遗传学）

格里费斯把加热杀死的有毒SⅢ型细菌和活的无毒RⅡ型细菌一起注射进小鼠体内，发现几天后小鼠因败血症死亡，从死鼠内分离出的细菌是SⅢ型的。而分别用活的RⅡ型细菌或死的SⅢ型细菌注射时，小鼠都不会发病。这说明在加热（65℃）杀死的SⅢ型细菌中有较耐高温的转化物质能够进入RⅡ型，使RⅡ型转变为SⅢ型，即无毒转变为有毒。艾弗里等（1944）用生物化学方法第一次证明这种活性物质是DNA。

迄今，已经在几十种细菌和放线菌中成功地获得了遗传性状的定向转化。这些试验都证明了起作用的物质是DNA。

### （二）噬菌体的侵染与繁殖试验

噬菌体是非常简单的生命类型，是判断遗传物质为DNA或蛋白质的优良实验材料，它只由蛋白质外壳和包藏在头部中的DNA组成。以$T_2$噬菌体为例，它是感染大肠杆菌的一种病毒，当$T_2$噬菌体侵染大肠杆菌后，在菌体内会产生新的子噬菌体，接着菌体裂解，释放出许多跟原来一样的子噬菌体。噬菌体感染细菌时，进入菌体内、传递给子噬菌体的遗传物质是蛋白质还是DNA?

赫尔歇等（1952）用放射性同位素$^{32}P$和$^{35}S$分别标记$T_2$噬菌体的DNA和蛋白质，证明了进入菌体的是DNA而不是蛋白质。其原理为P是DNA的组分，但不见于蛋白质，S是蛋白质的组分，但不见于DNA。用两种标记的$T_2$噬菌体分别感染大肠杆菌，经10min后，用搅拌器甩掉附着于细胞外面的噬菌体外壳。发现用$^{35}S$标记的噬菌体感染时，宿主细胞内很少有同位素标记，而大多数的$^{35}S$标记的噬菌体蛋白质附着在宿主细胞的外面。用$^{32}P$标记的噬菌体感染时，在蛋白质外壳中很少有放射性同位素，而大多数放射性标记在宿主细胞内（图1-2）。所以，在感染时进入细菌的主要是DNA，而大多数蛋白质在细菌的外面。可见，在噬菌体的生活史中，只有DNA是具有连续性的遗传物质，DNA进入细胞内才能产生完整的噬菌体。

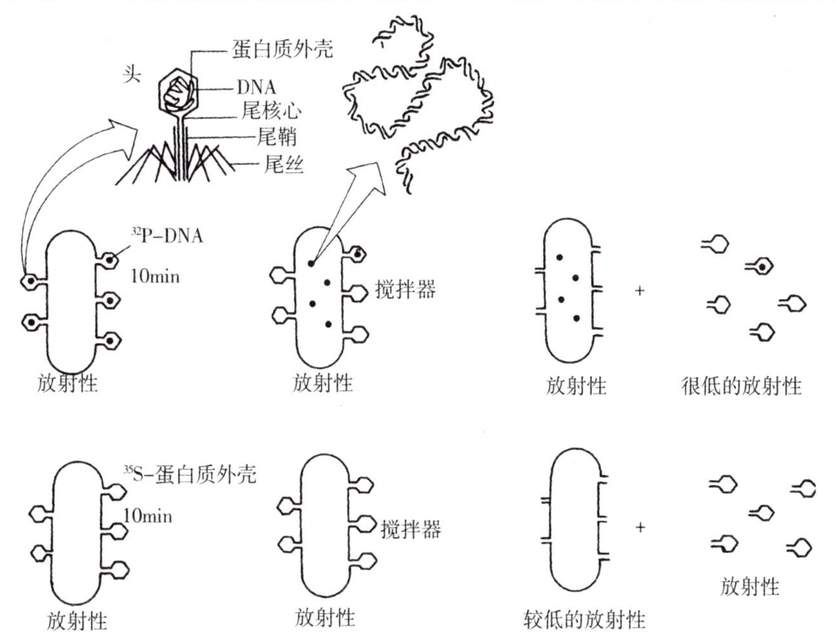


图1-2　噬菌体的侵染与繁殖试验

（上：用$^{32}P$标记，大部分放射性在细菌细胞内　下：用$^{35}S$标记，大部分放射性在细菌细胞外）

（浙江农业大学．1986．遗传学）

### （三）烟草花叶病毒的重建试验

许多病毒含有 RNA 和蛋白质，却不含 DNA。应用 RNA 病毒进行病毒重建试验，证明在只有 RNA 而不具有 DNA 的病毒中，RNA 是遗传物质。佛兰科尔-康拉特（Fraenkel - Conrat，1955）用烟草花叶病毒（tobacco mosaic virus，TMV）进行重建试验。

TMV 是一种 RNA 病毒，由圆筒状的蛋白质外壳和里面盘旋的单链 RNA 分子组成，蛋白质约占 94%，RNA 约占 6%。把它放在水和苯酚液中振荡，可把病毒的蛋白质外壳和 RNA 提纯。用提纯的 RNA 和蛋白质分别去感染烟草叶片，发现蛋白质不能使烟草植株感染，也不形成新的 TMV，而 RNA 可使烟草植株感染，形成新的 TMV。如果用 RNA 酶处理提纯的 RNA，在接种到烟草叶片上，也不能产生新的 TMV。因此在不含 DNA 的烟草花叶病毒中，RNA 就是遗传物质。

如图 1 - 3 所示，烟草花叶病毒的重组试验是将一种 TMV（S 株系）的蛋白质外壳和另一种 TMV 与 TMV 近缘的霍氏车前花叶病（Holmes ribgrass mosaic virus，HR）的 RNA 结合起来，合成杂种病毒，再用这种杂种病毒去感染烟草叶片，结果所产生的新的病毒颗粒与提供 RNA 的 HR 株系完全一样。简言之，当用 A 的蛋白质与 B 的 RNA，或用 A 的 RNA 与 B 的蛋白质重建杂种病毒时，决定杂种病毒遗传性状的是 RNA，这也进一步验证了 RNA 是 TMV 的遗传物质。

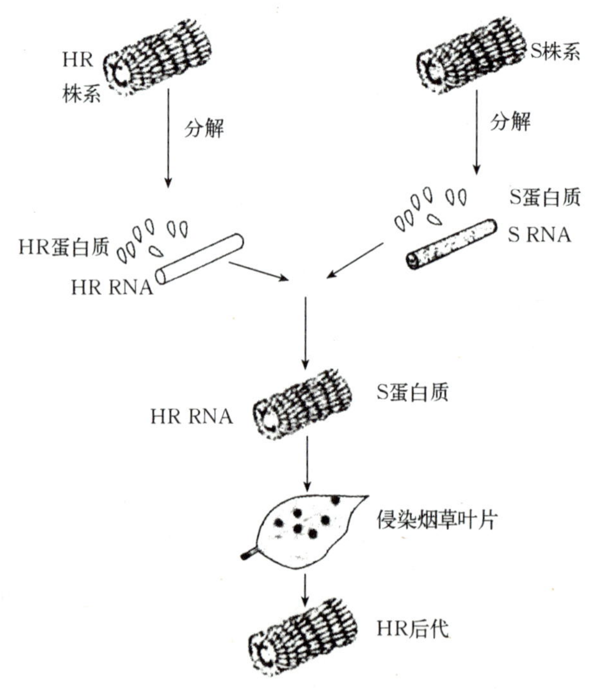


图 1 - 3　烟草花叶病毒重组试验
（Klug 和 Crming. 2000）

## 第二节　核酸的化学结构与自我复制

核酸是一种高分子化合物，是以核苷酸为单元构成的多聚体。每个核苷酸包括 3 部分：

五碳糖、磷酸和环状的含氮碱基（双环结构的嘌呤或单环结构的嘧啶）。两个核苷酸之间由3′，5′-磷酸二酯键相连。核酸可分为两大类，即脱氧核糖核酸（DNA）和核糖核酸（RNA）。两种核酸的主要区别为：DNA含有的糖是脱氧核糖，RNA含的是核糖；DNA含有的碱基是腺嘌呤（A）、鸟嘌呤（G）、胞嘧啶（C）和胸腺嘧啶（T），RNA含有的是A、G、C和U（尿嘧啶）；DNA通常为双链且分子链较长，RNA一般为单链或局部双链且分子链较短。在高等动、植物体内，绝大部分DNA存在于细胞核内的染色体上，它是构成染色体的主要成分，有少量的DNA在细胞质中，存在于线粒体、叶绿体等细胞器内。RNA在细胞核和细胞质中都有分布，核内多数在核仁上，少量在染色体上。细菌也含有DNA和RNA。多数噬菌体只有DNA，多数植物病毒只有RNA，动物病毒有些含有RNA，有些含有DNA。

## 一、核酸的分子结构

### （一）DNA的双螺旋结构

20世纪自然科学最伟大的成就之一是沃森和克里克（1953）根据X射线衍射分析资料和详细的计算提出的著名的DNA分子双螺旋（double helix）结构模型（图1-4）。这一结构模型有以下几个特点：

（1）DNA分子是两条多核苷酸链以右手螺旋的形式互相缠绕形成的双螺旋结构。糖基和磷酸根形成DNA的主链或骨架，位于螺旋外侧，碱基与主链成直角排列，向DNA分子的中央突出。

（2）DNA双螺旋的每10个碱基对旋转一周，高度大约是3.4nm，即每对碱基之间的高度是0.34nm。双螺旋的直径是2.0nm。

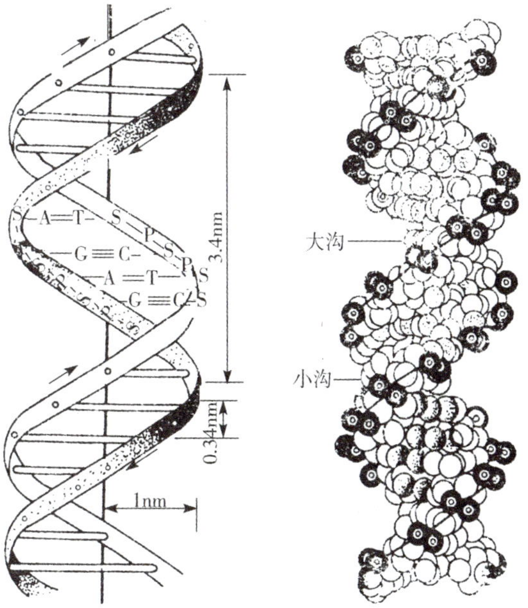

（3）双螺旋呈反向平行（anti-parallel），其中一条由5′→3′，另一条由3′→5′。

图1-4 DNA分子的双螺旋结构模型
（陈三凤等．2003．现代微生物遗传学）

（4）双螺旋结构不是绝对对称的，从外部观察可以发现存在宽而深的大沟（major groove）和小而浅的小沟（minor groove）。

（5）位于两条多核苷酸链上的碱基相互作用，互补配对（complementary base pairing），而且总是A（腺嘌呤）与T（胸腺嘧啶）、G（鸟嘌呤）与C（胞嘧啶）配对。每对碱基由氢键连接，A与T之间形成两个氢键，C与G之间形成三个氢键，所以C与G的结合比A与T的结合牢固。

DNA的双螺旋结构不仅阐明了DNA分子的空间结构，并且解答了遗传物质的复制、稳定性、变异性及遗传信息的贮存等，因此得到了人们的认可。

根据上述DNA双螺旋结构模型的特点可知，DNA分子结构是由A-T、C-G两种核苷酸对从头到尾连接起来的。每个DNA分子一般有上万个核苷酸对，但它们在分子链内排列的位置和方向有 4 种形式：

A－T、C－G 或 C－G、A－T 或 A－T、G－C 或 G－C、A－T

假定某一段 DNA 分子链有 1000 对核苷酸，则该段就可以有 $4^{1000}$ 种不同的排列组合形式，$4^{1000}$ 种不同排列组合的分子结构反映出来的就是 $4^{1000}$ 种不同性质的基因。现在已经知道基因是 DNA 分子链上一个区段，其平均大小为 1000 对核苷酸。但对一定物种的 DNA 分子来说，其碱基顺序是一定的，且通常保持不变，这样才能保持该物种遗传特性的稳定。只有在特殊条件下，改变其碱基顺序或位置，或以类似的碱基代替某一碱基时，才出现遗传的变异（突变）。

### （二）DNA 的不同构型

在不同的环境下，DNA 形成的晶体可产生不同的构型，如 B 型、A 型、C 型、D 型、E 型、Z 型等，其中 B 型、A 型和 Z 型具有重要的生物学意义。

**1. B－DNA** 在正常生理状态时，DNA 分子大多属于这种形式。B－DNA 是右手螺旋，碱基的平面对 DNA 分子的中轴是垂直的，每转一圈平均包括 10.4 个碱基对。

**2. A－DNA** 这种构型也是右旋，结构相对较致密，每转一圈大约含有 11 个碱基对。在高盐分或在脱水状态时，DNA 常以 A 型状态存在。活体中 DNA－RNA 异源双链（heteroduplexes）或 RNA－RNA 双链是以这种方式存在的。

**3. Z－DNA** 这种构型是一种左旋的双螺旋形式，其双链中碱基平面对螺旋中轴不再成直角。Z－DNA 富含 G 和 C，每转一圈约有 12 个碱基对。最近在一些含有特殊结构的染色体中发现了 Z－DNA。这种构型可能与真核类生物中基因活性有重要关系。

DNA 的构型常常从一种形式动态地转变为另一种形式，一般认为这种转变与基因活性的调节有密切的关系。

### （三）RNA 的分子结构

RNA 的分子结构与 DNA 相似，也是由 4 种核苷酸组成的多聚体。但它与 DNA 有一些重要的区别。在 RNA 中，核糖取代了 DNA 的脱氧核糖，尿嘧啶（U）取代了胸腺嘧啶（T）。另外，RNA 通常以单链多聚核苷酸的形式存在，不形成双螺旋，但同一条 RNA 链上的互补部分也会产生碱基配对，形成双链区域（图 1－5）。

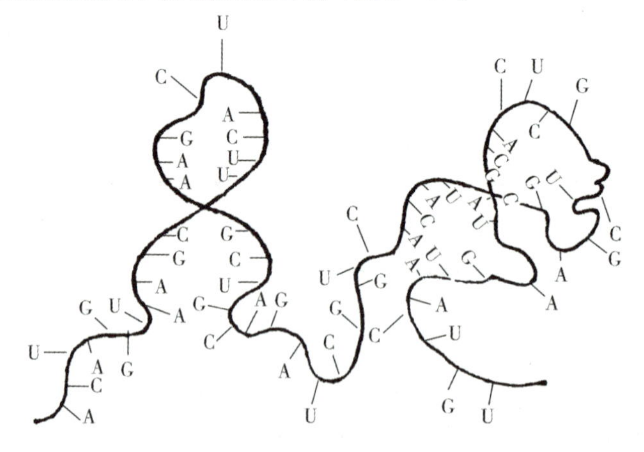

图 1－5 一个 RNA 分子的图示

（浙江农业大学．1986．遗传学）

## 二、核酸的自我复制

### （一）DNA 的自我复制

**1. DNA 复制模型** DNA 作为遗传物质的基本特点就是能够准确地自我复制。沃森等根据 DNA 分子的双螺旋结构模型，提出了 DNA 半保留复制模型（图 1－6）。认为 DNA 分子的复制，首先是从其一端沿氢键逐渐断开，因氢键较弱，在常温下不需要酶即可断开。当双螺旋的一端已拆开为两条单链，而另一端仍保持为双链状态时，以分开了的每条单链为模板，按照碱基互补配对原则，从细胞核内吸取游离核苷酸（A 吸取 T，C 吸取 G），进行氢键的结合，在复杂的酶系统（如聚合酶Ⅰ、聚合酶Ⅱ、聚合酶Ⅲ，连接酶等）的作用下，逐步连接起来，各自形成一条新的互补链，与原来的模板单链互相盘旋在一起，恢复了 DNA 的双分子链结构。随着 DNA 分子双螺旋的完全拆开，就逐渐形成了两个新的 DNA 分子，与原来的 DNA 分子一模一样。所以 DNA 的这种复制方式称为半保留复制，它对保持生物遗传的稳定性是非常重要的。

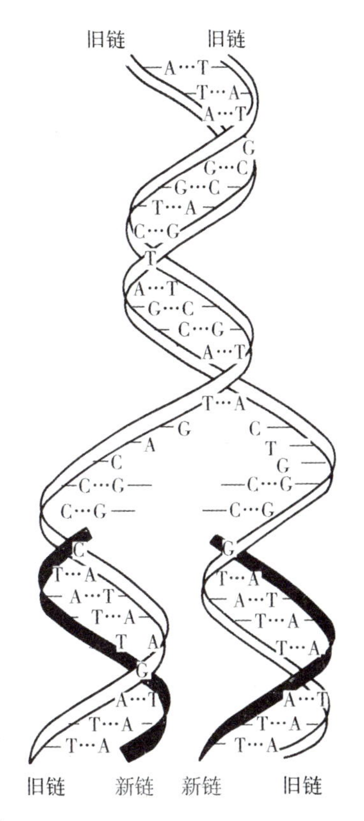


图 1－6　DNA 半保留复制模式
（浙江农业大学．1986．遗传学）

**2. DNA 复制的起点和方向** 绝大多数细菌及病毒，只有一个复制起点（ori）控制整个染色体的复制，所以整个染色体就是一个复制子（replicon，指在同一个复制起点控制下合成的一段 DNA 序列）。而真核生物，每条染色体的 DNA 有多个复制起点共同控制一条染色体的复制，即每条染色体有多个复制子。大量的证据表明真核生物和许多原核生物 DNA 复制是双向的，而噬菌体 $T_2$ 的 DNA 复制是单向的。

**3. DNA 复制过程** DNA 在复制中把相邻核苷酸连在一起的 DNA 聚合酶只能从 5′→3′的方向发挥作用。这样一来，只能使 DNA 的双链之一连续合成，另一条从 3′→5′方向的链就不能采取同样的合成方法了。为了克服这一矛盾，科恩伯格（A. Kornberg，1967）等提出在从 3′→5′方向的链上，新链的合成是倒退着进行的。即在从 3′→5′方向的链上，按从5′→3′的方向一段一段地合成 DNA 单链小片段，称为冈崎片段（Okazaki fragment，原核生物 1000～2000 个核苷酸，真核生物 100～150 个核苷酸），这些不相连的片段再由连接酶连接起来，形成一条连续的单链，完成 DNA 的复制（图 1－7）。电子显微镜和放射自显影的结果，证实了科恩伯格的 DNA 复制假说。一般把一直从 5′向 3′方向延伸连续合成的链称为前导链（leading strand）。而另一条先沿 5′→3′方向合成一些片段，然后再由连

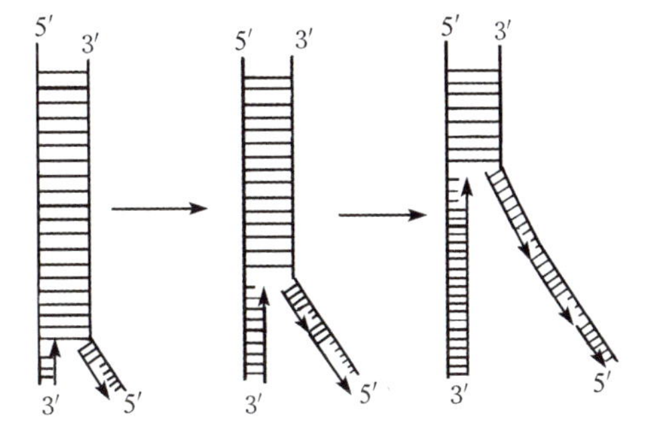


图 1－7　科恩伯格的 DNA 复制假说
（浙江农业大学．1986．遗传学）

接酶连接的不连续合成的链称为后随链（lagging strand）。

冈崎等（1973）的研究发现，DNA 的复制与 RNA 有密切关系。在合成 DNA 片段之前，先由一种特殊类型的 RNA 聚合酶以 DNA 为模板，合成一小段含 10～16 个核苷酸的 RNA，这段 RNA 起引物（primer）的作用，称为引物 RNA。然后 DNA 聚合酶才开始起作用，按 5′→3′方向合成 DNA 片段。也就是引物 RNA 的 3′端与 DNA 片段的 5′端接在一起，然后 DNA 聚合酶Ⅰ将引物 RNA 除去，并且弥补上引物 RNA 的 DNA 片段，最后由 DNA 连接酶将 DNA 片段连接成一条连续的 DNA 链。

现在看来，多数生物 DNA 的自我复制是在 DNA 解旋酶、单链 DNA 结合蛋白、DNA 拓扑异构酶（Ⅰ、Ⅱ）、DNA 引物酶（特殊的 RNA 聚合酶）、DNA 聚合酶（原核生物中 DNA 聚合酶Ⅰ、DNA 聚合酶Ⅱ、DNA 聚合酶Ⅲ等，真核生物中 DNA 聚合酶 α、DNA 聚合酶 β、DNA 聚合酶 γ、DNA 聚合酶 δ、DNA 聚合酶 ε 等）、DNA 连接酶等多种酶与蛋白的参与下，以 4 种脱氧苷三磷酸（dATP、dGTP、dCTP、dTTP）为底物，以 DNA 为模板由 5′→3′方向按碱基配对原则，经过 DNA 双螺旋的解链、引物引导 DNA 合成的开始，一条 DNA 链连续合成一条链不连续合成而双向完成的半保留复制。

### （二）RNA 的自我复制

RNA 在传递 DNA 遗传信息和控制蛋白质的生物合成中起着重要作用。在有些生物中，RNA 还是遗传信息的基本载体，并能通过复制而合成与自身相同的分子。

真核生物中，各种 RNA 是以染色体 DNA 为模板，在 RNA 聚合酶的作用下，在细胞核内合成的。最初转录的 RNA 产物常需要经过一系列断裂、拼接、修饰和改造过程才能成为成熟的 RNA 分子。

原核生物中，很多 RNA 病毒，如烟草花叶病毒、流行性感冒病毒、小儿麻痹症病毒和 RNA 噬菌体等，在宿主细胞里能以自身的 RNA 为模板进行 RNA 的合成。这说明 RNA 也具有自我复制能力。

RNA 病毒的复制方式主要有两种：

（1）当 RNA 病毒侵染宿主细胞时，将其正链注入细胞中，首先合成复制酶及有关蛋白质，再以宿主细胞中的核苷酸为原料，以病毒 RNA 为模板，合成一条与其互补的单链（－），然后以 RNA（－）链为模板合成互补的 RNA（＋）链。最后利用宿主细胞内的氨基酸合成其蛋白质外壳，这样就形成了一个新的病毒颗粒（图 1－8）。

（2）致癌 RNA 病毒，如白血病毒、肉瘤病毒等，当它们的 RNA 进入宿主细胞后，就以自身的 RNA 为模板，在反转录酶（reverse transcriptase）的作用下，反向合成 DNA 前病毒，再以 DNA 为模板，合成新的病毒 RNA，其碱基顺序与模板 RNA 一样。

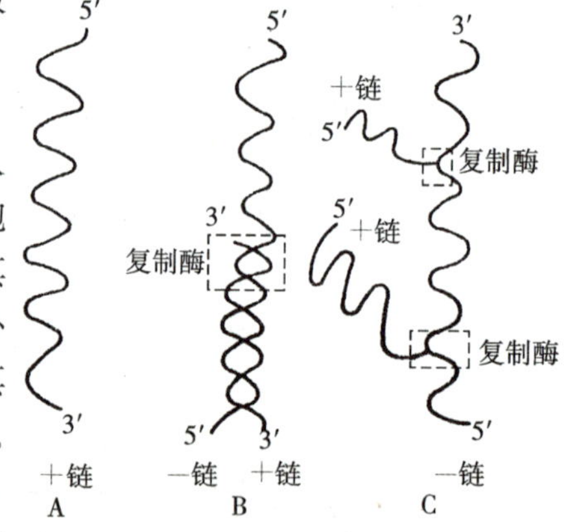


图 1－8 单链噬菌体 RNA 复制
A. 以单链 RNA＋为模板进行复制
B. 形成复制类型
C. 以一链为模板形成几个新的＋链

## 第三节 蛋白质的生物合成

各种生物遗传性的差异是由 DNA 分子上碱基排列的差异造成的，由 DNA 分子的碱基序列决定的遗传信息，传递到具有相应序列的信使 RNA（mRNA）分子上，进而决定相应的氨基酸序列，合成蛋白质分子，使基因所控制的性状得以表达。

## 一、中心法则及其发展

遗传信息从 DNA→DNA 的复制过程以及蛋白质的合成过程（遗传信息从 DNA→mRNA→蛋白质的转录和翻译过程），就是分子生物学的中心法则（central dogma）（图 1-9A）。中心法则被认为是整个生物界共同遵循的规律。

进一步的研究发现，在许多引起肿瘤的 RNA 病毒中，存在反转录酶（reverse transcriptase），它能以 RNA 为模板，合成 DNA。如 HIV 病毒 RNA 经反转录成 DNA，然后整合到人类染色体中。迄今不仅在几十种由 RNA 致癌病毒引起的癌细胞中发现反转录酶，甚至在正常细胞，如胚胎细胞中也有发现。这一发现增加了中心法则中遗传信息的流向，丰富了中心法则的内容。另外，还发现大部分 RNA 病毒可以进行 RNA 的复制。鉴于这些新的发展，中心法则就作了修改（图 1-9B）。

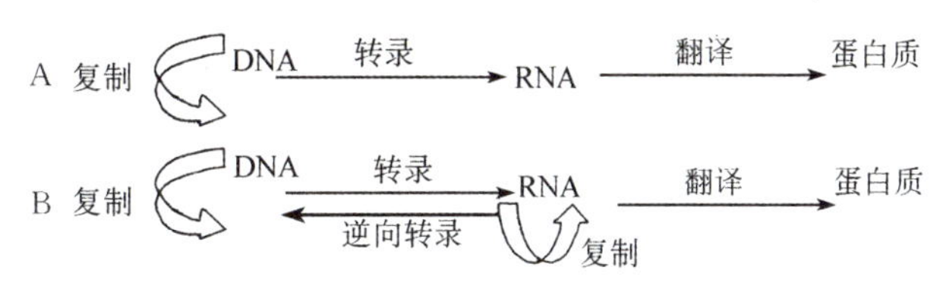


图 1-9 中心法则（A）及其发展（B）

反转录酶的发现不仅具有重要的理论意义，而且对于遗传工程上基因的酶促合成以及致癌机理的研究都有重要的作用。

## 二、转　　录

转录是指以 DNA 为模板合成 RNA 的过程。合成的 RNA 目前主要有三类：除了前述的 mRNA 外，还有另外的两种转移 RNA（tRNA）和核糖体 RNA（rRNA）。mRNA 的功能是准确转录 DNA 上的遗传信息，指导蛋白质的合成。tRNA 的功能是将氨基酸转运到核糖体上。rRNA 是组成核糖体的主要成分，而核糖体是合成蛋白质的主要场所。

mRNA、tRNA 和 rRNA 都是以 DNA 为模板合成的。转录过程分为三个阶段，分别是起始（initiation）、延伸（elongation）和终止（termination）。转录从基因的启动子开始，一个 RNA 聚合酶分子沿 DNA 分子移动，引起 DNA 双链局部解开成为 2 个单链。在 RNA 聚合酶的覆盖范围内，游离的核糖核苷三磷酸（ATP、UTP、GTP 和 CTP）以 DNA 中的的一条单链为模板，按照 A 对 U、T 对 A、C 对 G、G 对 C 的配对规则，产生一段与 DNA 互补的 RNA 短链，即形成 DNA-RNA 杂交链。在延伸过程中，随着 RNA 聚合酶沿着 DNA 链前移和 DNA 双链的解链，RNA 链不断延长。当 RNA 聚合酶移动到终止信号时，RNA 转录复合体解体，新生的 RNA 分子从杂交链上脱离，而 DNA 的 2 个单链仍恢复成为双链（图 1-10）。在这里，

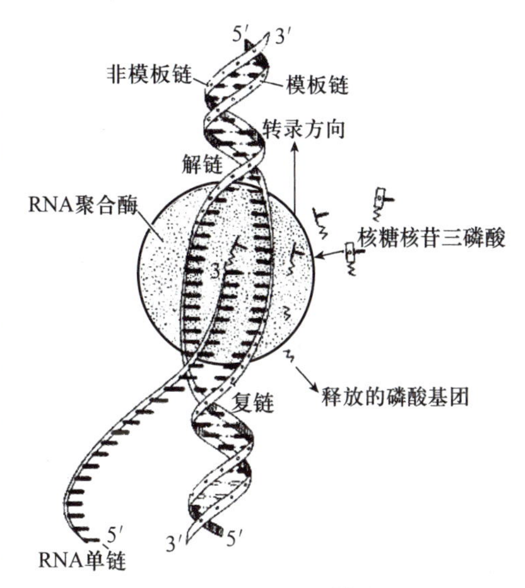


图 1-10 RNA 转录

作为转录模板的 DNA 一条链称为模板链，另外一条称为非模板链。有的基因以 DNA 的 3′→5′链为模板进行转录，另一些基因则以 DNA 的 5′→3′链为模板进行转录，但是模板链的阅读方向都是 3′→5′，转录得到的都是 5′→3′的 RNA 链。

## 三、翻　译

翻译就是 mRNA 携带着转录的遗传密码从细胞核进入细胞质，并附着在核糖体（ribosome）上，把由 tRNA 运来的各种氨基酸，按照 mRNA 的密码顺序，相互连接起来形成多肽链，再经进一步折叠成为蛋白质分子。所以蛋白质的合成是 mRNA、tRNA、rRNA 和核糖体协同作用的结果。

遗传密码（genetic code）决定了蛋白质合成过程中如何由碱基序列翻译成不同的氨基酸。通过大量试验已证实碱基序列分为一系列 3 个碱基一组的单位，每单位的 3 个碱基被称为一个密码子（codon），可以编码一种氨基酸。4 种碱基能够形成 $4^3=64$ 种密码子，负责编码构成蛋白质的 20 种氨基酸（表 1－1）。由于密码子的种类多于氨基酸的种类，因此除了甲硫氨酸和色氨酸外，每种氨基酸都有 1 种以上的密码子，这种现象称为简并（degeneracy）或遗传密码的丰余（redundancy）。编码同一氨基酸的密码子被称为同义密码子（synonymous）。同义密码子之间很相似，如 ACU、ACC、ACA、ACG 同时编码苏氨酸。同义密码子之间的差别通常都发生在第三个碱基上，这个碱基位置被称为摆动位置（wobble position）。密码子的简并性可以减少突变的影响，因为这样可以减少因碱基发生改变而引起氨基酸改变的机会，避免了对蛋白质功能可能产生的有害作用。在 64 种密码子中，有 61 种编码氨基酸，剩下的 3 种，即 UAG、UGA 和 UAA 则不编码任何氨基酸，而是蛋白质合成的终止信号，即终止密码子（termination codon 或 stop codon）。编码甲硫氨酸的 AUG 也是蛋白质合成的起始信号，被称为起始密码子（initiation codon）。所有蛋白质的合成都是以甲硫氨酸开始的，但有些情况下，蛋白质合成结束后该甲硫氨酸会被去掉。

**表 1－1　遗传密码字典**

| 第一碱基 | 第二碱基 | | | | 第三碱基 |
|---|---|---|---|---|---|
| | U | C | A | G | |
| U | UUU 苯丙氨酸 Phe | UCU 丝氨酸 Ser | UAU 酪氨酸 Tyr | UGU 半胱氨酸 Cys | U |
| | UUC 苯丙氨酸 Phe | UCC 丝氨酸 Ser | UAC 酪氨酸 Tyr | UGC 半胱氨酸 Cys | C |
| | UUA 亮氨酸 Leu | UCA 丝氨酸 Ser | UAA 终止信号 | UGA 终止信号 | A |
| | UUG 亮氨酸 Leu | UCG 丝氨酸 Ser | UAG 终止信号 | UGG 色氨酸 Trp | G |
| C | CUU 亮氨酸 Leu | CCU 脯氨酸 Pro | CAU 组氨酸 His | CGU 精氨酸 Arg | U |
| | CUC 亮氨酸 Leu | CCC 脯氨酸 Pro | CAC 组氨酸 His | CGC 精氨酸 Arg | C |
| | CUA 亮氨酸 Leu | CCA 脯氨酸 Pro | CAA 谷氨酰胺 Gln | CGA 精氨酸 Arg | A |
| | CUG 亮氨酸 Leu | CCG 脯氨酸 Pro | CAG 谷氨酰胺 Gln | CGG 精氨酸 Arg | G |
| A | AUU 异亮氨酸 Ile | ACU 苏氨酸 Thr | AAU 天冬酰胺 Asn | AGU 丝氨酸 Ser | U |
| | AUC 异亮氨酸 Ile | ACC 苏氨酸 Thr | AAC 天冬酰胺 Asn | AGC 丝氨酸 Ser | C |
| | AUA 异亮氨酸 Ile | ACA 苏氨酸 Thr | AAA 赖氨酸 Lys | AGA 精氨酸 Arg | A |
| | AUG 甲硫氨酸 Met (起始信号) | ACG 苏氨酸 Thr | AAG 赖氨酸 Lys | AGG 精氨酸 Arg | G |

（续）

| 第一碱基 | 第二碱基 | | | | 第三碱基 |
|---|---|---|---|---|---|
| | U | C | A | G | |
| G | GUU 缬氨酸 Val | GCU 丙氨酸 Ala | GAU 天冬氨酸 Asp | GGU 甘氨酸 Gly | U |
| | GUC 缬氨酸 Val | GCC 丙氨酸 Ala | GAC 天冬氨酸 Asp | GGC 甘氨酸 Gly | C |
| | GUA 缬氨酸 Val | GCA 丙氨酸 Ala | GAA 谷氨酸 Glu | GGA 甘氨酸 Gly | A |
| | GUG 缬氨酸 Val（兼做起始信号） | GCG 丙氨酸 Ala | GAG 谷氨酸 Glu | GGG 甘氨酸 Gly | G |

遗传密码在所有生物中都是一样的，即不论病毒、原核生物还是真核生物，都共用这一套密码。由于生物的进化、组织的分化，同一氨基酸所具有的几组不同密码子被利用的频率在不同物种间不同。另外，最近已经证实现存的密码子有一些变异，但这种变异现象极其罕见。如发现原来编码终止信号的终止密码子 UAA 和 UAG 在一些原生动物中编码谷氨酸。

蛋白质的合成过程可分成以下三个阶段：

**1. 肽链合成的起始** 合成开始时，主要由核糖体的大亚基、小亚基、模板 mRNA 及具有启动作用的氨基酰- tRNA 共同构成起始复合体。活化的蛋氨酰- tRNA（在原核细胞中是甲酰蛋氨酰- tRNA）进入起始复合体，识别起始密码子 AUG，tRNA 的反密码子 UAC 和起始密码子 AUG 与相配合的大、小亚基结合，形成一个完整的核糖体。完整的核糖体有两个供 tRNA 附着的位置，即氨酰基附着位置（又称受位、A 位）和肽酰基附着位置（又称给位、P 位）。

**2. 肽链的延伸** 肽链的延伸包括周而复始的三步：进位、成肽、移位。起始信号 AUG 由蛋氨酰-tRNA（在原核细胞中是甲酰蛋氨酰-tRNA）识别，附着在 P 位上，第二个tRNA 进 A 位，tRNA 的反密码子可以和小亚基上的 mRNA 密码子配对，而 tRNA 所携带的氨基酸可以在大亚基上以氨基与肽链上的自由羧基相结合，脱水形成肽键，保证了肽链延伸的顺序。甲酰基封闭住蛋氨酸的氨基，使它不可能参加形成肽键的生化反应，这样就能保证在蛋白质合成中，新加入的氨基酸逐个地在肽链的羧基端接上去，直到遇到终止密码子。tRNA 分子在它所携带的氨基酸形成肽键后，就从 A 位移到 P 位。

**3. 肽链合成的终止与释放** 当肽链合成遇到终止密码子时，各种氨基酰- tRNA 都不能进位。终止密码子可以被终止因子识别并与之结合，使大亚基的转肽酶活性发生改变，不再起转肽作用而转变为对 P 位上肽酰- tRNA 水解的催化作用，使 P 位上tRNA 所携带的多肽与 tRNA 之间的酯键水解断开，完整的多肽链就被释放出来了。最后核糖体与 mRNA 分开，最后一个 tRNA 也从核糖体上脱落下来。脱落下来的核糖体，在一个启动因子的参与下分解成大小两个亚基，又可以开始合成新的蛋白质分子（图 1-11）。

实际上，经常可以看到一条 mRNA 链上有多个核糖体在进行蛋白质的合成，称之为多聚核糖体。这样大大提高了 mRNA 模板的效率，提高了蛋白质合成的速度。

在核糖体上合成的多肽链，经过盘绕、折叠，形成具有立体结构的、有生物活性的蛋白

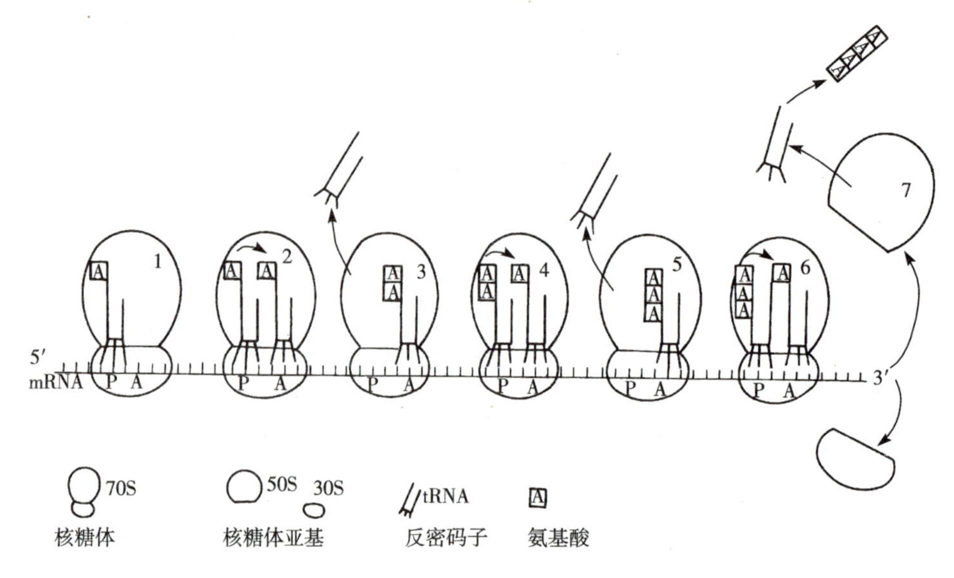


图 1-11 蛋白质合成过程
（何启谦．1999．遗传育种学）

质分子。它们或者成为结构蛋白，作为细胞的组成部分；或者成为功能蛋白，如血红蛋白等；或者成为控制细胞内各种化学反应的酶。

## 四、反 转 录

特明和巴尔的摩（1970）分别发现，致癌的某些 RNA 病毒感染有机体后，在宿主细胞中以病毒 RNA 为模板合成 DNA；这个 DNA 整合在宿主的染色体 DNA 上，与染色体同步复制并分配到增殖的宿主细胞中，一方面经过转录和翻译产生毒害宿主的蛋白质，另一方面经过转录产生子代病毒 RNA（图 1-12）。其中，以病毒 RNA 为模板合成 DNA 的过程称为反转录。它的实现需要反转录酶的存在。反转录酶实际上是依赖 RNA 模板来合成 DNA 的一种 DNA 聚合酶。目前，已从许多高等真核生物的 RNA 致癌病毒中分离到这种酶。

现在反转录已经成为基因工程获得目的基因的方法之一。

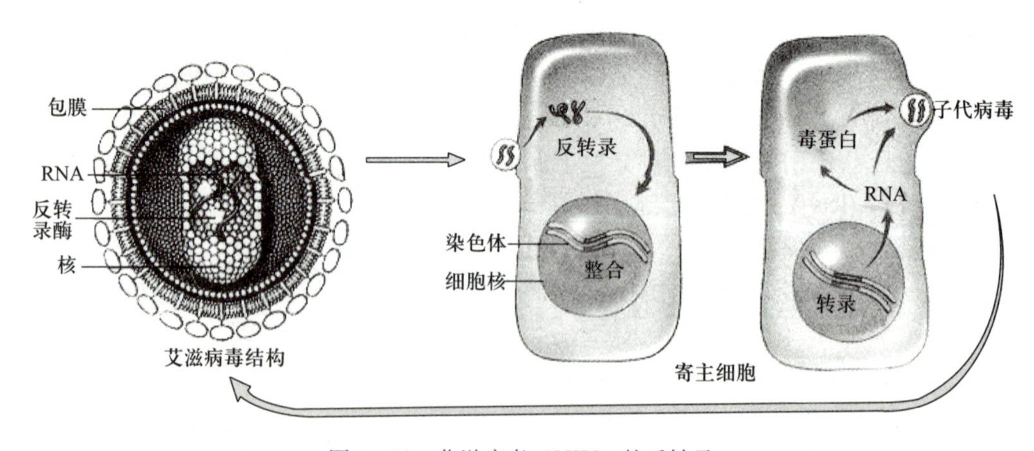


图 1-12 艾滋病毒（HIV）的反转录

## 复习思考题

1. 名词解释

半保留复制、转录、翻译、三联体密码、简并、中心法则、冈崎片段、前导链、后随链

2. 有什么证据说明DNA是遗传物质?

3. 简述DNA分子双螺旋结构的特点。

4. 简述DNA与RNA两种核酸的主要区别。

5. 简述DNA的复制过程。

6. 试总结遗传密码的基本特点。

7. 遗传密码的简并性对生物的稳定有何意义?

8. 简述中心法则及其发展。

9. 简述RNA转录的过程。

10. 简述蛋白质的合成过程。

# 第二章　细胞分裂与染色体行为

**徐道觉**（1917—2003）

细胞生物学家、遗传学家，美籍华人，出生于中国浙江绍兴，曾师从遗传学家谈家桢，后来（1948）赴美学习、工作。1952 年发现在人类染色体制片过程中采用低渗溶液预处理能得到分散得非常好的中期染色体。1961—1963 年成功地诱导染色体特定位点的断裂，是最早报告的染色体“脆性位点”。1971 年创建显示组成型异染色质的方法即染色体 C 显带技术。1983 年提出诱变剂敏感性与环境致癌作用相关的假说，并于 1989 年用实验证明。1992 年创建测量抗氧化剂效率的方法。

细胞是生物体结构和生命活动的基本单位，也是联系亲代和子代的桥梁，因为遗传物质 DNA 就在细胞之中。生物界除了病毒和噬菌体这类最简单的生物具有前细胞形态以外，所有的植物和动物，不论低等的或高等的，都是由细胞构成的。在生物的生命活动中，一个最重要、最基本的特征就是繁殖后代。正因为生物具有繁殖后代的能力，才使得遗传和变异世代相传，促成生物进化。不同生物的繁殖方式是不同的，然而无论是无性繁殖还是有性繁殖，都必须通过一系列的细胞分裂才能完成。为了深入研究生物遗传和变异的现象、规律及其内在机理，有必要先了解细胞的有关结构和功能、细胞的分裂与染色体行为、生物的繁殖与生活史。

## 第一节　染　色　体

### 一、细胞的主要结构与功能

细胞是由细胞膜、细胞质和细胞核三部分组成。

#### （一）细胞膜

细胞膜（cell membrane）是指包被着细胞内原生质（protoplasm）的一层薄膜，简称质膜（plasma membrane 或 plasmalemma）。它使细胞成为具有一定形态结构的单位，借以调节和维持细胞内微小环境的相对稳定性。近年来研究认为质膜是流动性的嵌有蛋白质的脂质双分子层的液态结构。它的主要功能在于能主动而有选择地通透某些物质，既能阻止细胞内许多有机物质的渗出同时又能调节细胞外一些营养物质的渗入。此外，质膜对物质运输、信息传递、能量转换、代谢调控、细胞识别和癌变等方面，都具有重要的作用。

植物细胞不同于动物细胞（图 2－1），在其质膜的外围还有一层由纤维素和果胶质等物质构成的细胞壁（cell wall），对植物的细胞和植物体起着保护和支架的作用。植物细胞之间，有许多胞间连丝相连，有利于细胞间物质的交换。

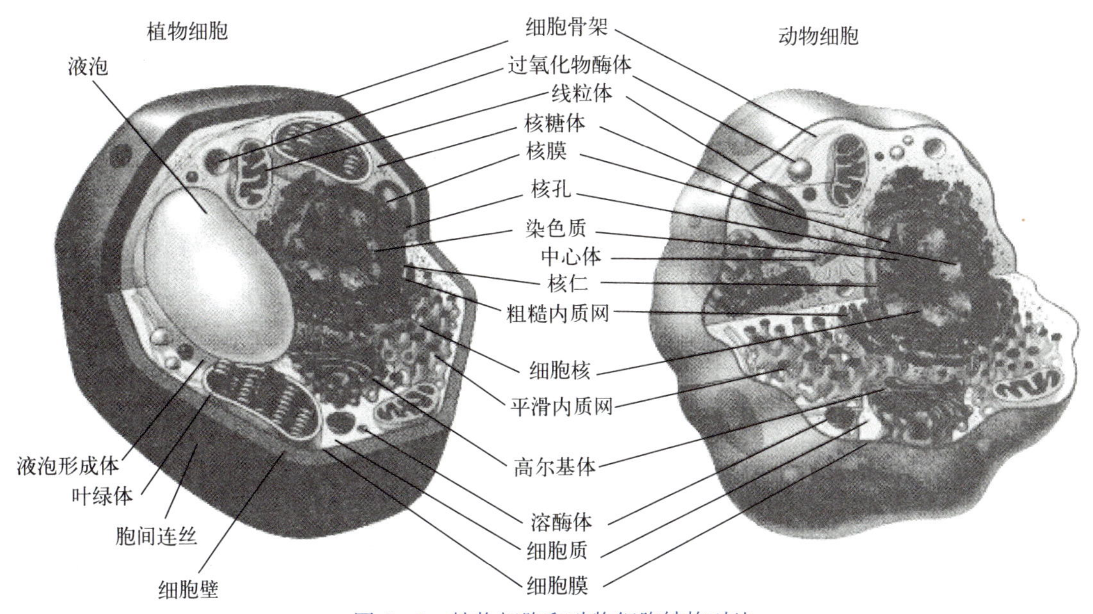


图 2－1　植物细胞和动物细胞结构对比

（Russell. 2000）

## （二）细胞质

细胞质（cytoplasm）是在质膜内环绕着细胞核外围的原生质，是含有许多蛋白质、脂肪、电解质和细胞器（organelle）的胶体溶液。细胞器是指细胞质内除了核以外的一些具有一定形态和功能的微结构。主要包括线粒体（mitochondria）、质体（plastid）、核糖体（ribosome）、内质网（endoplasmic reticulum）、高尔基体（golgi body）、中心体（central body）、溶酶体（lysosome）和液泡（vacuole）等。其中中心体只是动物和一些蕨类及裸子植物所特有；而质体（叶绿体等）为植物所特有。现已肯定，线粒体、叶绿体、核糖体和内质网等具有重要的遗传功能。

**1. 线粒体**　线粒体是由光滑的外膜和向内回旋折叠的内膜组成的双膜结构。内膜上有许多基粒，含有多种与呼吸作用有关的酶，能进行氧化磷酸化反应。它的主要功能：①细胞里进行氧化作用和呼吸作用的中心，是细胞的“动力工厂”；②具有遗传功能，因它含有 DNA、RNA 和核糖体等，具有自我复制的能力及独立合成蛋白质的能力，所以是遗传物质的载体之一。线粒体的生长和繁殖是受细胞核和自身基因组两套遗传体系控制的，是一种半自主性的细胞器。

**2. 质体**　质体包括叶绿体（chloroplast）、有色体（chromoplast）和白色体（leukoplast）3 种，其中最主要的是叶绿体，它是绿色植物所特有的一种细胞器。叶绿体的主要功能：①进行光合作用，合成碳水化合物等有机物质，供植物生长发育所需；②具有遗传功能，也是遗传物质的载体之一。因它含有 DNA、RNA 和核糖体等，故既能分裂增殖，也能合成蛋白质。叶绿体 DNA 能按半保留方式进行自我复制，在复制过程中也受到细胞核控制。

**3. 核糖体**　由相互缠绕的 rRNA 和核糖体蛋白质（ribosomal protein，RP）组成的一大一小两个相互嵌合的亚基构成。核糖体分为膜结合核糖体和游离核糖体。其功能是按照 mRNA 的指令利用转运过来的氨基酸，高效且精确地合成多肽链。

**4. 内质网**　内质网是在细胞质中广泛分布的膜结构，分为粗糙型内质网（上有核糖体）

和光滑型内质网（无核糖体）两种。粗糙型内质网是蛋白质合成的主要场所；光滑型内质网是脂类合成的场所。大量研究表明，内质网在功能上不仅与蛋白质的合成、物质的转运等有关，而且还与蛋白质的修饰加工和新生多肽的折叠与组装有关。

**5. 高尔基体** 高尔基体是普遍存在于真核细胞内的，由一些大小不一、形态多变的囊泡体系组成的细胞器。其主要功能是将内质网合成的多种蛋白质进行加工、分类、包装及运输。内质网上合成的脂类，一部分也要通过高尔基体运输。

**6. 中心体** 中心体主要存在于动物细胞中，位于细胞核附近，由一对结构复杂、相互垂直的短筒状中心粒（centriole）组成。中心体与细胞分裂时纺锤丝的形成、排列方向和染色体的分离方向有关，也与某些生物的纤毛和鞭毛的形成有关。

### （三）细胞核

在生物界中，一些生物如细菌和蓝绿藻（blue - green algae），其细胞中由于没有核膜，所以不能把核物质和细胞质分开，看不到核结构，这样的细胞称为原核细胞（prokaryotic cell），这些生物被称为原核生物（prokaryote）。而其他生物的细胞具有核结构，即核物质被核膜包被在细胞质里，故称为真核细胞（eukaryotic cell）。除了原核生物以外的所有高等植物、动物以及单细胞藻类、真菌和原生动物统称真核生物（eukaryote）。

真核生物的细胞核（nucleus）由核膜（nuclear membrane）、核液（nuclear sap）、核仁（nucleolus）和染色质（chromatin）四部分组成。

**1. 核膜** 核膜为一双层膜，将细胞质和细胞核分开。膜上有核孔，是核质之间物质交流的通道。在细胞分裂过程中，核膜发生解体和重建。

**2. 核液** 核液为分布于核内的低电子密度的细小颗粒和微细纤维。其中除含有核仁外，还含有染色质。

**3. 核仁** 核仁为细胞核内 1 个或几个折光率很强的球状颗粒，主要由 RNA 和蛋白质组成。核仁是一个高度动态的结构，一般在分裂前期逐渐消失，其纤丝和颗粒成分散失于核质之中；在分裂末期又重新出现。将其随细胞分裂表现出的周期性的消失和重建称为核仁周期（nucleolar cycle）。一般认为它与核糖体的合成有关，是核内蛋白质合成的主要场所。

**4. 染色质和染色体** 为同一物质在细胞分裂过程中所表现的不同形态。染色质为细胞尚未分裂的核中易于被碱性染料染色的纤细的网状物；而当细胞分裂时，染色质便逐渐螺旋化而卷缩成一定数目和形状的染色体（chromosome）。

染色体的主要成分是 DNA 和蛋白质，细胞里的 DNA 大部分分布在细胞核里的染色体上，同时它又具有特定的形态结构，能够自我复制并积极参与细胞的代谢活动，因而染色体是核内遗传物质的载体，对细胞发育和性状的遗传都有极为重要的作用。下面就染色体的形态、结构和数目作一简单介绍。

## 二、染色体的形态

染色体是特指在细胞分裂过程中被一些碱性染料染色的具有特定的形态结构和数目的线状体。染色体最早是霍夫迈斯特（W. Hofmeister，1848）在鸭跖草（*Tradescantia*）的花粉母细胞中发现的，由瓦尔德耶尔（W. Waldeyer，1888）正式定名为染色体。

### （一）染色体的形态

在细胞分裂过程中，染色体的形态和结构表现一系列规律性的变化，其中以有丝分裂的中期和早后期表现得最为明显和典型。因为这个阶段的染色体最粗最短，并分散地排列在赤道板上，故此期是进行染色体形态与数目鉴定的最佳时期。

根据细胞学的观察，在外形上可以看到：每个染色体都有一个着丝粒（centromere）和被着丝粒分开的两个染色体臂（图 2－2）。着丝粒是指细胞分裂时染色体连接纺锤丝的区域，不能被碱性染料染色。每个染色体有一个着丝粒，主要由蛋白质组成，其位置是恒定的。在细胞分裂过程中，着丝粒对染色体向两极牵引具有决定性的作用。如果某一染色体发生断裂而形成染色体断片，则缺失了着丝粒的染色体断片将不能正常地随着细胞分裂而分向两极，因而常会丢失；反之，具有着丝粒的染色体断片将不会丢失。着丝粒所在的区域是染色体的缢缩部分，称为主缢痕（primary constriction）。在某些染色体的一个或两个臂上还有一个缢缩部位，染色较淡，称为次缢痕（secondary constriction）。次缢痕的末端所具有的圆形或略呈长形的突出体，称为随体（satellite）。次缢痕的位置是相对恒定的，通常在短臂的一端。这也是识别染色体的重要标志。染色体的次缢痕一般具有组成核仁的特殊功能，在细胞分裂时，它常常紧密联系着一个折光率很强的核仁，因而称为核仁组织中心。如玉米的第 6 对染色体的次缢痕就明显地联系着一个核仁。又如，人的第 13、第 14、第 15、第 21 和第 22 对染色体的短臂上都联系着一个核仁。染色体的每条臂的末端均有特殊的结构——端粒（telomere），这与染色体结构的稳定性有关。

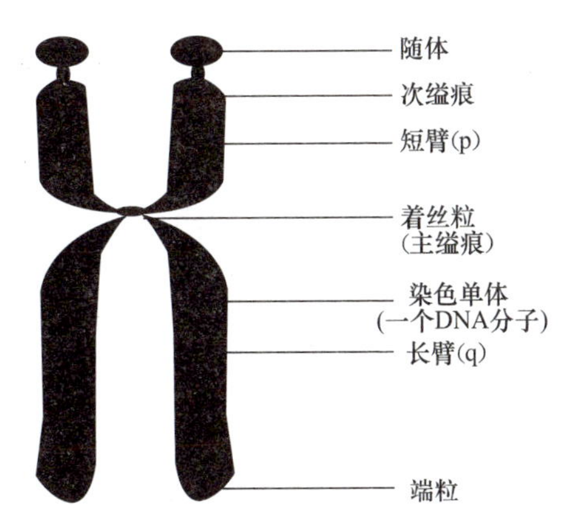


图 2－2　中期染色体

### （二）染色体的大小

染色体的大小通常指有丝分裂中期染色体的长度，不同物种和同一物种的染色体之间大小差异都很大，同一物种的染色体宽度大致相同。一般染色体长度为 0.5～30.0μm，宽度为 0.2～3.0μm。一般情况下，染色体数目少的则体积较大，植物染色体大于动物染色体，单子叶植物染色体大于双子叶植物染色体。如鱼类染色体数量多而体积小；玉米、小麦、大麦和黑麦的染色体大于水稻染色体；而棉花、苜蓿、三叶草等植物的染色体较小。

### （三）染色体的类型

染色体的长度及着丝粒的位置，决定着染色体的形态表现，据此可以将染色体进行分类。着丝粒位于染色体中间的，则两臂大致等长，称为中间着丝粒染色体（metacen－tric chromosome，M），在细胞分裂后期表现为 V 形；着丝粒偏向染色体一端的，则形成一个长臂和一个短臂，称为近中着丝粒染色体（sub－metacen－tric chromosome，SM），在细胞分裂后期表现为 L 形；着丝粒靠近染色体末端的，则形成一个长臂和一个极短的臂，称为近端着丝粒染色体（acrocentric chromosome，ST），在细胞分裂后期表现为棒状；此外，还有一些染色体的两臂都极其粗短，表现为粒状，称为粒状染色体（图 2－3）。

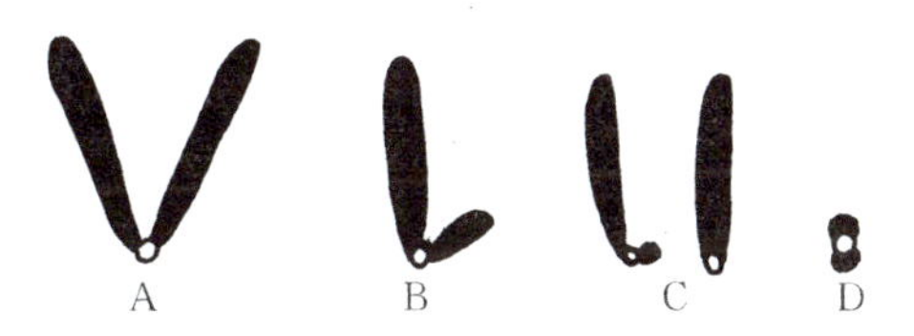


图 2－3　后期染色体的形态
A. V 形染色体　B. L 形染色体
C. 棒状染色体　D. 粒状染色体
（浙江农业大学．1986．遗传学）

## 三、染色体的结构

### （一）染色质的组成成分和基本结构

染色质是染色体在细胞分裂间期所表现出的形态，呈纤细的丝状结构，故亦称染色质线。在真核生物中，染色质是脱氧核糖核酸（DNA）和蛋白质及少量核糖核酸（RNA）组成的复合物。其中DNA的含量约占染色质质量的30%。蛋白质包括组蛋白和非组蛋白二类。组蛋白是与DNA结合的碱性蛋白，有$H_1$、$H_2A$、$H_2B$、$H_3$和$H_4$5种，其在细胞中的比例大致为1∶2∶2∶2∶2。组蛋白与DNA的含量比率大致相等，是很稳定的，在染色质结构上具有决定性的作用；而非组蛋白在不同细胞间变化很大。

奥林斯（Olins）等人在1974—1978年通过电子显微镜的观察和研究，提出了染色质结构的串珠模型（图2-4）。认为染色质的基本结构单位是核小体（nucleosome）、连接丝（linker）和一个分子的组蛋白$H_1$。每个核小体的核心是由$H_2A$、$H_2B$、$H_3$和$H_4$4种组蛋白各以2个分子组成的八聚体，其形状近似于扁球状。DNA双螺旋就盘绕在这8个组蛋白分子的表面。连接丝把两个核小体串联起来，它是由两个核小体之间的DNA双链与其相结合的组蛋白$H_1$所组成的。组蛋白$H_1$结合于连接丝和核小体的接合部位影响连接丝与核小体结合的长度，并锁住核小体DNA的进出口，从而稳定核小体的结构。据测定一个核小体及连接丝的DNA含有180～200个碱基对（base pair，bp），其中约146bp盘绕在核小体表面1.75圈，其余碱基对为连接丝，长度变化很大，从8～114bp不等。

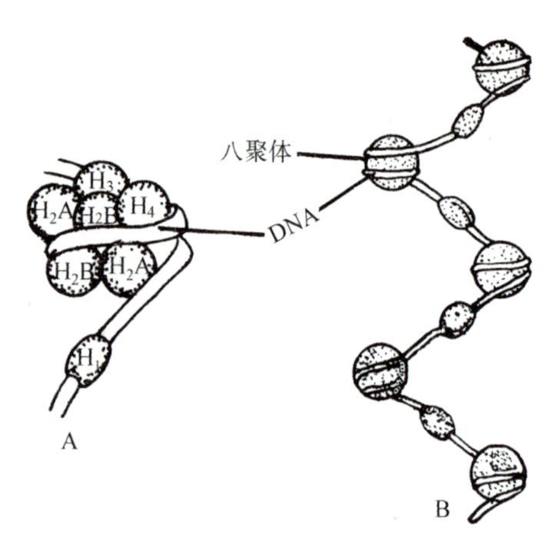


图2-4　染色质的核小体结构模型

A. 单一的核小体　B. 串珠式的核小体

（浙江农业大学．1986．遗传学）

### （二）染色体的结构模型

在细胞有丝分裂的中期，利用光学显微镜可以观察到，染色体结构是由两条染色单体（chromatid）组成的。每条染色单体包含着一条染色质线。现已证实染色质线是单线的，即每条染色单体就是一条DNA分子与蛋白质结合形成的染色质线。当它完全伸展时，其直径不过10nm，而其长度可达几毫米，甚至几厘米。当它盘绕卷曲时，可以收缩得很短，于是表现出染色体所特有的形态特征。

那么，在细胞分裂过程中细长的染色质是怎样变成具有一定形态结构的染色体的呢？在1977年提出了染色质螺旋化的四级结构模型（图2-5）。

**1. 一级结构**　核小体组成的串珠式染色质线。

**2. 二级结构**　直径为10nm的染色质线经过螺旋化，形成外径30nm，内径10nm，螺距11nm的螺线体。

**3. 三级结构**　螺线体进一步的螺旋化和卷缩，形成一条直径为400nm圆筒状的超螺线体，也称侧环结构。

**4. 四级结构**　超螺线体再次折叠盘绕和螺旋化，形成直径约1$\mu$m的染色体。

在这个过程中，DNA 分子的长度经过四级结构分别被压缩了 7 倍、6 倍、40 倍和 5 倍，DNA 分子长度总的被压缩了 7×6×40×5＝8400 倍。因此经过 4 次压缩后，DNA 双链分子长度大致被压缩了 8000～10000 倍。如人的最长一条染色体，DNA 分子伸展时长 85mm，中期时染色体直径为 0.5μm，长度为 10μm，长度大约被压缩了 8500 倍。

### （三）异固缩现象

由于染色体上各部分的染色质组成不同，对碱性染料的反应也不同。染色较深的染色质是异染色质，这个部位称为异染色质区；染色较淡的染色质是常染色质，这个部位称为常染色质区。常染色质与异染色质相比，只是核酸的紧缩程度及含量不同。在电镜下观察，两者在结构上是连续的。在细胞活动期间，一般异染色质区的染色线不解旋，仍然紧密卷曲，故染色较深；而常染色质区的染色线解旋变得松散，故染料很浅，不易看到。在同一染色体上所表现的这种差别称为异固缩现象(heteropythosis)。染色体的这种结构与功能、活性密切相关。常染色质可经转录表现出活跃的遗传功能，而异染色质在遗传上表现出惰性，一般不编码蛋白质，只是维持染色体结构的完整性。放射自显影的实验证明，异染色质的复制时间总是迟于常染色质。不同生物的各个染色体所出现的异染色质区的分布是不同的。玉米的异染色质区可能在着丝粒的两边或一边，如在玉米第 7 对染色体的长臂上靠近着丝粒处就有一段较明显而稍膨大的异染色质区。

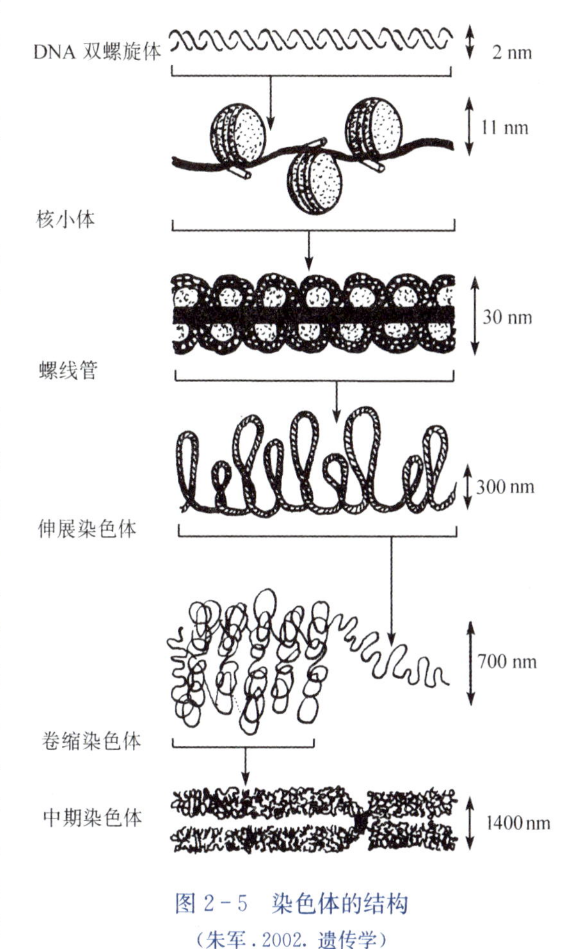


图 2-5　染色体的结构
（朱军. 2002. 遗传学）

## 四、染色体的数目

不同生物的染色体数目不同。少的只有几条，多的达 100 多条，甚至近千条。植物中，被子植物常比裸子植物的染色体数目多些。但是，染色体数目的多少与该物种的进化程度一般并无关系。某些低等生物比高等生物具有更多的染色体，或者相反。但是染色体的数目和形态特征对于鉴定系统发育过程中物种间的亲缘关系，特别是对植物近缘类型的分类，具有重要的意义。

同种生物的染色体数目都是恒定的。而且它们在体细胞中是成对的，用“$2n$”表示；在性细胞中是成单的，用“$n$”表示。也就是说，生物的体细胞染色体数目是其性细胞的 2 倍。如水稻体细胞染色体数为 $2n=24$，性细胞染色体数为 $n=12$；普通小麦 $2n=42$，

$n=21$；茶树 $2n=30$，$n=15$；家蚕 $2n=56$，$n=28$；人类 $2n=46$，$n=23$。体细胞中成对的染色体形态、结构和遗传功能相同，一个来自母本，一个来自父本，称为同源染色体（homologous chromosome）。而这一对染色体与另一对形态结构不同的染色体，则互称为非同源染色体（non-homologous chromosome）。由此可见，根据上述同源染色体的概念，体细胞中成双的各对同源染色体实际上可以分成两套染色体。而在减数分裂以后，其雌、雄性细胞将只留存一套染色体。表 2-1 列出了一些生物的染色体数目。

**表 2-1 一些生物的染色体数目**（$2n$）

（浙江农业大学．1986．遗传学）

| 物种名称 | 染色体数目 | 物种名称 | 染色体数目 |
| --- | --- | --- | --- |
| 水稻 | 24 | 西瓜 | 22 |
| 一粒小麦 | 14 | 黄瓜 | 14 |
| 二粒小麦 | 28 | 番茄 | 24 |
| 普通小麦 | 42 | 洋葱 | 16 |
| 大麦 | 14 | 萝卜 | 18 |
| 玉米 | 20 | 甘蓝 | 18 |
| 高粱 | 20 | 巴梨 | 34 |
| 粟 | 18 | 甜橙 | 18，36 |
| 黑麦 | 14 | 苹果 | 34 |
| 燕麦 | 42 | 桃 | 16 |
| 大豆 | 40 | 桑 | 14 |
| 蚕豆 | 12 | 松 | 24 |
| 豌豆 | 14 | 白杨 | 38 |
| 花生 | 40 | 茶 | 30 |
| 甘蔗 | 80，126 | 拟南芥 | 10 |
| 糖用甜菜 | 18 | 鸡 | 78 |
| 烟草 | 48 | 家蚕 | 56 |
| 白菜型油菜 | 20 | 果蝇 | 8 |
| 芥菜型油菜 | 36 | 蜜蜂 | 雌 32，雄 16 |
| 甘蓝型油菜 | 38 | 小鼠 | 40 |
| 亚洲棉 | 26 | 大家鼠 | 42 |
| 陆地棉 | 52 | 马 | 64 |
| 圆果种黄麻 | 14 | 猪 | 38 |
| 大麻 | 20 | 黄牛 | 60 |
| 苎麻 | 28 | 猕猴 | 42 |
| 马铃薯 | 48 | 人 | 46 |
| 甘薯 | 90 | 链孢霉 | $n=7$ |
| 南瓜 | 40 | 青霉菌 | $n=4$ |
| 向日葵 | 34 | 莱茵衣藻 | $n=16$ |

## 五、染色体分析及其应用

每一物种所含染色体的形态、结构和数目都是一定的，而不同物种之间在染色体形态和数目上都有差异。因此，染色体的形态和数目可以反映物种的特征。对生物细胞核内所含的全部染色体的形态特征进行分析，称为染色体组型分析（genome analysis）或核型分析（karyotype analysis）。染色体组型分析对物种间的亲缘关系、探讨物种进化机制、鉴定远缘杂种、倍性育种、追踪鉴别外源染色体或染色体片段等方面具有十分重要的利用价值。

常用的染色体组型分析的方法有染色体形态分析和染色体显带分析。另外还有染色体着色区段分析和染色体定量分析。

### （一）染色体形态分析

对生物细胞核内所含的全部染色体的长度、长短臂的比率、着丝粒的位置、随体的有无等形态特征进行分析，称为染色体形态分析。在实验中，首先对分裂着的细胞进行特殊的处理、染色并制片；然后进行镜检、显微照相和测微长度；最后把照片上的染色体逐个剪下来，按照一定的顺序贴在纸上。如人类的染色体有 23 对（$2n=46$），其中 22 对为常染色体，另一对为性染色体（X 染色体和 Y 染色体的形态大小和染色表现均不同）。国际上已根据人类各对染色体的形态特征，把它们统一地划分为 7 组（A、B、……、G），分别予以编号（图 2－6、表 2－2）。

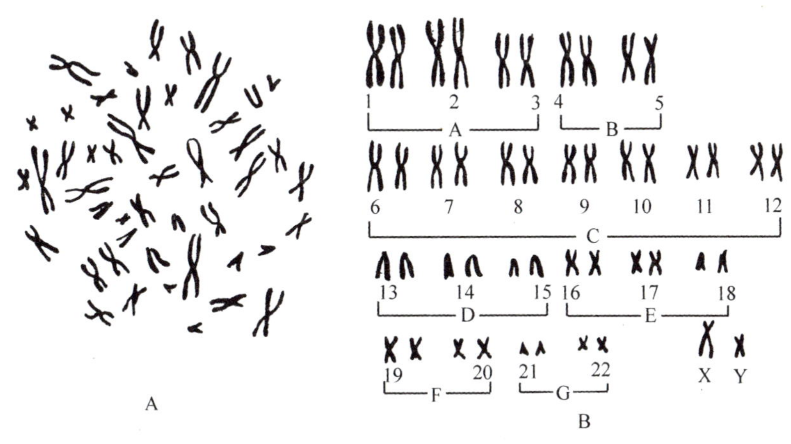


图 2－6　正常男性染色体核型及编号
A. 中期的染色体图像　B. 染色体分组
（浙江农业大学 . 1986. 遗传学）

**表 2－2　人体染色体组型的分类**

（浙江农业大学 . 1986. 遗传学）

| 类别 | 染色体编号 | 染色体长度 | 着丝点位置 | 随体 |
|---|---|---|---|---|
| A | 1～3 | 最长 | 中间，近中 | 无 |
| B | 4～5 | 长 | 近中 | 无 |
| C | 6～12，X | 较长 | 近中 | 无 |
| D | 13～15 | 中 | 近端 | 有 |
| E | 16～18 | 较短 | 中间，近中 | 无 |
| F | 19～20 | 短 | 中间 | 无 |
| G | 21～22，Y | 最短 | 近端 | 有 |

根据形态分析，还可以画出染色体组的示意图（图 2－7）。从图中可以看出，大麦的第

6、第 7 对染色体有随体，并在短臂上，该处是核仁组织中心。因为体细胞内染色体是成对的，所以每对只需画一根就可以了。

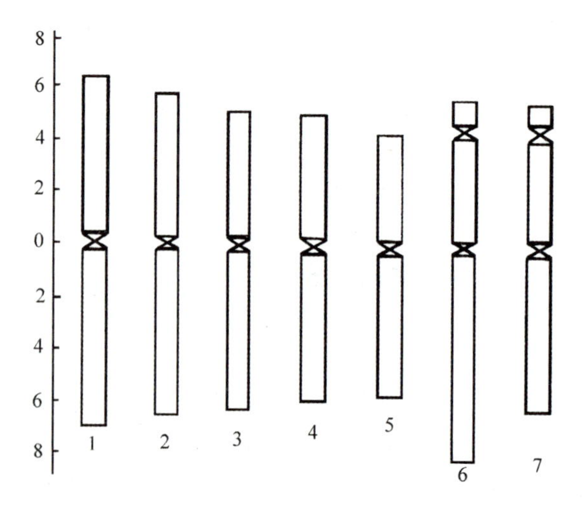

图 2-7　大麦染色体组型（长度单位：μm）
（刘世强 . 1986. 遗传学）

### （二）染色体显带分析

染色体形态分析虽然很有用途，但对那些染色体数目多、染色体小、形态相似、彼此不易区分物种的染色体组（如大豆）进行分析就比较困难。针对这种情况，20 世纪 60 年代末，国外有人率先开始进行染色体显带研究并获得成功。显带研究就是使用物理、化学方法对染色体进行处理，使染色体呈现出亮、暗相间或深、浅不同的带纹。对带型进行分析，可以更细微而可靠的识别染色体的特性。根据染色体显带机理的不同，又可以将染色体的带型分析分为荧光带型分析和吉姆萨带型分析。

**1. 荧光带型**　瑞典细胞化学家卡斯珀森（Caspersson，1968）等人首先提出染色体的荧光分带技术。他们用荧光染料芥子喹吖因（guinacrine mustard）处理蚕豆、中国田鼠和人类的分裂中期染色体。由于常染色质、异染色质的分布不同，在荧光显微镜下，经紫外线照射后，使染色体上清楚地呈现亮暗相间的荧光带纹。因为荧光染料芥子喹吖因的第一个英文字母是“Q”，所以荧光带型又称 Q-带。这种技术以后在动物上发展很快，特别在人体染色体研究上，已初步确定了各个染色体的标准带型，以此来研究各种遗传病因。

**2. 吉姆萨带型**　1970 年，在动物染色体研究中，发现了吉姆萨染色法，并于 1972 年用于植物上。由于各种生物的染色体被吉姆萨染液染上的带纹不一，这对分析各物种之间的亲缘关系、染色体结构变异及鉴定远缘杂交等起了很大作用。

吉姆萨是一种复合染料。由于染色前进行的前处理和所用化学药物的不同，经吉姆萨染色后，便可以得到 R 带、G 带、C 带和 T 带等。植物上常用的是 C 带。依次用 0.2mol/L 的 HCl 或 5%的 $Ba(OH)_2$ 和 2 倍 SSC（氯化钠、枸橼酸钠）溶液处理后，再用吉姆萨染色便可得到 C 带。C 带又包括 4 种带型：C 带型、I 带型、T 带型和 N 带型。

C 带型。C 带型也称着丝点带，即着丝点及其附近的带纹。大部分植物染色体都能显示这种带。小麦全部染色体都显示这种带纹。

I 带型。I 带型为中间带，即分布在染色体着丝点至末端之间的带纹。

T 带型。T 带型为末端带，即位于染色体臂端的带纹。黑麦和洋葱是这种带。

N 带型。N 带型为核仁缢痕带，是核仁染色体专一带，位于核仁组织中心区。玉米第 6 对染色体短臂末端就显示这种带。

这是 4 种基本带型，但各种植物的染色体构成不同。有的植物全套染色体都能显示这 4

种带型，这称为完全带型，用“CITN”表示。还有的植物只显示 3 种以下的带，这是不完全带，可分为：

CIN 带型。不具备末端带，如小麦、大麦和蚕豆。

CTN 带型。不具备中间带，如洋葱。

TN 带型。没有着丝点和中间带，如玉米、黑麦等。

N 带型。只有缢痕带。

图 2-8 是人的染色体吉姆萨显带分析图。

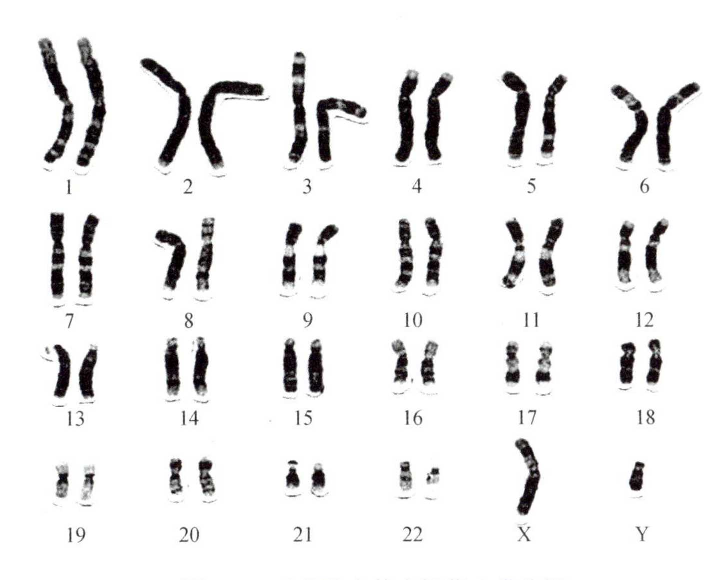


图 2-8　人的染色体吉姆萨 G 带分析

### （三）染色体着色区段分析

染色体经低温、KCl 和酶解，再经 HCl 或 HCl 与乙酸混合液处理后制片能使染色体出现异固缩反应，从而产生不同着色区段，使异染色质区段可见。这种着色区具有特殊性，且较为稳定。在同源染色体之间着色区基本相同，而在非同源染色体之间则有差别。因此用着色区段可以帮助识别染色体。作为染色体组型分析的一种方法，目前在部分植物中试验取得了成功。

### （四）染色体定量分析

根据细胞核、染色体组或每一个染色体的 DNA 含量以及其他化学特性去鉴定染色体。如 DNA 含量的差别，反映了染色体大小的差异，因此可作为组型分析的内容。由于该方法受仪器设备限制很大，应用不太普遍。

## 第二节　细胞分裂中的染色体行为

细胞分裂是生物进行生长和繁殖的基础，亲代的遗传物质就是通过细胞分裂传递给子代的。

细胞分裂的方式可分为无丝分裂（amitosis）和有丝分裂（mitosis）。高等生物的细胞分裂主要还是以有丝分裂方式进行的。由于在分裂过程中有纺锤丝出现，故称之为有丝分裂。而减数分裂是生物在有性过程中发生的一种特殊的有丝分裂方式。

无丝分裂也称直接分裂，其过程是一个活细胞首先伸长，然后核纵裂成两部分，接着细胞质也分裂，从而形成两个子细胞。因为在整个分裂过程中看不到纺锤丝，故称为无丝分裂（图 2-9）。无丝分裂是低等生物如细菌等的主要分裂方式。高等生物中，除某些专化组织、病变和衰退组织及某些生长迅速的部位如小麦的茎节基部、番茄叶腋产生新枝处以及一些肿瘤和愈伤组织常发生无丝分裂外，许多正常组织也常发生无丝分裂，如植物的薄壁组织细胞、木质部细胞、毡绒层细胞和胚乳细胞，还有动物的胚胎膜、填充组织和肌肉组织等也观察到无丝分裂的发生。

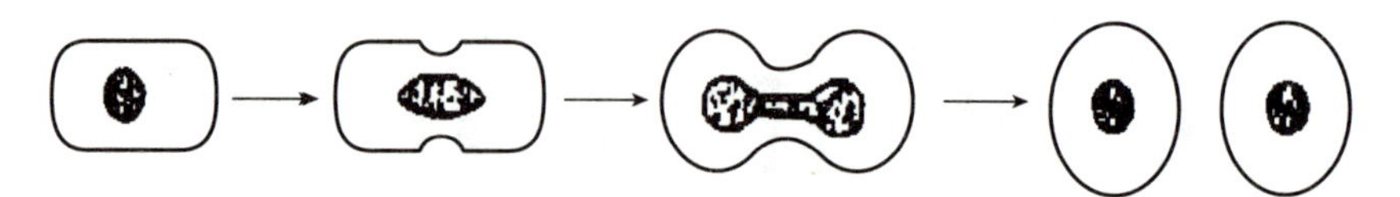

图 2-9 无丝分裂过程
（张建民. 2005. 遗传学）

## 一、有丝分裂中的染色体行为

### （一）细胞周期

高等生物的细胞周期主要包括细胞有丝分裂过程及其两次分裂之间的间期（interphase）。间期虽然在光学显微镜下看不到细胞明显的形态变化，而实际却正是细胞代谢、DNA 复制旺盛时期。并且间期核的呼吸作用很弱，这有利于能量的储备。根据间期 DNA 合成（复制）的特点，又可把间期分为三个时期：①DNA 合成前期，简称 $G_1$ 期，这时细胞体积增大，物质合成迅速，为 DNA 复制做准备；②DNA 合成期，简称 S 期，时间较长，是 DNA 进行复制的时期，当复制结束时细胞核中的 DNA 分子数目增加 1 倍；③DNA 合成后期，简称 $G_2$ 期，细胞体积增大，RNA 大量合成，高能化合物大量积累，为细胞分裂奠定了物质基础。三个时期的长短因物种、细胞种类和生理状态而不同。一般 S 期较长且较稳定；$G_1$ 和 $G_2$ 期较短且变化很大（图 2-10）。

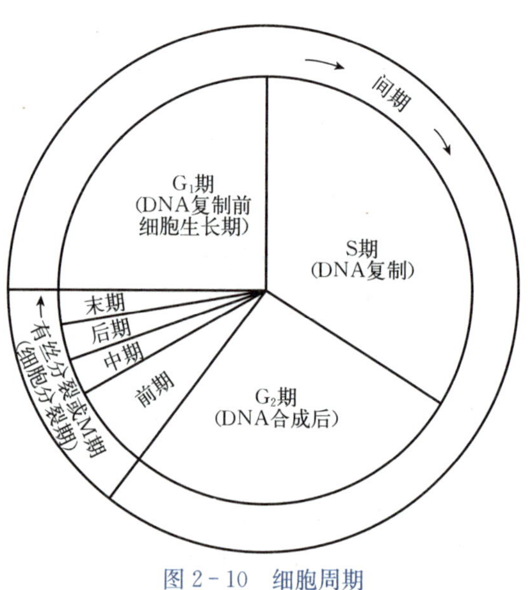


图 2-10 细胞周期
（S. L. 埃尔罗德等. 2004）

### （二）有丝分裂过程

有丝分裂是体细胞产生体细胞时所进行的分裂，故又称体细胞分裂。它多发生在根尖、茎尖等分生组织的细胞中。有丝分裂包含两个紧密相连的过程：先是细胞核分裂，即核分裂为两个；后是细胞质分裂，即细胞分裂为二，各含一个核。为了便于描述起见，一般根据核分裂的变化特征分为 4 个时期：前期（prophase）、中期（metaphase）、后期（anaphase）和末期（telophase）（图 2-11）。现分述如下：

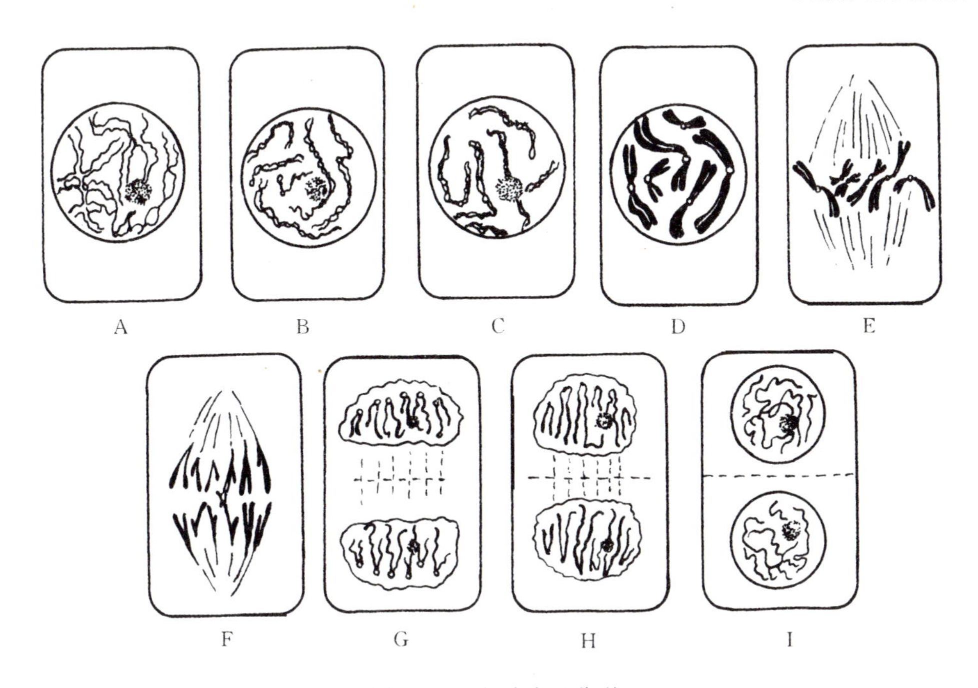


图 2-11　细胞有丝分裂

A. 极早前期　B. 早前期　C. 中前期　D. 晚前期　E. 中期　F. 后期　G. 早末期　H. 中末期　I. 晚末期

（浙江农业大学 . 1986. 遗传学）

**1. 前期**　细胞核内出现细长而卷曲的染色体，以后逐渐缩短变粗。每个染色体含有两个染色单体，但着丝点还未分裂。核仁、核膜逐渐模糊。在两极逐渐形成丝状的纺锤丝（spindle fiber）。

**2. 中期**　核仁和核膜均已消失，核与细胞质已无可见的界限，细胞内清晰可见来自两极纺锤丝所构成的纺锤体（spindle）。各个染色体的着丝点均排列在纺锤体中央的赤道面上，而其两臂则自由地分散在赤道面的两侧。由于这个时期染色体具有典型的形状，故最适于采用适当的制片技术进行染色体鉴别和计数。

**3. 后期**　每个染色体的着丝点已分裂为二，故每个染色单体就成为一个染色体。随着纺锤丝的牵引每个染色体分别移向两极，因而两极各具有与原来细胞同样数目的染色体。

**4. 末期**　在两极围绕着染色体出现新的核膜，染色体又变得松散细长，核仁重新出现。于是在一个母细胞内形成两个子核。接着细胞质分裂，在纺锤体的赤道板区域形成细胞板，分裂为两个子细胞，又恢复为分裂前的间期状态。

有丝分裂的全过程所经历的时间，因物种和外界环境条件而不同。一般以前期的时间最长，可持续 1～2h；中期、后期和末期的时间都较短，需 5～30min。如同在 25℃条件下，豌豆根尖细胞的有丝分裂时间约为 83min，而大豆根尖细胞的有丝分裂时间约为 114min。又同一蚕豆根尖细胞，在 25℃下有丝分裂时间约为 114min；而在 3℃下，则为 880min。

### （三）有丝分裂中的特殊情况

**1. 多核细胞**　细胞核进行多次重复分裂，而细胞质却不分裂，因而形成具有许多游离核的细胞，称为多核细胞。单子叶植物和双子叶植物离瓣花植物的胚乳发育初期以及成熟胚囊发育过程都可以看到这种现象，小孢子（花粉粒）在功能上达到成熟也要进行两次核分裂（详见本章第三节内容）。

**2. 核内有丝分裂** ①核内染色体中的染色线连续复制后，其染色体也分裂，但细胞核本身不分裂，结果加倍的这些染色体都留在了一个核内。这在组织培养的细胞中较为常见，植物花药的绒毡层细胞也有发现；②核内染色体中的染色线连续复制后，其染色体并不分裂，仍紧密聚集在一起，形成多线染色体。

### (四) 有丝分裂的遗传学意义

有丝分裂的基本特点是染色体复制一次，细胞分裂一次。这种分裂方式在遗传学上具有重要意义。①核内每个染色体准确地复制并分裂为二，为形成的两个子细胞在遗传组成上与母细胞完全一样提供了基础（图 2-12）；②复制的各对染色体在分裂过程中有规则地均匀地分配到两个子细胞中去，从而使两个子细胞与母细胞具有同样质量和数量的染色体。这种均等式的有丝分裂既维持了个体的正常生长和发育，也保证了物种稳定性。有些生物通过无性繁殖产生的后代之所以能保持其母本的遗传性状就在于它们是通过有丝分裂而产生的。

图 2-12 细胞有丝分裂时的染色体行为
（刘世强．1986．遗传学）

## 二、减数分裂中的染色体行为

### (一) 减数分裂过程

减数分裂（meiosis），又称成熟分裂（maturation division），是在性母细胞成熟后，配子形成过程中（动物）或配子体形成过程中（植物）所发生的一种特殊的有丝分裂。因为这种细胞分裂所形成的子细胞核内染色体数目减少一半，故称为减数分裂。如玉米的体细胞染色体数 $2n=20$，经过减数分裂后形成的大孢子和小孢子的染色体数都只是原来孢母细胞的一半，即 $n=10$。

减数分裂的基本特点：①各对同源染色体在细胞分裂的前期配对（pairing），或称联会（synapsis）。后期Ⅰ同源染色体彼此分开，分别移向两极，非同源染色体之间可自由组合；②染色体复制一次，细胞分裂两次，第一次减数，第二次等数，因而产生的 4 个子细胞染色体数为其母细胞的一半；③粗线期少量母细胞会发生相邻的非姊妹染色单体间的片段交换。

减数分裂的整个过程，也包括间期和分裂期。间期同有丝分裂，主要是进行染色体复制。分裂期包括第一次分裂和第二次分裂。第一次分裂包括前期Ⅰ、中期Ⅰ、后期Ⅰ和末期Ⅰ；第二次分裂包括前期Ⅱ、中期Ⅱ、后期Ⅱ和末期Ⅱ（图 2-13）。

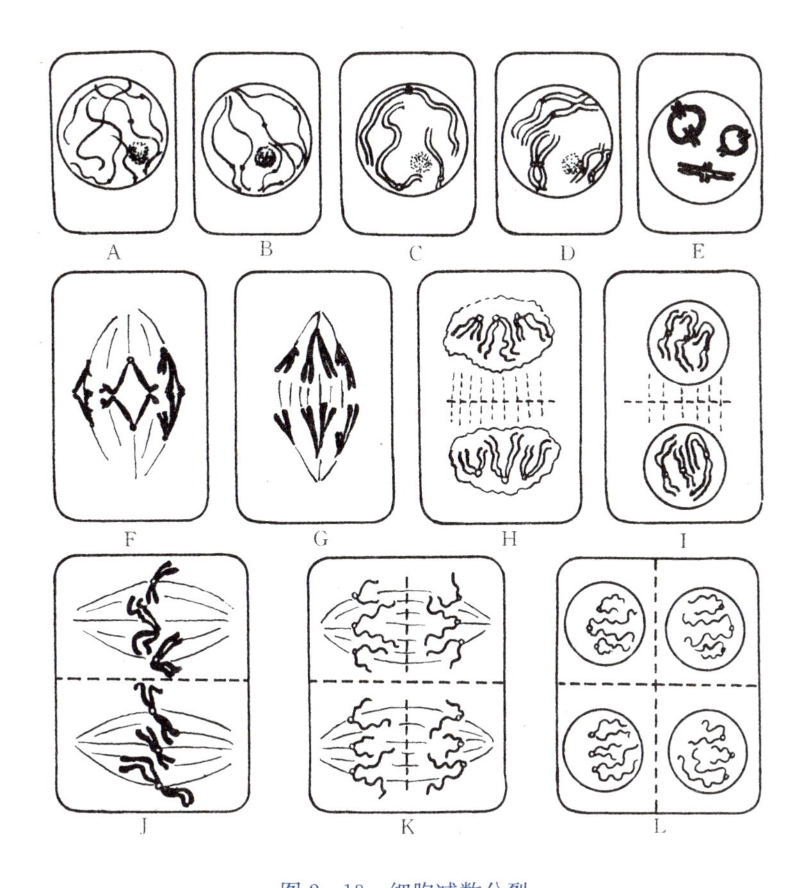


图 2-13　细胞减数分裂

A. 细线期　B. 偶线期　C. 粗线期　D. 双线期　E. 终变期　F. 中期Ⅰ
G. 后期Ⅰ　H. 末期Ⅰ　I. 前期Ⅱ　J. 中期Ⅱ　K. 后期Ⅱ　L. 末期Ⅱ
（浙江农业大学．1986．遗传学）

**1. 第一次分裂**

（1）前期Ⅰ。此期不仅分裂时间长，而且和遗传与变异关系甚为密切，故把前期Ⅰ又分成 5 个时期，即细线期、偶线期、粗线期、双线期和终变期。

① 细线期（leptotene）。核内出现细长如丝的染色体（已含有 2 条染色单体），但在显微镜下分辨不清，好像一团乱麻线。

② 偶线期（zygotene）。染色体出现联会现象。所谓联会就是同源染色体配对，也就是各对同源染色体在两端先行靠拢配对，或者在染色体全长的各个不同部位开始配对。这是偶线期最显著的特征。这样联会的一对同源染色体称为二价体。一般来说，有多少个二价体，即表示有多少对同源染色体。

③ 粗线期（pachytene）。同源染色体完成联会。二价体不断螺旋化而变得粗短，此时可见二价体中含有 4 条染色单体，故又称为四合体（tetrad）。遗传学上把一条染色体中的两条染色单体互称为姊妹染色单体；把四合体内的一对姊妹染色单体与另一对姊妹染色单体之间互称为非姊妹染色单体。这一时期还会出现相邻的非姊妹染色单体之间的片段交换，致使基因也随之而交换。

④ 双线期（diplotene）。四合体继续缩短变粗。虽然每个二价体中的非姊妹染色单体相互排斥而松解，但仍被1～2个以至几个交叉联结在一起。这种交叉现象就是粗线期交换的结果。

⑤ 终变期（diakinesis）。染色体螺旋化到最粗最短，这是前期Ⅰ终止的标志。此时交叉节向二价体的两端移动，并逐渐接近于末端，这种现象称为交叉端化，简称端化（terminalization）。此时，每个二价体分散在整个核内，可以一一区分开来。所以终变期是鉴定染色体数的最好时期。如果有 $n$ 个二价体，说明这个物种体细胞内就有 $2n$ 条染色体。

（2）中期Ⅰ。核仁、核膜消失，纺锤丝出现。从纺锤体的侧面观察，每个二价体的同源染色体分散排列在赤道板的两侧。来自两极的纺锤丝分别牵引着每个二价体内的两条同源染色体上的着丝点（牵引方向是随机的）。此时二价体尚未解体，所以也是鉴定染色体数的最好时期。

（3）后期Ⅰ。这个时期最显著的特点是联会的二价体瓦解，同源染色体彼此分开，在纺锤丝牵引下，分别移向两极，但着丝点不分裂，故每个染色体仍包含2条染色单体。这样每一极只分到同源染色体中的一个，实现了染色体数目的减半（$2n \rightarrow n$）。而非同源染色体之间可自由组合，有 $n$ 对染色体就有 $2^n$ 个组合。

（4）末期Ⅰ。染色体移到两极后，松散变细，逐渐形成两个子核；同时细胞质分为两部分，于是形成两个含有 $n$ 条染色体的子细胞，即二分体（二分孢子）。这时减数分裂的第一次分裂结束。随即进入第二次分裂。

**2. 第二次分裂**

（1）前期Ⅱ。每个染色体有2条染色单体，着丝点仍连接在一起，但染色单体彼此散得很开。

（2）中期Ⅱ。每个染色体的着丝点整齐地排列在各个分裂细胞的赤道面上。着丝点开始分裂。

（3）后期Ⅱ。着丝点分裂为二，各个染色体中的2条染色单体随之分裂为2条染色体，被纺锤丝分别拉向两极。

（4）末期Ⅱ。拉到两极的染色体形成新的子核，同时细胞质又分为两部分。这样，经过两次分裂，形成4个子细胞，称为四分体或四分孢子。各细胞的核里只有最初细胞的半数染色体，即 $2n \rightarrow n$。可见，减数分裂的第二次分裂实质是有丝分裂。

### （二）减数分裂的遗传学意义

减数分裂是配子形成过程中的必要阶段，具有重要的遗传学意义。

（1）减数分裂使含有 $2n$ 条染色体的体细胞分裂产生含有 $n$ 条染色体的性细胞，两个 $n$ 条染色体的雌、雄性细胞经过受精形成的合子染色体数又恢复到 $2n$。从而保证了物种在世代交替的系统发育过程中亲代和子代染色体数目的恒定性和物种相对的稳定性。

（2）减数分裂时，非同源染色体的自由组合（图2-14）和非姊妹染色单体的片段交换，是实现基因重组的重要方式，这使得生物能在一定的遗传背景即一定的染色体组型基础上发生变异。因为含有重组基因的雌、雄性细胞受精结合后，其后代会出现与杂种双亲不同的变异个体。这就保证了生物的变异，有利于生物的进化，为自然选择和人工选择提供了丰富材料。

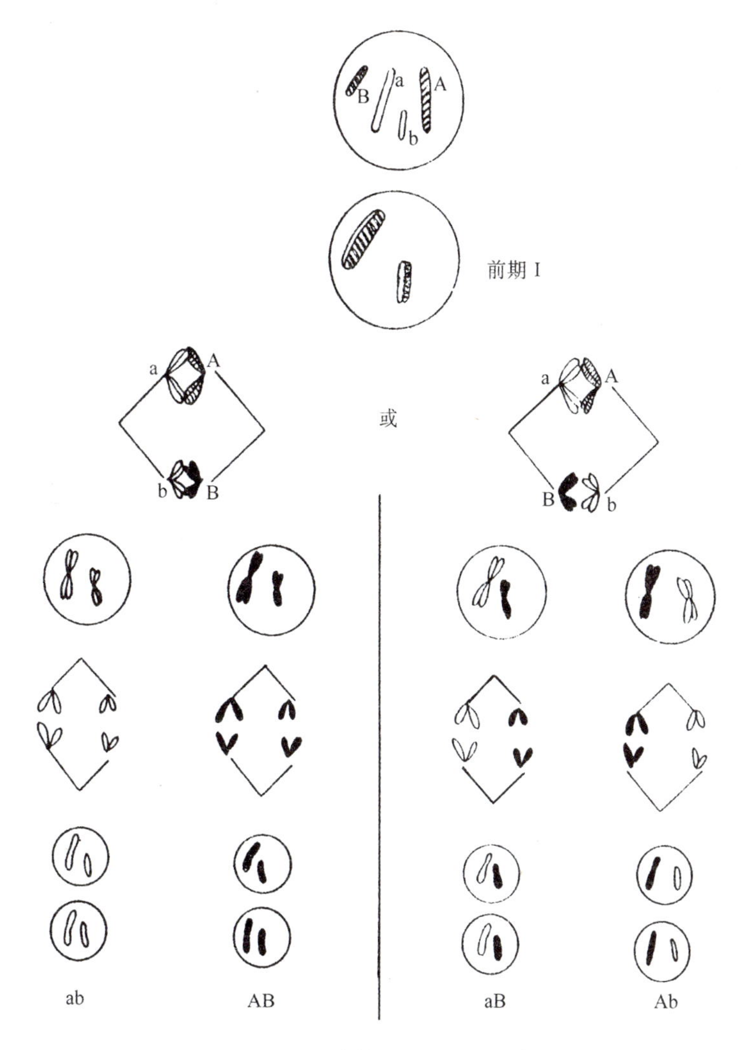


图 2-14 细胞减数分裂时的染色体行为
（刘世强．1986．遗传学）

# 第三节 生物繁殖与生活周期

## 一、配子的形成和受精

生物的繁殖方式基本上有两种：无性生殖（asexual reproduction）和有性生殖（sexual reproduction）。无性生殖是通过亲本营养体的分割而产生许多的后代个体，所以也称为营养体生殖。如植物利用块根、块茎、鳞茎、球茎、芽眼和枝条等营养体产生后代，都属于无性生殖。由于它是通过体细胞的有丝分裂而繁殖的，后代与亲代具有相同的遗传组成，因而后代与亲代一般总是简单地保持相似的性状。有性生殖是通过亲本的雌配子和雄配子融合而形成合子，随后进一步分裂、分化和发育而产生后代。有性生殖是最普遍最重要的生殖方式，大多数动、植物都是有性生殖的。当然，两者的划分是相对的，许多无性生殖生物在一定条件下，也能进行有性生殖。

### （一）高等动物雌、雄配子的形成

多细胞动物的性腺中有许多性原细胞（gonia）。它们分化得很早，在胚胎发生过程中即已形成并藏在生殖腺里。在雌性性腺（即卵巢）中有卵原细胞（oogonia），在雄性性腺（即睾丸）中有精原细胞（spermatogonia）。它们的染色体数目与一般细胞一样，因为它们也是通过有丝分裂产生的。性原细胞经过多次有丝分裂后停止分裂，开始长大，在性腺中分别形成初级母细胞，雌性称为初级卵母细胞（primary oocyte），雄性称为初级精母细胞（primary spermatocyte）。

**1. 卵细胞的形成**　初级卵母细胞（$2n$）经过减数分裂第一次分裂，产生 2 个单倍体细胞。它们在体积上大小悬殊。大的一个含有绝大多数的细胞质，称为次级卵母细胞（secondary oocyte）（$n$），小的一个含有极少部分的细胞质，称为第一极体（first polar body）（$n$）。次级卵母细胞经过第二次分裂，也产生 2 个大小悬殊的细胞，大的称为卵细胞(ootid)（$n$），小的称为第二极体（second polar body）（$n$）。第一极体有再分裂一次的，也有不分裂的，和第二极体一起都退化了。所以每个初级卵母细胞经过减数分裂，只产生一个有效的卵细胞（$n$）（图 2－15）。值得注意的是，初级卵母细胞在减数分裂进行到前期Ⅰ的双线期后，有一个停顿的时期。停顿时间的长短因生物种类而异。此期初级卵母细胞需进行营养的积累，为继续分裂和下一步的受精作准备。

**2. 精细胞的形成**　初级精母细胞（$2n$）通过减数第一次分裂而产生 2 个次级精母细胞（secondary spermatocyte）（$n$），再通过第二次分裂产生 4 个精细胞（spermatid）（$n$），精细胞再经过包括细胞质和细胞器在内的一系列变化，发育形成精子（sperm）（图 2－15）。

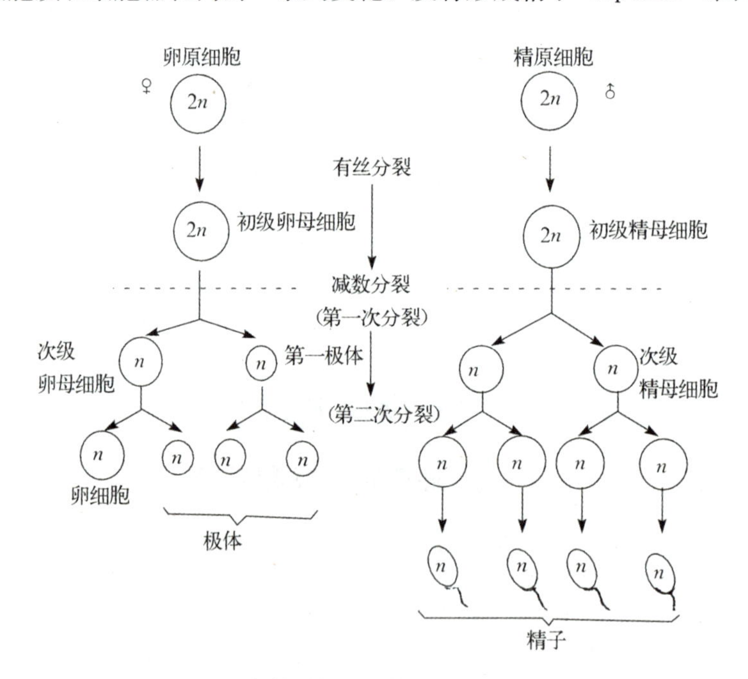


图 2－15　高等动物雌、雄配子形成的过程
（浙江农业大学．1986．遗传学）

### （二）高等植物雌、雄配子体的形成

高等植物的生殖细胞是在个体发育成熟时从体细胞中分化而来，花器的雌蕊和雄蕊里分

化出孢原细胞（大孢子母细胞和小孢子母细胞），它们经过减数分裂和一系列的有丝分裂和分化，成为雌配子体（7 个细胞 8 个核的成熟胚囊）和雄配子体（三核花粉），其中卵细胞是雌配子而精核是雄配子（图 2－16）。

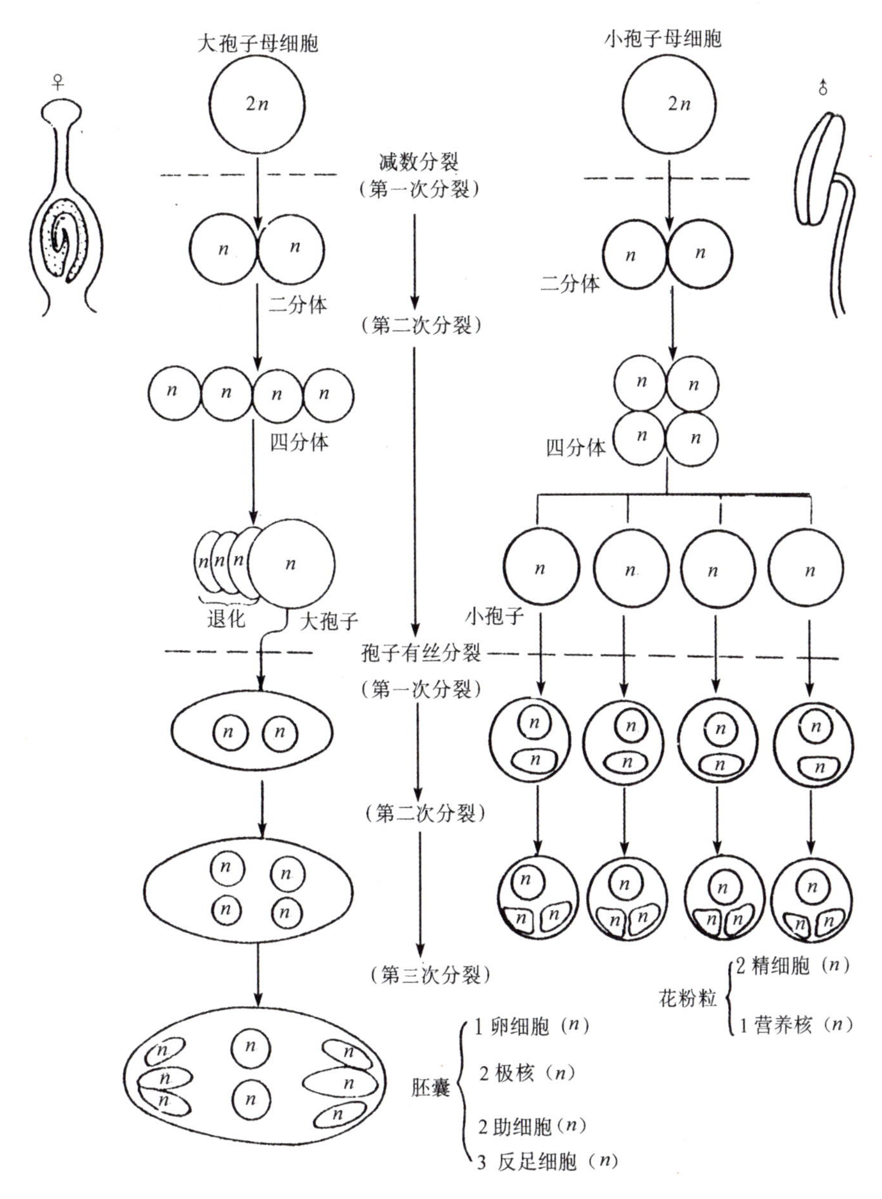


图 2－16　高等植物雌、雄配子形成的过程
（浙江农业大学．1986．遗传学）

**1. 雌配子体的形成**　雌蕊子房中着生胚珠，在胚珠的珠心组织里分化出孢原细胞，进一步分化为大孢子母细胞（macrosporocyte）（2*n*），经过减数分裂形成直线排列的 4 个单倍体大孢子（macrospore）（*n*），即四分孢子（tetraspore）。其中 3 个退化，只有 1 个远离珠孔的大孢子又经过 3 次有丝分裂形成 8 个单倍体核，经进一步细胞质分裂，形成一个有 2 个为极核（polar nucleus）、3 个反足细胞（antipodal cell）、2 个助细胞（synergid）和 1 个卵

细胞（ootid）的胚囊（embryo sac）结构，把此称为雌配子体（female gametophyte）。其中的卵细胞又称雌配子。

**2. 雄配子体的形成** 雄蕊的花药中分化出孢原细胞，进一步分化为小孢子母细胞（microsporocyte）或称花粉母细胞（$2n$），经过减数分裂形成4个单倍体小孢子（microspore）（$n$）。每个小孢子形成一个单核花粉粒（pollen grain）。在花粉粒发育过程中，它经过一次有丝分裂，形成1个管核（tube nucleus）（即营养核，$n$）和1个生殖核（$n$）。而生殖核再进行一次有丝分裂，形成2个雄核（male nucleus），亦称精核（$n$）。所以，一个成熟的花粉粒包括2个雄核和1个营养核。通常把花粉粒称为雄配子体（male gametophyte）。其中的雄核又称雄配子。

### （三）受精

受精（fertilization）是指雄配子（精子）与雌配子（卵细胞）融合成合子的过程。植物在受精前有一个授粉（pollination）过程，是指成熟的花粉粒落在雌蕊柱头上。被子植物授粉后，花粉粒在柱头上发芽，形成花粉管，穿过花柱、子房和珠孔，进入胚囊。花粉管延伸时，管核走在两个精核的前端。进入胚囊时，管核和胚囊中的助细胞和反足细胞相继消失。一个精核（$n$）与卵细胞（$n$）融合为合子（$2n$），将来发育成二倍体的胚（embryo）（$2n$）；另一精核（$n$）与两个极核（$n+n$）受精融合为三倍体初生胚乳核（$3n$），将来发育成胚乳（$3n$）。这一过程称为被子植物的双受精（double fertilization）。

通过双受精而最后发育成种子，这是被子植物的特征。然而，不应当把雄核与两个极核的融合看做是一种真正意义上的受精行为。种子一般是由种皮（$2n$）、胚乳（$3n$）和胚（$2n$）三部分组成的。种皮不是受精的产物。双子叶植物的种皮是由胚珠的珠被形成的，而单子叶禾本科植物的颖果内的种皮很薄，常与外部的果皮合并难以分离，故合称为种被或果种皮。不论种皮或果皮，都是母本花器的营养组织，其遗传组成同母体。胚乳和胚是双受精产物，其中胚乳的遗传组成中2/3来自母本，1/3来自父本；胚的遗传组成中一半来自母本，一半来自父本。种子播种后，种皮和胚乳提供种子萌发和生长所需的营养而逐渐解体，故它们不具遗传效应。只有$2n$的胚具有遗传效应，生长发育成$2n$的植株。

## 二、直感现象

**1. 胚乳直感** 胚乳直感（xenia）是指在$3n$胚乳的性状上由于受到精核的影响而直接表现出父本的某些性状的现象，又称花粉直感。如将玉米黄粒植株的花粉给白粒玉米植株的花丝授粉，当代所结籽粒即表现父本的黄粒性状。同样，以胚乳为非甜质的植株花粉给甜质的植株授粉，或以胚乳为非糯性的植株花粉给糯性的植株授粉，在杂交当代所结的种子上都会表现出明显的胚乳直感现象。

**2. 果实直感** 果实直感（metaxenia）是指种皮或果皮组织在发育过程中由于受到花粉影响而表现父本的某些性状的现象。如棉花纤维是由种皮细胞延伸而来的。在一些杂交试验中，当代棉籽的发育常因长纤维的父本花粉的影响，而使纤维长度、纤维着生密度表现有一定的果实直感现象。

胚乳直感和果实直感的相同点是：两者都是由于花粉影响而引起的直感现象，都只能在当代表现，不能遗传给后代；不同的是前者是直接受精的结果，而后者的组织并未直接参与受精。

## 三、无融合生殖

无融合生殖（apomixes）是指不经精卵融合，而产生胚并形成种子的生殖方式，亦称无融合结子（agamospermy）。这一现象在动物界和植物界都存在，但在植物界更为普遍。它是介于有性生殖和无性生殖方式之间的第三种生殖方式。与有性生殖相比较，相同点是生殖过程发生在性器官的胚珠中，依靠种子来繁殖；不同点是无融合生殖不经精卵融合。与无性生殖相比较，相同点是不需经过精卵融合得到后代；不同点是无融合生殖发生在性器官中，依靠种子繁殖，无性生殖则借营养器官繁殖。通过无融合生殖所产生的种子称为无性种子。

无融合生殖可以概分为两大类：不可重复的无融合生殖和可重复的无融合生殖。所谓不可重复的无融合生殖是指其所生产的种子为单倍体（$n$），在自然界中自生自灭，如单倍配子体无融合生殖（haploid gametophyte apomixes）。而可重复的无融合生殖体可产生新的无融合生殖体，如二倍配子体无融合生殖（diploid gametophyte apomixes）和不定胚（adventitious embryo）（图 2－17）。

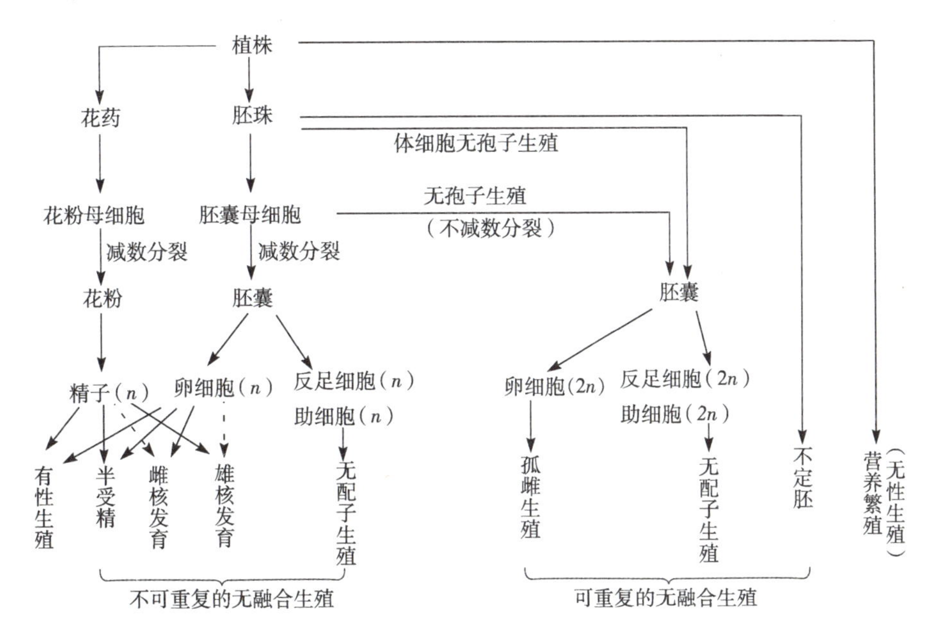


图 2－17　无融合生殖的发生和分类

（蔡得田等．1989. 杂交水稻）

**1. 单倍配子体无融合生殖**　单倍配子体无融合生殖是指雌、雄配子体不经过正常受精而产生单倍体胚（$n$）的一种生殖方式，简称为单性生殖（parthenogenesis）。凡由卵细胞未经受精而发育成有机体的生殖方式，称为孤雌生殖（female parthenogenesis）。这种卵细胞本身虽没有受精而发育成单倍体的胚，但是它的极核细胞却必须经过受精才能发育成胚乳。因此，在这一生殖过程中授粉仍是必要的条件。大多数植物的孤雌生殖都是这样产生的。在这种生殖类型中，也有因为精子进入卵细胞后未与卵核融合即发生退化、解体，因而卵细胞单独发育成单倍体的胚，这称为雌核发育（gyno－genesis）。在远缘杂交时往往会出现这种现象。

与雌核发育相对的是雄核发育（androgenesis），亦称为孤雄生殖（male parthenogenesis）。精子入卵后尚未与卵核融合，而卵核即发生退化、解体，雄核取代了卵核地位，在卵细胞之内发育成仅具有父本染色体的胚。近年来，通过花药或花粉的离体培养，利用植物花粉发育潜在的全能性而诱导产生单倍体植株，就是人为创造孤雄生殖的一种方式。

**2. 二倍配子体无融合生殖** 二倍配子体无融合生殖是指从二倍的配子体发育成为新个体的生殖方式。胚囊是由造孢细胞形成或者由邻近的珠心细胞形成，由于没有经过减数分裂，故胚囊里所有核都是二倍体（$2n$），因此又称为不减数的单性生殖。

**3. 不定胚** 不定胚是直接由胚珠的珠心或珠被的二倍体细胞产生为胚，完全不经过配子阶段。这种现象在柑橘中往往是与配子融合同时发生的。柑橘类中常出现多胚现象，其中一个胚是正常受精发育而成的，其余的胚则是珠心组织的二倍体的体细胞进入胚囊发育的不定胚。

上述各种无融合生殖方式中，有些可形成单倍体胚，从而分离出各种遗传组成的后代；有些可以形成二倍体胚，从而产生与亲本遗传组成相同的后代。因此，在植物育种中，可利用无融合生殖特点，大量培育单倍体植株或固定杂种优势的遗传组成。

## 四、生活周期

任何生物都具有一定的生活周期（life cycle），又称生活史，即个体发育的全过程。一般有性生殖的植物和动物的生活周期是指从合子至个体成熟和死亡所经历的一系列发育阶段。各种生物的生活史是不相同的。有性生殖的生物其生活周期大多数包括一个有性世代和一个无性世代。二者交替发生，称为世代交替（alternation of generations）。两个世代的相互交替，恰与染色体数目的变换相一致，因而能保证各物种染色体数目的恒定性，从而保证各物种遗传性状的稳定性。

### （一）低等植物的生活周期

低等植物的生活周期明显地不同于高等植物。现以红色面包霉为例说明低等植物的生活周期（图 2-18）。红色面包霉是丝状的真菌，属于子囊菌（*Ascomycetes*），在近代遗传学的研究上具有特殊的作用。因为红色面包霉一方面能有性生殖，并具有像高等动植物那样的染色体；另一方面它又能像细菌那样具有相对较短的世代周期（它的有性世代可短到 10d），并且能在简单的化学培养基上生长。

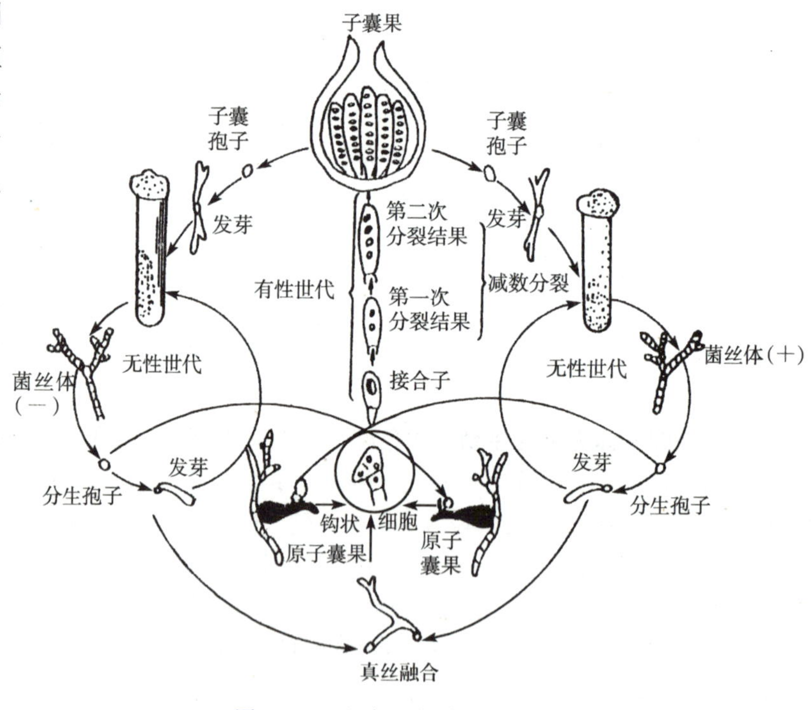


图 2-18 红色面包霉的生活周期
（浙江农业大学．1986．遗传学）

红色面包霉与大

多数真菌一样。它的单倍体世代（$n=7$）是多细胞的菌丝体（mycelium）和分生孢子（conidium）。分生孢子发芽形成新的菌丝，这是它的无性世代。一般情况下，它就是这样循环地进行无性繁殖。但是，有时也会产生两种不同生理类型的菌丝，一般分别假定为正（+）和负（−）两种接合型（conjugant）。它们类似于雌雄性别，通过融合或异型核（heterocaryon）接合（conjugation）（即受精作用）而形成二倍体的合子（$2n=14$），这便是红色面包霉的有性世代。合子本身是短暂的二倍体世代。红色面包霉的有性过程也可以通过另一种方式来实现。因为它的"+"和"−"两种接合型的菌丝都可以产生原子囊果和分生孢子。如果说原子囊果相当于高等植物的卵细胞，则分生孢子相当于精细胞。这样当"+"接合型（$n$）与"−"接合型（$n$）融合和受精以后，便形成二倍体的合子（$2n$）。

无论上述的哪一种方式，在子囊果（perithecium）里子囊（ascus）的菌丝细胞中合子形成以后，立即进行减数分裂（1 次 DNA 复制和 2 次核分裂），产生出 4 个单倍体的核，这时称为四分孢子。四分孢子中每个核进行一次有丝分裂，最后形成 8 个子囊孢子（ascospore），这样子囊里的 8 个孢子有 4 个为"+"接合型，另有 4 个为"−"接合型，二者总是成 1∶1 的比例分离。

许多真菌和单细胞生物的世代交替，与红色面包霉基本上是一致的。它们的不同点在于二倍体合子经过减数分裂以后形成 4 个孢子，而不是 8 个孢子。单细胞生物进行无性繁殖时，通过有丝分裂由一个细胞成为 2 个子细胞。它们进行有性繁殖时，也是通过 2 个异型核的接合而发生受精作用，但没有菌丝的融合过程。

### （二）高等植物的生活周期

高等植物的一个完整的生活周期是从种子胚到下一代的种子胚。它包括无性世代和有性世代两个阶段。关于高等植物的有性世代已在上节作了详细的叙述。现以玉米为例说明高等植物的生活周期（图 2-19）。玉米是一年生的禾本科（Gramineae）植物，雌、雄花序同株异花，交配方式简单。一个果穗可产生大量的种子后代，而且变异类型丰富。染色体较大，且数目较少（$2n=20$）。所以，玉米一直是植物遗传学研究的好材料。

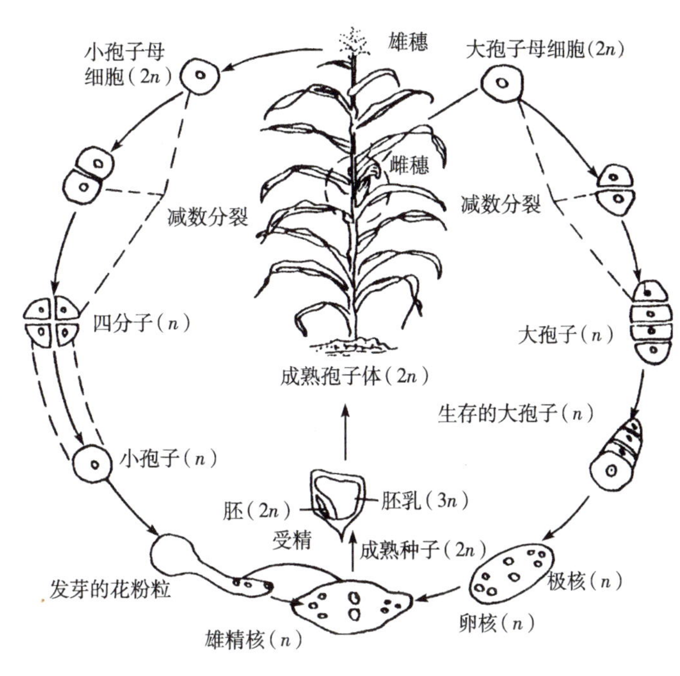


图 2-19　玉米的生活周期
（浙江农业大学．1986．遗传学）

由图 2-19 可见，高等植物从受精卵（合子）发育成一个完整的绿色植株，是孢子体的无性世代，称为孢子体世代。这个世代中体细胞的染色体是二倍体（$2n$），每个细胞中都含有来自雌性配子和雄性配子的一整套染色体。孢子体发育到一定程度以后，在孢子囊（花药和胚珠）内发生减数分裂，产生单倍体的小孢子（$n$）和大孢子（$n$），遂进入配子体世代。大孢子和小孢子经过有丝分裂分化为雌、雄配子体，它们分别包括单倍体的雌配子（卵细胞）和雄配子（精细胞）。雌、雄配子受精结合形成合子后即完成有性世代，又进入下一个无性世代。由此可见，高等植物的配子体世代是很短暂的，而且它是在孢子体内度过的。在高等植物的生活周期中大部分时间是孢子体体积的增长和组织的分化。

由上可知，低等植物和高等植物的一个完整的生活周期，都交替进行着无性世代和有性世代。亦即都具有自己的单倍体世代和二倍体世代，只是各世代的时间和繁殖过程有所不同。这种不同从低等植物到高等植物之间存在着一系列的过渡类型。生命越是向高级形式发展，它们的孢子体世代越长，相对应的繁殖方式也越复杂，繁殖器官和繁殖过程也越能受到较好的保护。

### （三）高等动物的生活周期

现以果蝇为例说明高等动物的生活周期（图 2-20）。果蝇属于双翅目（Diptera）昆虫。由于它生活周期短（在 25℃条件下饲养，约 12d 完成一个周期），繁殖率高，饲养方便，而且它的变异类型丰富，染色体数目少（$2n=8$），有利于观察研究，所以果蝇也一直是遗传学研究中的好材料。

果蝇的减数分裂和受精过程与牛、兔等高等动物以及人类的减数分裂和受精过程没有本质的区别。它们都是雌雄异体，卵和精子都是由雌、雄个体的性原细胞产生的。然后通过交配使精子与卵结合而成为受精卵，进一步发育成为子代个体。所不同的是果蝇正如所有的昆虫一样，在产卵受精后即脱离母体独立进行发育，并且从受精卵发育为成虫的过程中还需经过幼虫和蛹的变态阶段。而牛、兔等高等动物以及人类的受精卵是在母体内发育成为个体的。

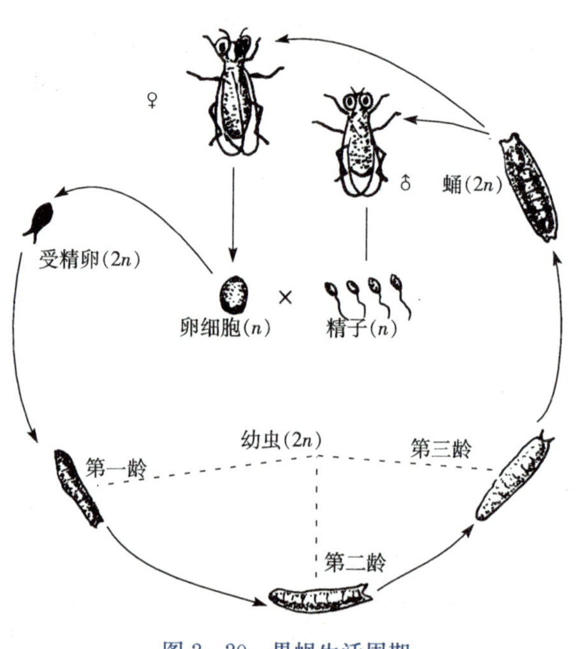


图 2-20 果蝇生活周期

大多数高等动物和植物在生活周期上的差异主要是：动物通常是从二倍体的性原细胞经过减数分裂即直接形成精子和卵细胞，其单倍体的配子时间很短。而植物从二倍体的性原细胞经过减数分裂后先形成单倍体的大孢子和小孢子，然后再经过一系列的有丝分裂，最终形成雌配子体或雄配子体，内含卵细胞或精子。

## 复习思考题

1. 名词解释

染色体、异固缩现象、染色体核型、同源染色体、非同源染色体、联会、非姊妹染色单

体、姊妹染色单体、受精、无融合生殖、胚乳直感、果实直感、生活周期

2. 与遗传相关的细胞器主要有哪些，它们有什么功能？

3. 试述染色体的四级结构。有丝分裂中期染色体的外部形态包括哪几部分？按照着丝点所在位置，将染色体分为哪些类型？

4. 比较有丝分裂和减数分裂的异同点，说明有丝分裂和减数分裂的遗传学意义。

5. 简述并图示高等动物雌、雄配子的形成过程。

6. 简述并图示高等植物雌、雄配子体的形成过程。

7. 水稻的体细胞为二倍体，具有24条染色体。假定胞质分裂发生在末期，在不同细胞分裂阶段中每个细胞里下列成分的数目为多少？

（1）在有丝分裂中：①$G_1$期的染色单体；②前期的染色体；③后期的着丝点；④后期的染色单体；⑤后期的染色体。

（2）在减数分裂中：①中期Ⅰ的染色单体；②中期Ⅰ的染色体；③后期Ⅰ的着丝点；④末期Ⅰ结束时的染色体；⑤末期Ⅱ结束时的染色体。

8. 一般认为每一个未复制的染色体中具有一个DNA分子，人的二倍体染色体数为46。下列时期中一个细胞或一个核中DNA分子数和二价体数各为多少？

（1）粗线期；（2）双线期；（3）终变期；（4）末期Ⅰ；（5）前期Ⅱ；（6）末期Ⅱ。

9. 黄牛的体细胞含60条染色体，下列细胞中，有多少条染色体？

（1）成熟卵子；（2）第一极体；（3）精细胞；（4）精子；（5）初级精母细胞；（6）脑细胞；（7）次级卵母细胞；（8）精原细胞。

10. 玉米体细胞中有20条染色体，写出下列各组织中细胞的染色体数目。

（1）叶；（2）根；（3）胚乳；（4）胚囊母细胞；（5）胚；（6）卵细胞；（7）反足细胞；（8）花药壁；（9）花粉管核；（10）柱头。

11. 某生物体细胞有4对同源染色体（Aa、Bb、Cc和Dd），那么该生物能产生多少种不同类型的配子？

12. 蚕豆的体细胞是12条染色体，也就是6对同源染色体（6条来自父本，6条来自母本）。一个学生说，在减数分裂时，有1/4的配子，它们的6条染色体完全来自父本或母本。你认为他的回答对吗？为什么？

13. 在下面的说法中，凡是对的用“＋”做记号，凡是错的用“－”做记号：

（1）同一动物的皮肤细胞和配子含有同数量的染色体。

（2）在同一个细胞的减数分裂中任意两条染色体都可以联会。

（3）一个动物的配子所含的雌亲染色体可以比它的体细胞所含的多。

（4）在一个成熟的精细胞的10个染色体中有5个总是雌亲的。

（5）在一个初级卵母细胞中的22个染色体可能有15个是雌亲的。

（6）2条同源染色体的同源部分在联会时处于并排对立的位置。

（7）同一个动物的精子所含的染色体数目是精原细胞所含的一半。

（8）在细胞分裂的间期，染色质分为常染色质和异染色质，二者都具有基因转录活性。

（9）有性生殖生物的生活周期大多是$2n$→减数分裂→$n$→受精→$2n$。

（10）有丝分裂后期向两级移动分开的是同源染色体，而减数第一次分裂移向两级的是姊妹染色单体。

14. 下列不同细胞能产生多少配子（精细胞或卵细胞）？

（1）在玉米中：①100 个小孢子（花粉）母细胞；②100 个花粉细胞；③100 个大孢子（胚囊）母细胞；④100 个作为减数分裂直接产物的大孢子。

（2）在人类中：①100 个初级精母细胞；②100 个次级精母细胞；③100 个初级卵母细胞；④100 个次级卵母细胞。

15. 许多植物可以通过分根、扦插、压条等进行营养繁殖，也可以通过相互传粉受精进行有性繁殖。营养繁殖的后代和有性繁殖的后代在遗传上有何不同？为什么？

# 第三章　孟德尔定律

**孟德尔（Johann Gregor Mendel，1822—1884）**

遗传学之父，出生在奥地利西里西亚的一个贫寒的农民家庭，由于家庭的影响，自幼酷爱自然科学。1856年，开始了著名的豌豆杂交试验，经过8年的试验，于1865年提出了被后人称为分离定律和独立分配定律的两大遗传定律。可惜的是，孟德尔的发现并没有引起当时科学界的重视，直到他逝世16年后的1900年，这些不朽的发现分别被不同国家的3位科学家证实后才重见天日，从而奠定了经典遗传学的科学基础。

孟德尔定律通常分为孟德尔第一定律（Mendel's first law）和孟德尔第二定律（Mendel's second law），前者也称分离定律（law of segregation），后者也称自由组合定律或独立分配定律（law of independent assortment）。

## 第一节　分离定律

### 一、分离现象的发现

早在孟德尔开始著名的豌豆杂交试验之前，人们为了提高作物产量、探索遗传奥秘就已经开始进行植物杂交试验，虽然也取得了不少重要发现，提出了不少还未认识的关键问题，但大多数的探索不是因为材料选择不当，就是因为研究方法有缺陷而终告失败。然而，孟德尔吸取了前人的教训，得当的选材、科学的方法，为他的不朽发现奠定了基础。

#### （一）孟德尔的试验材料和方法

**1. 孟德尔的试验材料**　孟德尔曾以豌豆、菜豆、玉米、山柳菊等为材料进行杂交试验，在以豌豆（*Pisum sativum*）为材料所进行的8年杂交试验中获得了重要的成果。豌豆特别适合于孟德尔试验研究的需要，这是因为：

（1）豌豆是自花授粉植物，且为闭花授粉。因此，没有外来花粉混杂，使试验结果可靠。

（2）豌豆具有稳定的可以区分的性状。豌豆各品种间有着明显的形态差异，如有些品种的植株结圆粒种子，有些结皱粒种子；有些开红花，有些开白花；有些是顶生花序，有些是腋生花序。这些品种在性状上都很稳定，都能真实遗传（breeding true）。就是说，亲本怎样，它们的子代全部植株都是这样。更重要的是，这些性状都是一清二楚，在区分时毫无困难，使研究者能进行简明直接的分析。

（3）豌豆花器各部分结构较大，便于操作，易于控制。

（4）豌豆豆荚成熟后籽粒都留在豆荚中，不会脱落。因此，各种性状的籽粒都能准确计数，这对以研究籽粒性状为目的的试验是非常重要的。

（5）豌豆生育期短，很容易栽培，管理非常方便。

**2. 孟德尔的试验方法** 孟德尔的试验方法极其科学，即使以现代标准去衡量也是科学研究的卓越典范。

（1）由简单到复杂。他从单因子试验到多因子试验，即从1对相对性状的研究到2对相对性状的研究。

（2）采用“定量”研究的方法。他对杂种每一个世代中的每一种类型的植株都进行一一统计，进而明确肯定各类型植株数之间的统计关系。

（3）提出理论来解释现象，设计实验来验证论断。他洞察到试验数字的意义，提出了明确的理论来解释他所获得的试验结果，还进一步设计实验以验证所提的理论是否正确。他的这种严格谨慎的科学态度，为他的伟大创举奠定了坚实基础。

### （二）一对相对性状的遗传

孟德尔从豌豆中选取了许多稳定的、易于区分的性状作为观察分析的对象。所谓性状（character），是生物体所表现的形态特征和生理特性的总称。孟德尔在研究豌豆等植物的性状遗传时，把植株所表现的性状总体区分为各个单位作为研究对象，这些被区分开的每一个具体性状称为单位性状（unit character）。如豌豆的花色（或种皮颜色）、种子形状、子叶颜色、豆荚形状、未熟豆荚颜色、花着生位置和植株高度性状，就是7个不同的单位性状。不同个体在单位性状上常有着各种不同的表现，如豌豆的花色有红花和白花，种子形状有圆粒和皱粒，子叶颜色有黄色和绿色等。这种同一单位性状在不同个体间所表现出来的相对差异，称为相对性状（contrasting character）。

孟德尔在进行豌豆杂交试验时，选用具有明显差别的7对相对性状的品种作为亲本，分别进行杂交，并按照杂交后代的系谱进行详细的记载，采用统计学的方法计算杂种后代表现相对性状的株数，最后分析了它们的比例关系，发现了生物界的一个普遍现象——杂种后代性状的分离现象。现以他做的红花×白花豌豆杂交试验为例进行说明（图3-1）。

P　　红花（♀）　×　白花（♂）

↓

$F_1$　　红花

↓⊗

| $F_2$ | 红花 | | 白花 | 总数 |
| --- | --- | --- | --- | --- |
| 实际株数 | 705 | | 224 | 929 |
| 实际比例 | 3.15 | ： | 1 | 4.15 |
| 理论比例 | 3 | ： | 1 | 4 |
| 理论株数 | 696.75 | | 232.25 | 929 |

图3-1　豌豆红花和白花一对相对性状的遗传现象

注：P（parent）表示亲本；♀表示母本；♂表示父本；×表示杂交；F（filial generation）表示杂种后代；⊗表示自交。杂交组合中通常将母本写在前，父本写在后。杂交需先将母本去雄，后将父本花粉人工授粉到已去雄的母本柱头上。$F_1$ 表示杂种第一代，是指杂交当代母本上所结种子及由它所长成的植株。$F_2$ 表示杂种第二代，是指由 $F_1$ 自交产生的种子及由它所长成的植株。$F_3$、$F_4$……以此类推。

由图3-1可见，红花（♀）×白花（♂）所产生的 $F_1$ 植株，全部开红花。在 $F_2$ 群体中出现了红花和白花两种类型。其中红花 705 株，白花 224 株，两者的比例接近于 3∶1。孟德尔还做了反交，即白花（♀）×红花（♂）。结果发现无论是正交还是反交，$F_1$ 植株全部开红花，$F_2$ 植株中红花植株和白花植株比例都接近于 3∶1。孟德尔在豌豆的其他 6 对相对性状的杂交试验中，都获得同样的试验结果（表 3-1）。

**表 3-1　孟德尔豌豆一对相对性状杂交试验的结果**

| 性　状 | 杂交组合 | $F_1$ 的表现 | $F_2$ 的表现 | | |
|---|---|---|---|---|---|
| | | | 显性性状 | 隐性性状 | 比例 |
| 花色（或种皮颜色） | 红色（或灰色）×白色 | 红色（或灰色） | 705 红色（或灰色） | 224 白色 | 3.15∶1 |
| 种子形状 | 圆粒×皱粒 | 圆粒 | 5474 圆粒 | 1850 皱粒 | 2.96∶1 |
| 子叶颜色 | 黄色×绿色 | 黄色 | 6022 黄色 | 2001 绿色 | 3.01∶1 |
| 豆荚形状 | 饱满×皱缩 | 饱满 | 882 饱满 | 299 皱缩 | 2.95∶1 |
| 未熟豆荚颜色 | 绿色×黄色 | 绿色 | 428 绿色 | 152 黄色 | 2.82∶1 |
| 花着生位置 | 腋生×顶生 | 腋生 | 651 腋生 | 207 顶生 | 3.14∶1 |
| 植株高度 | 高秆×矮秆 | 高秆 | 787 高秆 | 277 矮秆 | 2.84∶1 |
| 总计或平均 | | | 14949（74.9%） | 5010（25.1%） | 2.98∶1 |

孟德尔从以上 7 对相对性状的杂交结果，看到了两个共同的特点：①$F_1$ 所有个体的性状表现一致，都只表现一个亲本的性状。他把一对相对性状不同的两个亲本杂交后，在 $F_1$ 个体上表现出来的性状，称为显性性状（dominant character），如豌豆的红花；$F_1$ 个体上未表现出来的性状，称为隐性性状（recessive character），如豌豆的白花。②$F_2$ 出现显性与隐性这两种不同性状的个体，且比例约为 3∶1，这就是性状分离现象（segregation）。由此可见，隐性性状在 $F_1$ 并没有消失，而是隐藏未见，在 $F_2$ 又重新出现了，并且在 $F_2$ 群体中显性和隐性个体的分离比例大致总是 3∶1。

## 二、分离现象的解释

### （一）遗传因子假设

上述现象中，$F_1$ 为何只表现一种亲本的性状？$F_2$ 各个体间又为何分离出两种亲本的性状？为了解释这些遗传现象，孟德尔提出了遗传因子假设。

（1）遗传性状是由遗传因子（hereditary determinant）决定的。

（2）每个植株的每一种性状都分别由一对遗传因子控制。如一对遗传因子控制花色，另一对遗传因子控制种子形状，等等。因此，每个植株有许多遗传因子，且体细胞中都是成对的。

（3）每一配子（性细胞）只有成对遗传因子的一个。

（4）在每对遗传因子中，一个来自父本雄配子，一个来自母本雌配子。

（5）形成配子时，每对遗传因子相互分开（即分离），分别进入不同配子中。

（6）雌、雄配子的结合（形成一个新个体或合子）是随机的。

（7）控制显性性状的遗传因子与控制隐性性状的遗传因子是同一种遗传因子的两种形式，前者对后者为显性，后者对前者为隐性。植株中只要有一个显性遗传因子就会表现显性性状，只有成对的遗传因子都是隐性的才表现隐性性状。

为了方便，孟德尔用字母作为各种遗传因子的符号，并用大写字母代表控制显性性状的遗传因子，小写字母代表控制隐性性状的遗传因子。

### （二）分离现象的解释

根据孟德尔遗传因子假设，红花亲本（纯合）具有一对红花遗传因子 CC，白花亲本具有一对白花遗传因子 cc，两种亲本产生的配子分别为 C 和 c，雌雄配子结合后形成的 $F_1$ 既含有一个控制显性性状红花的遗传因子 C，又含有一个控制隐性性状白花的遗传因子 c，即 $F_1$ 的遗传组成为 Cc。由于 C 对 c 是显性。所以 $F_1$ 植株开红花。当 $F_1$ 植株产生配子时，成对遗传因子 C 与 c 相互分离，分别分配到不同配子中去，所以产生了两种配子，一种带有 C，另一种带有 c，比例为 1∶1，雌、雄配子都是这样。$F_1$ 自交时，雌、雄配子随机结合，通过棋盘法（图 3－2）分析可知 $F_2$ 产生了遗传组成为 CC、Cc 和 cc 的 3 种植株，其比例为 1∶2∶1；由于 C 对 c 是显性，所以 $F_2$ 中遗传组成为 CC 和 Cc 的植株都开红花，遗传组成为 cc 的植株开白花，因此，红花与白花比例为 3∶1。

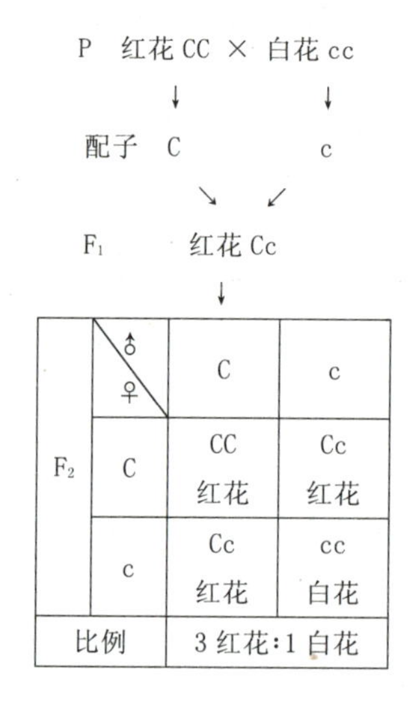


图 3－2 豌豆花色分离现象的解释

## 三、基因型和表现型

孟德尔所用的遗传因子，后来被约翰森（1909）首次改为“基因”。所以，红花遗传因子 C 和白花遗传因子 c，分别称为红花基因 C 和白花基因 c，二者是同一基因的不同形式，相互是等位基因（alleles）。我们把控制相对性状、位于同源染色体上相同位点（locus）处的一对基因称为等位基因，如 C 与 c；位于同源染色体上不同位点处的基因以及非同源染色体上的基因称为非等位基因，如红花基因 C 与高秆基因 T。

约翰森同时还提出了“基因型（genotype）”和“表现型（phenotype）”的概念。

**1. 基因型** 生物体的基因组合，称为基因型，也称遗传型。如亲本红花植株基因型为 CC，白花植株为 cc，$F_1$ 红花植株为 Cc。等位基因相同的基因型称为纯合基因型，具有纯合基因型的个体称为纯合体（homozygote）；如具有显性纯合基因型 CC 的红花植株为显性纯合体，具有隐性纯合基因型 cc 的白花植株为隐性纯合体；等位基因不同的基因型称为杂合基因型，具有杂合基因型的个体称为杂合体（heterozygote），比如具有杂合基因型 Cc 的红花植株为杂合体。

**2. 表现型** 生物体所表现的性状称为表现型，简称表型。如基因型为 CC、Cc 的豌豆植株都开红花，cc 植株开白花。

基因型是生物性状表现的内在物质基础，是肉眼看不到的，只能通过杂交试验根据表型来确定。表型是基因型和外界环境作用下具体的表现，是可以直接观测的。虽然相同的基因型在不同的环境下可能有不同的表型；不同的基因型在相同的环境下可能有不同的表型，也可能有相同的表型；但是，在外界环境正常的条件下，基因型可以决定表型，表型可以反映基因型。

## 四、分离定律的验证

孟德尔的分离定律是完全建立在一种假设的基础上，这个假设的实质是杂种细胞里同时存在显性与隐性基因（即 C 与 c 基因），并且这一成对基因在配子形成过程中彼此分离，互不干扰，因而产生 C 和 c 两种不同的配子。为了证明这一假设的真实性，孟德尔设计了测交法和自交法进行了验证。

### （一）测交法

被测个体与隐性纯合体的杂交，称为测交（test cross）。因为隐性纯合体只产生一种含隐性基因的配子，它和含有任何基因的另一种配子结合，其子代都只表现出另一种配子所含基因的表型。因此，测交子代（$F_t$）的表型种类和比例正好反映出被测个体所产生的配子种类和比例，从而可以确定被测个体的基因型。如 1 株红花豌豆与 1 株白花豌豆（必然是隐性的 cc 纯合体）杂交，由于后者只产生一种含 c 隐性基因的配子，所以，如果测交子代全部植株开红花，就说明该株红花豌豆是 CC 纯合体；如果测交子代有 1/2 的植株开红花，1/2 的植株开白花，就说明该株红花豌豆的基因型是 Cc（图 3－3）。孟德尔将其开红花的 $F_1$ 植株与白花豌豆杂交，结果是测交子代的表现与图中的后者完全一致，说明 $F_1$ 确实产生了 C 与 c 两种配子，且数目相等，因此杂种的基因型也必然为 Cc。

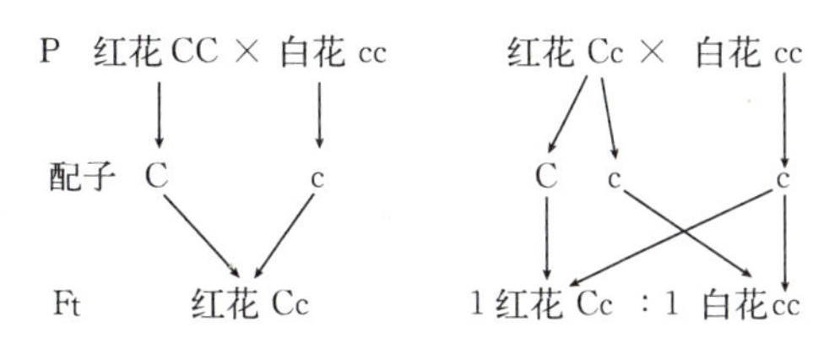


图 3－3 测交验证豌豆花色一对基因的分离

### （二）自交法

孟德尔为了验证遗传因子的分离，还采用了自交法。孟德尔曾继续使 $F_2$ 豌豆植株自交产生 $F_3$ 种子，并对 $F_2$ 每一单株单独收获，再分别种植 $F_3$ 株系，然后根据每一个 $F_3$ 株系的性状表现，判断对应的 $F_2$ 单株的基因型，进而证实他所设想的 $F_2$ 基因型组成。按照他的设想，$F_2$ 的白花植株均是 cc 纯合体，自交只能产生白花的 $F_3$；而在 $F_2$ 的红花植株中，2/3 应该是 Cc 杂合体，1/3 应该是 CC 纯合体，则前者自交产生的 $F_3$ 就应该分离出 3/4 的红花植株和 1/4 的白花植株，而后者自交产生的 $F_3$ 就应该一律开红花。实际自交的结果表明，$F_2$ 的白花植株自交只产生了一律开白花的 $F_3$ 株系；100 株 $F_2$ 红花植株自交后种植的 100 个 $F_3$ 株系中，有 64 个 $F_3$ 株系分离为 3/4 的红花植株，1/4 的白花植株；36 个 $F_3$ 株系完全是红花植株；这两类株系的比例为 1.80：1，接近 2：1，可见 $F_2$ 的红花植株中，确实是 2/3 的 Cc 杂合体和 1/3 的 CC 纯合体。实际观察的结果证实了他的推论。观察其他各对相对性状的试验结果（表 3－2），同样地证实了他的推论。孟德尔对前述 7 对性状，连续自交了 4～6 代都没有发现和他的推论不符合的情况。

**表 3－2 豌豆 $F_2$ 显性性状个体分别自交后的 $F_3$ 表型种类及其比例**

（浙江农业大学. 1986. 遗传学）

| 性　状 | 在 $F_3$ 表现显性：隐性＝3：1 的株系数 | 在 $F_3$ 完全表现显性性状的株系数 | $F_3$ 株系总数 |
|---|---|---|---|
| 花色（或种皮颜色） | 64（1.80） | 36（1） | 100 |
| 种子形状 | 372（1.93） | 193（1） | 565 |
| 子叶颜色 | 353（2.13） | 166（1） | 519 |
| 豆荚形状 | 71（2.45） | 29（1） | 100 |
| 未熟豆荚颜色 | 60（1.50） | 40（1） | 100 |
| 花着生位置 | 67（2.03） | 23（1） | 100 |
| 植株高度 | 72（2.57） | 28（1） | 100 |

### (三) 花粉鉴定法

若某些性状在配子中就能鉴别出来，那当然是最直接地反映配子真实产生情况的证据了。在植物中，有的性状可用花粉粒进行观察鉴定。如玉米籽粒糯性和非糯性是一对相对性状，已知它们受一对等位基因控制。非糯性为直链淀粉，遇碘呈深蓝色反应，由显性基因 Wx 控制；糯性为支链淀粉，遇碘呈红棕色反应，由隐性基因 wx 控制。如以碘液处理玉米糯性与非糯性杂交的 $F_1$（Wxwx）植株上的花粉，然后在显微镜下观察，可以见到深蓝色和红棕色的花粉粒各占一半（图 3-4）。由此直接证明，$F_1$ 杂种产生了带 Wx 基因和带 wx 基因的两种类型的配子，而且比例相等。这在水稻、高粱、谷子等作物中也有相同的表现。

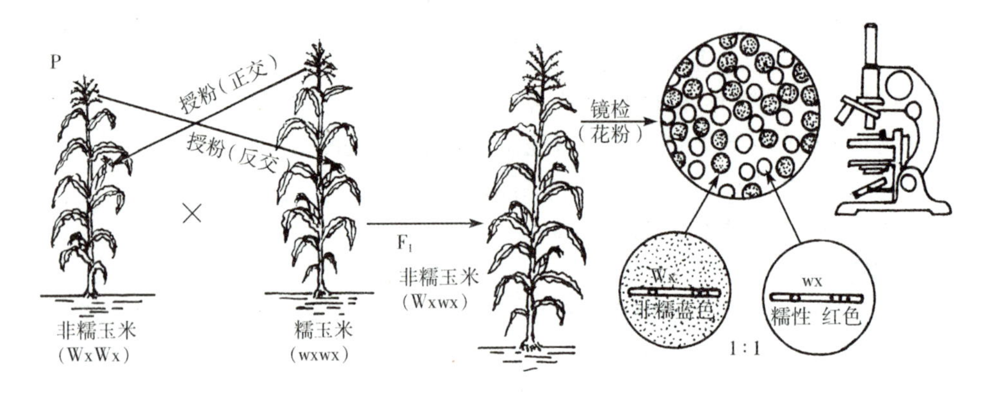


图 3-4　非糯玉米和糯玉米杂交 $F_1$ 花粉的分离
（浙江农业大学．1986．遗传学）

### (四) 分离定律的实质及比例实现条件

以上实验证实了杂种在形成配子过程中等位基因要分离，这是具有普遍意义的。可见，分离定律的实质在于：在减数分裂形成配子时，控制一对相对性状的等位基因随着同源染色体的分离而分离，并随机地被分配到不同配子中去。然而，具有一对相对性状差异的个体杂交产生的 $F_1$ 自交后代（$F_2$）表型分离比例为 3∶1，测交后代（$F_t$）表型分离比例为 1∶1，这些分离比例的实现是有条件的。

分离定律的
细胞学实质

（1）研究的生物是二倍体，有成对的核基因控制该对性状。

（2）相对性状差异明显，表现完全显性。

（3）$F_1$ 形成的两类配子生活力相同，而且相互结合机会均等。

（4）不同基因型的合子及个体存活率相同。

（5）各种基因型个体处在一致的正常环境条件下，并有较大的群体。

以上任何一个条件不能满足都会导致偏离这些比例。由此可见，表型比例 3∶1、1∶1 只是分离定律的一种表现形式而已。

## 五、分离定律的意义与应用

分离定律是遗传学中最基本的一个规律，它从本质上阐明了控制生物性状的遗传基础单位是遗传因子（基因），基因在性状遗传过程中是高度独立、互不混合的。分离定律还从理论上阐明了基因与性状之间的关系，并通过实例说明了性状传递现象的实质是基因在上下代间的传递，而不是性状的直接传递。此外，分离定律还阐明了纯合体能真实遗传，杂合体的后代必然发生分离的道理。从而为遗传研究、动植物育种及医学优生等领域提供了可靠的依据。

### （一）在育种实践中的应用

（1）根据分离定律，必须重视基因型和表现型之间的联系和区别，在基础理论研究中要严格选用纯合材料进行杂交，才能正确地分析试验资料，获得预期的结果，做出可靠的结论。

（2）根据分离定律，准确预计后代分离的类型及出现的频率，从而有计划地确定种植规模，以提高选择效果，加快育种进程。

（3）根据分离定律，对杂交育种的后代要进行连续自交和选择。因为自交能使杂种产生性状分离并导致基因型纯合。从而选出基因型优良且纯合的个体育成新品种。

（4）根据分离定律，要求在配制杂交种时亲本必须高度纯合，这样 $F_1$ 才能整齐一致，充分发挥杂种的增产作用。如果双亲不是纯合体，$F_1$ 即可能出现分离现象。同时，也知杂种优势一般只利用 $F_1$，不用 $F_2$，因为 $F_2$ 是分离世代，优势下降，故杂交种一般需年年制种。

（5）根据分离定律，要求在种子繁殖过程中做好隔离与去杂工作，防止品种混杂和退化。

### （二）在医学上的应用

在人类中，有许多正常性状和遗传疾病是由一对基因决定的，人类单基因遗传病在新生儿中的发病率约为1.5%，其遗传的方式符合孟德尔的分离定律。

如在人群中，有的人有耳垂，有的人无耳垂。有耳垂（A）对无耳垂（a）为显性，基因型AA和Aa者均有耳垂，aa无耳垂。一对夫妇结婚后，根据分离规律，便可推测出子女中耳垂有无的概率。

应用分离规律还可以对人类有一对基因决定的遗传疾病做出分析判断。在分析遗传性疾病时，常常先调查患者家族中各成员的发病情况，把调查结果绘制成系谱，系谱中常用的符号如图3-5所示。

根据系谱图和分离规律的原理，判断某种疾病的遗传方式，是显性遗传还是隐性遗传，然后再根据家系中各个成员的表型推测出他们的基因型，估算出每个成员结婚后子女中可能出现的各种表型的概率，为遗传病的预防、诊断和治疗提供理论依据。

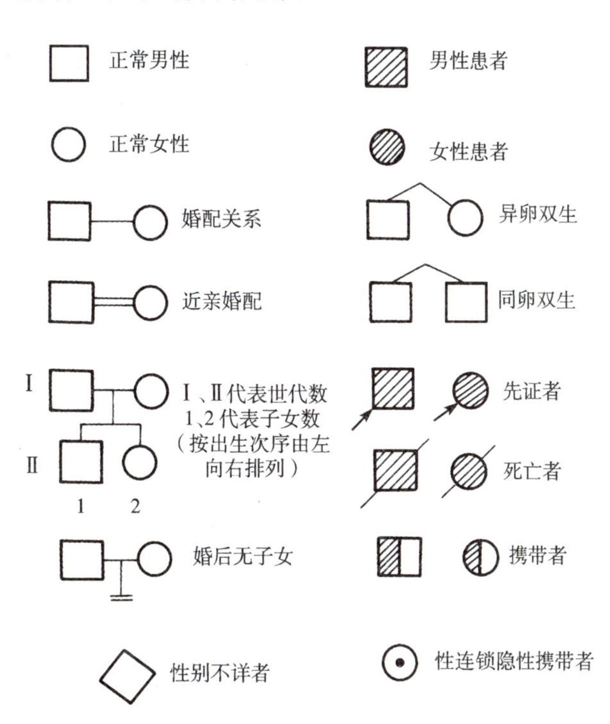


图3-5 绘制人类系谱通用的标记符号
（李广军等.1997.遗传学教程）

如有一个先天性聋哑患者的系谱（图 3-6）。试推测出$Ⅲ_5$和$Ⅲ_6$结婚生出先天性聋哑者的可能性。

此病是属于常染色体上的隐性基因决定的遗传病。在这个谱系中，$Ⅱ_2$是先证者，根据分离定律可推知，其父母$Ⅰ_1$和$Ⅰ_2$均为先天性聋哑基因携带者。患者的弟弟$Ⅱ_3$和妹妹$Ⅱ_5$的遗传组成都是 1/2 来自父亲、1/2 来自母亲，所以$Ⅲ_5$和$Ⅲ_6$是携带者的可能性各为 2/3×1/2＝1/3。$Ⅲ_5$和$Ⅲ_6$近亲结婚后，他们所生子女中应有（1/3×1/2）×（1/3×1/2）＝1/36 的可能性是先天性聋哑的患者。

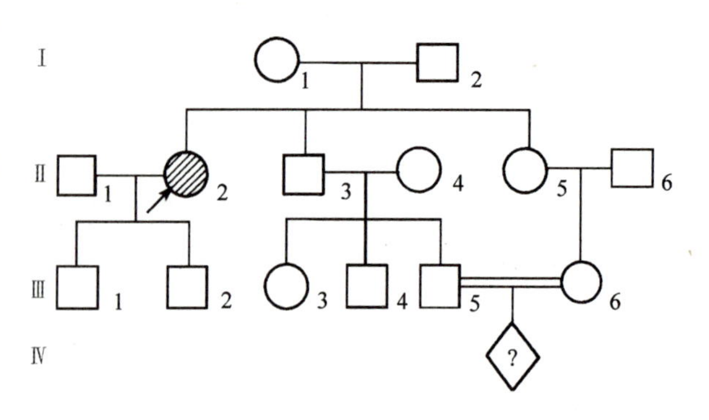


图 3-6 先天性聋哑的系谱
（李广军等.1997. 遗传学教程）

## 第二节 独立分配定律

孟德尔的分离定律只揭示了一对相对性状的遗传表现，但是杂交育种的目的总是设法将两个亲本的多个优良性状结合在后代中。于是孟德尔又对两对和两对以上相对性状之间的遗传关系做了研究，从而提出了独立分配定律。

### 一、独立分配现象的发现（两对相对性状的遗传）

下面以孟德尔所做的两对相对性状的遗传试验为例加以说明。孟德尔选取具有两对相对性状差异的纯合豌豆亲本进行杂交，如一个亲本是黄色子叶、圆粒的种子，另一个亲本是绿色子叶、皱粒的种子，无论是正交或反交，其 $F_1$ 全部是黄色子叶、圆粒的种子。这表明子叶颜色黄色是显性，绿色是隐性；种子形状圆粒是显性，皱粒是隐性。$F_1$（共 15 株）自交，结果得到 556 粒 $F_2$ 种子，有 4 种表型，比例接近 9∶3∶3∶1（图 3-7）。

P　　黄色、圆粒 × 绿色、皱粒

↓

$F_1$　　黄色、圆粒

↓⊗

| $F_2$ | 黄色、圆粒 | | 黄色、皱粒 | | 绿色、圆粒 | | 绿色、皱粒 | 总数 |
|---|---|---|---|---|---|---|---|---|
| 实际粒数 | 315 | | 101 | | 108 | | 32 | 556 |
| 实际比例 | 9.84 | : | 3.16 | : | 3.38 | : | 1 | 17.38 |
| 理论比例 | 9 | : | 3 | : | 3 | : | 1 | 16 |
| 理论粒数 | 312.75 | | 104.25 | | 104.25 | | 34.75 | 556 |

图 3-7 豌豆两对相对性状杂交试验

对试验结果按一对相对性状分析，黄色∶绿色＝(315＋101)∶(108＋32)＝416∶140≈3∶1，圆粒∶皱粒＝(315＋108)∶(101＋32)＝423∶133≈3∶1，分离比例仍然符合 3∶1，这说明每对相对性状的遗传依然符合分离定律。

而 $F_2$ 有 4 种表型且比例接近 9∶3∶3∶1 又预示着什么呢？按照概率原理的乘法定律，

两个独立事件同时出现的概率，为分别出现时概率的乘积。若黄色子叶和绿色子叶这对相对性状与圆粒和皱粒这对相对性状彼此独立，则黄色、圆粒同时出现的机会为 $3/4\times3/4=9/16$，黄色、皱粒同时出现的机会为 $3/4\times1/4=3/16$，绿色、圆粒同时出现的机会为 $1/4\times3/4=3/16$，绿色、皱粒同时出现的机会为 $1/4\times1/4=1/16$，即 4 种表型比例为 9 : 3 : 3 : 1，孟德尔的试验结果与由此推算出的理论粒数基本一致。可见，这两对相对性状是彼此独立地从亲代遗传给子代，没有发生任何相互干扰的情况；同时在 $F_2$ 中除两种亲本型个体外还出现了两种重组型个体，说明控制这两对性状的基因在 $F_1$ 遗传给 $F_2$ 时，是自由组合的。

## 二、独立分配现象的解释

按照孟德尔的假设，不同的相对性状的遗传因子在遗传过程中，这一对因子与另一对因子的分离和组合是互不干扰，各自独立分配到配子中去的。以 Y 和 y 分别代表黄色和绿色基因；R 和 r 分别代表圆粒和皱粒基因。这样，黄色、圆粒亲本的基因型为 YYRR，绿色皱粒亲本的基因型 yyrr。这两种亲本都只能产生一种配子：YYRR 产生 YR 配子；yyrr 产生 yr 配子。杂交以后，这两种配子结合成 $F_1$，其表型为黄色、圆粒，基因型为 YyRr，此杂种也称为双因子杂种（dihybrid）。

这种双因子杂种能产生多少种配子呢？按照孟德尔的假设：Y 和 y 的分离与 R 和 r 的分离是彼此独立的，而且在形成配子时是自由组合的。所以，Y 可以和 R 组合，形成 YR；Y 还可以和 r 组合，形成 Yr；y 可以和 R 组合，形成 yR；y 也可以和 r 组合，形成 yr。雌、雄配子均形成这 4 种，即 YR、Yr、yR 和 yr，而且数目相等。将 $F_1$ 自交产生 $F_2$，见棋盘法分析图3－8。

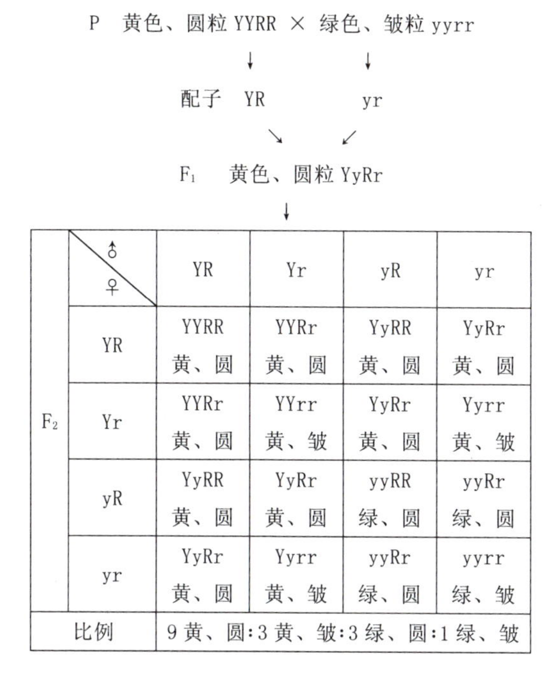


| $F_2$ | ♀ \ ♂ | YR | Yr | yR | yr |
|---|---|---|---|---|---|
| | YR | YYRR 黄、圆 | YYRr 黄、圆 | YyRR 黄、圆 | YyRr 黄、圆 |
| | Yr | YYRr 黄、圆 | YYrr 黄、皱 | YyRr 黄、圆 | Yyrr 黄、皱 |
| | yR | YyRR 黄、圆 | YyRr 黄、圆 | yyRR 绿、圆 | yyRr 绿、圆 |
| | yr | YyRr 黄、圆 | Yyrr 黄、皱 | yyRr 绿、圆 | yyrr 绿、皱 |
| 比例 | | 9 黄、圆:3 黄、皱:3 绿、圆:1 绿、皱 | | | |

图 3－8　豌豆子叶颜色与种子形状独立分配现象的解释

从图 3－8 可见，双因子杂种的 $F_2$ 群体共有 9 种基因型，其中 4 种纯合基因型，由于两对性状都是完全显性，因此只有 4 种表型，其比例为 9∶3∶3∶1，这与孟德尔的杂交试验结果是符合的。

## 三、独立分配定律的验证

### （一）测交法

为了验证 2 对基因的独立分配定律，孟德尔同样采用了测交法。就是用 $F_1$ 与双隐性纯合体杂交。当 $F_1$ 形成配子时，雌、雄配子都有 4 种类型，即 YR、Yr、yR、yr，而且出现的比例相等，即 1∶1∶1∶1。由于双隐性纯合体所产生的配子只有 yr 一种，因此测交子代种子的表型和比例，理论上应能反映 $F_1$ 所产生的配子类型和比例。表 3－3 说明孟德尔所得到的实际结果与测交的理论推断是完全一致的。

**表 3－3　豌豆黄、圆 YyRr×绿、皱 yyrr 的 $F_1$ 和双隐性亲本测交的结果**

（浙江农业大学．1986．遗传学）

| 结果 | $F_1$ 配子 | YR | Yr | yR | yr |
|---|---|---|---|---|---|
| 理论期望的测交后代 | 基因型种类 | YyRr | Yyrr | yyRr | yyrr |
| | 表现型种类 | 黄、圆 | 黄、皱 | 绿、圆 | 绿、皱 |
| | 表现型比例 | 1 | 1 | 1 | 1 |
| 孟德尔的实际测交结果 | $F_1$ 为母本 | 31 | 27 | 26 | 26 |
| | $F_1$ 为父本 | 24 | 22 | 25 | 26 |

### （二）自交法

按照分离定律和独立分配定律的理论推断，由纯合的 $F_2$ 植株（如 YYRR、yyRR、YYrr、yyrr）自交产生的 $F_3$ 种子，不会出现性状的分离，这类植株在 $F_2$ 群体中应各占 1/16。由一对基因杂合的植株（如 YyRR、YYRr、yyRr、Yyrr）自交产生的 $F_3$ 种子，一对性状是稳定的，另一对性状将分离为 3∶1 的比例，这类植株在 $F_2$ 群体中应各占 2/16。由两对基因都是杂合的植株（YyRr）自交产生的 $F_3$ 种子，将分离为 9∶3∶3∶1 的比例，这类植株 $F_2$ 群体中应占 4/16。孟德尔所做的试验结果，完全符合预定的推论，现摘列如下：

$F_2$　　　　　　　　　　$F_3$

38 株（1/16）YYRR ⟶ 全部为黄、圆，没有分离

35 株（1/16）yyRR ⟶ 全部为绿、圆，没有分离

28 株（1/16）YYrr ⟶ 全部为黄、皱，没有分离

30 株（1/16）yyrr ⟶ 全部为绿、皱，没有分离

65 株（2/16）YyRR ⟶ 全部为圆粒，子叶颜色分离 3 黄∶1 绿

68 株（2/16）Yyrr ⟶ 全部为皱粒，子叶颜色分离 3 黄∶1 绿

60 株（2/16）YYRr ⟶ 全部为黄色，籽粒形状分离 3 圆∶1 皱

67 株（2/16）yyRr ⟶ 全部为绿色，籽粒形状分离 3 圆∶1 皱

138 株（4/16）YyRr ⟶ 分离成 9 黄、圆∶3 黄、皱∶3 绿、圆∶1 绿、皱

通过 $F_2$ 群体基因型的鉴定，也证明了独立分配定律的正确性。

### （三）独立分配定律的实质及比例实现条件

以上实验证实了像豌豆黄色、圆粒这种双因子杂种在形成配子过程中等位基因要分离，

非等位基因要随机组合，这是具有普遍意义的。可见，独立分配定律的实质在于：在减数分裂形成配子时，等位基因随着同源染色体的分离而分离，而位于非同源染色体上的非等位基因随着非同源染色体的组合而自由组合。然而，具有2对相对性状差异的个体杂交产生的$F_1$自交后代（$F_2$）表型分离比例为9∶3∶3∶1，测交后代（$F_t$）表型分离比例为1∶1∶1∶1，这些分离比例的实现也是有条件的。这些条件除了和实现3∶1、1∶1条件相同外，还有两点：一是各对等位基因必须位于不同对的同源染色体上，也就是说它们之间必须是独立的，而不是连锁的；二是各对非等位基因之间不存在各种类型的相互作用等。可见，这些比例也只是独立分配定律的一种特定表现形式。

## 四、多对性状的遗传

### （一）3对相对性状的遗传

后来人们对3对性状的遗传也进行了研究，只要决定3对性状遗传的基因分别在3对非同源染色体上，它们的遗传都是符合独立分配定律的。如以黄子叶、圆粒、红花植株与绿子叶、皱粒、白花植株杂交，$F_1$全部为黄子叶、圆粒、红花。$F_1$自交，相当于RrYyCc×RrYyCc，也相当于（Rr×Rr）（Yy×Yy）（Cc×Cc），所以$F_1$产生$2^3=8$种雌、雄配子，比例相等，其配子的组合数为$4^3=64$；$F_2$的基因型为$3^3=27$种，其中$2^3=8$种纯合基因型，$F_2$的表型种类为$2^3=8$种，其表型及比例为$(3:1)^3=27$黄、圆、红∶9黄、圆、白∶9黄、皱、红∶9绿、圆、红∶3黄、皱、白∶3绿、圆、白∶3绿、皱、红∶1绿、皱、白。

### （二）*n*对相对性状的遗传

*n*对基因只要是独立遗传的，在完全显性的条件下，其决定的*n*对相对性状的遗传也是符合独立分配定律的，并据此可以归纳出表3-4。如果是不完全显性，则$F_2$有几种基因型就有几种表现型，其分离比例是$(1:2:1)^n$。即使是*n*对基因不独立，只要不完全连锁，表3-4中除最后一项外，其他项也是成立的。

**表3-4　杂种杂合基因对数与$F_2$表现型和基因型种类的关系**

（浙江农业大学．1986．遗传学）

| 杂种杂合基因对数 | 显性完全时$F_2$表现型的种类 | $F_1$形成的不同配子种类 | $F_2$基因型的种类 | $F_1$产生的雌、雄配子的可能组合数 | $F_2$纯合基因型的种类 | $F_2$杂合基因型的种类 | $F_2$表现型分离比例 |
|---|---|---|---|---|---|---|---|
| 1 | 2 | 2 | 3 | 4 | 2 | 1 | $(3:1)^1$ |
| 2 | 4 | 4 | 9 | 16 | 4 | 5 | $(3:1)^2$ |
| 3 | 8 | 8 | 27 | 64 | 8 | 19 | $(3:1)^3$ |
| 4 | 16 | 16 | 81 | 256 | 16 | 65 | $(3:1)^4$ |
| 5 | 32 | 32 | 243 | 1 024 | 32 | 211 | $(3:1)^5$ |
| ⋮ | ⋮ | ⋮ | ⋮ | ⋮ | ⋮ | ⋮ | ⋮ |
| *n* | $2^n$ | $2^n$ | $3^n$ | $4^n$ | $2^n$ | $3^n-2^n$ | $(3:1)^n$ |

## 五、独立分配定律的意义和应用

独立分配定律的细胞学实质

独立分配规律是在分离定律的基础上产生的，由于它进一步揭示了2对或多对基因之间自由组合的关系，所以无论是在理论上还是在实践中，都有十分重要的意义。

从理论上讲，独立分配规律为解释生物界的多样性提供了重要的理论依据。虽然导致生物发生变异的原因很多，但基因重组是出现生物性状多样性的重要原因之一。在自然界如此众多的生物当中，可以说几乎没有两个完全一样的个体，在其中，独立分配规律起了重要作用。生物的多样性，使之能够适应各种环境条件，有利于生物的进化发展。

### （一）在育种实践中的应用

（1）独立分配规律揭示了基因重组（即非等位基因之间的重新组合）是自然界生物发生变异的重要来源之一。如 $F_1$ 有 10 对杂合基因，则可产生 $2^{10}=1024$ 种配子，$F_2$ 将分离出 $3^{10}=59049$ 种基因型，在完全显性的情况下，将有 $2^{10}=1024$ 种表现型。因此，只要在亲本选择时，注意优、缺点互补的原则，就有可能在后代中产生综合亲本优良性状的新类型。

（2）可以有目的地组合两个亲本的优良性状，并可预测杂种后代出现优良重组类型的大致比率，以便确定杂交育种的工作规模。如在缺刻、矮株、不抗萎蔫病的番茄品种（CCd-drr）与薯叶、高株、抗萎蔫病的番茄品种（ccDDRR）的杂交组合中，已知这 3 对基因属独立遗传，要想在 $F_2$ 中得到缺刻、矮株、抗病（CCddRR）的纯合体 10 株，则 $F_2$ 至少需要多大的规模才能实现？根据自由组合定律可知，这个组合的 $F_2$ 群体中分离出缺刻、矮株、抗病（CCddRR）的植株占 1/64，现需 10 株这样的纯合体，故 $F_2$ 至少需要有 $10\times64=640$ 株的规模才能达到要求。

### （二）在医学上的应用

两种遗传病同时在一个家系中出现的机会是比较少见的。如果两对独立遗传的基因所决定的遗传病同时出现于一个家系中，就可以用独立分配定律进行分析，预测家系成员的复发危险率。如先天性聋哑和白化症分别由非同源染色体上的不同隐性基因所控制，大约在 70 个表现正常的人中有 1 个白化基因杂合子。在一个家庭中，母亲是先天性白化患者（cc），父亲正常，已生有一个聋哑症（dd）的孩子，若再生育时，第二胎可能出现既白化又聋哑的孩子吗？概率是多少？

孩子是聋哑，母亲是白化症，依据独立分配定律可推知，这一家三口人的基因型分别是：父亲 C _ Dd（69/70CCDd＋1/70CcDd），母亲 ccDd，孩子 Ccdd。这对夫妻再生育时，各可能的表型如图 3－9 所示。

P　　ccDd（母亲）×CCDd（父亲）

↓

3CcD _（正常）＋1Ccdd（聋哑）

P′　　ccDd（母亲）×CcDd（父亲）

↓

3CcD _（正常）＋3ccD _（白化）＋1Ccdd（聋哑）＋1ccdd（白化＋聋哑）

图 3－9　先天性聋哑和白化症患者家庭后代表现型分析

由上述可知，对于该家庭，再生育聋哑患儿的概率为 1/4。因大约在 70 个表现正常的人中有 1 个白化基因杂合子，所以再生育白化又聋哑患儿的概率为 $1/8\times1/70=1/560$。因此，对于此类家庭，建议不要再生育。

## 第三节　孟德尔定律的概率本质

分离定律与独立分配定律实质上是 $F_1$ 在配子形成时等位基因分离，非等位基因自由组合，产生的各种雌、雄配子随机结合产生了 $F_2$，本质上是完全随机组合现象在生物遗传与变异上的体现，因此可以借助于分析随机组合现象的概率原理、二项式展开等方法对分离和独立分配现象进行统计分析，从而分析和判断遗传现象发生的真实性和可靠性。

## 一、孟德尔定律的概率原理分析

概率（probability），又称或然率，是指一定事件总体中某一事件出现的可能性。如孟德尔的豌豆试验中，杂合红花植株Cc减数分裂形成配子时，等位基因C与c相互分离，随机地分配到不同配子中。因此，雌、雄配子均产生2种，即C和c，二者的概率相等均为1/2。乘法定律和加法定律是概率定律的两个基本原理。

### （一）乘法定律

概率的乘法定律，是指两个独立事件同时发生的概率为各个事件发生的概率的乘积。正如在上节中分析独立分配现象时所述，杂种黄子叶、圆粒YyRr的两对基因Y（y）与R（r）是独立的，减数分裂形成配子时，等位基因Y和y、R和r随着同源染色体的分离而分离，非等位基因Y（y）与R（r）随着非同源染色体的组合而自由组合。因此，雌、雄配子均产生 $2^2=4$ 种，即YR、Yr、yR和yr，根据乘法定律它们的概率均为 $1/2\times1/2=1/4$。

### （二）加法定律

概率的加法定律，是指两个互斥事件发生的概率是各个事件各自发生概率之和。所谓互斥事件是某一事件出现、另一事件即被排斥的事件。我们知道，豌豆子叶不是黄色就是绿色，二者只居其一。因此，如果问豌豆子叶黄色和绿色的概率是多少，则是二者概率之和，即 $1/2+1/2=1$。

根据上述概率的两个定律，将豌豆杂种YyRr的雌、雄配子发生的概率，通过受精的随机结合所形成的合子基因型及其概率可按棋盘方法表示如表3-5。

**表3-5　利用概率原理分析豌豆杂种YyRr的配子及后代基因型及概率**

（浙江农业大学．1986．遗传学）

| ♀配子 | ♂配子 | | | |
|---|---|---|---|---|
| | 1/4 YR | 1/4 Yr | 1/4 yR | 1/4 yr |
| 1/4 YR | 1/16 YYRR | 1/16 YYRr | 1/16 YyRR | 1/16 YyRr |
| 1/4 Yr | 1/16 YYRr | 1/16 YYrr | 1/16 YyRr | 1/16 Yyrr |
| 1/4 yR | 1/16 YyRR | 1/16 YyRr | 1/16 yyRR | 1/16 yyRr |
| 1/4 yr | 1/16 YyRr | 1/16 Yyrr | 1/16 yyRr | 1/16 yyrr |

### （三）乘法定律与分离定律相结合分析独立分配现象

从本质上看，分离定律反映等位基因分离，独立分配定律在等位基因分离的基础上，反映彼此独立的非等位基因通过自由组合共同地从亲代传递给后代，因此，也可以用分离定律和乘法定律结合来分析独立分配现象。

**1. 分析 $F_2$ 基因型和表现型及其概率**　如上节所述，两对相对性状的遗传中，$F_1$ 黄子叶、圆粒YyRr自交得到 $F_2$，相当于 YyRr×YyRr=（Yy×Yy）（Rr×Rr）=（1/4YY∶2/4Yy∶1/4yy）（1/4RR∶2/4Rr∶1/4rr）=（3/4黄色∶1/4绿色）（3/4圆粒∶1/4皱粒）=9/16黄、圆∶3/16黄、皱∶3/16绿、圆∶1/16绿、皱。我们还能很简便地计算出某一特定

基因型或表现型的概率，如 $F_2$ 出现基因型 yyRr 的概率为 1/4yy×2/4Rr＝1/8yyRr，$F_2$ 出现表现型黄、皱的概率为 3/4 黄色×1/4 皱粒＝3/16 黄、皱。同理分析 3 对及其以上相对性状的独立遗传问题。

**2. 分析其他多对基因杂交后代概率** 如 5 对基因的杂交组合 AABbCcDDee×AaBbCcddEE，求后代中基因型为 AAbbCcDdEe 和表现型为 AbCDE 的概率，则 AABbCcDDee×AaBbCcddEE＝（AA×Aa）（Bb×Bb）（Cc×Cc）（DD×dd）（ee×EE）＝(1/2AA∶1/2Aa)（1/4BB∶2/4Bb∶1/4bb）(1/4CC∶2/4Cc∶1/4cc）DdEe＝A _(3/4B _ ∶1/4bb)（3/4C _ ∶1/4cc)D _ E _，所以，基因型 AAbbCcDdEe 的概率＝1/2×1/4×2/4×1×1＝1/16，表现型 AbCDE 的概率＝1×1/4×3/4×1×1＝3/16。

可见，复杂的独立分配问题可从分离定律结合乘法定律入手，从而简单化来解决。

## 二、孟德尔定律的二项式展开分析

采用棋盘方法将显性和隐性基因数目不同的组合及其概率进行整理，工作繁杂。如果采用二项式进行分析，则较简便。

### （一）二项式展开公式

设 $p$ 为某一事件出现的概率，$q$ 为另一事件出现的概率，$p+q=1$。$n$ 为估测其出现概率的事件数。二项式展开的公式为：

$$(p+q)^n=p^n+np^{n-1}q+\frac{n(n-1)}{2!}p^{n-2}q^2+\frac{n(n-1)(n-2)}{3!}p^{n-3}q^3+\cdots+q^n$$

当 $n$ 较大时，二项式展开的公式过长。为了方便，如仅推算其中某一项事件出现的概率，可用以下通式：$\frac{n!}{r!\ (n-r)!}p^r q^{n-r}$

则，$r$ 代表概率为 $p$ 的某事件（基因型或表现型）出现的次数；$n-r$ 代表概率为 $q$ 的另一事件（基因型或表型）出现的次数。! 代表阶乘符号，如 4!，即表示 4×3×2×1＝24。

### （二）二项式展开分析基因型和表现型结构

现仍以上述杂种 YyRr 为例，用二项式展开分析其后代群体的基因型结构。

显性基因 Y 或 R 出现的概率 $p=1/2$，隐性基因 $y$ 或 $r$ 出现概率 $q=1/2$，$p+q=1/2+1/2=1$。$n$＝杂合基因个数，现 $n=4$，则代入二项式展开为：

$$\begin{aligned}(p+q)^n&=\left(\frac{1}{2}+\frac{1}{2}\right)^4\\&=\left(\frac{1}{2}\right)^4+4\left(\frac{1}{2}\right)^3\times\frac{1}{2}+\frac{4\times3}{2!}\times\left(\frac{1}{2}\right)^2\times\left(\frac{1}{2}\right)^2+\frac{4\times3\times2}{3!}\times\frac{1}{2}\times\left(\frac{1}{2}\right)^3+\left(\frac{1}{2}\right)^4\\&=\frac{1}{16}+\frac{4}{16}+\frac{6}{16}+\frac{4}{16}+\frac{1}{16}\end{aligned}$$

如果只需了解 3 显性和 1 隐性基因个体出现的概率，即 $n=4$，$r=3$，$n-r=4-3=1$；则可采用单项事件概率的通式进行推算，获得同样结果：

$$\frac{n!}{r!\ (n-r)!}p^r q^{n-r}=\frac{4!}{3!\ (4-3)!}\times\left(\frac{1}{2}\right)^3\times\frac{1}{2}=\frac{4\times3\times2\times1}{3\times2\times1\times1}\times\frac{1}{8}\times\frac{1}{2}=\frac{4}{16}$$

上述二项式展开不但可以应用于杂种后代群体基因型的排列和分析，同样可以应用于测交后代 $F_t$ 群体中表型的排列和分析。因为测交后代，显性个体和隐性个体出现的概率也都分别是 1/2（$p=1/2$，$q=1/2$），只是此时 $n$ 为杂合基因对数（或相对性状对数）。

推算杂种自交的 $F_2$ 群体中不同表现型个体出现的频率，同样可以采用二项式进行分析。根据孟德尔的遗传规律，任何一对完全显性的杂合基因型，其自交的 $F_2$ 群体中，显性性状出现的概率 $p=3/4$，隐性性状出现的概率 $q=1/4$，$p+q=3/4+1/4=1$。$n$＝杂合基因对数。则其

$$(p+q)^n=\left(\frac{3}{4}+\frac{1}{4}\right)^n$$
$$=\left(\frac{3}{4}\right)^n+n\left(\frac{3}{4}\right)^{n-1}\times\frac{1}{4}+\frac{n(n-1)}{2!}\left(\frac{3}{4}\right)^{n-2}\left(\frac{1}{4}\right)^2+\frac{n(n-1)(n-2)}{3!}\left(\frac{3}{4}\right)^{n-3}\left(\frac{1}{4}\right)^3+\cdots+\left(\frac{1}{4}\right)^n$$

例如，两对基因杂种 YyRr 自交产生的 $F_2$ 群体，其表型个体的概率按上述 $n=2$ 带入二项式展开为：

$$(p+q)^n=\left(\frac{3}{4}+\frac{1}{4}\right)^2$$
$$=\left(\frac{3}{4}\right)^2+2\times\frac{3}{4}\times\frac{1}{4}+\left(\frac{1}{4}\right)^2$$
$$=\frac{9}{16}+\frac{6}{16}+\frac{1}{16}$$

这表明具有两个显性性状（Y _ R _ ）的个体概率为 9/16，一个显性性状和一个隐性性状（Y _ rr 和 yyR _ ）的个体概率为 6/16，两个隐性性状（yyrr）的个体概率为 1/16，即表型的遗传比率为 9∶3∶3∶1。

同理，如果是 3 对基因杂种 YyRrCc，其自交的 $F_2$ 群体的表现型概率，可按二项式展开求得：

$$(p+q)^n=(p+q)^3$$
$$=\left(\frac{3}{4}\right)^3+3\left(\frac{3}{4}\right)^2\times\frac{1}{4}+3\times\frac{3}{4}\times\left(\frac{1}{4}\right)^2+\left(\frac{1}{4}\right)^3$$
$$=\frac{27}{64}+\frac{27}{64}+\frac{9}{64}+\frac{1}{64}$$

这表明具有 3 个显性性状（Y _ R _ C _ ）的个体概率为 27/64，2 个显性性状和 1 个隐性性状（Y _ R _ cc、Y _ rrC _ 和 yyR _ C _ 各占 9/64）的个体概率为 27/64，1 个显性性状和 2 个隐性性状（Y _ rrcc、yyR _ cc 和 yyrrC _ 各占 3/64）的个体概率为 9/64，3 个隐性性状（yyrrcc）的个体概率为 1/64。即表现型的遗传比率为 27∶9∶9∶9∶3∶3∶3∶1。

如果需要了解 $F_2$ 群体中某种表型个体出现的概率，也同样可用上述单项事件概率的通式进行推算。如在 3 对基因杂种 YyRrCc 的 $F_2$ 群体中，试问 2 个显性性状和 1 个隐性性状个体出现的概率是多少？即 $n=3$，$r=2$，$n-r=3-2=1$。则可按上述通式求得：

$$\frac{n!}{r!(n-r)!}p^rq^{n-r}=\frac{3!}{2!\ (3-2)!}\times\left(\frac{3}{4}\right)^2\times\frac{1}{4}=\frac{3\times2\times1}{2\times1\times1}\times\frac{9}{16}\times\frac{1}{4}=\frac{27}{64}$$

## 三、孟德尔定律的卡方测验验证

典型理论比例如 3∶1 和 9∶3∶3∶1 是一个概率的值，也就是说实际值和理论值之间往

往有一定的偏差，只不过群体愈大，这个偏差会愈小。但是即使群体再大，也不一定完全吻合。因此，为了测定实际值与理论值是否符合，在遗传学的研究中，通常应用适合度（$\chi^2$）（goodness of fit）测定，也称为卡方测定。目的是确定实际值与理论值的偏差是由于试验机误所造成还是由于两者有真正的差异所造成。

### （一）$\chi^2$ 测验的一般步骤

**1. 计算 $\chi^2$ 值** 计算公式是：

$$\chi^2=\sum\frac{(O-E)^2}{E}$$

在这里，$O$ 是实测值，$E$ 是理论值，$\sum$ 是总和的符号，是许多上述比值的总和的意思。从以上公式可以说明，所谓 $\chi^2$ 值即是平均平方偏差的总和。

**2. 确定自由度** 自由度是指个体总数和各项预期数确定后，在被考察的总数中能自由变动的项数，它一般等于被考察的总项数或类型数减 1。自由度用 $df$ 表示，$df=k-1$，$k$ 为类型数。

**3. 查 $P$ 值** 根据 $P$ 值大小确定试验结果是否与理论预期值相符。$P$ 值是指实测 $\chi^2$ 值与理论值相差一样大以及更大的积加概率。有了 $\chi^2$ 值，有了自由度，就可在 $\chi^2$ 表上查到对应的概率 $P$ 值。概率一般以 0.05(5%) 为分界标准，当 $P>0.05$ 实验结果与理论预期值之间相符；当 $P\leqslant 0.05$ 时，差异显著；当 $P<0.01$ 时，差异极显著，当差异显著或差异极显著时，实验结果都不符合理论预期值，就否定原来的理论假设。

### （二）用 $\chi^2$ 测验检验试验结果

如用 $\chi^2$ 测验检验前面的孟德尔的 2 对性状的杂交试验结果，列于表 3-6 中。

**表 3-6　孟德尔 2 对基因杂种自交结果的测验**

| 项　目 | 圆、黄 | 圆、绿 | 皱、黄 | 皱、绿 |
|---|---|---|---|---|
| 实测值（$O$） | 315 | 108 | 101 | 32 |
| 理论值（$E$） | 312.75 | 104.25 | 104.25 | 34.75 |
| $O-E$ | 2.25 | 3.75 | −3.25 | −2.75 |
| $(O-E)^2$ | 5.06 | 14.06 | 10.56 | 7.56 |
| $\frac{(O-E)^2}{E}$ | 0.016 | 0.135 | 0.101 | 0.218 |
| $\chi^2=\sum\frac{(O-E)^2}{E}$ | $\chi^2=0.016+0.135+0.101+0.218=0.470$ | | | |

注：理论值是由总数 556 粒种子按 9∶3∶3∶1 分配求得的。

由表 3-6 求得 $\chi^2$ 值为 0.47，自由度为 3，查表 3-7 即得 $P$ 值为 0.90～0.95，说明实际值与理论值差异发生的概率在 90%以上，因而样本的表现型比例符合 9∶3∶3∶1。

**表 3-7　$\chi^2$ 表**

| $df$ | $P$ | | | | | | | | | | |
|---|---|---|---|---|---|---|---|---|---|---|---|
| | 0.99 | 0.95 | 0.90 | 0.80 | 0.70 | 0.50 | 0.30 | 0.20 | 0.10 | 0.05 | 0.01 |
| 1 | 0.00016 | 0.04 | 0.016 | 0.064 | 0.148 | 0.455 | 1.074 | 1.642 | 2.706 | 3.841 | 6.635 |
| 2 | 0.0201 | 0.103 | 0.211 | 0.446 | 0.713 | 1.386 | 2.408 | 3.219 | 4.605 | 5.991 | 9.210 |
| 3 | 0.115 | 0.352 | 0.584 | 1.005 | 1.424 | 2.366 | 3.665 | 4.642 | 6.251 | 7.815 | 11.345 |

（续）

| df | P | | | | | | | | | | |
|---|---|---|---|---|---|---|---|---|---|---|---|
| | 0.99 | 0.95 | 0.90 | 0.80 | 0.70 | 0.50 | 0.30 | 0.20 | 0.10 | 0.05 | 0.01 |
| 4 | 0.297 | 0.711 | 1.064 | 1.649 | 2.195 | 3.357 | 4.878 | 5.989 | 7.779 | 9.488 | 13.277 |
| 5 | 0.554 | 1.145 | 1.610 | 2.343 | 3.000 | 4.351 | 6.064 | 7.269 | 9.236 | 11.070 | 15.086 |
| 6 | 0.872 | 1.635 | 2.204 | 3.070 | 3.828 | 5.345 | 7.231 | 8.588 | 10.645 | 12.592 | 16.812 |
| 7 | 1.239 | 2.167 | 2.833 | 3.822 | 4.671 | 6.346 | 8.783 | 9.803 | 12.017 | 14.067 | 18.475 |
| 8 | 1.646 | 2.733 | 3.490 | 4.594 | 5.527 | 7.344 | 9.524 | 11.030 | 13.362 | 15.507 | 20.090 |
| 9 | 2.088 | 3.325 | 4.168 | 5.380 | 6.393 | 8.343 | 10.656 | 12.242 | 14.684 | 16.919 | 21.666 |
| 10 | 2.558 | 3.940 | 4.865 | 6.179 | 7.627 | 9.342 | 11.781 | 13.442 | 15.987 | 18.307 | 23.209 |

注：表内数字是各种 $\chi^2$ 值，$df$ 为自由度，$P$ 是在一定自由度下 $\chi^2$ 大于表中数值的概率。

## 第四节　孟德尔定律的补充与丰富

**贝特森（William Bateson，1861—1926）**

遗传学家、生物学家，出生于英国约克郡一个知识分子家庭。从1900年开始，他主动担负起准确诠释孟德尔理论的重任，使重新发现的孟德尔思想通俗化；他创造了“等位基因”“纯合子”和“杂合子”等术语以及 $F_1$、$F_2$ 等符号（1902）。他是使用遗传学（Genetics，1906）一词来描述遗传和变异规律的第一人。在自1900年起以多种动、植物为材料进行的一系列杂交实验中，他和他的学生不仅为证明孟德尔理论在植物和动物中的普遍适用性作出了重要的贡献，而且以香豌豆为材料还发现了非等位基因的相互作用（互补）与连锁遗传现象，为丰富和发展孟德尔定律作出了不朽的贡献。

**谈家桢（1909—2008）**

遗传学家，中国现代遗传学奠基人之一，出生于中国浙江宁波。对生物一直的浓厚兴趣，使他大学时选择了生物学专业。20世纪30年代初开始研究异色瓢虫鞘翅色斑的遗传与变异。1934—1936年在摩尔根实验室留学，从事果蝇遗传研究，并撰写论文《果蝇常染色体的遗传图》。留学期间，将“gene”的汉译名定为“基因”。1946年提出“镶嵌显性”遗传理论，被认为是对经典遗传学发展的一大贡献。新中国成立后，他在复旦大学建立了中国第一个遗传学专业，创建了第一个遗传学研究所，组建了第一个生命科学学院，为我国遗传学研究培养了大批优秀人才。

### 一、显隐性的相对性

#### （一）显性现象的表现

**1. 完全显性**　相对性状不同的两个亲本杂交，$F_1$ 只表现某一亲本的性状，而另一亲本的性状未能表现，这种显性称完全显性（complete dominance）。孟德尔所研究的 7 对豌豆性状都是完全显性。

**2. 不完全显性** 相对性状不同的两个亲本杂交，$F_1$ 表现的性状是双亲性状的中间型，这种显性称不完全显性（incomplete dominance）。如紫茉莉（*Mirabilis jalapa*）的花色，有红色、粉红色和白色，当红色与白色这两个品种进行杂交时，$F_1$ 的花不是红色而是粉红色，即双亲的中间型，$F_2$ 的表型为 1 红色∶2 粉红色∶1 白色。

**3. 共显性** 相对性状不同的两个亲本杂交，双亲的性状同时在 $F_1$ 个体上出现，这种显性称共显性（codominance）。如正常人（红细胞呈碟形）与镰刀形红细胞贫血症患者结婚所生子女，其红细胞既有碟形又有镰刀形。又如人的血型是根据人的红血细胞上不同抗原而分类的。现已发现人类有 20 多个血型系统，其中主要的并具有临床意义的血型有 ABO、MN、Rh 等系统。下面讨论 MN 血型，它可分为 3 种表型，即 M 型、N 型和 MN 型，是由一对等位基因（$L^M$ 和 $L^N$）控制的，$L^M$ 与 $L^N$ 这一对等位基因的两个成员分别控制不同物质，而这两种物质同时在杂合体中表现出来，为共显性。所以，这 3 种表现型和基因型分别为 M 型（$L^ML^M$）、N 型（$L^NL^N$）和 MN 型（$L^ML^N$）。就这种血型而言，在人类中可能有 6 种婚配方式及子女的血型（表 3-8）。

**表 3-8 MN 血型的遗传**

| 表型 | 基因型 | 家庭数 | 实得子女数 | | | 理论比 | | |
|---|---|---|---|---|---|---|---|---|
| | | | M | MN | N | M | MN | N |
| M×M | $L^ML^M \times L^ML^M$ | 24 | 98 | — | — | 全 | — | — |
| N×N | $L^NL^N \times L^NL^N$ | 6 | — | — | 27 | — | — | 全 |
| M×N | $L^ML^M \times L^NL^N$ | 30 | — | 43 | — | — | 全 | — |
| M×MN | $L^ML^M \times L^ML^N$ | 86 | 183 | 196 | — | 1 | 1 | — |
| N×MN | $L^NL^N \times L^ML^N$ | 71 | — | 156 | 167 | — | 1 | 1 |
| MN×MN | $L^ML^N \times L^ML^N$ | 69 | 71 | 141 | 63 | 1 | 2 | 1 |

**4. 镶嵌显性** 相对性状不同的两个亲本杂交，双亲的性状在后代的同一个体不同部位表现出来，形成镶嵌图式，这种显性现象称为镶嵌显性（mosaic dominance）。如异色瓢虫（Harmonia axyridis）的鞘翅上有很多色斑变异，黑缘型（$S^{Au}S^{Au}$）鞘翅的前缘呈黑色，均色型（$S^ES^E$）鞘翅的后缘呈黑色，二者杂交，$F_1$ 既不是黑缘型，也不是均色型，而是出现一种新的色斑图案，即前后缘均呈黑色。这种镶嵌显性遗传现象是我国遗传学家谈家桢（1946）发现的。

可见，完全显性时，杂合体与显性纯合体表型一致，$F_2$ 有几种纯合基因型就有几种表型；不完全显性、共显性、镶嵌显性时，杂合体与显隐性纯合体表现型都不一致，$F_2$ 有几种基因型就有几种表现型。

当然，显、隐性关系是相对的，它会随着衡量的标准不同而发生改变，以至于随着条件的变化还可以相互转化。如豌豆圆粒与皱粒一对性状杂交，$F_1$ 表型均为圆粒种子，似乎圆粒对皱粒是完全显性，但是在显微镜下检查种子里的成分，却表现为不完全显性。因为圆粒种子含淀粉粒数目多，皱粒种子中含淀粉粒数目少，且呈多角形，于是种子干燥后便皱缩起来。而 $F_1$ 种子表型虽然是圆粒，但其中淀粉粒数目和形状都介于双亲之间，所以是不完全显性。由此可见，显隐性可随试验的分析标准不同而发生变化。

### （二）显性转换

显、隐性随着生物体内外条件的不同而发生变化的例子很多，如牛角和羊角的有无是受一对等位基因控制的，在母牛和母羊中，无角对有角为显性，而在公牛和公羊中则为无角对有角为隐性；人的秃顶也随性别而不同，在男人中表现为显性，在女人中则表现为隐性。环境条件影响显隐关系的例子更多。如小麦的分蘖与不分蘖性状显隐性关系是随着条件而变化的，水肥条件好的情况下分蘖为显性，水肥条件差时分蘖这一性状又转变为隐性，这种现象称为显性转换（reversal of dominance 或 change of dominance）。在个体发育中，显性关系的相互转化说明，显性是一种生理现象，决不能把它绝对化。

### （三）显性与隐性的实质

显、隐性的实质是受一对等位基因控制，它们的 DNA 分子片段基本上相同，有时由于基因的个别核苷酸发生了突变而形成隐性基因。从而不能正常地行使其功能，而基因的正常功能是决定着蛋白质的合成，包括酶蛋白和结构蛋白。如某一对等位基因是控制酶蛋白的合成，那么在杂合体中，显性基因一般是能形成有功能的酶，而隐性基因形成酶可能不正常，或者完全不能形成酶，于是在杂合体中，这一生化反应的完成则完全依赖于显性基因了，如果这一显性基因产物可以维持正常的表现型，则隐性基因效应就被掩盖，这时为完全显性；如果在杂合体中一个等位基因不足以维持正常反应的进行，那么表现型就为不完全显性。但在隐性纯合体里，由于一对等位隐性基因都不能形成有功能的酶，那么这一生化反应就不能完成，从而表现为隐性基因的性状。如人类的白化病（albinism）是由于隐性基因 a 不能形成色素酶。AA 基因型的为正常人，杂合体 Aa 的人表型和正常人也一样，因为一个 A 所产生的酶足以维持色素的合成；而 aa 个体则完全不能形成色素酶，所以不能形成色素，因而表现白化。这种性状的遗传完全符合分离规律。如果父母正常，子女却出现了白化，则这对父母都是白化基因（a）的携带者（carrier）。可见，显、隐性基因的关系并不是显性基因抑制了隐性基因的作用，而是它们各自参加一定的代谢过程，分别起着各自的作用，一个基因是显性还是隐性取决于各自的作用性质，取决于它们能否控制某个酶的合成。

## 二、复等位基因

一个基因如果存在多种等位基因的形式，即在同源染色体相同位点处存在 2 个以上的等位基因，这些基因称为复等位基因（multiple alleles）。任何一个二倍体个体最多只存在复等位基因中的 2 个不同的等位基因。只有在群体中不同个体之间才有可能在同源染色体的相同位点上出现 3 个或 3 个以上的成员。在同源多倍体中，一个个体上也可同时存在复等位基因的多个成员。

复等位基因在生物中也是广泛存在的，如人类的 ABO 血型系统。此系统共由 3 个复等位基因 $I^A$、$I^B$ 和 i（或 $I^O$）控制，$I^A$ 和 $I^B$ 互为共显性，但对 i 为显性，因此，它们组成 $C_3^1+C_3^2=6$种基因型，分别是 $I^AI^A$、$I^BI^B$、ii、$I^AI^B$、$I^Ai$ 和 $I^Bi$，但表型只有 A 型、B 型、AB 型和 O 型 4 种血型（表 3－9）。

**表 3－9　人类 ABO 血型的基因型和表现型**

| 基因型 | $I^AI^A$、$I^Ai$ | $I^BI^B$、$I^Bi$ | $I^AI^B$ | ii |
|---|---|---|---|---|
| 表型（血型） | A 型 | B 型 | AB 型 | O 型 |

## 三、致死基因

那些使生物体不能存活的等位基因，称为致死基因（lethal allele）。它包括显性致死基因（dominant lethal）和隐性致死基因（recessive lethal）。

**1. 显性致死基因** 杂合状态即表现致死作用的基因，称为显性致死基因。如显性基因Rb引起的视网膜母细胞瘤。

**2. 隐性致死基因** 在杂合时不影响个体的生活力，但在纯合状态有致死效应的基因称为隐性致死基因。如法国学者居埃诺（Lucien Cuenot，1905）研究小鼠时发现了一只黄色小鼠（正常野鼠色为棕灰色），并做了研究及分析（图 3－10）。

P　黄鼠 $A^YA$×正常 AA　　　　黄鼠 $A^YA$×黄鼠 $A^YA$

↓　　　　　　　　　　↓

$F_1$　1 黄鼠 $A^YA$∶1 正常 AA　　$1A^YA^Y$（致死）∶2 黄鼠 $A^YA$∶1 正常 AA

图 3－10　小鼠毛色致死基因杂交分析

由图 3－10 分析可知，决定小鼠毛色黄色的 $A^Y$ 基因纯合时是致死的。因此，小鼠的 $A^Y$ 基因属于“一因二效”，在决定毛色时是显性黄色基因，在决定致死或是存活时是隐性致死基因。另外，植物中的隐性白化基因也是隐性致死基因。

## 四、基因互作

在上述两个遗传定律中，孟德尔用一个遗传因子代表一个性状，用相对遗传因子的分离和重组来解释相对性状的遗传规律。但在孟德尔以后，许多试验证明基因与性状远不是“一对一”的关系，相对基因间的显、隐性关系只是最简单的事例。这种一对等位基因控制一对相对性状的遗传形式，称为“一因一效”。生物体是一个整体，性状的表达，除“一因一效”外，还有一对基因影响一对以上性状的表现，称为“一因多效”，如决定豌豆红花的基因 C，也决定豌豆种皮颜色灰色，决定豌豆白花的基因 c，也决定豌豆种皮颜色白色；决定小鼠黄色毛的基因 $A^Y$ 也决定致死，决定小鼠正常色（棕灰色）毛的基因 A 也决定小鼠存活。这是因为基因通过酶不但控制了某个主要生化过程，同时也影响着与其相联系的其他过程，进而影响了其他相关性状的表现。也有多对基因共同影响一对性状的表现，称为“多因一效”。在独立分配定律中 $F_2$ 出现 9∶3∶3∶1 的分离比例，表明这是由 2 对相对基因自由组合的结果。但是，有时 2 对相对基因的自由组合却不一定会出现 9∶3∶3∶1 的分离比例，这是什么原因呢？研究表明，这是由于不同对基因间相互作用的结果，这种现象称为基因互作（interaction of genes）。基因互作的形式有多种，现以 2 对非等位基因为例，对各种互作方式简介如下。

### （一）互补作用

两对独立遗传基因分别处于纯合显性或杂合状态时，共同决定一种性状的发育；当只有 1 对基因是显性，或两对基因都是隐性时，则表现为另一种性状。这种基因互作的类型称为互补作用（complementary effect）。如在香豌豆（*Lathyrus odoratus*）中有两个白花品种，二者杂交产生的 $F_1$ 全开紫花，自交后其 $F_2$ 群体分离为 9/16 紫花∶7/16 白花（图 3－11）。显然，开紫花是由于显性基因 C 和 P 互补的结果。因此，这两个基因称为互补基因（complementary gene）。我们将 $F_1$ 和 $F_2$ 的植株表现出其野生祖先的紫花性状的现象称为返祖遗传（atavism）。

P　　白花 CCpp×白花 ccPP

↓

$F_1$　　紫花 CcPp

↓⊗

$F_2$　9 紫花（C _ P _）∶7 白花　（3C _ pp+3ccP _ +1ccpp）

图 3-11　香豌豆花色遗传的互补作用

后来的实验证实，只有当显性基因 C 和 P 同时存在时，在花朵中才可以形成各种花色苷色素，前驱物$\xrightarrow[\text{酶}_1]{C}$花色素原$\xrightarrow[\text{酶}_2]{P}$花色苷色素，这两个互补基因任缺一个，则此生化过程不能完成，所以 C _ pp、ccP _ 、ccpp 都开白花。后来还从不同的白花品种得出无色的提取液，它们在试管中混合后产生紫色。显然基因之间的交互作用与它们所产生的简单指示剂型的化学物质有关。

### （二）积加作用

两种显性基因同时存在时产生一种性状，单独存在时表现另一种性状，都不存在时又表现一种性状。这种基因互作现象称为积加作用（additive effect）。如将两种基因型不同的圆球形南瓜（*Cucurbita pepo*）杂交，$F_1$ 全是扁盘形，$F_2$ 出现 3 种果形∶9/16 扁盘形∶6/16 圆球形∶1/16 长圆形（图 3-12）。

P　　圆球形 AAbb×圆球形 aaBB

↓

$F_1$　　扁盘形 AaBb

↓⊗

$F_2$　9 扁盘形（A _ B _）∶6 圆球形　（3A _ bb+3aaB _）∶1 长圆形（aabb）

图 3-12　南瓜果形遗传的积加作用

由上可知，A 和 B 同时存在时形成扁盘形；A 或 B 单独存在时形成圆球形；A 和 B 都不存在（即 2 对基因都是隐性）时形成长圆形。

### （三）重叠作用

2 种显性基因同时存在或单独存在表现同一种性状，都不存在时表现另一种性状。这种基因互作现象称为重叠作用（duplicate effect）。如将荠菜（*Copsella bursa - pastoria*）中的三角形蒴果与卵形蒴果植株杂交，$F_1$ 全是三角形，$F_2$ 三角形为 15/16，卵形为 1/16（图 3-13）。由此可见这 2 对非等位基因的显性基因控制同一性状（三角形蒴果）的发育，而且具有重叠的作用，所以这些具有相同效应的非等位基因称为重叠基因（duplicate gene）。正是由于这些重叠基因影响同一性状的发育，所以用同一基因符号，在右下角标不同数字，如用 $T_1$ 和 $T_2$ 表示这 2 个显性基因，结三角形蒴果亲本的基因型为 $T_1T_1T_2T_2$，结卵形蒴果亲本的基因型为 $t_1t_1t_2t_2$。

P　　三角形 $T_1T_1T_2T_2$×卵形 $t_1t_1t_2t_2$

↓

$F_1$　　三角形 $T_1t_1T_2t_2$

↓⊗

$F_2$　15 三角形（$9T_1\_T_2\_+3T_1\_t_2t_2+3t_1t_1T_2\_$）∶1 卵形（$t_1t_1t_2t_2$）

图 3-13　荠菜蒴果果形遗传的重叠作用

当杂交试验涉及 3 对重叠基因时，则 $F_2$ 的分离比例将相应地为 63∶1，余类推。但在有些情况下，重叠基因也表现累积的效应。关于这方面的问题，将在第五章数量性状遗传中讨论。

### （四）抑制作用

一个基因本身并不能独立地表现任何可见的效应，但能抑制另一个非等位基因的表现，这种基因称为抑制基因（inhibitor gene），这种互作现象称为抑制作用（inhibiting effect）。如家蚕中有结黄茧的，也有结白茧的，而且结白茧的有两种：一种为隐性白（iiyy），这是亚洲种，另一种为显性白（IIyy）也称为优白，欧洲种。而纯黄茧基因型为 iiYY。如果将结隐性白茧的蚕和结黄茧的蚕杂交，结果 $F_1$ 全为结黄茧的，这说明白茧是隐性的，即 iiyy×iiYY ⟶ $F_1$ 黄 iiYy，但是如果把结显性白茧的蚕和结黄茧的蚕杂交，结果 $F_1$ 全为结白茧的，且 $F_2$ 表现为白∶黄＝13∶3（图 3－14）。

P　　显性白 IIyy×黄 iiYY

↓

$F_1$　　白 IiYy

↓⊗

$F_2$　13 白（9I_Y_＋3I_yy＋1iiyy）∶3 黄（iiY_）

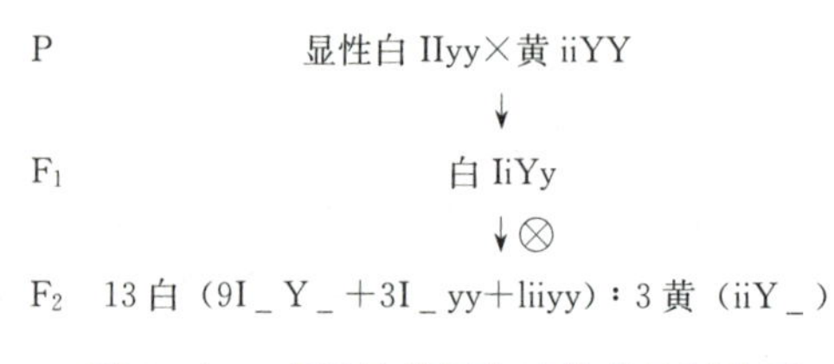

图 3－14　家蚕结茧颜色遗传的抑制作用

显然黄茧基因是 Y，白茧基因是 y，另外还有一个非等位的抑制基因 I。当 I 基因存在时就抑制了黄茧基因 Y 的作用，只有 I 不存在时 Y 的作用才表现，所以 $F_2$ 白∶黄＝13∶3。

### （五）上位作用

一对基因对另一对基因的表现起遮盖作用，称为上位作用（epistatic dominance）。起遮盖作用的基因称为上位基因，如果是显性基因，称为上位显性基因，如果是隐性基因，称为上位隐性基因。上位基因不仅对另一个非等位基因表现遮盖作用，同时它本身还能决定性状的表现。

**1. 显性上位**（dominant epistasis）　如燕麦的颖壳有黑色（BByy）和黄色（bbYY），将这两种类型进行杂交，其结果如图 3－15 所示。

P　　黑（BByy）×黄（bbYY）

↓

$F_1$　　黑（BbYy）

↓⊗

$F_2$　12 黑（9B_Y_＋3B_yy）∶3 黄（bbY_）∶1 白（bbyy）

图 3－15　燕麦颖壳颜色遗传的显性上位作用

显然黄色基因是 Y，白色基因是 y，另外还有一个非等位的显性上位基因 B。当 B 基因存在时就遮盖了 Y 与 y 的作用，而表现为 B 基因所控制的黑色性状；只有 B 不存在时，Y 与 y 才分别表现为黄色和白色。

**2. 隐性上位**（recessive epistasis）　如萝卜皮色的遗传，当基本色基因 C 存在时，另一对基因 Pr 和 pr 都能表现各自的作用，即 Pr 表现紫色，pr 表现红色。缺基因 C 时，隐性上位基因 c 遮盖了 Pr、pr 的作用，而表现为 c 基因所控制的白色性状（图 3－16）。

P　　红皮 CCprpr×白皮 ccPrPr

↓

$F_1$　　紫皮 CcPrpr

↓⊗

$F_2$　9 紫皮（C _ Pr _）∶3 红皮（C _ prpr）∶4 白皮（3ccPr _ +1ccprpr）

图 3-16　萝卜皮色遗传的隐性上位作用

上位作用和抑制作用不同，抑制基因本身不能决定性状，而上位基因除遮盖其他基因的表现外，本身还能决定性状；上位作用和显性作用也不同，上位作用发生于 2 对非等位基因之间，而显性作用则发生于同一对等位基因的两个成员之间。

从以上实验结果可见，由于基因互作的方式不同，其表型比例也不同，但各种表型的比例都是在 2 对独立基因分离比例 9∶3∶3∶1 的基础上演变而来的，其基因型的比例仍然和独立分配一致。由此可知，基因互作的遗传方式仍然符合孟德尔的遗传定律，而且是对它的进一步深化和发展。

## 复习思考题

1. 名词解释

等位基因、复等位基因、性状、单位性状、相对性状、显性性状、隐性性状、基因型、表型、完全显性、不完全显现、共显性、纯合体、测交、一因多效、多因一效、基因互作

2. 孟德尔进行豌豆杂交，在 $F_2$ 中共收获 7324 粒种子，其中 5474 为圆的，1850 为皱的，已知圆对皱为显性，分别用 R 和 r 代表。

（1）写出原始亲本间的杂交所产生的配子及 $F_1$。

（2）表示出 $F_1$ 自交，写出配子类型并简述 $F_2$ 预期结果。

3. 通常人类眼睛的颜色是遗传的，即褐色归因于显性基因，蓝色是由其相对的隐性基因（b）决定的。假定一个蓝色眼睛的男人与一个褐色眼睛的女人婚配，而该女人的母亲为蓝色眼睛。问其蓝眼睛孩子的预期比率是多少。

4. 纯种甜玉米和纯种非甜玉米间行种植，收获时发现甜粒玉米果穗上结有非甜粒玉米种子，而非甜粒玉米果穗上找不到甜粒玉米种子。如何解释这种现象？怎样验证你的解释？

5. 现有两个小麦品种，一个抗倒伏，但是感锈病；另一个不抗倒伏，但是抗锈病。根据学过的遗传学知识，你认为怎样才能培育出既抗倒伏又抗锈病的小麦新品种。

6. 在家犬中，基因型 A _ B _ 为黑色，aaB _ 为赤褐色，A _ bb 为红色，aabb 为柠檬色。已知 A（a）与 B（b）独立遗传。一个黑色犬与一个柠檬色犬交配生一个柠檬色犬。如果这个黑色犬与另一个基因型相同的犬交配，预期子代的比例如何？

7. 番茄的红果（Y）对黄果（y）为完全显性，二室（M）对多室（m）为完全显性，两对基因是独立遗传的。今有两株番茄杂交，其 $F_1$ 植株群体有：3/8 红果、果实二室∶3/8 红果、果实多室∶1/8 黄果、果实二室∶1/8 黄果、果实多室。问这两株番茄的基因型是怎样的？

8. 两个都开白花的品种杂交，$F_1$ 全开红花，但在 $F_2$ 群体内，某个红花植株与一个白花植株杂交，其后代又呈红花与白花 3∶1 分离。请写出原来两个杂交亲本和 $F_2$ 进行杂交的红

花与白花植株的可能基因型，并说明为什么。

9. 玉米 A _ C _ R _ 的种子为有色籽粒，其他均为无色。一个有色籽粒的植株用下列 3 个不同基因型植株测交，其结果如下：

（1）用 aaccRR 的植株测交，后代产生 50%的有色粒。

（2）用 aaCCrr 的植株测交，产生 25%的有色粒。

（3）用 AAccrr 的植株测交，产生 50%的有色粒。

请分析被测交的有色籽粒植株的基因型。

10. 表中是 5 种番茄不同的交配结果，写出每一交配中亲本植株最可能的基因型。

| 亲本表型 | $F_1$ 数目 | | | |
|---|---|---|---|---|
| | 紫茎缺刻叶 | 紫茎马铃薯叶 | 绿茎缺刻叶 | 绿茎马铃薯叶 |
| 紫茎缺刻叶×绿茎缺刻叶 | 321 | 101 | 310 | 107 |
| 紫茎缺刻叶×紫茎马铃薯叶 | 219 | 207 | 64 | 71 |
| 紫茎缺刻叶×绿茎缺刻叶 | 722 | 231 | 0 | 0 |
| 紫茎缺刻叶×绿茎马铃薯叶 | 404 | 0 | 387 | 0 |
| 紫茎马铃薯叶×绿茎缺刻叶 | 70 | 91 | 86 | 77 |

11. 大约在 70 个表现正常的人中有 1 个白化基因杂合子。一个表现正常其双亲也正常但有一个白化弟弟的女人，与一个无亲缘关系的正常男人婚配。问他们如果有一孩子，而且为白化儿的概率是多少？如果这个女人与其表现正常的表兄结婚（已知表兄妹间在遗传上的相关程度即血缘系数为 1/8），其子女患白化症的概率是多少？

12. 小麦无芒（A）对有芒（a）为显性，抗锈病（R）对感锈病（r）为显性，两个性状独立遗传。现将有芒抗锈病和无芒感锈病的两个小麦品种杂交。试问：$F_1$、$F_2$ 的基因型和表现型如何？要在 $F_3$ 得到 5 个稳定遗传的纯合无芒抗锈病株系，则 $F_2$ 至少要选择多少株无芒抗锈病的个体？

13. 开红花结黄子叶、圆粒的豌豆与开白花结绿子叶、皱粒的豌豆杂交，$F_1$ 表现为黄子叶、圆粒、开红花。欲在 $F_3$ 中得到绿子叶、圆粒、开红花的豌豆纯合株系 10 个。试计算，$F_2$ 至少应种植多大群体？并从中至少应选多少株绿子叶、圆粒、开红花的个体？

14. 某一医院同一夜出生了 4 个孩子，4 对父母的血型分别为：A 型和 B 型；AB 型和 O 型；B 型和 B 型；O 型和 O 型；4 个孩子的血型分别为：A 型、B 型、AB 型和 O 型。请根据你学习的遗传学知识，判断这 4 个孩子分别属于哪一对父母。

15. 大豆宽叶对窄叶为不完全显性，杂合体呈中间叶型；紫花对白花为完全显性；这两对基因是独立遗传的。用纯合的宽叶紫花品种与窄叶白花品种杂交，$F_1$、$F_2$ 表型如何？

# 第四章 连锁交换定律

**摩尔根（Thomas Hunt Morgan，1866—1945）**

遗传学和实验生物学的奠基人、胚胎学家，出生于美国肯塔基州列克星敦一个名门家庭，自幼就对大自然中的动、植物非常感兴趣。1909年，开始以果蝇为材料进行遗传研究，随后的近30年间，他和学生斯特蒂文特（A. Sturtevant）、布里奇斯（C. B. Bridges）、穆勒（H. J. Muller）系统地研究了染色体与遗传的关系，取得了一系列重大发现。在人类历史上，第一次将抽象的基因落实在了确定的染色体上，并指出基因在染色体上呈直线排列，他们不仅用染色体学说揭示了孟德尔遗传的机理（1915），而且提出了遗传学第三定律——基因的连锁交换定律，据此创立了基因论（theory of the gene，1926），以实验和理论奠定了遗传学的基础。1933年，摩尔根因“发现遗传中染色体所起的作用”而成为遗传学领域第一位获得诺贝尔生理学或医学奖的科学家。

非等位基因的位置有两种，一种是处在非同源染色体上；另一种是处在同一对同源染色体的不同位置上。前者是独立遗传的，符合独立分配定律；那么，后者就是连锁遗传（linkage）的，符合由摩尔根等所揭示的基因的连锁交换定律。连锁交换定律不是对孟德尔定律的简单修正，而是具有重大意义的发展。分离定律、独立分配定律和连锁交换定律，合称为遗传学的三大经典定律。

## 第一节 连锁与交换的表现

### 一、连锁遗传现象的发现

自1900年孟德尔遗传规律重新发现以后，引起生物界的广泛重视。大量的动、植物杂交试验结果表明，两对性状的遗传，有的符合独立分配定律，有的则不符合。1906年，英国遗传学家贝特森和庞尼特（R. C. Punnett）在香豌豆两对性状的杂交试验中首先发现了用独立分配定律解释不通的连锁遗传现象。

#### （一）相引组试验

第一组试验用的两个亲本是紫花、长花粉和红花、圆花粉。紫花（P）对红花（p）为显性，长花粉（L）对圆花粉（l）为显性，杂交试验及结果如图4-1所示。

由试验结果可知，$F_2$出现4种表型，但不符合9∶3∶3∶1的分离比例。其中亲本组合（又称亲本组合型，简称亲本型）性状（紫、长和红、圆）的实际数多于理论数，而重新组合（又称重新组合型，简称重组型）性状（紫、圆和红、长）的实际数却少于理论数。显然不能用独立分配定律进行解释。

P　紫花、长花粉 PPLL×红花、圆花粉 ppll

↓

$F_1$　紫花、长花粉 PpLl

↓⊗

| $F_2$ | 紫、长 P_L_ | 紫、圆 P_ll | 红、长 ppL_ | 红、圆 ppll | 总数 |
|---|---|---|---|---|---|
| 实际数 | 4831 | 390 | 393 | 1338 | 6952 |
| 按 9∶3∶3∶1 推算的理论数 | 3910.5 | 1303.5 | 1303.5 | 434.5 | 6952 |

图 4-1　香豌豆相引组杂交试验及结果

### （二）相斥组试验

第二组试验用的两个杂交亲本是紫花、圆花粉和红花、长花粉。分别具有一对显性基因和一对隐性基因，杂交试验及结果如图 4-2 所示。

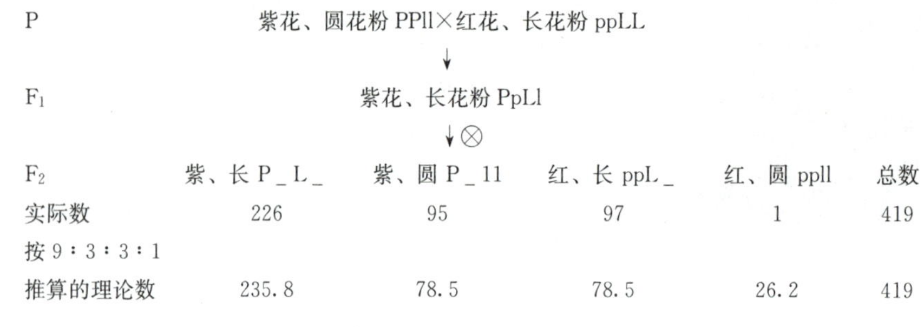


图 4-2　香豌豆相斥组杂交试验及结果

试验结果同样在 $F_2$ 出现 4 种表型，这与独立分配规律的 9∶3∶3∶1 的理论比例相比较，仍然是亲本型性状（紫、圆和红、长）的实际数多于理论数，而重组型性状（紫、长和红、圆）的实际数却少于理论数。因此，同样不能用独立分配定律来解释。

从上述两个试验结果都可以看出，原来为同一亲本所具有的两个性状，在 $F_2$ 中常常有连在一起遗传的现象，我们把这种现象称为连锁遗传。

在遗传学上，把两个显性性状连在一起遗传，两个隐性性状连在一起遗传的杂交组合，称为相引相或相引组（coupling phase）；把一个显性性状和一个隐性性状连在一起遗传，一个隐性性状和一个显性性状连在一起遗传的杂交组合，称为相斥组或相斥相（repulsion phase）。在连锁遗传中，相斥组和相引组的 $F_2$ 表型比例是有差异的。

## 二、连锁遗传现象的解释

### （一）利用孟德尔遗传原理进行分析

#### 1. 每对相对性状的遗传依然符合分离定律

（1）相引组试验结果。紫花∶红花＝(4831＋390)∶(1338＋393)＝5221∶1731≈3∶1；长花粉∶圆花粉＝(4831＋393)∶(1338＋390)＝5224∶1728≈3∶1。

（2）相斥组试验结果。紫花∶红花＝(226＋95)∶(97＋1)＝321∶98≈3∶1；长花粉∶圆花粉＝(226＋97)∶(95＋1)＝323∶96≈3∶1。

通过分析，不论是相引组或相斥组的 $F_2$ 群体中，紫花对红花及长花粉对圆花粉的分离比例都接近于 3∶1。由分析说明，每对相对性状的遗传仍受分离定律所支配。

**2. 两对相对性状的遗传不再遵循独立分配定律** 如果在独立遗传情况下，$F_1$ 个体通过减数分裂形成 4 种配子数量相等，则 $F_2$ 4 种表型应符合 9∶3∶3∶1 的分离比例，但据试验结果，$F_2$ 不呈现 9∶3∶3∶1 比例。因此，可以推论在连锁遗传情况下，$F_1$ 形成 4 种配子的数量不相等。

当时，贝特森和庞尼特也试图通过孟德尔遗传原理来解释上述的试验现象。但可惜的是他们没有抓住连锁遗传现象的本质，没能正确回答 $F_1$ 产生的 4 种配子的数量为什么不相等。最终，他们也未能提出圆满解释连锁遗传现象的机制。不久后，摩尔根和他的学生以黑腹果蝇为材料，在研究两对常染色体上的基因时发现了类似的连锁现象。他们通过大量遗传研究，对连锁遗传现象作出了科学的解释。

### （二）摩尔根的正确解释

按照摩尔根对果蝇连锁遗传现象的解释，针对上述香豌豆杂交试验我们可以认为：控制香豌豆花色和花粉粒形状的两对基因位于同一对同源染色体上。因此，在相引组中 P 和 L 连锁在一条染色体上，而 p 和 l 连锁在其同源的另一条染色体上，两亲本的同源染色体所载荷的基因分别是$\frac{PL}{PL}$和$\frac{pl}{pl}$，其 $F_1$ 就应是$\frac{PL}{pl}$（也写作 PL/pl）。那么，$F_1$ 在减数分裂时，来自双亲的两条同源染色体$\underline{PL}$和$\underline{pl}$就被分配到不同配子中去，形成亲本型配子。至于重组型配子的形成，摩尔根的解释是在减数分裂时有一部分细胞中同源染色体的两条非姊妹染色单体之间发生了交换（crossing over）。因此，在 $F_1$ 产生的 4 种配子中，大多数为亲本型配子，少数为重组型配子，而且其数目分别相等，均为 1∶1。在相斥组中也是如此，只不过这时的 $F_1$ 基因型是$\frac{Pl}{pL}$，亲本型配子和重组型配子恰好与相引组中相反。这样，通过雌、雄配子的随机结合，在 $F_2$ 表型中，自然就会出现亲本型表型比按 9∶3∶3∶1 推测的理论值偏高，而重组型表型比对应的理论值偏低。

## 三、连锁遗传的验证

是否真如上面的解释那样呢？可用测交法进行验证。因为测交后代的表型种类及其比例恰好反映 $F_1$ 产生的配子种类及其比例。下面以同样出现连锁遗传现象的玉米籽粒有色与无色、饱满与凹陷两对相对性状的遗传为例加以说明。对玉米这两对性状的相引组和相斥组的 $F_1$ 分别进行测交，试验及结果见表 4-1。

### （一）相引组测交后代的表现

$$亲本型=\frac{4032+4035}{8368}\times100\%=96.4\%$$

$$重组型=\frac{149+152}{8368}\times100\%=3.6\%$$

相引组的测交试验结果表明，$F_1$ 的配子比例不是像独立遗传那样 25%∶25%∶25%∶25%=1∶1∶1∶1，而是 48.2%∶1.8%∶1.8%∶48.2%。从而证实了 $F_1$ 虽然形成 4 种配子，但数量不等，大多数为亲本型配子，少数为重组型配子，而且两种亲本型配子数量相等，两种重组型配子数量相等。这就清楚地证明原来亲本具有的两对非等位基因（Cc 和 Shsh）不是独立分配的，而是常常连在一起遗传的，即连锁遗传的。对相引组而言，$F_1$ 个体内属于有色、饱满亲本的 C 和 Sh 两个非等位基因连锁在一条染色体上，而属于无色、凹陷亲本的 c 和 sh 两个非等位基因连锁在其同源的另一条染色体上。因此，$F_1$ 的基因型 CcShsh 按染色体形式就应写作$\frac{CSh}{csh}$。由于同一条染色体上的非等位基因减数分裂形成配子时伴随染色体行为一起运动，所以原来分属于两个亲本的非等位基因有连在一起遗传的倾向，因此，$F_1$ 产生的亲本型配子（CSh 和 csh）数偏多，多于独立遗传时配子总数的 50%；而由于减数分裂时同源染色体的非姊妹染色单体之间发生了交换而产生的重组型配子（Csh 和 cSh）数偏少，少于独立遗传时的 50%。这正如摩尔根所解释的那样。

**表 4-1　玉米籽粒两对性状相引组、相斥组的 $F_1$ 的测交试验及结果**

| | | | | | | |
|---|---|---|---|---|---|---|
| 相引组 | 亲本组合 | | 有色、饱满 CCShSh×无色、凹陷 ccshsh | | | |
| | 对 $F_1$ 测交 | | 有色、饱满 CcShsh×无色、凹陷 ccshsh | | | |
| | $F_1$ 配子类型 | | CSh | Csh | cSh | csh |
| | 测交后代 | 表型 | 有色、饱满 | 有色、凹陷 | 无色、饱满 | 无色、凹陷 |
| | | 基因型 | CcShsh | Ccshsh | ccShsh | ccshsh |
| | | 籽粒数 | 4032 | 149 | 152 | 4035 |
| | | 分离百分数 | 48.2 | 1.8 | 1.8 | 48.2 |
| 相斥组 | 亲本组合 | | 有色、凹陷 CCshsh×无色、饱满 ccShSh | | | |
| | 对 $F_1$ 测交 | | 有色、饱满 CcShsh×无色、凹陷 ccshsh | | | |
| | $F_1$ 配子类型 | | CSh | Csh | cSh | csh |
| | 测交后代 | 表型 | 有色、饱满 | 有色、凹陷 | 无色、饱满 | 无色、凹陷 |
| | | 基因型 | CcShsh | Ccshsh | ccShsh | ccshsh |
| | | 籽粒数 | 638 | 21379 | 21096 | 672 |
| | | 分离百分数 | 1.5 | 48.8 | 48.2 | 1.5 |

### （二）相斥组测交后代的表现

$$亲本型=\frac{21379+21096}{43785}\times 100\%=97.0\%$$

$$重组型=\frac{638+672}{43785}\times 100\%=3.0\%$$

相斥组的测交试验结果也证实了摩尔根的解释。可以看出，$F_1$ 的亲本型配子（Csh 和 cSh）数多于配子总数的 50%，重组型配子（CSh 和 csh）数少于配子总数的 50%，再次说明原来分属于两个亲本的非等位基因有连在一起遗传的倾向。对相斥组而言，$F_1$ 个体内属于有色、凹陷亲本的 C 和 sh 两个非等位基因连锁在一条染色体上，而属于无色、饱满亲本的 c 和 Sh 两个非等位基因连锁在其同源的另一条染色体上。因此，此时 $F_1$ 的基因型 CcShsh 按染色体形式就应写作$\frac{Csh}{cSh}$，这与相引组中 $F_1$ 的基因型$\frac{CSh}{csh}$不同。正是因为如此，相引组的亲本型配子在相斥组中却为重组型配子，相引组的重组型配子在相斥组中却为亲本型配子，可见，在连锁遗传中，区分相引组与相斥组是很有必要的。

在遗传学中，双杂合体产生重组型配子的比例，即重组型配子数占配子总数的百分数称为重组率（recombination frequency）或重组值（recombination fraction）。由于减数分裂中同源染色体的非姊妹染色单体之间发生了交换，才会产生重组型配子，所以可以用重组率来反映交换发生的频率。如相引组的重组率为 3.6%，就反映非姊妹染色单体间交换发生的频率为 3.6%。由相引组和相斥组的试验结果可以看出，当两对基因为连锁遗传时，其重组率总是少于 50%。

# 第二节　连锁与交换的遗传机理

染色体是基因的载体。一种生物的性状成千上万，控制这些性状的基因自然也成千上万，而每种生物的染色体的数目却是有限的。因此，一条染色体上必然载有多个基因，这些载荷在同一条染色体上的基因就应该是连锁遗传的。

## 一、完全连锁与不完全连锁

1911 年，摩尔根和他的学生将灰身长翅 BBVV 的果蝇与黑身残翅 bbvv 的果蝇进行杂交，$F_1$ 灰身长翅，说明灰（B）对黑（b）显性，长（V）对残（v）显性。若用 $F_1$ 雄蝇与双隐性黑身残翅 bbvv 雌蝇进行测交，测交后代为：1 灰身长翅∶1 黑身残翅（图 4－3）。若用 $F_1$ 雌蝇与双隐性黑身残翅 bbvv 雄蝇进行测交，测交后代为：41.5%灰身长翅∶8.5%灰身残翅∶8.5%黑身长翅∶41.5%黑身残翅（图 4－4）。由此，摩尔根发现了完全连锁（complete linkage）与不完全连锁（incomplete linkage）。

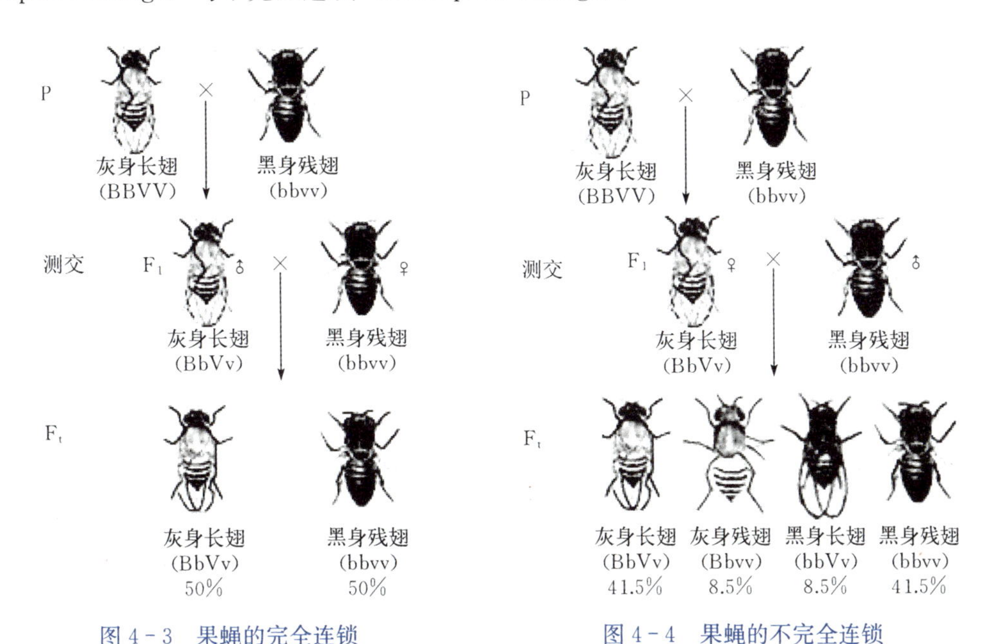


图 4－3　果蝇的完全连锁　　图 4－4　果蝇的不完全连锁

### （一）完全连锁

图 4－3 的测交试验表明，$F_1$ 雄蝇仅产生了两种亲本型配子 BV 和 bv，没有产生重组型配子。可见，$F_1$ 雄蝇中来自亲本的控制两个性状的非等位基因（B 与 V、b 与 v）完全紧密

地连锁在一起传递给了后代。像这样，处在同一同源染色体的两个非等位基因之间不发生非姊妹染色单体之间的交换而总是联系在一起遗传的现象，称为完全连锁。由于不发生交换，对于两对非等位基因完全连锁的 $F_1$ 只产生亲本型配子，因此，其自交或测交后代中仅出现亲本型个体，不出现重组型个体。另外，完全连锁后代的表现与一对基因的遗传很近似，测交结果为1∶1分离；若雌、雄配子形成时均完全连锁，则自交（近交）结果为3∶1（或1∶2∶1）分离。然而，自然界中完全连锁的情况是罕见的，迄今只有在果蝇的雄性和家蚕的雌性中有完全连锁的报道。

### （二）不完全连锁

事实上，在连锁遗传中，一般的情形都是不完全连锁，即处在同一同源染色体上的两个非等位基因之间或多或少地发生非姊妹染色单体之间的交换而不总是联系在一起遗传的现象。由于发生了交换，对于两对非等位基因不完全连锁的 $F_1$ 不仅产生亲本型配子，而且产生重组型配子，因此，其自交或测交后代中不仅出现亲本型个体，而且也出现重组型个体。图4-4的测交试验就是如此，$F_1$ 雌蝇不仅产生了两种亲本型配子BV和bv，而且也产生了两种重组型配子Bv和bV。可见，$F_1$ 雌蝇中来自亲本的控制两个性状的非等位基因（B与V、b与v）间发生了非姊妹染色单体之间的交换，打破了两者的连锁关系。前面所介绍的香豌豆杂交试验和玉米的测交试验也都属于不完全连锁。现在看来，前者是不完全连锁的自交表现，后者是不完全连锁的测交表现。那么，重组型配子是如何产生的？为什么在 $F_1$ 产生的4种配子中，大多数为亲本型配子，少数为重组型配子，即重组率为什么小于50%？又为什么在 $F_1$ 产生的4种配子中，两种亲本型配子数目相等，两种重组型配子数目相等？这些都基于有些性（孢）母细胞减数分裂产生配子的过程中处在同一同源染色体上的非等位基因之间发生了非姊妹染色单体的交换。

## 二、交换与不完全连锁的形成

所谓交换，是指同源染色体的非姊妹染色单体之间对应节段（区段、片段）的互换，从而引起相应基因间的交换和重组。下面仍以玉米籽粒有色（C）与无色（c）、饱满（Sh）与凹陷（sh）两对相对性状的遗传为例加以说明，现已确定玉米的Cc和Shsh两对基因位于第9对染色体上。

### （一）交换的遗传机制

细胞学研究表明，在减数分裂的前期Ⅰ的偶线期各对同源染色体分别配对，即联会成二价体，双线期二价体之间的某些节段出现的交叉就是上一个时期即粗线期各对同源染色体中的非姊妹染色单体对应节段间发生了交换的结果。现在已知，除着丝点外，非姊妹染色单体的任何位点都可能发生交换，只是在交换频率上，靠近着丝点的节段低于远离着色点的节段。由于发生了交换而引起同源染色体间非等位基因的重组，这样，原来连锁在一起的基因得到了交换与重组。关于不完全连锁与交换的遗传机制如下：

（1）基因在染色体上呈直线排列（图4-5）。

（2）某一基因与其等位基因位于一对同源染色体的两个成员上，它们的位置相当，呈对称排列。如图4-5中等位基因Sh与sh，等位基因C与c。

（3）同源染色体上有两对不同的基因时，它们处在不同的位点上，即为连锁的非等位基因。如图 4－5 中基因 Sh（sh）与 C（c）就属于连锁的非等位基因。

（4）染色体经过复制，形成两条染色单体，上面的基因也随着复制。减数分裂前期同源染色体配对后，形成四合体（图 4－6）。

图 4－5　同源染色体上载荷的基因

图 4－6　四合体

（5）交换只涉及同源染色体间彼此靠近的两条非姊妹染色单体。先在两个连锁的非等位基因位点之间（即连锁基因相连区段内）某一位置上发生断裂，然后在非姊妹染色单体之间重新连结起来，随着染色体节段的互换，基因也随之得到了交换（图 4－7）。

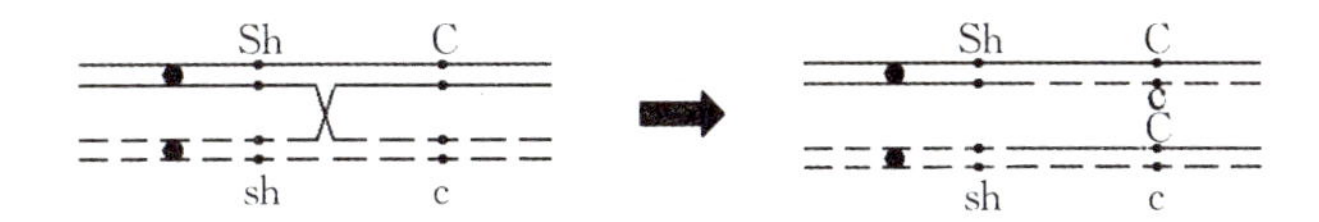


图 4－7　基因随非姊妹染色单体对应节段的互换而发生交换与重组

两条染色单体的断裂点位置是完全相同的，因而不会因染色体节段的互换而改变染色体的结构。

（6）交换后形成的 4 种基因组合的染色单体，通过两次细胞分裂，分配到 4 个子细胞（即孢子）中去，以后发育成 4 种配子，包括 2 个亲本型和 2 个重组型（图 4－8）。

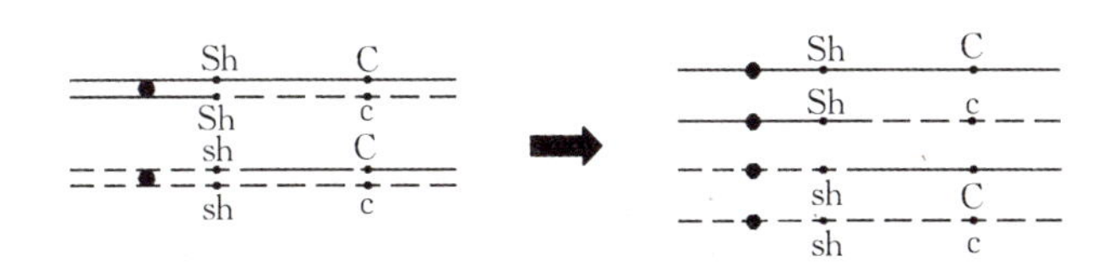


图 4－8　每对同源染色体的一条染色单体分离后进入一个配子

因此，当两对非等位基因为不完全连锁时，重组型配子是在连锁基因相连区段之内发生交换的结果。显而易见，只要某一个孢母细胞减数分裂时在两对连锁基因相连区段内发生了一次交换，最后形成的 4 个配子中，必定有两个是新组合即重组型，两个是亲本组合即亲本型，4 种类型配子的比例为 1∶1∶1∶1，但又怎样来解释 $F_1$ 产生的 4 种配子的比例不相等呢？

### （二）不完全连锁的两对基因杂合体配子的形成

现仍以上述玉米相引组的 $F_1(\frac{CSh}{csh})$ 为例，说明不完全连锁的两对基因杂合体配子的形成（图 4－9）。在减数分裂期，孢母细胞中同源染色体的非姊妹染色单体之间的交换，既可能发生在被考察的两对连锁基因相连区段内，也可能发生在这个区段外（即该区段内不发生交换）。就玉米相引组的 $F_1(\frac{CSh}{csh})$ 而言，当它进行减数分裂产生配子时，若某个孢母细胞内第 9 对染色体上的 Cc 和 Shsh 相连区段内正好发生了交换，则最后产生的配子中，一半属于亲本型配子CSh和csh，一半属于重组型配子Csh和cSh，即25%CSh：25%Csh：25%cSh：25%csh；若另一个孢母细胞内第9对染色体上的Cc和Shsh相连区段内不发生交换，则最后产生的全部是亲本型配子，即50%CSh：50%csh。可见，对于含有大量孢母细胞的任何$F_1$个体来说，即使在100%的孢母细胞内，同源染色体的非姊妹染色单体之间的交换发生在被考察的两对连锁基因相连区段内，最后产生的重组型配子也只能是配子总数的一半，即50%。然而，这种情况是很难发生的，甚至是不可能发生的。通常的情形是一部分孢母细胞内，同源染色体的非姊妹染色单体之间的交换发生在被考察的两对连锁基因相连区段内，产生的4种配子，2种是亲本型，2种是重组型，比例为1：1：1：1；而另一部分孢母细胞内，该两对连锁基因相连区段内不发生交换，产生的两种配子，全是亲本型，比例为1：1。正因为这样，就整个$F_1$来说，最终形成的4种配子比例不再是相等，而是大多数为亲本型配子，且两种亲本型配子数量相等；少数为重组型配子，且两种重组型配子数量相等。所以，重组率自然就小于50%了。因此，不完全连锁的两对基因杂合体产生的4种配子的比例可以写作：a：b：b：a（a≠b）。其中，若用a表示双显或双隐性基因组成的配子在总配子中占的百分比，b表示一显一隐或一隐一显性基因组成的配子在总配子中占的百分比，则相引组时，a>b，2a为亲本型配子所占比率，2b即为重组率；相斥组时，a<b，2b为亲本型配子所占比率，2a即为重组率。

连锁交换定律的细胞学实质

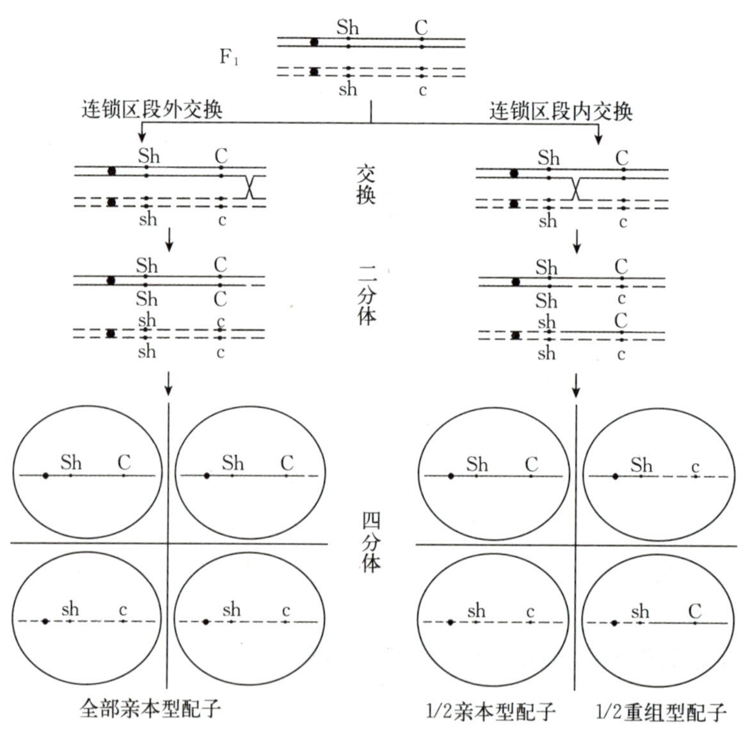


图4-9 不完全连锁的两对基因杂合体配子形成

现假定相引组$F_1$($\frac{CSh}{csh}$)共有100个孢母细胞，有7个孢母细胞交换发生在Cc和Shsh相连区段内的，其余的在Cc和Shsh相连区段内不发生交换，这样重组率是多少呢？以每个孢母细胞产生4个配子计算，100个孢母细胞产生的配子种类和数目见表4-2。

**表 4-2　发生交换的孢母细胞百分数与形成的配子比例关系**

| 配子总数 | 亲本型配子 | | 重组型配子 | |
|---|---|---|---|---|
| | CSh | csh | Csh | cSh |
| 93 个孢母细胞在连锁区段内不发生交换<br>93×4=372 个配子 | 186 | 186 | 0 | 0 |
| 7 个孢母细胞在连锁区段内发生交换<br>7×4=28 个配子 | 7 | 7 | 7 | 7 |
| 400 | 193 | 193 | 7 | 7 |

$$亲本型配子百分比=\frac{193+193}{400}\times100\%=96.5\%$$

$$重组型配子百分比=\frac{7+7}{400}\times100\%=3.5\%$$

根据上表分析可知，当有 7%的孢母细胞发生交换时，重组型配子数占配子总数的百分比是 3.5%，正好是发生交换的孢母细胞所占百分比的一半。可见，当两对连锁基因之间发生交换时，重组率恰好是发生交换的孢母细胞所占百分比的一半。

# 第三节　交换值的测定与应用

处在非同源染色体上的非等位基因彼此独立，由它们控制的性状遗传由独立分配规律[illegible]支配；处理这样的问题，应用独立分配定律便可以直接推断出后代表型及比例。而处[illegible]对同源染色体的非等位基因彼此连锁，由它们控制的性状遗传由连锁遗传规律所支配[illegible]这类问题，应用连锁交换定律又如何推断后代表现型及比例呢？这就要利用连锁交换定律的纽带——交换值（crossing-over value），即染色单体上两个基因间发生交换的总次数与染色单体总数的比率。这是因为知道了交换值，一般情况下就可以推断出杂合体产生的各种配子的比例，从而就可以推断后代表现型及比例。

## 一、交换值的测定

交换值也可定义为在所有配子中，两基因间发生交换的总次数与配子总数的比率，即在 100 个配子中两基因间发生交换的平均次数。由于两基因间发生交换，才会产生重组型配子，所以，对于相距很近的基因间发生交换来说，交换值就等于重组率，即重组型配子数占配子总数的百分比。然而，对于相距较远的基因间，由于除单交换外，双交换或多交换也可能发生，因而再用重组率来估计的交换值往往偏低。尽管如此，通常还是用能通过试验实际测得的重组率，来估计交换值这个理论值。因此，估算交换值的公式是：

$$交换值=\frac{重组型配子数}{配子总数}\times100\%$$

应用这个公式估算交换值，首先需要知道重组型的配子数。测定重组型配子数的简易方法有测交法和自交法两种。

### （一）测交法

测交法主要适用于异花授粉作物，如玉米、油菜、南瓜等。

就是用 $F_1$ 与隐性纯合体进行交配，前述玉米测交试验的重组率，即交换值（相引组为 3.6%，相斥组为 3.0%），就是依据测交结果和应用以上公式计算出来的。

### （二）自交法

自交法主要适用于自花授粉作物，如小麦、水稻、豌豆等。

在本章第一节中介绍的香豌豆连锁遗传的 $F_2$ 资料是利用自交方法获得的（图 4-1，图 4-2）。现以其相引组为例，说明自交法估算交换值的理论根据和具体方法。

香豌豆的 $F_2$ 有 4 种表现型，可以推知它的 $F_1$ 形成 4 种配子，其基因组成为 PL、Pl、pL、pl，根据不完全连锁的遗传机理，可假设它们在总配子中所占的百分比分别为 a、b、b、a。经过自交而产生的 $F_2$ 结果，自然是这些配子的平方，即 $(aPL : bPl : bpL : apl)^2$，其中表现型为纯合双隐性 ppll 的个体百分比是 a 的平方，即 $a \times a = a^2$。反之，组合成 $F_2$ 表现型 ppll 的 $F_1$ 雌、雄配子必然都是 pl，其频率为 $a^2$ 的平方根，即 a。此例中 $F_2$ 表现型 ppll 的个体数为 1338 个，约是总个体数 6952 的 19.2%，所以 $F_1$ 配子 pl 的频率为 $\sqrt{0.192} \approx 0.44$，即 a=44%。配子 PL 和 pl 的频率相等，也为 44%，它们在相引组中都是亲本型。因为 $2a+2b=1$，所以重组型的配子 Pl 和 pL 均为 $b=(1-2a)/2=(1-2\times 44\%)/2=6\%$。这样 $F_1$ 形成 4 种配子的比例便为 44%PL : 6%Pl : 6%pL : 44%pl。交换值等于重组率，即 Pl 和 pL 这两种重组型配子百分比之和，所以交换值就为 $2b=6\%+6\%=12\%$。这是估算相引组交换值的方法，对于相斥组交换值也可用同样方法推算出来。应该指出的是，$F_1$ 形成的配子 PL 和 pl 在相引组为亲本型，而在相斥组为重组型。因此，通过上述推理估算，可以得[illegible]论。

[illegible]交组合若为相引组，则有：

$$交换值=2b=1-2a$$

$$即交换值=100\%-2\times\sqrt{F_2\ 群体内双隐性个体的频率}\times 100\%$$

$$=100\%-2\times\sqrt{\frac{F_2\ 群体内双隐性个体数}{F_2\ 群体总个体数}}\times 100\%$$

杂交组合若为相斥组，则有：

$$交换值=2a$$

$$即交换值=2\times\sqrt{\frac{F_2\ 群体内双隐性个体数}{F_2\ 群体总个体数}}\times 100\%$$

由此，利用相斥组的 $F_2$ 资料估算出的交换值为 $2\times\sqrt{1/419}\times 100\%\approx 10\%$。

## 二、交换值的特点

交换值的大小幅度通常变化在 0～50%。对于两个连锁的非等位基因来说，若交换值为 0，则完全连锁，没有孢母细胞在这两个基因之间发生交换；当交换值越接近 0 时，则连锁强度越大，这两个基因之间发生交换的孢母细胞数越少；当交换值越接近 50%时，则连锁强度越小，这两个基因之间发生交换的孢母细胞数越多。通常情况下，交换值总是大于 0 而小于 50%，为不完全连锁。

交换值会因某种内在和外界条件的影响而发生变化。如性别、年龄、温度等都会对某些生物的连锁基因间的交换值有所影响，如雌性果蝇和雄性家蚕一般为不完全连锁，而据报道雄性果蝇和雌性家蚕根本不发生交换，为完全连锁。另外，基因所在的染色体部位不同，以及染色体的结构和数目变异等也会影响交换值。因此，在测定交换值时，总是以正常条件下生长的生物作为研究材料，从大量试验资料中来求得比较准确的结果。尽管如此，交换值还是相对稳定的。前面测交法估算的玉米 Cc 和 Shsh 两对连锁基因间的两组交换值（3.6%与3.0%）和自交法估算的香豌豆 Pp 和 Ll 两对连锁基因间的两组交换值（12%与 10%），都相当接近就是证明。

研究表明，染色体上发生断裂（交换）的位置，一般来讲是随机的。根据基因在染色体上呈直线排列的理论，可以推想：连锁基因间相距越远，连锁强度越小，两基因间发生交换的机会就越多，发生交换的孢母细胞数越多，交换值也就越大；连锁基因间相距越近，连锁强度越大，两基因间发生交换的机会就越少，发生交换的孢母细胞数越少，交换值也就越小。因此，相对稳定的交换值可以用来表示两个连锁基因在同一染色体上的相对距离（也称遗传距离）。通常，以 1%交换值作为 1 个遗传距离单位（也称为 1 个图距单位）。遗传距离单位用厘摩（厘摩尔根，centi-Morgan，简写为 cM）表示。如玉米的 Cc 和 Shsh 这两对连锁基因的交换值为 3.5%，就表示这两个基因在玉米第 9 染色体上相距 3.5cM。

## 三、交换值的意义与应用

通过连锁遗传的研究，发现了连锁遗传规律，证实了染色体是基因的载体，通过交换值的测定进一步确定基因在染色体上具有一定的距离和顺序，并呈直线排列。这不仅为基因定位创造了途径，为遗传学的发展奠定了坚实的科学基础，而且对动、植物育种实践也有重[illegible]的指导意义。

有性杂交育种是品种选育的主要途径，这是因为通过有性杂交，可以利用基因重[illegible]合亲本的优良性状，从而选育出理想的新品种。但在实际育种工作中，有些基因控制的性[illegible]常呈连锁遗传，杂种后代期望的重组基因型出现的频率，因交换值的大小而有很大差别，这与育种的可能性和效率关系非常密切。如果交换值大，重组型出现的机会就大；反之交换值小，获得理想重组类型的机会就小。因此，为了选出综合优良性状的理想后代，应该根据掌握的资料，考虑到有关性状的连锁强度，以便有计划地安排杂种群体的大小，估计优良类型出现的频率。这样既可以经济利用人力和物力，而且还能估计育种工作的进程。

如番茄中有一种矮生性状（dd）和抗病性状（RR）有较强的连锁遗传关系，交换值为12%。如用矮生、抗病（ddRR）作为一个亲本，与正常、感病亲本（DDrr）杂交，$F_1$ 雌、雄配子各为（6DR∶44Dr∶44dR∶6dr），在 $F_2$ 要获得正常抗病的理想类型出现的频率，可以根据表 4-3 进行估算。

**表 4-3　番茄两对性状连锁遗传 $F_2$ 期望类型出现的频率**

| 雌配子及比例（%） | 雄配子及比例（%） | | | |
|---|---|---|---|---|
| | DR<br>6 | Dr<br>44 | dR<br>44 | dr<br>6 |
| DR<br>6 | DDRR *<br>36 | DDRr *<br>264 | DdRR *<br>264 | DdRr *<br>36 |
| Dr<br>44 | DDRr *<br>264 | DDrr<br>1 936 | DdRr *<br>1 936 | Ddrr<br>264 |

（续）

| 雌配子及比例（%） | 雄配子及比例（%） | | | |
| --- | --- | --- | --- | --- |
| | DR<br>6 | Dr<br>44 | dR<br>44 | dr<br>6 |
| dR<br>44 | DdRR*<br>264 | DdRr*<br>1 936 | ddRR<br>1 936 | ddRr<br>264 |
| dr<br>6 | DdRr*<br>36 | Ddrr<br>264 | ddRr<br>264 | ddrr<br>36 |

* 表示理想类型，理想类型中的纯合体用"□"框起。

表4-3 $F_2$ 中具有正常株高、抗病的植株类型（D _ R _）为理想类型，共有5036/10000＝50.36%，其中属于纯合体的DDRR仅占 $F_2$ 的36/10000＝0.36%。如将全部正常株高、抗病的植株，按株系种成 $F_3$，其中有36/5036＝0.7%株系是纯合的DDRR类型，其后代不再产生性状分离。若计划在 $F_3$ 种植10个正常株高、抗病的纯合株系，即需要从 $F_2$ 中选得10株正常株高、抗病的纯合体，根据10÷0.36%≈2777.8株，可知 $F_2$ 群体至少需种约2778株才能满足计划要求。那么，需要从 $F_2$ 中至少选得正常株高、抗病类型（D _ R _）多少株呢？根据10÷(36/5036)≈1398.9（或2777.8×50.36%≈1398.9）株，可知需要从 $F_2$ 中至少选得约1399株该理想类型（D _ R _），才能选得10株正常株高、抗病的纯合体（DDRR），才能在 $F_3$ 种植出10个理想类型的纯合株系。就这样可以根据交换值预测所需类型出现的频率，从而决定 $F_2$、$F_3$ 种植群体大小，选择个体多少。

[illegible]实践表明，当基因间连锁强度愈大时，$F_2$ 中出现重组型的机会愈少，需要种植的[illegible]也愈大，所以在育种工作中，要尽量避免选用不良性状与优良性状紧密连锁的材料[illegible]亲本。

育种实践还告诉我们，有时可以利用性状间连锁的关系来提高选择效果。如大麦抗秆锈病基因与抗散黑穗病基因是紧密连锁的，只要选择抗锈病的优良单株，也就等于同时选得了抗散黑穗病的材料。从而达到一举两得，提高选择效果的目的。

## 第四节　基因定位与连锁遗传图

生物的基因在染色体上各有其一定的位置，并且是相对恒定的。确定基因在染色体上的位置称为基因定位（gene localization）。根据基因在染色体上呈线性排列的理论基础，利用交换值表示基因间的遗传距离，来确定基因在染色体上的相对位置——基因间的距离和顺序，这就是传统的基因定位方法。这样根据基因在染色体上的遗传距离和顺序，把它们标志在染色体上而绘制成的染色体图，就称为连锁遗传图（linkage map）或遗传图谱（genetic map）。

### 一、基因定位

传统的基因定位方法，主要有两点测验和三点测验两种方法。

#### （一）两点测验

两点测验（two-point testcross）是基因定位最基本的一种方法。它的一般步骤是：首先通过 1 次杂交和 1 次用双隐性个体测交来确定两对基因是否连锁，然后再根据其交换值来确定它们在同一染色体上的相对位置。

为了确定 Aa、Bb 和 Cc 这 3 对基因在染色体上的相对位置，采用两点测验的具体方法是：通过 1 次杂交和 1 次测交估算出 Aa 和 Bb 两对基因的交换值，根据交换值来确定它们是否连锁；再通过 1 次杂交和 1 次测交，估算出 Bb 和 Cc 两对基因的交换值，根据交换值来确定它们是否连锁；又通过同样方法和步骤来确定 Aa 和 Cc 两对基因是否连锁；若这 3 次试验，确认 Aa 和 Bb 是连锁的，Bb 和 Cc 也是连锁的，Aa 和 Cc 还是连锁的，就说明这 3 对基因都是连锁遗传的。于是可以根据 3 个交换值的大小，进一步确定这 3 对基因在染色体上的相对位置。

现举一实例说明。玉米籽粒的有色（C）对无色（c）为显性，饱满（Sh）对凹陷（sh）为显性，非糯性（Wx）对糯性（wx）为显性。为了确定这 3 对基因是否连锁，曾分别进行了表 4-4 中的 3 个试验。

**表 4-4　玉米两点测验的 3 个测交试验及结果**

| 试验 | 项目 | | | | | |
|---|---|---|---|---|---|---|
| 第 1 个试验 | 亲本组合 | | 有色、饱满 CCShSh×无色、凹陷 ccshsh | | | |
| | 对 $F_1$ 测交 | | 有色、饱满 CcShsh×无色、凹陷 ccshsh | | | |
| | $F_1$ 配子类型 | | CSh | Csh | cSh | csh |
| | 测交后代 | 表现型 | 有色、饱满 | 有色、凹陷 | 无色、饱满 | 无色、凹陷 |
| | | 基因型 | CcShsh | Ccshsh | ccShsh | ccshsh |
| | | 籽粒数 | 4032 | 149 | 152 | 4035 |
| | | 分离百分比 | 48.2 | 1.8 | 1.8 | 48.2 |
| | | 表现类型 | 亲本型 | 重组型 | 重组型 | 亲本型 |
| 第 2 个试验 | 亲本组合 | | 糯性、饱满 wxwxShSh×非糯性、凹陷 WxWxshsh | | | |
| | 对 $F_1$ 测交 | | 非糯性、饱满 WxwxShsh×糯性、凹陷 wxwxshsh | | | |
| | $F_1$ 配子类型 | | WxSh | Wxsh | wxSh | wxsh |
| | 测交后代 | 表现型 | 非糯性、饱满 | 非糯性、凹陷 | 糯性、饱满 | 糯性、凹陷 |
| | | 基因型 | WxwxShsh | Wxwxshsh | wxwxShsh | wxwxshsh |
| | | 籽粒数 | 1531 | 5885 | 5991 | 1488 |
| | | 分离百分比 | 10.3 | 39.5 | 40.2 | 10.0 |
| | | 表现类型 | 重组型 | 亲本型 | 亲本型 | 重组型 |
| 第 3 个试验 | 亲本组合 | | 非糯性、有色 WxWxCC×糯性、无色 wxwxcc | | | |
| | 对 $F_1$ 测交 | | 非糯性、有色 WxwxCc×糯性、无色 wxwxcc | | | |
| | $F_1$ 配子类型 | | WxC | Wxc | wxC | wxc |
| | 测交后代 | 表现型 | 非糯性、有色 | 非糯性、无色 | 糯性、有色 | 糯性、无色 |
| | | 基因型 | WxwxCc | Wxwxcc | wxwxCc | wxwxcc |
| | | 籽粒数 | 2542 | 739 | 717 | 2716 |
| | | 分离百分比 | 37.9 | 11.0 | 10.7 | 40.5 |
| | | 表现类型 | 亲本型 | 重组型 | 重组型 | 亲本型 |

第一个试验就是本章第一节提到的玉米测交试验中的相引组试验。试验结果表明，Cc

和 Shsh 两对基因是连锁的，因为它们在测交后代所表示的交换值为 [(152+149)/(4032+4035+152+149)]×100%=3.6%，远远小于 50%。就是说，Cc 和 Shsh 这两对基因在染色体上相距 3.6cM。

第二个试验结果表明，Wxwx 和 Shsh 这两对基因也是连锁的，因为它们在测交后代所表现的交换值为 [(1531+1488)/(5885+5991+1531+1488)]×100%=20.3%，也小于 50%。这样，Cc 和 Shsh 连锁，Wxwx 和 Shsh 也连锁，所以 Cc 和 Wxwx 自然也是连锁遗传的。但是仅仅根据 Cc 和 Shsh 的交换值为 3.6%与 Wxwx 和 Shsh 的交换值为 20.3%，还是无法确定它们三者在同一染色体上的相对位置。这是因为这种情况，它们在同一染色体上的排列顺序有两种可能（图 4-10）。

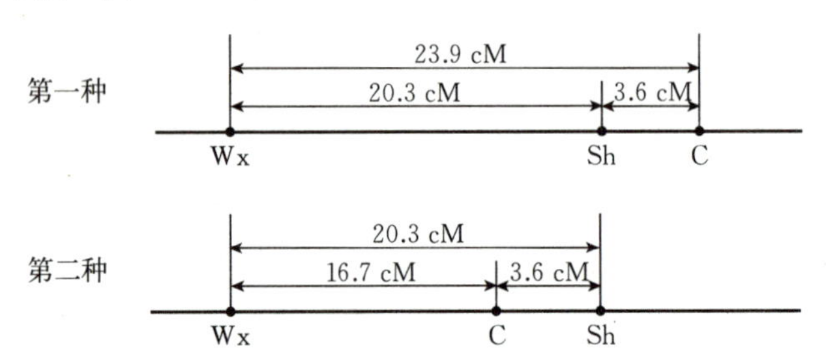


图 4-10　两点测验 Cc、Shsh 和 Wxwx 3 对连锁基因的两种可能顺序

如果是第一种排列顺序，则 Wxwx 和 Cc 间的交换值应该是 23.9%；如果是第二种排列顺序则 Wxwx 和 Cc 之间的交换值应该是 16.7%。究竟是 23.9%还是 16.7%？这要根据第 3 个试验结果来决定。第 3 个试验结果表明，Wxwx 和 Cc 的交换值为 [(739+717)/(2542+2716+739+717)]×100%=21.7%，这与 23.9%比较接近，与 16.7%相差较远。因此，可以确认第一种排列顺序符合这 3 对连锁基因的实际情况，即 Shsh 在染色体上的位置应排在 Wxwx 和 Cc 之间。这样就把这 3 对基因的相对位置初步确定下来。用同样的方法和步骤，还可以把第 4 对、第 5 对及其他各对基因的连锁关系和位置确定下来。不过，若两对连锁基因之间的距离超过 5cM，两点测验法的准确性变差，加之两点测验必须分别进行 3 次杂交和 3 次测交，工作繁琐，便不如下面介绍的三点测验法更准确、更简便。

### （二）三点测验

三点测验（three-point testcross）是基因定位最常用的方法。它的一般步骤是：首先通过 1 次杂交和 1 次用隐性个体测交获得试验结果，然后根据测交后代的表现同时分析并确定 3 对基因在染色体上的位置。采用三点测验可以达到两个目的：①纠正两点测验的不足，使估算的交换值更加准确；②通过 1 次试验同时确定 3 对连锁基因的位置。

现仍以玉米 Cc、Shsh 和 Wxwx 这 3 对基因为考察对象，以曾经进行的 1 次杂交和 1 次测交试验及结果为例（图 4-11），说明三点测验法测交后代表现分析的具体步骤。

**1. 确定 3 对基因是否连锁遗传**　3 对基因所处染色体的关系有 3 种：

（1）3 对基因分别位于非同源的 3 对染色体上。三者彼此独立遗传，则测交后代表型有 8 种，比例应该彼此相等，即 1∶1∶1∶1∶1∶1∶1∶1，比值有 1 类。

（2）2 对基因连锁在 1 对同源染色体上，另 1 对基因位于另 1 对染色体上。若连锁的 2

P　　凹陷、非糯性、有色　　×　　饱满、糯性、无色
　　　shsh　++　++　　　　　++　wxwx　cc
　　　　　　　　　　↓
测交　$F_1$　　饱满、非糯性、有色　×　凹陷、糯性、无色
　　　　　　+sh　+wx　+c　　　shsh　wxwx　cc
　　　　　　　　　　↓

| $F_t$ 的表型 | 据 $F_t$ 的表现型推知的 $F_1$ 配子 | 籽粒数 | 分离百分比（%） | 表现型 |
|---|---|---|---|---|
| 饱满、糯性、无色 | + wx c | 2708 | 40.37 | 亲本型 |
| 凹陷、非糯性、有色 | sh + + | 2538 | 37.84 | 亲本型 |
| 饱满、非糯性、无色 | + + c | 626 | 9.33 | 单交换型Ⅰ |
| 凹陷、糯性、有色 | sh wx + | 601 | 8.96 | 单交换型Ⅰ |
| 凹陷、非糯性、无色 | sh + c | 113 | 1.68 | 单交换型Ⅱ |
| 饱满、糯性、有色 | + wx + | 116 | 1.73 | 单交换型Ⅱ |
| 饱满、非糯性、有色 | + + + | 4 | 0.06 | 双交换型 |
| 凹陷、糯性、无色 | sh wx c | 2 | 0.03 | 双交换型 |
| 总　计 | | 6708 | 100 | |

图 4－11　玉米三点测验的测交试验及结果

对基因为不完全连锁，则测交后代表型也有 8 种，但比例应该是每 4 种表型相等，即 a∶a∶a∶a∶b∶b∶b∶b（a≠b），比值有 2 类；若连锁的 2 对基因为完全连锁，则测交后代表现型有 4 种，比例应该彼此相等，即 1∶1∶1∶1，比值有 1 类，表现上类似于 2 对基因的独立遗传。

（3）3 对基因连锁在一对同源染色体上。若 3 对基因均不完全连锁，则测交后代表型也有 8 种，但比例应该是每 2 种表型相等，即 a∶a∶b∶b∶c∶c∶d∶d（通常 a、b、c、d 不相等），比值有 4 类；若 2 对基因完全连锁，与另 1 对基因不完全连锁，则测交后代表型有 4 种，但比例应该是每 2 种表型相等，即 a∶a∶b∶b（a≠b），比值有 2 类，表现类似于 2 对基因的不完全连锁遗传；若 3 对基因均完全连锁，则测交后代表型只有 2 种，比例相等，即 1∶1，比值有 1 类，表现上类似于 1 对基因的分离。

在本试验中测交后代表型也有 8 种，比例是每 2 种表型相等，比值有 4 类，这正好符合 3 对基因连锁在一对同源染色体上的特征，且属于不完全连锁。

**2. 确定 3 对基因在染色体上的排列顺序**　要确定 3 对连锁基因在一对同源染色体上排列的顺序，首先要在测交后代中找出两种亲本表现型和两种双交换表现型。当 3 个基因依次排列在一条染色体上时，如果每两个邻近基因之间都分别发生了一次交换，即单交换（single crossing over），对于 3 个基因所包括的连锁区段来说，就是同时发生了两次交换，即双交换（double crossing over）。发生单交换的可能性不会是 100%，发生双交换的可能性肯定是更小的，所以在测交后代中，个体数最多的表现型应该是亲本型，次之的应该是单交换表现型，个体数最少的应该是双交换表现型。在本试验中，测交后代群体内个体数最多的饱满、糯性、无色和凹陷、非糯性、有色无疑是亲本型个体，它们是由 $F_1$ 的两种亲本型配子 +wx c 和 sh++ 产生的；而个体数最少的饱满、非糯性、有色和凹陷、糯性、无色无疑是双交换表现型个体，它们必然是由 $F_1$ 的两种双交换配子+++和 sh wx c 产生的。因为 3

对基因在一对同源染色体上排列的顺序有 3 种可能，所以由两个杂交亲本的配子＋wx c 和 sh＋＋结合成的 $F_1$，其染色体形式的基因型也有 3 种不同的可能（图 4－12）。根据由 $F_1$ 经 2 次交换才能产生双交换配子，分析这 3 种顺序，只有第二种经 2 次交换才能产生＋＋＋和 wx sh c 两种双交换配子，其他两种都不可能产生。因此，可以确定 Cc、Shsh 和 Wxwx 这 3 个连锁基因在染色体上的顺序，是 sh 在 wx 与 c 之间。

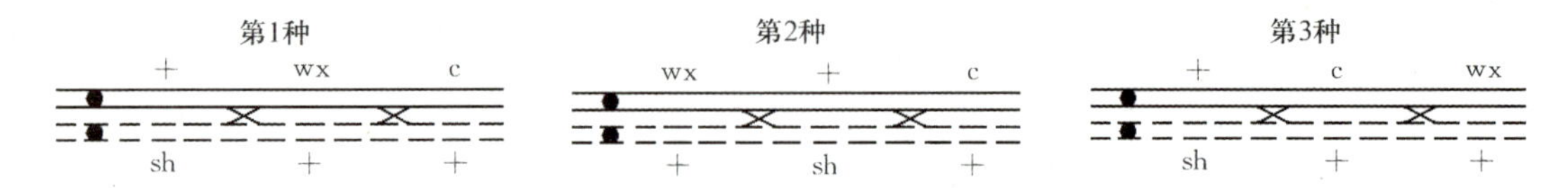


图 4－12　三点测验 Cc、Shsh 和 Wxwx 连锁在一对同源染色体上的 3 种可能顺序

从交换结果看，双交换配子相对于亲本型配子仅是处在中间的基因发生了交换即显隐性发生了变化。对于本试验，双交换配子（＋＋＋和 sh wx c）相对于亲本型配子（＋wx c 和 sh＋＋），从形式上 sh wx c 与＋wx c 接近，＋＋＋与 sh＋＋接近，3 个基因中，仅是 sh 与＋发生了显隐性变化，所以 sh 在 wx 与 c 之间。这与上述结果一致。因此，确定 3 个连锁基因在染色体上排列顺序的简便方法是：首先在 $F_t$ 中找出双交换类型（即个体数最少的）和亲本类型（即个体数最多的），然后寻找这两类配子中形式上最接近的任两个配子，显、隐性不同的那个基因就位于另外两个基因之间。这样它们的排列顺序就被确定下来了。

**3. 确定 3 对基因在染色体上的遗传距离**　要确定 3 对连锁基因在一对同源染色体上的遗传距离，就需要先估算出每两个邻近基因之间的交换值，以确定它们之间的距离，然后累加出三者间最远的两个基因之间的距离。由于每个双交换都包括两个单交换，所以在估算每两个邻近基因之间的交换值时，应该分别加上双交换值，才能正确地反映实际发生的交换概率。在本试验中，$F_1$ 染色体形式的基因型为 wx＋c/＋sh＋，单交换配子＋＋c 和 wx sh＋是仅在 wx 和 sh 间发生了 1 次交换产生的，单交换配子 wx＋＋和＋sh c 是仅在 sh 和 c 间发生了 1 次交换产生的，而双交换配子 wx sh c 和＋＋＋是既在 wx 和 sh 间发生了 1 次交换，又在 sh 和 c 间发生了 1 次交换产生的。因此，

$$\text{双交换值}=\frac{4+2}{6708}\times 100\%\approx 0.09\%$$

$$\text{wx 和 sh 间的交换值}=\frac{626+601}{6708}\times 100\%+0.09\%\approx 18.4\%$$

$$\text{sh 和 c 间的交换值}=\frac{116+113}{6708}\times 100\%+0.09\%\approx 3.5\%$$

这样，wx 和 sh 间的遗传距离为 18.4cM，sh 和 c 间的遗传距离为 3.5cM，wx 和 c 间的遗传距离为 18.4cM＋3.5cM＝21.9cM。因此，这 3 对基因在染色体上的顺序和距离（即相对位置）可以确定下来（图 4－13）。同样还可以把第 4 对、第 5

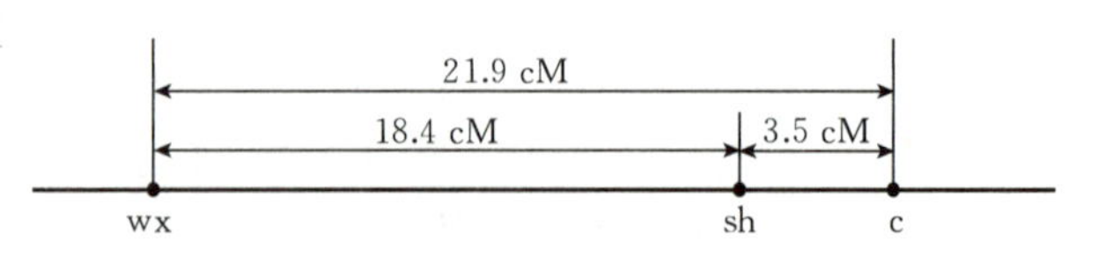


图 4－13　三点测验将 Cc、Shsh 和 Wxwx 3 对连锁基因确定在一对同源染色体上

对及其他各对基因的连锁关系和位置确定下来。

可见，基因在染色体上呈线性排列，有一定的顺序和距离，即确定的位置。

### （三）干扰和符合

从理论上讲，在染色体上除着丝点以外的任何一点都有发生交换的可能。然而，一个交换的发生是否会影响到邻近的另一个交换的发生，即邻近的两个交换彼此是否会发生影响呢？根据乘法定律，如果两个交换的发生是彼此独立的，那么它们同时发生的概率（即双交换的概率）就应该是这两个交换各自发生概率的乘积。也就是说，理论双交换值＝交换值Ⅰ×交换值Ⅱ。以上述玉米三点测验为例，理论的双交换值就为 18.4%×3.5%＝0.64%，但实际的双交换值则为 0.09%。可见，一个交换发生后，在它邻近再发生第二个交换的机会就会减少，这种现象称为干扰（interference）。通常用并发系数（或称符合系数，coefficient of coincidence）与干扰系数（coefficient of interference）来表示邻近的两个交换之间的干扰程度，它们的关系是：干扰系数＋并发系数＝1。

$$\text{并发系数}=\frac{\text{实际双交换值}}{\text{理论双交换值}}=\frac{\text{实际双交换值}}{\text{交换值 I}\times\text{交换值 II}}$$

依此公式，上例的并发系数$=\frac{0.09\%}{0.64\%}\approx 0.14$

并发系数与干扰系数都通常变动于 0～1。当并发系数为 0 时，干扰系数为 1，表示发生完全的干扰，即一点发生交换，其邻近一点就不会发生交换。当并发系数为 1 时，干扰系数为 0，表示邻近的两个交换独立发生，完全没有受到干扰。上例的并发系数是 0.14，干扰系数为 1－0.14＝0.86，这说明理论的双交换中只有 14%是实际所发生的，有 86%因受到干扰没有发生，表明邻近的这两个交换之间发生了相当严重的干扰。

## 二、连锁群与连锁遗传图

存在于同一染色体上的基因，组成一个连锁群（linkage group）。一般来说，一种生物连锁群的数目与染色体的对数是一致的，即有 $n$ 对染色体就有 $n$ 个连锁群。如，玉米有 $n$＝10 对染色体，所以有 10 个连锁群；水稻有 $n$＝12 对染色体，所以有 12 个连锁群。连锁群的数目通常不会超过染色体的对数，但是人类和有些动物的成对性染色体可能有 2 个不同的连锁群，如，人类有 $n$＝23 对数染色体，女性有 23 个连锁群，而男性有 24 个连锁群。

通过两点测验或三点测验，就可将一对同源染色体上的各对基因之间的距离和顺序确定下来，从而把一个连锁群的各个基因的位置在染色体上标志出来，绘制成图，即连锁遗传图。绘制连锁遗传图时，要以最先端的基因点当作 0，依次向下排列，一侧标记由 0 点累加的遗传距离，另一侧对应位置标记相应的基因符号。以后发现新的连锁基因，可以再补充定出位置。若新发现的基因位置应在最先端基因的外端，那就把 0 点让位给新的基因，其余基因的位置作相应的变动。玉米连锁遗传图（部分基因）见图 4－14。

应该指出，由于连锁遗传图中标志基因位点的数字是从染色体最先端的基因对应的 0 点依次累加遗传距离而成，所以图中这些数字有超过 50 甚至 100 的。但是，交换值通常小于 50%。因此，在利用连锁遗传图确定基因之间距离时，以靠近的较为准确。通常，基因之间的遗传距离为对应标志数字之差，如 sh1 与 c1 之间的遗传距离为 29－26＝3cM。

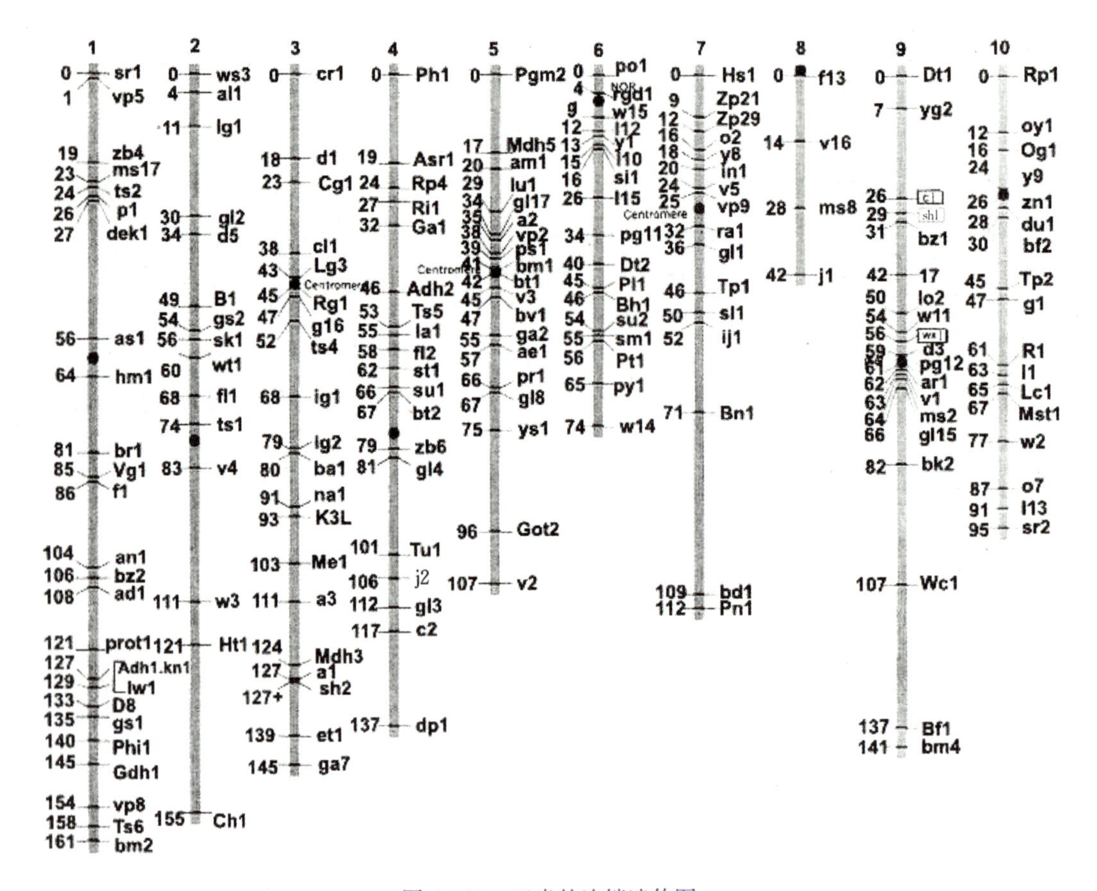


图 4-14 玉米的连锁遗传图

注：1、2、……、10 号的每条玉米染色体，右边符号表示相应的基因，左边数字表示该基因位点由 0 点累加的遗传距离；“●”表示着丝点（centromere）；6 号染色体上的“NOR”指核仁组织中心（nucleolus organizer）；9 号染色体上，用“□”框起的 c1、sh1、wx1 就是本节基因定位中研究的 3 个基因。

# 第五节 性别决定与性连锁

性连锁（sex linkage）是连锁遗传的一种表现形式。性连锁是指性染色体上基因所控制的某些性状总是伴随性别而遗传的现象，所以也称为伴性遗传（sex - linked inheritance）。简言之，性连锁就是某些性状与性别呈连锁遗传的现象。为了说明性连锁，就要涉及性染色体的问题，而性染色体又与性别决定有密切关系。因此，首先要介绍有关性别决定的知识。

## 一、性别决定

雌雄性别是生物中比较普遍的一个性状，动物性别一般易于区分，而植物的性别通常不像动物那样差别明显，低等植物只是在生理上表现出性的分化，而在形态上却很少差别。种子植物虽有雌、雄性的不同，但多数是雌雄同花、雌雄同株异花，少数是雌雄异株（如白麦瓶草、蛇麻、大麻、菠菜、番木瓜、石刁柏、银杏等）。性别同其他性状一样受遗传物质所控制，也受环境影响，但生物的性别决定方式多种多样，性别分化过程极其复杂。

### (一) 性染色体决定性别

在生物许多成对的染色体中，直接与性别决定有关的一个或一对染色体，称为性染色体（sex chromosome）。其余各对染色体则统称为常染色体（autosome），通常以 A 表示。常染色体的每对同源染色体一般都是同型的，即形态、结构和大小等都基本相似；唯有性染色体如果成对，则有可能是异型的，即形态、结构和大小以至功能都可能有所不同。性染色体决定性别有 XY、X0、ZW、Z0 4 种构型，常见于动物界，也见于大多数雌雄异株的种子植物。

**1. XY 型**　XY 型也称雄杂合型，简称雄杂型。如人的体细胞中有 46 条染色体，可以配成 23 对，其中 22 对在男性和女性中是相同的，称为常染色体，另外 1 对是性染色体，在女性中成对，称为 X 染色体，而在男性中，X 染色体只有 1 个，与另外 1 个很小的 Y 染色体成对。经过减数分裂形成生殖细胞时，男性可以产生 2 种精子，一种是 22+X，一种是22+Y，两种精子的比例相等；而女性只能产生 1 种卵，就是 22+X。带有 X 的卵与带有 X 的精子结合得到 XX 合子，发育成女性；带有 X 的卵与带有 Y 的精子结合，得到 XY 合子，发育成为男性（图 4－15）。这种性别决定形式就是 XY 型。XY 型性别决定，雄性是异配子性别，可以产生两种不同的配子，雌性是同配子性别，仅能产生 1 种配子。

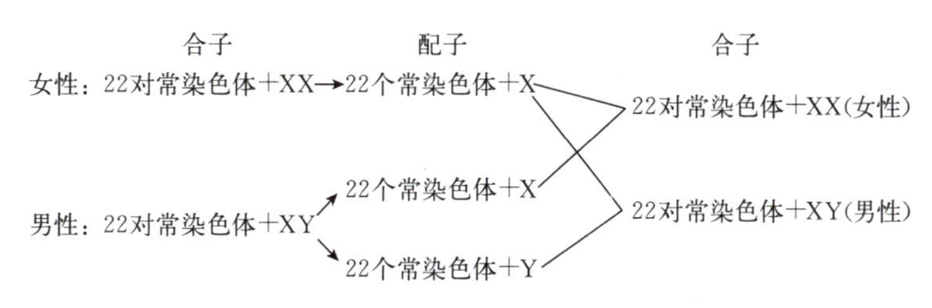


图 4－15　人类的性别决定

XY 型性别决定，在生物界中较为普遍。所有哺乳动物（包括人类），大多数的昆虫类、海胆类、软体动物、环节动物、多足类和蜘蛛类，部分甲壳虫、硬骨鱼类和两栖类动物都属于这个类型。多数雌雄异株的种子植物也属于这个类型，如白麦瓶草、蛇麻等，雌性为 XX，雄性为 XY。

**2. X0 型**　X0 型也称雄单型。在少数昆虫（如蝗虫、蟋蟀、蟑螂）、鱼类（如褶胸鱼）和雌雄异株的植物（如花椒、苦菜）中，雌性的性染色体为 XX，雄性只有 1 条 X 染色体，缺乏 Y 染色体。在这种类型中，雄性配子的性染色体结构仍旧是异型，一种含有 X 染色体，一种则没有性染色体。卵由 X 精子受精发育成为雌性个体，由缺乏性染色体的精子受精发育成为雄性个体。

**3. ZW 型**　ZW 型也称雌杂合型，简称雌杂型。ZW 型的性决定方式恰好与 XY 型相反。如家蚕的体细胞染色体数是 28 对，其中 27 对是常染色体，另外 1 对是性染色体。在雄蚕中，性染色体成对，称为 ZZ，在雌蚕中不成对，称为 ZW。所以，雄蚕只能产生 1 种精子，即 27+Z，而雌蚕可以产生 2 种卵，一种是 27+Z，一种是 27+W，两种卵的比例相等。带有 Z 的卵同带有 Z 的精子结合，得到 ZZ 合子，发育成雄蚕；带有 W 的卵同带有 Z 的精子结合，得到 ZW 合子，发育成雌蚕（图 4－16）。这种性决定形式就是 ZW 型。ZW 型性别决定，雌是异配子性别，可以产生 2 种不同的配子，雄是同配子性别，只能产生 1 种配子。

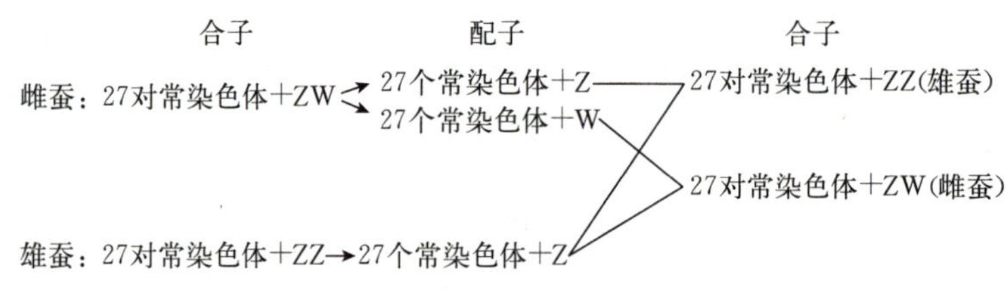


图 4-16 家蚕的性别决定

ZW 型性别决定，在生物界中见于鸟类、部分鳞翅目昆虫、某些两栖爬行类、少数海胆类动物及某些雌雄异株的种子植物。

**4. Z0 型** Z0 型也称雌单型。在少数昆虫与鱼类中，雄性的性染色体为 ZZ，雌性只有 1 条 Z 染色体，缺乏 W 染色体。在这种类型中，雌性配子的性染色体结构仍旧是异型，一种含有 Z 染色体，一种则没有性染色体。精子与有 Z 卵子受精发育成为雄性个体，与缺乏性染色体的卵子受精发育成为雌性个体。

以上 4 种由性染色体决定的性别中，无论是雄性为异配子性别的 XY 型与 X0 型，还是雌性为异配子性别的 ZW 型与 Z0 型，两种异配子的比例总是相等。因此，后代的雌性个体与雄性个体的比例（简称性比）一般总是 1∶1。

### （二）性染色体平衡决定性别

在有些动物和植物中，性染色体与常染色体的平衡关系决定性别。如果蝇，正常的雌果蝇的染色体为 AA+XX，$X/A=2/2=1$；雄果蝇为 AA+XY，$X/A=1/2=0.5$。对某果蝇：当 $X/A<0.5$ 时其可能发育为超雄性，当 $0.5<X/A<1$ 时其可能发育为中间性，当 $X/A>1$ 时其可能发育为超雌性，这些都是不育的，是果蝇性别畸变的表现。

虽然人类也有性别畸变的例子，但人类性别通常决定于 Y 染色体的有无。若有 Y 染色体，则为男性；若无 Y 染色体，则为女性。如某个体染色体组成为 AA+XXY，这是先天性睾丸发育不全症（Klinefelter 综合征）患者，虽为男性，但一般不具生育能力。还有一种先天性卵巢发育不全症（Turner 综合征）患者，其染色体组成为 AA+X，虽为女性，但也不具生育能力。

### （三）染色体倍性决定性别

有些动物的性别是有其体细胞中染色体的倍性决定的，由正常受精卵发育的二倍体（$2n$）为雌性，而由卵细胞孤雌生殖发育的单倍体（$n$）为雄性。如蜜蜂、黄蜂、蚂蚁等。

### （四）性别基因决定性别

在有些没有性染色体区别的动物和植物中，性别是由单个或多个性别基因决定的。少数雌雄异株的种子植物（如番木瓜、石刁柏）和一些雌雄同株异花的种子植物（如喷瓜、玉米）等就属于这种情况。下面以玉米为例加以说明。

玉米的性别决定是受基因的支配。隐性突变基因 ba 可使植株没有雌穗只有雄花序，另一个隐性突变基因 ts 可使雄花序成为雌花序并能结实。因此基因型不同，植株花序的表现不同：Ba _ Ts _ ，正常雌雄同株；Ba _ tsts，顶端和叶腋都生长雌花序；babaTs _ ，仅有雄花序；babatsts，仅顶端有雌花序。若让雌株 babatsts 和雄株 babaTsts 进行杂交，其后代雌雄株的比例为 1∶1，这说明玉米的性别是由基因 Tsts 分离所决定的。

### （五）环境影响性别分化

性别除了决定于染色体的组成或基因的作用以外，性别分化也受环境条件的影响。也就是说，性别作为一种性状，其发育既有内因根据，又有外因作为发育的条件。下面举一些例子说明。

据研究，温度对鱼类和两栖爬行类动物的性别分化的影响是比较明显的。如蜥蜴的卵置于26～27℃下孵化，其子代97.8%为雌性，在29℃下子代100%为雄性。

海生蠕虫后螠，成熟雌虫将受精卵产于海水中，发育成没有性别差异的幼虫，当幼虫落到雌虫吻部，就发育成雄虫，没有落到雌虫吻部的幼虫则发育成雌虫。这与成熟雌虫吻部含有类似激素的化学物质有关。

在鸡群中常常遇到"牝鸡司晨"现象，即母鸡打鸣。研究发现，原来生蛋的母鸡因患病或创伤而使卵巢退化或消失，促使精巢发育并分泌出雄性激素，从而表现出母鸡打鸣的现象。在此，激素起了决定性的作用，若检查这只性逆转母鸡的性染色体情况，则会发现它仍然是ZW型。

蜜蜂是我们所熟悉的昆虫，在婚配飞行中，蜂皇和雄蜂交配，交配后雄蜂就死了，蜂皇得到了足够一生需要的精子（蜂皇可以活4～5年）。蜂皇产下来的每一窝卵中，少数为未受精的卵子，多数为受精卵。这些卵子发育成为雄蜂，它们的染色体数是$n=16$。受精卵可以发育成能正常生育的雌蜂（蜂皇），也可以发育成不育的雌蜂（工蜂），这主要是由环境营养——蜂王浆的影响所致。蜂王浆是工蜂头部的一些腺体产生的。大多数雌蜂仅能获得较短时间（2～3d）质差量少的蜂王浆，孵化后经21d才成为成虫，成为不能生育但终日忙碌的工蜂。有的雌蜂却能获得较长时间（5d）质优量多的蜂王浆供应，16d就长得大而丰满，成为能生育的蜂皇。

植物性别分化也同样受到环境的影响。对于雌雄同株异花的黄瓜，在发育早期，多施氮肥能提高雌花形成数量。短日照、低温也促进雌花形成，而长日照、高温促进雄花形成。

综上所述，生物性别分化具有向两性发育的自然性，是环境条件能够影响乃至转变性别的前提条件。生物性别受遗传物质的控制，其决定方式多种多样。环境条件可以影响甚至转变性别，但不会改变原来决定性别的遗传物质。

## 二、伴性遗传

### （一）果蝇的伴性遗传

伴性遗传是摩尔根和他的学生于1910年首先在果蝇中发现的。他们在纯种的红眼果蝇群体中发现一只白眼雄果蝇，并将红眼雌果蝇与这只白眼雄果蝇进行了杂交实验。实验结果表明，$F_1$中无论雌蝇和雄蝇均为红眼，$F_1$雌、雄蝇近交，所得$F_2$中红眼与白眼果蝇比例为3∶1，但所有雌蝇均为红眼，而雄蝇则半数为红眼，半数为白眼。这说明，红眼对白眼为显性，并为一对基因的分离。然而，为什么$F_2$仅在雄蝇中出现了隐性白眼，看来这对性状的遗传还与性别相联系。于是，摩尔根等就大胆假设，果蝇的隐性白眼基因（w）在X性染色体上，而Y性染色体上不带有相应的等位基因，因而这只白眼雄蝇基因型为$X^wY$，用来杂交的红眼雌蝇基因型为$X^WX^W$。这样，该遗传现象就得到了合理的解释（图4-17）。

为了验证这一假设，摩尔根等又进行了多个实验，下面仅介绍其中比较关键的一个。他们用白眼雌果蝇（$X^wX^w$）与红眼雄果蝇（$X^WY$）交配，结果$F_1$中雌蝇均为红眼，雄蝇均为白眼，把这种子代与亲代在性别和性状出现相反表现的现象称为交叉遗传（criss - cross inheritance）；$F_2$ 中无论雌蝇还是雄蝇，均有半数为红眼，半数为白眼（图 4 - 18）。实验结果与摩尔根的预期完全符合，说明其假设是正确的。

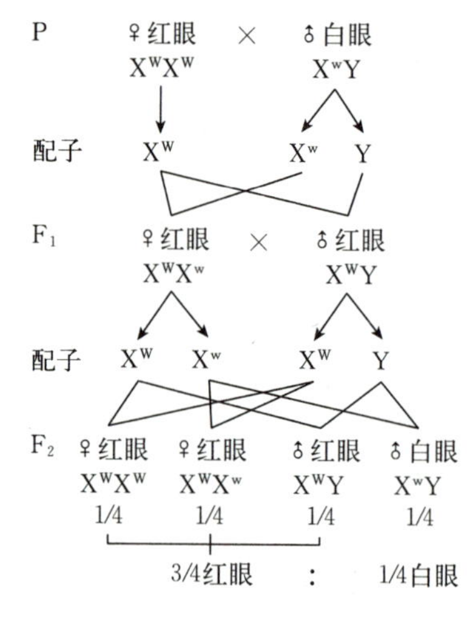

图 4 - 17　果蝇眼色伴性遗传实验及解释

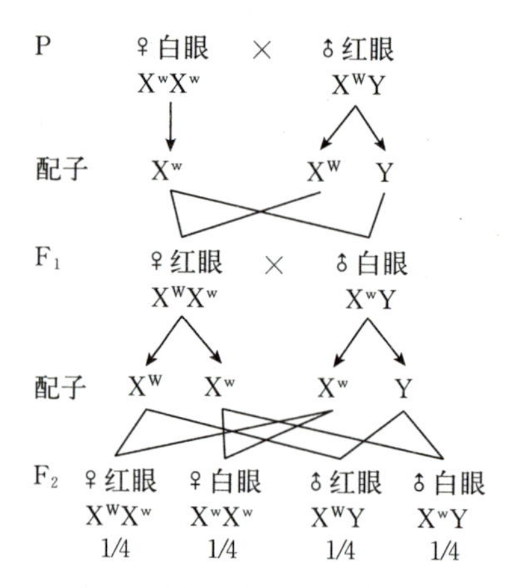

图 4 - 18　果蝇眼色伴性遗传验证实验

摩尔根等通过对果蝇眼色遗传的实验研究，不仅揭示了伴性遗传的机理，更重要的是在人类历史上第一次把一个具体性状（眼色）的基因定位在一个特定的染色体上，使抽象的基因落到了实处，为最终创立举世瞩目的《基因论》奠定了基础。

### （二）人类的伴性遗传

人类血友病遗传和色盲遗传也是伴性遗传，与果蝇白眼的遗传类似，都是 X 染色体上隐性基因所致。现以血友病遗传为例加以说明。人类中，有一种人患 A 型血友病，患者有出血倾向，受到轻微损伤，即可出血不止，量虽不多，但可能持续数小时至数周之久。他们的血液中缺少一种凝血因子——因子Ⅷ（抗血友病球蛋白），所以受伤流血时，血液不易凝结。

从血友病患者的家系中，我们可以看到几个特点：①有病的人多为男性；②男性患者的子女都是正常的，所以代与代间有明显的不连续性；③男性患者的女儿虽然是正常的，但可生下有病的外孙来。

怎样来说明这种现象呢？如果假设血友病基因 h 在 X 染色体上，是隐性遗传的，而且 Y 染色体上没有相应的等位基因，那么就可以使这个家系中病员的分布情况得到圆满地解释。

现把 X 染色体上的血友病基因记作 $X^h$，男性只有一个 X 染色体，如上面有血友病基因（$X^hY$），则症状马上表现出来，而女性有两个 X 染色体，只有都带有一个血友病基因（$X^hX^h$）才能显示出血友病来。因此，对于血友病这种罕见的遗传病，男性患病的机会远高于女性。至于男性患者的子女都是正常的，也很容易说明。男性患者的基因型是 $X^hY$，而正常女性的基因型一般是 $X^HX^H$，这两人婚配后，他们子女的表型都正常，但女儿是血友病携带者（图 4 - 19）。当女性是携带者（$X^HX^h$），而男性正常时，二者婚配。他们的子女中，女孩都正常，但男孩中有 1/2 机会患血友病（图 4 - 20）。可见，男性血友病基因不传儿子，只传女儿，但女儿不表现血友病，却能生下患血友病的外孙，于是就可在代与代之间出现明显的不连续现象。

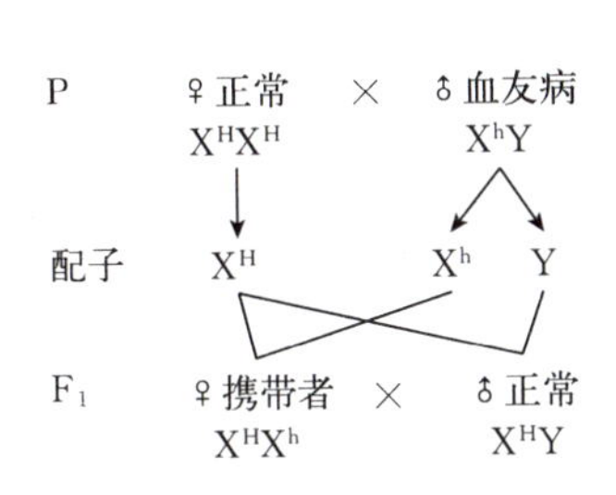


图 4-19　正常女性与患血友病男性婚配

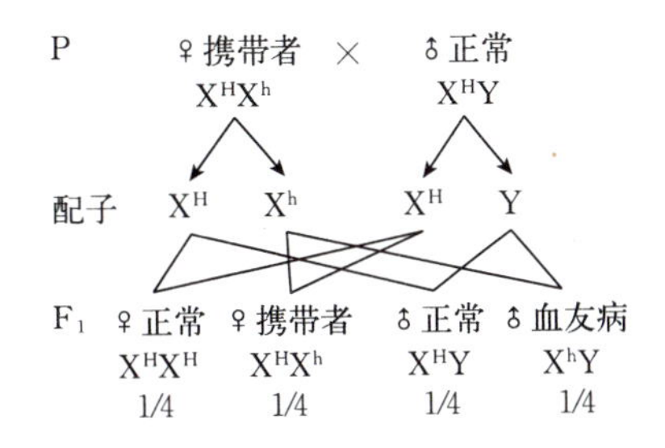


图 4-20　女性携带者与正常男性婚配

马、犬等也有患血友病的，其病因也是血液里缺少一种凝血因子——抗血友病球蛋白，遗传方式也和人一样。

对于人类色盲，有许多类型，最常见的是患者不能辨别红色或绿色。红绿色盲与血友病具有相似的遗传特点：患色盲的男性多于女性；色盲一般是由男性通过他表现型正常的女儿遗传给他外孙，也会出现代与代间的不连续性。

### (三) 鸡的伴性遗传

上面介绍的都是位于 X 染色体上的基因所控制性状的伴性遗传现象，若伴性遗传的基因位于 Z 染色体上，它的遗传方式又将如何呢？鸡的芦花条纹遗传就属于 Z 染色体上的伴性遗传，现以此为例加以说明。

芦花鸡的羽毛呈黑白相间芦花条纹状，如用芦花母鸡与非芦花公鸡交配，得到的 $F_1$ 中公鸡是芦花，母鸡是非芦花。$F_1$ 近交，$F_2$ 母鸡中一半是芦花，一半非芦花，公鸡中也是如此。那么如何解释这个遗传现象呢？可假设芦花基因 B 在 Z 染色体上，而且是显性。这样，芦花母鸡的基因型是 $Z^BW$，非芦花公鸡的基因型是 $Z^bZ^b$，两者交配，$F_1$ 出现交叉遗传现象，$F_2$ 中 4 种基因型比例相等。因此，公母鸡中均为：1 芦花∶1 非芦花（图 4-21）。

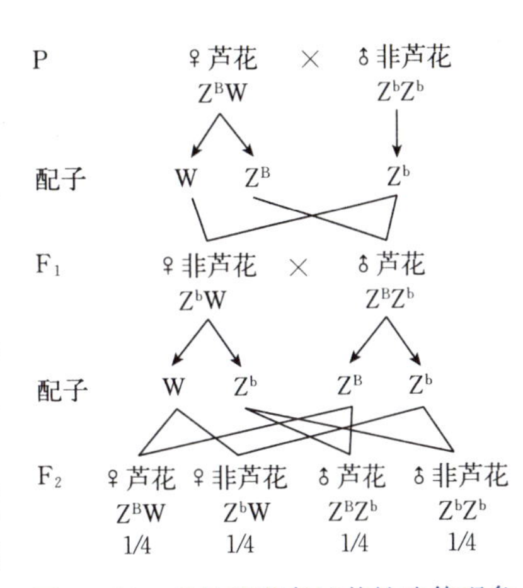


图 4-21　鸡的芦花条纹伴性遗传现象

性连锁遗传理论在提高饲养动物的利用价值方面具有重要的实践意义。在畜禽生产中，若能有效地控制或在生育早期鉴别动物的性别，将有利于动物的分类饲养。如在养禽场里，为了提高鸡的生产性能，需要更多的母鸡。可利用芦花母鸡与非芦花公鸡交配，在它们的子代孵化时，根据羽毛上的芦花条纹，就能区别雏鸡的性别。

## 三、限性遗传与从性遗传

### (一) 限性遗传

限性遗传（sex-limited inheritance），是指那些只局限于某一性别表现的性状的遗传。

决定限性遗传的基因可能位于常染色体上，也可能位于性染色体上。

位于常染色体上或 X（或 Z）性染色体上的这些基因，雌、雄性个体都具有，但由于性别、年龄等的影响，其控制的性状仅在一种性别的个体上表现。如常染色体上的基因控制的奶牛的泌乳量只表现于母牛，但决定这一性状的基因公牛中也有，因此可以通过对公牛的选择来提高其子代母牛的泌乳量。而睾丸女性化的基因位于 X 染色体上，但只在男性中表现。

另外，位于 XY 型中雄性个体所特有的 Y 染色体（或 ZW 型中雌性个体所特有的 W 染色体）上的基因控制的性状也只局限于雄性（或雌性）上表现。如人类的毛耳（耳廓多毛症）基因在 Y 染色体上，毛耳性状只能由父亲传给儿子，只限于男性表现。

限性遗传与伴性遗传不同，前者只局限于一种性别上表现，而后者既可在雄性也可在雌性上表现，只是表现频率有所不同。

### （二）从性遗传

从性遗传（sex - controlled inheritance）或称性影响遗传（sex - influenced inheritance），是指由于内分泌等因素的影响某些位于常染色体上的基因所控制的性状在不同性别中显、隐性关系不同。

人类早秃现象就是属于从性遗传。在男性中早秃基因对正常基因表现为显性，而在女性中正好相反，早秃基因对于正常基因表现为隐性。因此，杂合体男性表现为秃顶，女性表现为正常。正常基因纯合的男性才头发正常，早秃基因纯合的女性才表现秃顶。

羊的有角无角也属于从性遗传，由常染色体上的一对基因（H 与 h）所控制。基因型为 HH 的公羊、母羊均有角；基因型为 hh 的公羊、母羊均无角。基因型为 HH 的有角母羊与基因型为 hh 的无角公羊交配，$F_1$ 基因型为 Hh，公羊有角，母羊无角。可见，在公羊中有角基因 H 对无角基因 h 为显性，而在母羊中有角基因 H 对无角基因 h 为隐性。

## 复习思考题

1. 名词解释

连锁遗传、相引组、相斥组、亲本型、重组型、重组率、交换值、双交换、干扰、连锁群、连锁遗传图、性染色体、常染色体、伴性遗传、限性遗传、从性遗传

2. 试述分离定律、独立分配定律和连锁交换定律三者之间的区别和联系。

3. 试述两对基因连锁遗传的 $F_1$ 自交后代和测交后代表型特征。

4. 为什么在连锁遗传中要区分相引组和相斥组，而在独立遗传中没有这样？

5. 试分析 3 对基因杂合体可能产生的配子类型数及其比例类型数。

6. 为什么地球上哺乳动物的性别比总是保持在 1∶1 左右？

7. 已知水稻的抗稻瘟病基因（Pi - $z^t$）与晚熟基因（Lm）都是显性，而且是连锁的，交换值仅为 2.4%。如果用抗病、晚熟材料作为一个亲本，与感病、早熟的另一个亲本杂交，计划在 $F_3$ 选出抗病、早熟的 5 个纯合株系，这个杂交组合的 $F_2$ 群体至少要种植多少株？并从中至少应选多少株抗病、早熟的个体？

8. 在果蝇中，有一品系对 3 个常染色体隐性基因 a、b、c 是纯合的，但不一定在同一条染色体上。另一品系对显性野生型等位基因 A、B、C 是纯合体，把这两品系交配，用 $F_1$

雌果蝇与隐性纯合果蝇亲本回交，观察到下列结果：

| 表现型 | 数　目 |
|---|---|
| abc | 211 |
| ABC | 209 |
| aBc | 212 |
| AbC | 208 |

问：(1) 这 3 个基因中哪两个是连锁的？

(2) 连锁基因间的交换值是多少？

9. 在番茄中，圆形 (O) 对长形 (o) 是显性，单一花序 (S) 对复状花序 (s) 是显性，这两对基因是连锁的，现有一杂交 Os/oS×os/os，得到下面 4 种植株：

圆形、单一花序 (OS) 23 株

长形、单一花序 (oS) 83 株

圆形、复状花序 (Os) 85 株

长形、复状花序 (os) 19 株

问：O、S 间的交换值是多少？若 Os/oS×Os/oS，则子一代表现型及比例如何？

10. 在大麦中，带壳 (N) 对裸粒 (n)，散穗 (L) 对密穗 (l) 为显性。今以带壳散穗与裸粒密穗的纯种杂交，$F_1$ 表现如何？让 $F_1$ 与双隐性纯合体测交，其后代为：带壳散穗 201 株，裸粒散穗 18 株，带壳密穗 20 株，裸粒密穗 203 株。试问：这两对基因是否连锁？如果连锁，其交换值是多少？要使 $F_2$ 出现纯合的裸粒散穗 20 株，$F_2$ 群体至少应多大规模？并从中至少应选多少株裸粒散穗的个体？

11. 某植物三点测验结果如下表。

| 测交子代表现型 | 个体数目 | 百分比 (%) |
|---|---|---|
| + + c | 2075 | 41.5 |
| a b + | 2000 | 40.0 |
| a + + | 255 | 5.1 |
| + b c | 245 | 4.9 |
| + + + | 210 | 4.2 |
| a b c | 205 | 4.1 |
| + b + | 6 | 0.12 |
| a + c | 4 | 0.08 |
| 合　计 | 5000 | 100 |

试问：

(1) 3 对基因是否连锁在同一对染色体上？若连锁，请确定三者的顺序和遗传距离。

(2) 写出 $F_1$ 杂合体的纯合亲本的基因型。

(3) 计算出并发系数（符合系数）和干扰系数。

(4) 若 $F_1$ 自交后产生 1000 株 $F_2$ 个体，则基因型为 $\frac{a\ b+}{a\ b+}$ 的个体理论上有多少株？

12. 有一视觉正常的女性，她的父亲是色盲。这个女性与视觉正常的男性结婚，但这个男人的父亲也是色盲，问这对配偶所生的子女如何？试总结出人类色盲患者的家庭中有什么特点？

13. 在火鸡的一个优良品系中，出现一个遗传的白化症。一位养禽工作者把5只有关的雄禽进行测交，发现其中3只带有白化基因。当这3只雄禽与有亲缘关系的正常母禽交配时，得到229只幼禽中45只是白化的，而且全是雌的。育种场可以进行一雄多雌交配，但在表现型正常的184只幼禽中，育种工作者除了为消除白化基因外，还想尽量多保持其他个体。试分析火鸡的这种白化症的遗传方式。为了淘汰白化基因，应淘汰哪些个体？对哪些个体又应放心地保存？

14. 秃顶由常染色体显性基因B控制，但只表现在男性。一个非秃顶男人与一个非秃顶父亲的女儿结婚，他们生了一个男孩，后来这个男孩在发育中表现秃顶。试问这个男孩母亲的基因型是怎样的？

15. 某二倍体植物的基因型为$\frac{Abc}{aBC}$，其中a和b的遗传距离为10cM，b和c的遗传距离为20cM。在没有干扰的条件下，该植物自交，$F_1$中隐性纯合个体出现的概率是多少？在并发系数为0.8时，该植物与隐性纯合体杂交，则后代基因型及比例如何？

# 第五章 数量性状遗传

**尼尔森-埃尔（Nils Herman Nilsson - Ehle，1873—1949）**

遗传学家，出生于瑞典斯科讷省。1909 年，他提出了多基因假说（multiple - factor hypothesis），他用每对微效基因的孟德尔式分离，来解释小麦和燕麦（种皮颜色）的数量性状遗传，与约翰森（W. L. Johannsen，1909）提出的“纯系学说”一起开创了数量遗传学。

**费希尔（Ronald Aylmer Fisher，1890—1962）**

统计学家和遗传学家，现代数量统计学的奠基人之一，出生于英国伦敦一个商人家庭，自幼接触数学。除在统计学中做出了伟大贡献外，在数量遗传学中也贡献卓著。1918 年，提出“如果数量遗传的决定因素确是按孟德尔方式遗传的话，那就必须接受生物统计学的结果”，并将数量变异的遗传分量剖分成加性作用、显性作用和非等位基因的相互作用，进而推导了一对基因在随机交配群体中，对群体数量遗传变异提供的加性变异和显性变异。1930 年，发表自然选择的遗传学原理。1940 年，按照费希尔的方差剖分方法，路希（J. Lush）和潘司（V. Panse）分别独立地提出了遗传力的概念。

生物界遗传性状的变异有连续变异和不连续变异两种。表现不连续变异的性状为质量性状（qualitative character）。如豌豆的红花和白花、玉米胚乳的糯性和非糯性、小麦的无芒和有芒等，这些相对性状之间有质的差别，界限分明，易于识别。在杂种后代中可根据一定的表现型分组归类，求出类型间的比例，在不同类型之间并没有一系列不易区分的过渡类型。质量性状可以用文字描述，受环境条件的影响较小。表现连续变异的性状称为数量性状（quantitative character），在生物界中广泛存在着数量性状，动、植物遗传育种研究中所涉及的绝大多数性状均表现为数量性状，如植株的高矮，果实的大小、产量的高低、生育期的长短等。它们在一个自然群体或杂种后代群体内都表现为连续的变异，很难进行明确的分组，求出不同组别的比例，所以不能应用分析质量性状的方法分析数量性状，而需要用统计学的方法对这些性状进行测量，才能分析研究它的遗传动态，这就是本章要讲述的内容。

## 第一节 数量性状遗传的特征与多基因假说

### 一、数量性状遗传的特征

#### （一）数量性状的特征

数量性状往往呈现出一系列程度上的差异，带有这些差异的个体没有质的差别，只有量的不同。所以，数量性状遗传具有以下重要特征：

（1）数量性状是可以度量的。

（2）数量性状的变异表现是连续的，杂交后的分离世代不能明确分组，并统计每组的植株或个体数，求出分离比例；只能用一定的度量单位进行测量，采用生物统计的方法加以分析。

（3）数量性状一般容易受环境条件的影响而发生变异。这种变异一般是不遗传的，它往往和那些能够遗传的数量性状混在一起，使问题变得更加复杂。

如玉米果穗长度不同的两个品系进行杂交，$F_1$ 的穗长介于两个亲本之间，呈中间型；$F_2$ 各植株结的果穗长度表现明显的连续变异，不容易分组，因而也就无法求出不同组之间的比例。同时由于环境条件的影响，即使基因型纯合的亲本（$P_1$、$P_2$）和基因型杂合一致的杂种一代（$F_1$）群体内，穗长也呈现连续的分布，而不是只有一个长度。$F_2$ 群体既有由于基因型分离所造成的基因型差异，又有由于环境的影响所造成的同一基因型的表现型差异。所以，$F_2$ 的连续分布比亲本和 $F_1$ 都更广泛（表 5－1）。因此，充分估计外界环境的影响，分析数量性状遗传的变异实质，对提高数量性状育种的效率是相当重要的。

**表 5－1　玉米不同穗长品系间杂交的遗传变异动态**

（苏祯禄等．1994．河南玉米）

| 世代 | 频率（$f$） | | | | | | | | | | | | | | | | | | | | |
|---|---|---|---|---|---|---|---|---|---|---|---|---|---|---|---|---|---|---|---|---|---|
| | 长　度（cm） | | | | | | | | | | | | | | | | | $N$ | $\bar{x}$ | $S$ | $V$ |
| | 5 | 6 | 7 | 8 | 9 | 10 | 11 | 12 | 13 | 14 | 15 | 16 | 17 | 18 | 19 | 20 | 21 | | | | |
| 短穗亲本（No. 60） | 4 | 21 | 24 | 8 | | | | | | | | | | | | | | 57 | 6.632 | 0.816 | 0.666 |
| 长穗亲本（No. 54） | | | | | | | | | 3 | 11 | 12 | 15 | 26 | 15 | 10 | 7 | 2 | 101 | 16.802 | 1.887 | 3.561 |
| $F_1$ | | | | | 1 | 12 | 12 | 14 | 17 | 9 | 4 | | | | | | | 69 | 12.116 | 1.519 | 2.307 |
| $F_2$ | | | 1 | 10 | 19 | 26 | 47 | 73 | 68 | 68 | 39 | 25 | 15 | 9 | 1 | | | 401 | 12.888 | 2.252 | 5.072 |

（4）控制数量性状的遗传基础是多基因系统（polygenic system）。

（5）由于控制数量性状的基因比较多，在不同的时空条件下基因表达的程度可能不同。因此，数量性状普遍存在基因型与环境的相互作用。

### （二）数量性状与质量性状的相对性

数量性状与质量性状相比较存在明显的区别（表 5－2），但质量性状和数量性状的划分并不是绝对的，同一性状在不同亲本的杂交组合中可能表现不同。如植株高度是一个数量性状，但在有些杂交组合中，高株和矮株却表现为简单的质量性状遗传，小麦籽粒的红色和白色，在一些杂交组合中表现为一对基因的分离，而在另一些杂交组合中，$F_2$ 的籽粒颜色呈不同程度的红色而成为连续变异，即表现数量性状的特征。

**表 5－2　数量性状与质量性状的比较**

（盛志廉等．1999．数量遗传学）

| 项　　目 | 质量性状 | 数量性状 |
|---|---|---|
| 性状主要类型 | 品种特征、外貌特征 | 生产、生长性状 |
| 遗传基础 | 少数主要基因控制，遗传关系较简单 | 微效多基因系统控制，遗传关系复杂 |

（续）

| 项　　目 | 质量性状 | 数量性状 |
| --- | --- | --- |
| 变异表现方式 | 间断型 | 连续型 |
| 考察方式 | 描　述 | 度　量 |
| 环境影响 | 不敏感 | 敏　感 |
| 研究水平 | 家族或系谱 | 群　体 |
| 研究方法 | 系谱分析、概率论 | 生物统计 |

另外，在众多的生物性状中，还有一类特殊的性状，不完全等同于数量性状或质量性状，其表现呈非连续型变异，与质量性状类似，但是又不服从孟德尔遗传规律。一般认为这类性状具有一个潜在的连续型变量分布，其遗传基础是多基因控制的，与数量性状类似。通常称这类性状为阈性状（threshold character）。如家畜对某些疾病的抵抗力表现为发病或健康两个状态，单胎动物的产仔数表现单胎、双胎和稀有的多胎等。

## 二、数量性状遗传的多基因假说

### （一）多基因假说的实验根据

尼尔逊-埃尔在对小麦和燕麦籽粒颜色的遗传进行研究时，发现在若干个红粒与白粒的杂交组合中有如图 5－1 的几种情况。

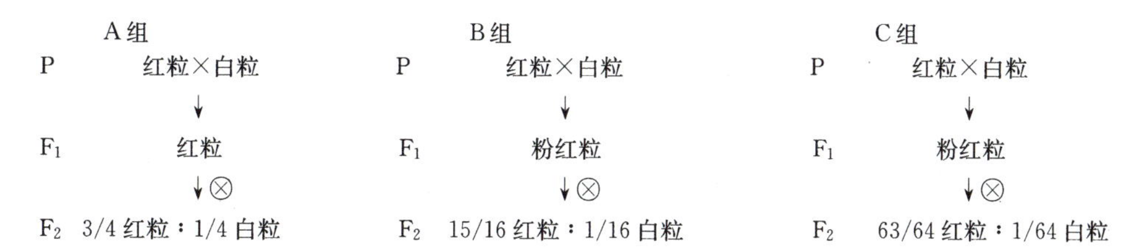


图 5－1　小麦籽粒颜色遗传杂交试验

对上述实验结果进一步观察后发现如下的规律。

（1）在小麦和燕麦中，存在着 3 对与种皮颜色有关的各类不同但作用相同的基因，这 3 对基因中的任何一对在单独分离时都可产生 3∶1 的比率，而 3 对基因同时分离时，则产生 63/64∶1/64 的比率。

（2）上述的杂交在 $F_2$ 的红粒中又呈现出各种程度的差异，它们又可按红色的程度分为如下情况：

在 A 组中，1/4 红粒∶2/4 中等红∶1/4 白粒。

在 B 组中，1/16 深红∶4/16 次深红∶6/16 中等红∶4/16 淡红∶1/16 白粒。

在 C 组中，1/64 极深红∶6/64 深红∶15/64 次深红∶20/64 中等红∶15/64 中淡红∶6/64 淡红∶1/64 白粒。

（3）红色深浅程度的差异与所具有的决定红色的基因数目有关，而与基因的种类无关。现以 B 组实验为例，说明种皮颜色的深浅程度与基因数目的关系（表 5－3）。

**表 5-3 2对基因影响小麦籽粒颜色的遗传**

P $R_1R_1R_2R_2 \times r_1r_1r_2r_2$

（红粒） ↓ （白粒）

$F_1$ $R_1r_1R_2r_2$

（红粒） ↓⊗

$F_2$

<table>
<tr><td rowspan="2">表现型类别</td><td colspan="4">红 色</td><td rowspan="2">白 色</td></tr>
<tr><td>深 红</td><td>次深红</td><td>中等红</td><td>淡 红</td></tr>
<tr><td>表现型比例</td><td>1/16</td><td>4/16</td><td>6/16</td><td>4/16</td><td>1/16</td></tr>
<tr><td>R 基因数目</td><td>4R</td><td>3R</td><td>2R</td><td>1R</td><td>0R</td></tr>
<tr><td>基因型</td><td>1 $R_1R_1R_2R_2$</td><td>2 $R_1R_1R_2r_2$<br>2 $R_1r_1R_2R_2$</td><td>1$R_1R_1r_2r_2$<br>4$R_1r_1R_2r_2$<br>1 $r_1r_1R_2R_2$</td><td>2 $R_1r_1r_2r_2$<br>2$r_1r_1R_2r_2$</td><td>1 $r_1r_1r_2r_2$</td></tr>
<tr><td>红粒：白粒</td><td colspan="5">15：1</td></tr>
</table>

假设含 R 数目相等的个体表现型一样，得到表现型分配结果为 1：4：6：4：1，这个分布的各项系数可由二项式 $(p+q)^{2n}=\left(\frac{1}{2}+\frac{1}{2}\right)^{2n}$（$n$ 为杂合基因的对数）展开得到，也可由“杨辉三角”中得到。当用杨辉三角形时，取一对基因的基因比（1AA：2Aa：1aa）为底，按这个比的指数 $n$ 展开（$n$ 为基因的对数）有 $(1:2:1)^n$ 或 $\left(\frac{1}{4}+\frac{2}{4}+\frac{1}{4}\right)^n$。当 $n=1$，2，3，……，则可得到三角形中双数行（方框中）的各项系数，如上例 $n=2$ 对基因的系数为：1/16深红：4/16 次深红：6/16 中等红：4/16 淡红：1/16 白粒。

对于C组实验的结果分析：尼尔逊·埃尔发现 $F_2$ 中从白色到极深红有 7 种不同的红色籽粒，中间色的麦粒最多，而白色麦粒约占总数的 1/64，他认为至少有 3 对基因同时分离。总共有 $3^3=27$ 种不同的基因型。其中 $R_1R_1R_2r_2r_3r_3$、$R_1R_1r_2r_2R_3r_3$、$r_1r_1R_2R_2R_3r_3$、$R_1r_1R_2R_2r_3r_3$、$R_1r_1r_2r_2R_3R_3$、$r_1r_1R_2r_2R_3R_3$、$R_1r_1R_2r_2R_3r_3$ 等 7 种基因型都应表现为“中等红色”，因为它们同样只有 3 个 R 基因，其在 $(1:2:1)^3$ 的分布中占有 2/64+2/64+2/64+2/64+2/64+2/64+8/64=20/64 的频率。同理可预期基因型 $R_1R_1R_2R_2R_3R_3$ 具有 6 个 R 基因，因而与亲本有相同的红色，而 $r_1r_1r_2r_2r_3r_3$ 的表现型一定为白色，因为不具有任何 R 基因，这两种亲本的表现型各占 1/64。

随后是美国人伊斯特关于烟草（*Nicotiana longiflore*）花冠长度的遗传学研究。他将花冠的平均长度为 40.5mm 和 93.3mm 的品种进行杂交，$F_1$ 呈中间长度，如所预期的一致，但长度稍有变异，这是由环境的变化所引起的。$F_2$ 得到 444 个植株，其长度的分布在两个亲本品种的平均长度之间，但比 $F_1$ 有较大范围的变异，这也是他所预期的。但是 $F_2$ 的花冠长度没有一株像短花冠亲本那样短，也没有像长花冠亲本那样长。伊斯特继续将 $F_2$ 中的 3 类植株（分布在左边的短花冠类型、分布在中间的中间类型以及分布在右边的长花冠类型）分别进行繁殖，分别获得了 3 类 $F_3$ 植株。结果显示，来自短花冠的 $F_2$ 植株的后代具有较其亲本更短的花冠平均值；同样，花冠长度较大的 $F_2$ 的后代其花冠平均长度也超过其亲本类型。上述 $F_3$ 的结果表明，$F_2$ 的变异不单只是环境的影响，也有遗传的效应。

花冠长度的遗传如果属于 4 对基因控制，则预期 $F_2$ 中落在每一亲本类型中的植株的表现型频率为 $(1/2)^8=1/256$。由图 5-2 的分析可知，在 444 个 $F_2$ 的植株中没有一个是落在亲本类型中，可以推论，这两个烟草亲本花冠长度的差异可能由 4 对以上的基因所决定。

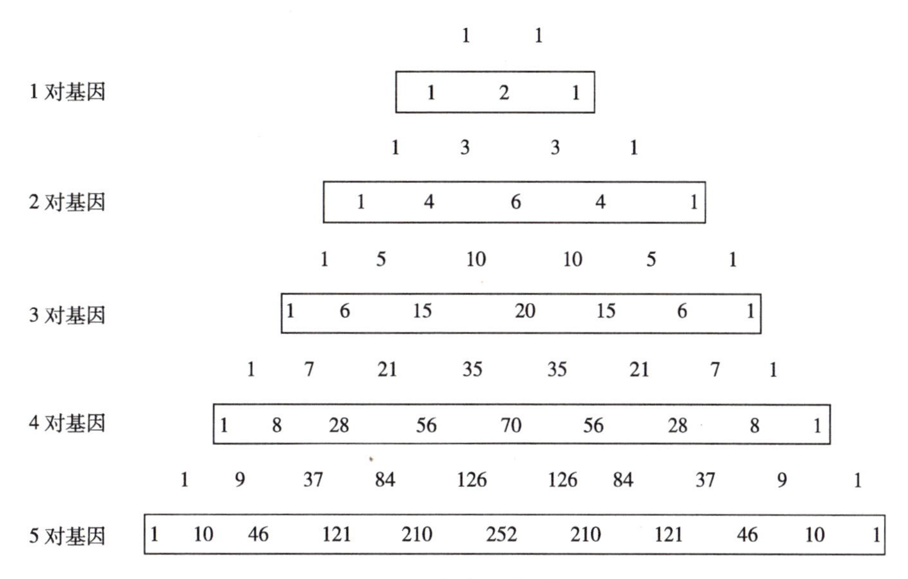


图 5-2　杨辉三角形图
（王亚馥等 . 2002. 遗传学）

### （二）多基因假说的要点

尼尔逊-埃尔（1909）总结了上述实验分析的结果，提出了数量性状遗传的多基因假说。又经统计学家费希尔及伊斯特等人在玉米、烟草等植物的数量性状遗传的研究中进一步得到证明和完善，成为解释和分析数量性状遗传的理论。

多基因假说的要点如下：

（1）数量性状是许多对微效基因或多基因（polygene）的联合效应所控制的。

（2）多基因中的每一对基因对性状表现型的表现所产生的效应是微小的。多基因不能予以个别辨认，只能按性状的整体表现一起研究。

（3）微效基因的效应是相等而且相加的，故又可称多基因为累加基因。

（4）微效基因之间往往缺乏显性。有时用大写拉丁字母表示增效，小写字母表示减效。

（5）微效基因对环境敏感，因而数量性状的表现容易受环境因素的影响而发生变化。微效基因的作用常常被整个基因型和环境的影响所遮盖，难以识别个别基因的作用。

（6）多基因往往有多效性，多基因一方面对于某一个数量性状起微效基因的作用，同时在其他性状上可以作为修饰基因（改变其他基因效果的基因）而起作用，使之成为其他基因表现的遗传背景。

（7）多基因与主效基因（major gene）一样都处在细胞核的染色体上，并且具有分离、重组、连锁等性质。

### （三）利用多基因假说解释超亲遗传

在进行植物杂交时，杂种后代往往出现一种超亲遗传（transgressive inheritance）的现象。这个现象可用多基因假说予以解释。如两个水稻品种，一个早熟，另一个晚熟，杂种第一代表现为中间型，生育期介于两亲本之间；但其后代可能出现比早熟亲本更早熟，或比晚熟亲本更晚熟的植株，这就是超亲遗传。假设某作物的生育期是由 3 对独立基因决定的，早熟亲本的基因型为 $a_1a_1a_2a_2A_3A_3$，晚熟亲本的基因型为 $A_1A_1A_2A_2a_3a_3$，则两者杂交的 $F_1$ 基因型为 $A_1a_1A_2a_2A_3a_3$，表现型介于两亲之间，比晚熟的亲本早熟，比早熟的亲本晚熟。由于基因的分离和重组，$F_2$ 群体的基因型在理论上应有 27 种。其中基因型为 $A_1A_1A_2A_2A_3A_3$ 的个体，将比晚熟亲本更晚熟，基因型为 $a_1a_1a_2a_2a_3a_3$ 的个体，将比早熟亲本更早熟。

# 第二节 数量性状的遗传率

## 一、广义遗传率和狭义遗传率

遗传率（heritability）或称遗传力，它是遗传方差在总方差中所占的比值。它可以作为对杂种后代进行选择的一个指标。杂种后代性状的形成决定于两方面的因素：①亲本的基因型；②环境条件的影响。所以某性状的表现型是基因型和环境条件共同作用的结果。某性状的表现型的数值，称为表现型值，以 $P$ 表示；其中由基因型所决定的数值，称为基因型值，以 $G$ 表示；环境条件引起的变异，用 $E$ 表示。三者之间的数量关系可用公式 $P=G+E$ 表示。

如果用$\overline{P}$、$\overline{G}$、$\overline{E}$表示三者的平均数，那么就可以推算出各个方差的关系。

$$\frac{\sum(P-\overline{P})^2}{n}=\frac{\sum(G-\overline{G})^2}{n}+\frac{\sum(E-\overline{E})^2}{n}$$

即

$$V_P=V_G+V_E$$

式中：$V_P$、$V_G$ 和 $V_E$——分别表示表现型方差（即总方差）、基因型方差（或遗传方差）和环境方差。

表现型方差包括由遗传作用引起的方差和由环境影响引起的方差，其中遗传方差占表现型方差（总方差）的比值，称为广义遗传率（$h_B^2$）；通常以百分比表示，即

$$\text{广义遗传率}\ (h_B^2)=\frac{\text{遗传方差}}{\text{总方差}}\times100\%=\frac{V_G}{V_P}\times100\%=\frac{V_G}{V_G+V_E}\times100\%$$

可见遗传方差占总方差的比重愈大，求得的遗传率数值也愈大，说明这个性状传递给子代的传递能力就较强，受环境的影响也就较小。一个性状从亲代传递给子代的力量大时，亲本的性状在子代中将有较多的机会表现出来，而且容易根据表现型辨别其基因型，选择的效果就较大；反之，如果求得的遗传率的数值较小，说明环境条件对该性状的影响较大，也就是该性状从亲代传递给子代的力量较小，对这种性状进行选择的效果较差。所以，遗传率的大小可以作为衡量亲代和子代之间遗传关系的标准。

从基因作用来分析，基因型方差可以进一步分解为 3 个组成部分：基因加性方差 $V_A$、显性方差 $V_D$ 和上位性方差 $V_I$。基因加性方差是指等位基因间和非等位基因间的累加作用引起的变异量；显性方差是指等位基因间相互作用引起的变异量；而上位性方差是指非等位基因间的相互作用引起的变异量。后两部分的变异量又称为非加性的遗传方差。因此，基因型方差可以用下述公式表示。

$$V_G=V_A+V_D+V_I$$

于是表现型方差的公式可进一步写为

$$V_P=(V_A+V_D+V_I)+V_E$$

基因加性方差是可固定的遗传变异量，它可在上、下代间传递，至于显性方差和上位性方差是不可固定的遗传变异量。因此，基因加性方差占表现型总方差的比值，称为狭义遗传率（$h_N^2$）。计算狭义遗传率的公式是：

$$\text{狭义遗传率}\ (h_N^2)=\frac{\text{基因加性方差}}{\text{总方差}}\times100\%=\frac{V_A}{V_P}\times100\%=\frac{V_A}{V_A+V_D+V_I+V_E}\times100\%$$

## 二、广义遗传率的估算方法

广义遗传率是利用基因型纯合或基因型一致的群体（如自交系亲本及 $F_1$）估计环境方差，然后，从总方差中减去环境方差，即得基因型方差。两个纯种杂交所得的各个 $F_1$ 个体的遗传组成（基因型）理论上是一致的，其基因型方差等于 0，所以 $V_{F_1}=V_{E_1}$。如果 $F_1$ 和 $F_2$ 对环境条件的反应相似，则二者的环境方差相同，即 $V_{F_1}=V_{E_2}$，于是从 $V_{F_2}$ 减去 $V_{F_1}$ 就可得到由于基因型引起的基因型方差（$V_G$），代入公式，即得

$$h_B^2=\frac{V_G}{V_P}\times100\%=\frac{V_G}{V_{F_2}}\times100\%=\frac{V_{F_2}-V_{F_1}}{V_{F_2}}\times100\%$$

现以前述玉米穗长试验的结果，计算广义遗传率如下。表 5－1 中 $F_2$ 的标准差 $S_{F_2}=2.252$，方差 $V_{F_2}=S_{F_2}^2=5.072$。$F_1$ 的标准差 $S_{F_1}=1.519$，方差 $V_{F_1}=S_{F_1}^2=2.307$，代入上式得

$$h_B^2=\frac{V_{F_2}-V_{F_1}}{V_{F_2}}\times100\%=\frac{5.072-2.307}{5.072}\times100\%=54\%$$

这说明玉米 $F_2$ 穗长的变异大约有 54%是由于遗传差异引起的，46%则是由于环境差异引起的。

从亲本的表现型方差也可以计算广义遗传率。理论上，亲本品种（或自交系）的基因型都是纯合的，不应该有基因型方差，个体间的表现型方差可以说是单纯由环境条件的影响造成的。因此，也可以用亲本品种（或自交系）的表现型方差估计分离世代的环境方差，估算方法如下。

$$V_E=\frac{1}{2}(V_{P_1}+V_{P_2})\quad \text{或}\quad \frac{1}{3}(V_{P_1}+V_{P_2}+V_{F_1})$$

$V_{P_1}$、$V_{P_2}$ 表示两个亲本的方差，代入公式，即有

$$h_B^2=\frac{V_{F_2}-V_E}{V_{F_2}}\times100\%=\frac{V_{F_2}-\frac{1}{2}(V_{P_1}+V_{P_2})}{V_{F_2}}\times100\%$$

将上述玉米杂交资料代入上式，得

$$h_B^2=\frac{5.072-\frac{1}{2}(0.666+3.561)}{5.072}\times100\%=\frac{2.958}{5.072}\times100\%=58\%$$

用此法求得的 $h_B^2$ 和用 $F_1$ 求得的值大致相近。

通常，计算的 $V_E$ 的途径有 6 个公式：①$V_E=V_{F_1}$；②$V_E=\frac{1}{2}(V_{P_1}+V_{P_2})$；③$V_E=\frac{1}{3}(V_{F_1}+V_{P_1}+V_{P_2})$；④$V_E=\sqrt{V_{P_1}\cdot V_{P_2}}$；⑤$V_E=\sqrt[3]{V_{P_1}\cdot V_{P_2}\cdot V_{F_1}}$；⑥$V_E=\frac{1}{4}V_{P_1}+\frac{1}{2}V_{F_1}+\frac{1}{4}V_{P_2}$。

利用亲本、$F_1$ 及 $F_2$ 的表现型方差估算遗传率的优点是简便易行，但比较粗放，同时由

于杂种早代常有较大的杂种优势，致使估算的遗传率偏高。

## 三、狭义遗传率的估算方法

估算狭义遗传率的方法有多种，但比较常用的是利用 $F_2$ 和回交世代估算，现以此种方法为例介绍如下。

设一对基因（A，a）构成的 3 个基因型 AA、Aa 及 aa，其平均效应是 $d$、$h$ 及 $-d$。下图中 $O$ 点为两亲本的中间值，即中亲值（mid－parent value），是测量一对基因不同基因组合效应的起点，其值为

$$\frac{d+(-d)}{2}=0$$

O

aa　　Aa　　AA

$h$

$-d$　　$+d$

图中，$d$ 代表距离起点正向或负向的基因加性效应；$h$ 表示由显性作用的影响所引起的与加性效应的偏差。所以，当 $h=0$ 时，表示不存在显性偏差，说明 Aa 这对基因为加性效应；当 $h<d$ 时，即偏向于 AA 或 aa 一方，表示 Aa 这对基因存在部分显性效应，当 $h=d$ 时，表示 Aa 这对基因为完全显性效应；当 $h>d$ 时，则表示为超显性效应。

狭义遗传率的估算要从基因效应的分析着手。因为 Aa 这对基因在 $F_2$ 的分离比例为 $\frac{1}{4}$AA∶$\frac{1}{2}$Aa∶$\frac{1}{4}$aa，平均效应值（$\overline{x}$）为$\frac{1}{4}(d)+\frac{1}{2}(h)+\frac{1}{4}(-d)=\frac{1}{2}h$。$F_2$ 的遗传方差可用下式计算。

**表 5－4　$F_2$ 的基因效应及遗传方差的估算**

| 基因型 | $f$ | $x$ | $fx$ | $fx^2$ |
|---|---|---|---|---|
| AA | $\frac{1}{4}$ | $d$ | $\frac{1}{4}d$ | $\frac{1}{4}d^2$ |
| Aa | $\frac{1}{2}$ | $h$ | $\frac{1}{2}h$ | $\frac{1}{2}h^2$ |
| aa | $\frac{1}{4}$ | $-d$ | $-\frac{1}{4}d$ | $\frac{1}{4}d^2$ |
| 合计 | $n=\sum f=1$ | | $\sum fx=\frac{1}{2}h$ | $\sum fx^2=\frac{1}{2}d^2+\frac{1}{2}h^2$ |

$$V_{F_2}=\frac{\left[\sum fx^2-\frac{(\sum fx)^2}{\sum f}\right]}{\sum f}=\frac{1}{2}d^2+\frac{1}{2}h^2-\frac{1}{4}h^2=\frac{1}{2}d^2+\frac{1}{4}h^2$$

式中：$f$——频率，$\sum f=n=1$；

$x$——理论值，用试验观察值表示。

如果这一性状受 $k$ 对基因控制，并假定它们的作用相等，而且是累加的，这些基因之间没有连锁，也不存在相互作用，那么 $F_2$ 的遗传方差应为

$$V_{F_2}=\frac{1}{2}(d_1^2+d_2^2+\cdots+d_k^2)+\frac{1}{4}(h_1^2+h_2^2+\cdots+h_k^2)=\frac{1}{2}\sum d^2+\frac{1}{4}\sum h^2$$

设 $D=\sum d^2$，$H=\sum h^2$，则有

$$V_{F_2}=\frac{1}{2}D+\frac{1}{4}H$$

在这里，$D=\sum d^2$ 是各基因加性效应方差的总和；$H=\sum h^2$ 是各基因显性偏差方差的总和。此外，还应考虑环境影响的方差（$V_E$）。如果基因的作用和环境影响是彼此独立的，则 $F_2$ 群体中各个方差的组成部分应为

$$V_{F_2}=\frac{1}{2}D+\frac{1}{4}H+V_E$$

计算狭义遗传率，还要求出 $F_1$ 分别与两个亲本回交后所得子代的遗传方差。设以 $B_1$ 代表 $F_1$ Aa 同 AA 亲本回交的子代，则 $B_1$ 的遗传方差可照下列方式计算（表 5-5）。

**表 5-5　$B_1$ 的平均效应值和遗传方差的估算**

| 基因型 | $f$ | $x$ | $fx$ | $fx^2$ |
|---|---|---|---|---|
| AA | $\frac{1}{2}$ | $d$ | $\frac{1}{2}d$ | $\frac{1}{2}d^2$ |
| Aa | $\frac{1}{2}$ | $h$ | $\frac{1}{2}h$ | $\frac{1}{2}h^2$ |
| 合　计 | $n=\sum f=1$ | | $\frac{1}{2}(d+h)$ | $\frac{1}{2}(d^2+h^2)$ |

$$B_1 \text{ 为 } Aa\times AA\longrightarrow\frac{1}{2}AA+\frac{1}{2}Aa，\sum f=n=1$$

$B_1$ 的平均效应值是 $\overline{x}=\dfrac{\sum fx}{\sum f}=\dfrac{\frac{1}{2}d+\frac{1}{2}h}{1}=\dfrac{1}{2}(d+h)$。$B_1$ 的遗传方差是根据 $V_{B_1}=\dfrac{\sum fx^2-\dfrac{(\sum fx)^2}{\sum f}}{\sum f}$ 公式计算的，所以得 $V_{B_1}=\frac{1}{2}(d^2+h^2)-\frac{1}{4}(d+h)^2=\frac{1}{2}d^2+\frac{1}{2}h^2-\frac{1}{4}d^2-\frac{1}{2}dh-\frac{1}{4}h^2=\frac{1}{4}(d-h)^2$

由此可知，在计算 $B_1$ 的遗传方差的过程中，遇到 $d$ 和 $h$ 两个成分不能分割的问题。又设以 $B_2$ 代表 $F_1$ Aa 同 aa 亲本回交的子代，则 $B_2$ 的遗传方差也可计算如下（表 5-6）。

**表 5-6　$B_2$ 的平均效应值和遗传方差的估算**

| 基因型 | $f$ | $x$ | $fx$ | $fx^2$ |
|---|---|---|---|---|
| Aa | $\frac{1}{2}$ | $h$ | $\frac{1}{2}h$ | $\frac{1}{2}h^2$ |
| aa | $\frac{1}{2}$ | $-d$ | $-\frac{1}{2}d$ | $\frac{1}{2}d^2$ |
| 合　计 | $n=\sum fx=1$ | | $\frac{1}{2}(h-d)$ | $\frac{1}{2}(d^2+h^2)$ |

$$B_2 \text{ 为 } Aa \times aa \longrightarrow \frac{1}{2}Aa + \frac{1}{2}aa, \sum f = n = 1$$

$B_2$ 的平均效应值是 $\bar{x} = \dfrac{\sum fx}{\sum f} = \dfrac{\frac{1}{2}(h-d)}{1} = \dfrac{1}{2}(h-d)$。$B_2$ 的遗传方差是（计算方法同上）：

$$V_{B_2} = \frac{1}{2}(d^2+h^2) - \frac{1}{4}(h-d)^2 = \frac{1}{2}d^2 + \frac{1}{2}h^2 - \frac{1}{4}h^2 + \frac{1}{2}dh - \frac{1}{4}d^2 = \frac{1}{4}(d+h)^2$$

在计算 $B_2$ 的遗传方差时，也遇到 $d$ 和 $h$ 不能分割的问题。为了消除这种情况，可把 $B_1$ 的遗传方差和 $B_2$ 的遗传方差加在一起，则有

$$V_{B_1} + V_{B_2} = \frac{1}{4}(d-h)^2 + \frac{1}{4}(d+h)^2 = \frac{1}{2}(d^2+h^2)$$

于是 $d$ 和 $h$ 两个成分就分割开了。假设控制一个性状的基因有很多对，这些基因不存在连锁，而且各基因间没有相互作用，则回交一代的表现型方差总和是：

$$V_{B_1} + V_{B_2} = \frac{1}{2}D + \frac{1}{2}H + 2V_E$$

利用 $F_2$、$B_1$ 与 $B_2$ 3 个群体的方差估算狭义遗传率，用 $2V_{F_2}$ 减去 $V_{B_1}$ 和 $V_{B_2}$ 的总和，就可消去显性作用和环境的方差，而得到单由基因加性作用的方差，然后用 $V_{F_2}$ 的总方差除之，即得狭义的遗传率。从下列两式，可求得 $F_2$ 的基因加性方差：$\frac{1}{2}D$。

$$2V_{F_2} = 2\left(\frac{1}{2}D + \frac{1}{4}H + V_E\right) \tag{5-1}$$

$$V_{B_1} + V_{B_2} = \frac{1}{2}D + \frac{1}{2}H + 2V_E \tag{5-2}$$

式 5-1—式 5-2，得

$$2V_{F_2} - (V_{B_1} + V_{B_2}) = D + \frac{1}{2}H + 2V_E - \left(\frac{1}{2}D + \frac{1}{2}H + 2V_E\right) = \frac{1}{2}D$$

因此，$h_N^2 = \dfrac{2V_{F_2} - (V_{B_1} + V_{B_2})}{V_{F_2}} \times 100\% = \dfrac{\frac{1}{2}D}{\frac{1}{2}D + \frac{1}{4}H + V_E} \times 100\%$

用此法求遗传率有下述两个优点：①方法比较简单，只要根据 $F_2$ 及两个回交子代表现型方差就可以估计出群体的狭义遗传率，不需要用不分离的群体来估计环境方差。②特别适用于估算玉米等异花授粉作物的遗传率，因为在这些作物中用自交系做亲本，而自交系往往发育不良，用它们来估计环境方差就会偏高。采用本法，就不存在这种问题。不过进行回交时要增加一些工作量，但比较起来，利多弊少，求得的遗传率也比较准确。

现用一个小麦资料（表 5-7）进行说明。

以上表数值按公式求出基因的加性方差，列入表 5-8。

把上述数值代入公式，得狭义遗传率

$$h_N^2 = \frac{2V_{F_2} - (V_{B_1} + V_{B_2})}{V_{F_2}} = \frac{\frac{1}{2}D}{\frac{1}{2}D + \frac{1}{4}H + V_E} \times 100\% = \frac{29.06}{40.35} \times 100\% = 72\%$$

所以小麦抽穗期的狭义遗传率是72%。

表5-7　某小麦品种抽穗期及其表现型方差

| 世　代 | 平均抽穗日期（从某一选定日期开始） | 表现型方差（实验值） |
|---|---|---|
| $P_1$ | 13.0 | 11.04 |
| $P_2$ | 27.6 | 10.32 |
| $F_1$ | 18.5 | 5.24 |
| $F_2$ | 21.2 | 40.35 |
| $B_1$ | 15.6 | 17.35 |
| $B_2$ | 23.4 | 34.25 |

表5-8　小麦基因加性方差的估算

| 项　目 | 方　差 | 实　得　值 |
|---|---|---|
| ①$2V_{F_1}$ | $2\ (\frac{1}{2}D+\frac{1}{4}H+V_E)$ | 40.35×2=80.70 |
| ②$V_{B_1}+V_{B_2}$ | $\frac{1}{2}D+\frac{1}{2}H+2V_E$ | 17.35+34.29=51.64 |
| ①-② | $\frac{1}{2}D$ | 29.06 |

## 四、遗传率在植物育种上的应用

生物的遗传性状（表现型）是由基因型和环境共同作用的结果，但对某一性状，分清它的遗传作用和环境影响在其表现型中各占多大的比重，对于杂交育种极为重要。

### （一）遗传率与育种方法

一般来说，从遗传率的高低，可以估计该性状在后代群体中的大致概率分布，因而能确定育种群体的规模，提高育种的效率。某性状的基因型方差在总方差中所占的比重越大，则群体的变异由遗传作用引起的影响较大，环境对它的影响较小；在下一代群体中就会得到相应的表现；因而在该群体内选择是有效的。反之，当性状的变异主要由环境的影响引起时，则遗传的可能性较小，在下一代群体中就不容易得到相应的表现，因而在该群体内进行选择所得效果就很低。当遗传率高时，性状的表现型与基因型相关程度大，在育种中采用系谱法及混合选择法的效果相似；当遗传率低时，性状的表现型不易代表其基因型，因加性方差（$V_A$）小时，育种效率低，所以要用系谱法或近交进行后代测定，才能决定取舍。当显性方差（$V_D$）高时，可利用自交系间杂种 $F_1$ 优势；当互作效应（$V_I$）高时，应注重系间差异的选择，以固定（$V_I$）产生的效应；当基因型与环境交互作用大时，说明某些基因型在某些地区表现好，而另一些基因型在另一些地区表现好，这样，在育种上就要注意在不同地区推广具有不同基因的品种，以发挥品种区域化的效果。

### （二）遗传率与遗传进度

从某一基因型群体内，可以根据遗传率，通过选择而得出遗传进度（genetic advance）。估算遗传进度的公式如下：

$$R=\overline{G}_S-\overline{G}=(\overline{P}_S-\overline{P})\ b_{gp}=\overline{P}_S\ \frac{\sigma_g^2}{\sigma_p^2}=i\sigma_p h^2$$

式中：$R$——因选择而得出的遗传进度（亦称选择响应）；

$\overline{G}_S$——选择群体的平均基因型值；

$\overline{G}$——总体的基因型估值；

$\overline{P}_S$——选择群体的平均表现型值；

$\overline{P}$——总体的表现型值；

$b_{gp}$——基因型对表现型的回归相关；

$i$——选择强度；

$\sigma_\rho$——表现型标准差；

$i\sigma_p$——总体与选择群体间的选择差数。

如番茄群体产量平均数与选择群体间差数（$i\sigma_p$）为 3000kg/hm²，已知遗传率为 25%。通过选择其遗传进度应为 750kg/hm²，即 $i\sigma_p h^2=3000\times25\%=750$kg/hm²。

遗传率概念提出后，各国育种家对不同作物（如小麦、水稻、大豆、牧草等）进行了测验和估算，认为它对杂种群体的选择有指导意义。我国育种工作者从 20 世纪 60 年代以来，对遗传率的概念进行了介绍，并在水稻、小麦、棉花、谷子、高粱、大豆、花生和桑蚕等方面应用，取得了一定的成绩。

### （三）遗传率在植物育种上的具体应用

目前，根据多数试验结果，对遗传率在育种上的应用，总结了如下的几点规律：①不易受环境影响的性状的遗传率比较高，易受环境影响的性状则较低；②变异系数小的性状的遗传率高，变异系数大的则较低；③质量性状一般比数量性状有较高的遗传率；④亲本生长正常，对环境反应不灵敏的性状的遗传率较高；⑤性状差距大的两个亲本的杂种后代，一般表现较高的遗传率；⑥遗传率并不是一个固定数值，对自花授粉植物来说，它因杂种世代推移而有逐渐升高的趋势。

从几种主要作物的不同性状所估算的遗传率可以看出：如株高、抽穗期、开花期、成熟期、每荚粒数、油分、蛋白质含量和棉纤维的衣分等性状具有较高的遗传率；千粒重、抗倒伏、分枝数、主茎节数和每穗粒数等性状具有中等的遗传率；穗数、果穗长度、每行粒数、每株荚数以及产量等性状的遗传率则较低（表 5－9）。

**表 5－9　几种主要作物遗传率的估算资料（%）**

（浙江农业大学．1986．遗传学）

| 作物 | 籽粒产量 | 株　高 | 穗　数 | 穗　长 | 每穗粒数 | 千粒重 |
| --- | --- | --- | --- | --- | --- | --- |
| 水稻 |  | 52.6～85.9 | 10.0～84.0 | 57.2～69.1 | 55.6～75.7 | 83.7～99.7 |
| 小麦 |  | 51.0～68.6 | 12.0～27.2 | 60.0～78.9 | 40.3～42.6 | 36.3～67.1 |
| 大麦 | 43.9～50.7 | 44.4～74.6 | 23.6～29.5 |  |  | 21.2～38.5 |
| 玉米 | 15.5～29.0 | 42.6～70.1 |  | 13.4～17.3 |  |  |

遗传率在应用上还存在一些缺点：①遗传率是一个百分数，代表性窄；②遗传率不能进行显著性测定；③在不同试验中求得的遗传率差异较大，一些受环境影响大的及复杂的性状（如产量），其遗传率偏低；受环境影响小的及简单的性状（如开花期），其遗传率偏高。所以，对遗传率应理解为对某一特定群体某性状在特定条件下的估计量，因而它对特定育种群体根据性状的遗传率进行选择研究，对提高育种效果有重要作用。虽然遗传率是一个相对

值，又不能进行显著性测定，但某一特定性状的遗传率有一个相对而言稳定的变化幅度。因此，我们仍然可以从中区别性状的遗传率高低，进而指导品种选育工作。

一般来说，凡是遗传率较高的性状，在杂种的早期世代进行选择，收效比较显著；而遗传率较低的性状，则要在杂种后期世代进行选择才能收到较好的结果。

根据遗传性状的遗传传递规律的研究，了解了遗传变异和环境条件影响的相互关系，可以提高育种工作的效率，增加对杂种后代性状表现的预见性。

首先，对于杂种后代进行选择时，根据某些性状遗传率的大小，就容易从表现型识别不同的基因型，从而较快地选育出优良的新的类型。

其次，作物的产量一般都是由许多比较复杂的因素控制的，所以它的遗传率较低。如果产量性状与某些遗传率较高而且表现明显的简单性状密切相关，就可用这些简单性状作为产量选择的间接指标，以提高选择的效果。如大豆的产量的遗传率比较低，但它同生育期、株高、结实期长短的关系都很密切。所以，可以根据这些性状的表现来提高产量选择的效果。

## 复习思考题

1. 名词解释

质量性状、数量性状、微效基因、主效基因、修饰基因、超亲遗传、广义遗传率、狭义遗传率、遗传方差、显性方差、基因加性方差、上位性方差

2. 简述数量性状的主要特征。

3. 试述质量性状和数量性状的区别。

4. 一个特定品种的2个完全成熟的植株，株高分别为30cm和150cm，已知它们是数量性状的极端表现型，试问：

(1) 如果只在单一的环境下做实验，你如何判断植株高度是受环境因素决定还是遗传因素决定？

(2) 如果是遗传的原因，你又如何测定与这个性状有关的基因对数？

5. 试述多基因假说的要点。

6. 生物界中为何会在某些性状上出现超亲遗传？

7. 两个自交系杂交，它们的种子质量分别是0.2g和0.4g，杂交得到的$F_1$种子都是0.3g。$F_1$自交产生1000个植株，其中4株的单株种子质量是0.2g，4株是0.4g，其他植株的种子质量在这两个极端值之间。试问，决定种子质量的基因有多少对？

8. 两个玉米自交系，各有3对基因与株高有关，其基因型为AABBCC和aabbcc，各对基因均以加性效应方式决定株高。已知AABBCC为180cm，aabbcc为120cm。试问：

(1) 这两个自交系杂交的$F_1$株高是多少？

(2) 在$F_2$群体中将有哪些基因型表现株高为150cm？

(3) 在$F_2$群体中株高表现为180cm、150cm和120cm的植株各占比例多少？

9. 遗传率在育种上有什么应用价值？

10. 用一个水稻早熟品种（$P_1$）和一个晚熟品种（$P_2$）杂交，先后获得$F_1$、$F_2$、$B_1$（即$F_1 \times P_1$）和$B_2$（即$F_1 \times P_2$）种子，将它们同时播种在条件相同的试验田里。经记载和计算，求得从抽穗到成熟的平均天数和方差于下表：

| 世代 | 从抽穗到成熟的天数（d） | |
|---|---|---|
| | 平均（$\bar{x}$） | 方差（V） |
| $P_1$ | 39.40 | 5.57 |
| $P_2$ | 30.60 | 6.15 |
| $F_1$ | 33.13 | 5.67 |
| $F_2$ | 33.07 | 8.75 |
| $B_1$ | 35.17 | 9.27 |
| $B_2$ | 32.15 | 5.87 |

试计算：(1) 广义遗传率。

(2) 狭义遗传率。

(3) 基因方差。

(4) 加性效应方差。

# 第六章　近亲繁殖和杂种优势

**约翰森（Wilhelm Ludvig Johannsen，1857—1927）**

遗传学家和植物学家，出生于丹麦哥本哈根，最初迫于生活的压力成为一名药剂师，后来对植物学产生了浓厚的兴趣。1898年，开始了著名的菜豆自交试验，经过连续多年的实验研究，于1905年发表《遗传学原理》（Elements of Heredity）一书，1909年经大大扩充了的该书的德文版更为流行。他不仅提出著名的“纯系学说”，而且首次提出“基因（gene）”一词代替孟德尔的遗传因子，还提出了“基因型”和“表现型”及其之间的区别，区分了可遗传变异和不可遗传变异，并指出选择可遗传变异的重要性。

动、植物繁殖的普遍形式是有性生殖，主要表现为个体间交配，根据交配个体的亲缘关系和遗传组成的不同，可将交配分为多种形式，但基本类型只有近交（inbreeding）与杂交（cross breeding）两种。近亲繁殖和杂种优势是遗传学研究的一个重要方面，同时也是近代育种工作的重要手段。

## 第一节　近亲繁殖的遗传效应

### 一、近亲繁殖的类型

近亲繁殖（inbreeding），也称近亲交配，简称近交，指亲缘关系相近的雌雄个体交配，或指基因型相同或相近的两个个体间的交配。近亲繁殖按亲缘远近的程度可分为以下几种类型：全同胞（full-sib）（同父母的兄妹）、半同胞（half-sib）（同父或同母的兄妹）和亲表兄妹（first cousins）交配。植物的自花授粉（雌雄同株或雌雄同花）和少数自体受精动物的受精称为自交（selfing），这是近亲繁殖中最极端的方式。回交（back cross）也是近亲繁殖的一种方式。

### 二、自交的遗传效应

杂合体通过自交，其后代群体表现以下两方面的遗传效应。

#### （一）杂合体通过自交可以导致后代基因的分离，将使后代群体中的遗传组成迅速趋于纯合化

现以1对基因为例加以说明，含有1对等位基因Aa的$F_1$杂合体，经一代自交后，会产生占$F_2$个体总数1/2的AA、aa两种纯合体，杂合体（Aa）减少到1/2。如果继续自交，杂合体再减少1/2成为1/4，而纯合体比率上升到3/4，这样连续自交$r$代，其后代群体中的杂合体将逐步减少为$(1/2)^r$。假定每株后代以产生4个植株为最低的繁殖系数，并且各株的繁殖系数相同，其后代群体中杂合体和纯合体的消长比例的遗传动态列表于表6-1。

从表 6－1 可以看出，如果只有 1 对基因之差的杂合体自交，经过 $r$ 代以后，群体内杂合体所占比例只有 $(1/2)^r$，纯合体则达到 $1-(1/2)^r$。在纯合体中，某种纯合基因，如 AA 个体所占比例应为 $1/2\times[1-(1/2)^r]$。随着 $r$ 的增加，$(1/2)^r$ 趋于无穷小，同理，$1-(1/2)^r$ 也趋于 1。

**表 6－1　1 对杂合基因（Aa）连续自交的后代基因型比例的变化**

（浙江农业大学．1986. 遗传学）

| 世代 | 自交世代 | 基因型的比数 | 杂合体（Aa） | | 纯合体（AA＋aa） | |
|---|---|---|---|---|---|---|
| | | | 比数 | 所占百分数（%） | 比数 | 所占百分数（%） |
| $F_1$ | 0 | Aa | | 100 | | 0 |
| $F_2$ | 1 | 1AA　2Aa　1aa | 2/4 | $(1/2)^1=50$ | 2/4 | $1-(1/2)^1=50$ |
| $F_3$ | 2 | 4AA　2AA　4Aa　2aa　4aa | 4/16 | $(1/2)^2=25$ | 12/16 | $1-(1/2)^2=75$ |
| $F_4$ | 3 | 24AA　4AA　8Aa　4aa　24aa | 8/64 | $(1/2)^3=12.5$ | 56/64 | $1-(1/2)^3=87.5$ |
| $F_5$ | 4 | 112AA　8AA　16Aa　8aa　112aa | 16/256 | $(1/2)^4=6.25$ | 240/256 | $1-(1/2)^4=93.75$ |
| | ⋮ | ⋮ | ⋮ | ⋮ | ⋮ | ⋮ |
| $F_{r+1}$ | $r$ | | | $(1/2)^r\to 0$ | | $1-(1/2)^r\to 100$ |

至于纯合体增加的速度和强度，则与所涉及的基因对数、自交代数和是否严格的选择具有密切的关系。

根据公式二项式 $(p+q)^n=\left[\frac{1}{2^r}+\left(1-\frac{1}{2^r}\right)\right]^n$，可以估算出有 $n$ 对杂合基因的杂合体经 $r$ 代自交繁殖后，群体内各种基因型个体所占的比例。如有 $n=4$ 对杂合基因，自交 $r=5$ 代后，群体各种基因型个体所占频率为：

$$\left[\frac{1}{2^r}+\left(1-\frac{1}{2^r}\right)\right]^n=\left[\frac{1}{2^5}+\left(1-\frac{1}{2^5}\right)\right]^4=\left(\frac{1}{32}+\frac{31}{32}\right)^4$$

$$=\left(\frac{1}{32}\right)^4+4\left(\frac{1}{32}\right)^3\times\frac{31}{32}+6\left(\frac{1}{32}\right)^2\left(\frac{31}{32}\right)^2+4\times\frac{1}{32}\left(\frac{31}{32}\right)^3+\left(\frac{31}{32}\right)^4$$

这说明在 $F_6$ 群体中有：$\left(\frac{1}{32}\right)^4$ 的个体为 4 对基因杂合；$4\left(\frac{1}{32}\right)^3\times\frac{31}{32}$ 的个体为 3 对基因杂合，1 对基因纯合；$6\left(\frac{1}{32}\right)^2\left(\frac{31}{32}\right)^2$ 的个体为 2 对基因杂合，2 对基因纯合；$4\times\frac{1}{32}\times\left(\frac{31}{32}\right)^3$ 的个体为 1 对基因杂合，3 对基因纯合；$\left(\frac{31}{32}\right)^4$ 的个体为 4 对基因纯合体。因此，这个群体内纯合率为 $\left(\frac{31}{32}\right)^4$ 即 88.07%；杂合率为 100%－88.07%＝11.93%。自交后代群体中纯合率也可直接用展开式的最后一项 $\left(1-\frac{1}{2^r}\right)^n\times 100\%$ 计算。

以上公式的应用必须满足两个条件：①各对基因是独立遗传；②各种基因型后代的繁殖力相同。

### （二）杂合体通过自交能够导致等位基因纯合，使隐性基因得以表现，从而可以有助于淘汰有害的隐性个体，改良群体的遗传组成

异花授粉作物群体内，潜伏着许多对其生长发育无益或有害的隐性基因，如玉米中的白

化苗、黄化苗等基因。在异花授粉的条件下，这些不良的隐性基因大多处于杂合状态，而使隐性性状难以表现，若强制其自交就可以使这些隐性基因暴露出来，以便加以淘汰。自花授粉作物由于长期自交，有害的隐性性状已被选择淘汰。所以，后代一般很少出现有害性状，故比异花授粉作物耐自交。

## 三、回交的遗传效应

### （一）回交及其意义

回交指杂种后代与其亲本之一再次杂交。其中 $BC_1$、$BC_2$ 分别表示回交一代、回交二代，依此类推。也可用（A×B)×A 或 $A^2$×B、(A×B)×B、A×$B^2$ 等方式表示回交一代，用于回交的亲本为轮回亲本（recurrent parent)，未被用来回交的亲本为非轮回亲本（non-recurrent parent)。如下图：

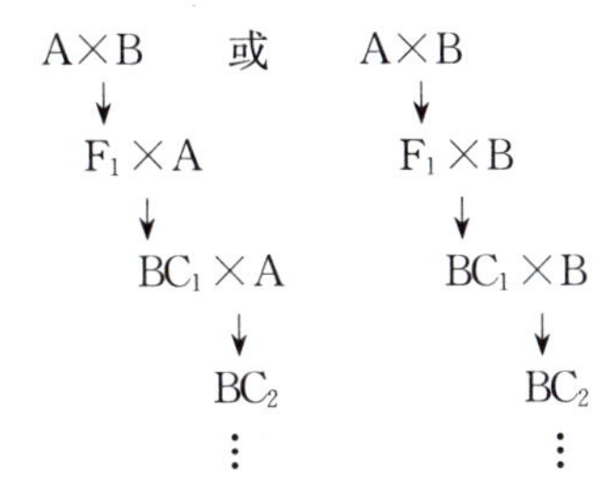


回交在育种中具有重要的意义。通过回交，可以有目的的改良品种的个别性状。同时，与隐性亲本的回交，可以用于鉴定被测个体的基因型。

### （二）回交与自交遗传效应的异同

回交和自交类似，如连续多代进行，其后代群体的基因型也将趋于纯合。但是，值得注意的是回交与自交在基因型纯合的内容和进度上有重大差别。

回交和自交遗传效应的差异，主要表现在以下两个方面。

**1. 纯合基因型种类** 回交后代的基因型纯合严格受轮回亲本的控制，而自交后代的基因型纯合却是多种多样的组合方式。即一个杂种与其轮回亲本每回交一次，便使后代增加轮回亲本的 1/2 基因组成。多次连续回交以后，其后代将基本回复为轮回亲本的基因组成，即发生核代换。而自交后代的基因型纯合却是多种多样的组合方式。假定繁殖系数为 4，其不同对杂合基因回交的遗传效应如表 6-2 和表 6-3 所示。

**表 6-2 1对杂合基因的回交遗传效应**

| AA×aa | 杂合体<br>Aa | 纯合体<br>AA | 轮回亲本<br>基因频率 |
|---|---|---|---|
| $F_1$ Aa×aa | 1 | 0 | 1/2 |
| $BC_1$ (1/2Aa : 1/2aa)×aa | 1/2=50% | 1/2=50% | 3/4 |
| $BC_2$ (1/4Aa : 3/4aa)×aa | 1/4=25% | 3/4=75% | 7/8 |
| $BC_3$ (1/8Aa : 7/8aa)×aa | 1/8=12.5% | 7/8=87.5% | 15/16 |
| ⋮ | ⋮ | ⋮ | ⋮ |
| $BC_r$（回交 $r$ 次） | $\frac{1}{2^r}\to 0$ | $1-\frac{1}{2^r}\to 100\%$ | $\frac{2^{r+1}-1}{2^{r+1}}$ |

表 6-3　2 对杂合基因的回交遗传效应

| AABB×aabb | 杂合体 | 纯合体 aabb | 轮回亲本基因频率 |
|---|---|---|---|
| $F_1$　AaBb×aabb | 1 | 0 | 1/2 |
| $BC_1$ (1/4AaBb : 1/4Aabb : 1/4aaBb : 1/4 aabb)×aabb | 3/4 | 1/4 | 3/4 |
| $BC_2$ (1/16AaBb : 3/16Aabb : 3/16aaBb : 9/16 aabb)×aabb | 7/16 | 9/16 | 7/8 |
| $BC_3$ (1/64AaBb : 7/64Aabb : 7/64aaBb : 49/64 aabb)×aabb | 15/64 | 49/64 | 15/16 |
| ⋮ | ⋮ | ⋮ | ⋮ |
| $BC_r$（回交 $r$ 次，有 $n$ 对杂合基因） | $1-\left(1-\frac{1}{2^r}\right)^n$ | $\left(1-\frac{1}{2^r}\right)^n$ | $\frac{2^{r+1}-1}{2^{r+1}}$ |

**2. 纯合进度**　虽然在回交中群体内纯合率的增加也随着杂合基因对数增加而变得缓慢（表 6-4），但是轮回亲本的基因频率在群体内的增加速度与包含的杂合基因对数无关，回交到 $r$ 代后，轮回亲本基因概率是 $\frac{2^{r+1}-1}{2^{r+1}}$。而在前面讨论中的自交群体的基因频率并未发生任何变化，如在 Aa 衍生的自交群体中，A、a 基因频率始终各为 50%。

表 6-4　在回交后代中从轮回亲本导入基因的纯合体比例（%）

（西北农学院．1979．遗传学）

| 回交世代（$r$） | 等位基因对数（$n$） | | | | | | | | | | |
|---|---|---|---|---|---|---|---|---|---|---|---|
| | 1 | 2 | 3 | 4 | 5 | 6 | 7 | 8 | 10 | 12 | 21 |
| 1 | 50.0 | 25.0 | 12.5 | 6.3 | 3.1 | 1.6 | 0.8 | 0.4 | 0.1 | 0 | 0 |
| 2 | 75.0 | 56.3 | 42.2 | 31.6 | 23.7 | 17.8 | 13.4 | 10.0 | 5.6 | 3.2 | 0.2 |
| 3 | 87.5 | 76.6 | 67.0 | 58.6 | 51.3 | 44.9 | 39.3 | 34.4 | 26.3 | 20.1 | 6.1 |
| 4 | 93.8 | 87.9 | 82.4 | 77.2 | 72.4 | 67.9 | 63.6 | 59.6 | 52.4 | 46.1 | 25.8 |
| 5 | 96.9 | 93.9 | 90.9 | 88.1 | 85.3 | 82.7 | 80.1 | 77.6 | 72.8 | 68.4 | 51.4 |
| 6 | 98.4 | 96.9 | 95.4 | 93.9 | 92.4 | 91.0 | 89.6 | 88.2 | 85.5 | 82.8 | 71.9 |
| 7 | 99.2 | 98.5 | 97.7 | 96.9 | 96.2 | 95.4 | 94.7 | 93.9 | 92.5 | 91.0 | 89.6 |
| 8 | 99.6 | 99.2 | 98.8 | 98.4 | 98.1 | 97.7 | 97.3 | 96.9 | 96.2 | 95.4 | 92.1 |
| 9 | 99.8 | 99.6 | 99.4 | 99.2 | 98.7 | 98.7 | 98.5 | 98.3 | 97.9 | 97.5 | 95.7 |

## 第二节　亲缘关系远近的衡量

为了度量群体或个体间亲缘关系的远近和近交的遗传效应，采用近交系数（coefficient of inbreeding）和血缘系数（coefficient of relationship）来表示。

### 一、近交系数与血缘系数

两个个体如有共同的祖先，那么这两个个体就带有这个共同祖先传给它们的基因。当这两个个体交配时，就可以把它们从共同祖先那里得来的基因传给后代。近交系数是指一个个体的某个基因位点上两个等位基因来源于共同祖先某个基因的概率。也就是这个个体成为遗传上等同的纯合体的机会。近交系数用 $F$ 表示，其范围在 0～1。

血缘系数是指 X 和 Y 这两个个体间在遗传上的相关程度，也称亲缘系数和遗传相似系数，通常用（$R_{XY}$）表示，其范围也在 0～1。具有 1 个或 1 个以上共同祖先的个体称为亲属，最基本而又最为重要的亲属关系是亲子关系，即亲代（父、母）与子女的关系。血缘系数愈大，亲缘关系愈近；血缘系数为 0，则可认为个体（X、Y）间在近期世代内没有共同祖先。

## 二、近交系数与血缘系数的计算

### （一）通径分析方法计算近交系数和血缘系数

一种计算近交系数的简单而又十分便利的方法是由怀特（S. Wright）提出并加以发展的通径分析（path analysis）方法。

**1. 通径与通径链** 在一个相关变量的网络系统中，连接"原因"与"结果"的每一条单箭头线称为一个通径（path）。比较每一条通径中的原因对于某一个结果所起的作用的相对大小时，需要用通径系数来表示。通径系数（path coefficient）是指度量各原因变量对结果变量的直接影响的系数。由 1 条或 1 条以上的通径所组成的完整的通道称为通径链。它是从原因到结果的各通径的总称。如在图 6－1 所示的通径图中，个体 A、B 为原因变量，个体 S、D 为结果变量，由原因变量指向结果变量的单箭头分别有 4 条通径，连接个体 A、B 与个体 S、D 的通径链有两条即：由 S←A→D 及 S←B→D。显然这个箭头图即为具有同父、同母的全同胞家系的通径图。毫无疑问，A、B 个体为原因变量（亲代），S、D 个体为结果变量（子或女）。

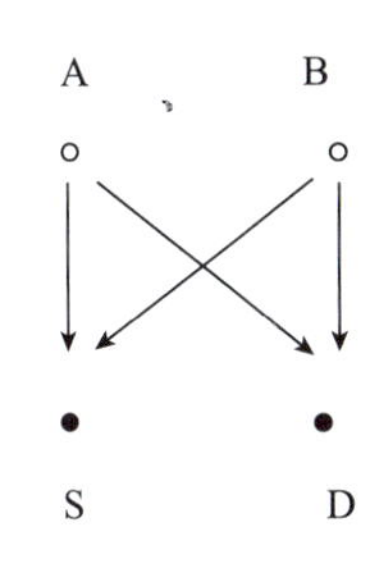

图 6－1 全同胞家系的通径图（一）
（王亚馥．2002．遗传学）

**2. 通径分析的应用** 通径分析的理论证明，在随机交配群体中个体世代的一条通径的通径系数＝1/2。而且，通径分析的定理指出：两个结果变量间的相关系数等于连接它们的所有通径链的全部通径系数的乘积；以及从每个结果变量出发又回到其本身的所有通径链的系数之和为 1。利用这两条定理推导证明的求随机婚配群体中各类亲属关系的特殊个体间的血缘关系有下列公式：

$$R_{XY}=\sum\left(\frac{1}{2}\right)^{n_1+n_2}$$

令 $L=n_1+n_2$，则有：

$$R_{XY}=\sum\left(\frac{1}{2}\right)^{L} \qquad (6-1)$$

式中：$R_{XY}$——X、Y 个体的血缘系数；

$L$——沿着某两个特定亲属间（X、Y 间）的连接通径链条中的箭头数；

$\sum$——所有这类链条之和。

如我们计算全同胞间的血缘系数时，将全同胞家谱图转换成通径图（图 6－2）。可按上述公式进行快速而准确的计算。图 6-2 显示由 X←A→Y 及 X←B→Y 两条通径链条连接 X、Y 两个特定个体（用实心圆表示），一条经过共同祖先 A，另一条经过共同祖先 B，而 A、B 两个个体不存在共同祖先，所以属随机婚配。每条通径链的系数由各通径的系数相乘，然后对每条通径链的系数求和，则可有：

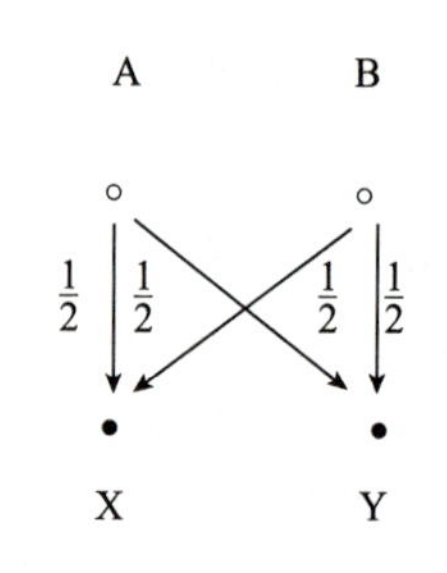


图 6-2　全同胞家系通径图（二）

（王亚馥. 2002. 遗传学）

$$R_{XY}=\left(\frac{1}{2}\right)^2+\left(\frac{1}{2}\right)^2=2\left(\frac{1}{2}\right)^2=\frac{1}{2}$$

同理，可求表（堂）兄妹间的血缘系数（图 6-3）。图 6-3 所示通径图中的两个特殊亲属 X、Y 个体为堂（表）兄妹的血缘关系。连接两个特定亲属（X、Y）间的两条连接通径链条中各有 4 个箭头：X←C←A→D→Y 及 X←C←B→D→Y。所以，有：

$$R_{XY}=\left(\frac{1}{2}\right)^4+\left(\frac{1}{2}\right)^4=2\left(\frac{1}{2}\right)^4=\frac{1}{8}$$

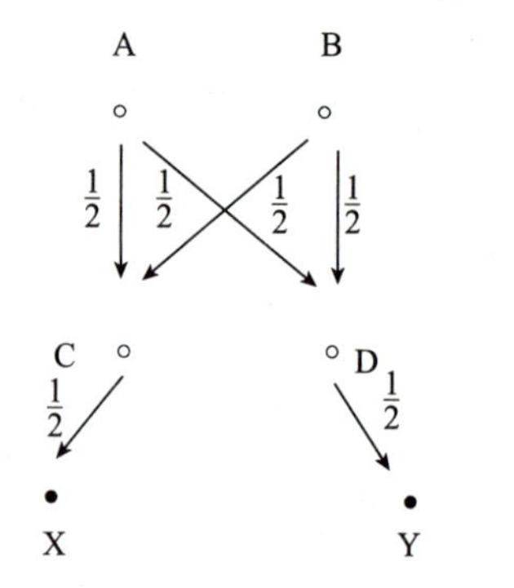


图 6-3　堂（表）兄妹血缘关系的通径图

（王亚馥. 2002. 遗传学）

根据通径分析原理推导的近交系数（$F$）的公式为：

$$F_X=R_{SD}\times\frac{1}{2} \qquad (6-2)$$

式 6-2 表示在随机交配群体中，假设共同祖先的血缘系数为 0，个体 X 的近交系数是其双亲血缘系数的 1/2。

当我们计算堂（表）兄妹婚配的子女（X）的近婚（交）系数时（图 6-4），可先计算作为 X 个体的双亲（具堂兄妹血缘关系，E、F）的血缘系数，然后再乘以 1/2 即可求得：

$$F_X=R_{SD}\times\frac{1}{2}=\frac{1}{8}\times\frac{1}{2}=\frac{1}{16}$$

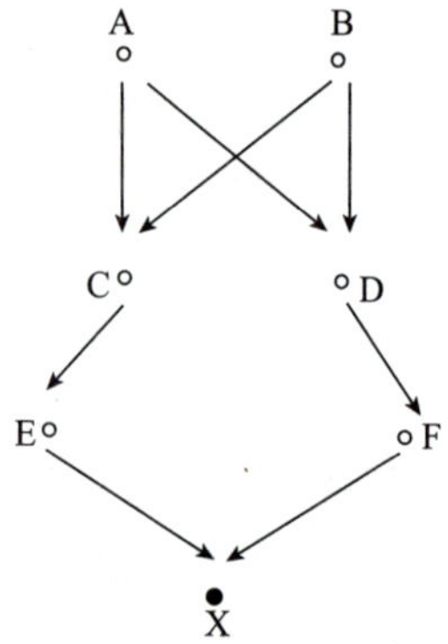

图 6-4　亲堂（表）兄妹婚配后代（$X$）的通径图

（王亚馥. 2002. 遗传学）

通径分析方法计算近交系数的另一公式为：

$$F_X=\sum\left(\frac{1}{2}\right)^{n_1+n_2+1}$$

令 $n_1+n_2+1=N$，则

$$F_X=\sum\left(\frac{1}{2}\right)^N \qquad (6-3)$$

式中：$\sum$ ——各条通径链求和；

$N$——实际上是一个连接通径链中的个体数目（包括 X 的双亲在内）。

所以运用式 6-3 时，只需从个体 X 的一个亲本出发逐代向上追溯，经过共同祖先再逐代往下寻找直到回到另一个亲本的链条中总共经历的个体数。

图 6-5 是个体 X 的一种通径图。X 的双亲 J、H 分别是 G、D 的子女。所以 A、B 是 X 的双亲 J、H 的共同祖先。共同祖先 A、B 属随机婚配。

由图 6-5 可见由 J←G←C←A→D→H 的通径链中包括 6 个个体，由 J←G←C←B→D→H 的通径链中也包括了 6 个个体，由 X 的一个亲本 J 出发逐代向上追溯，经过共同祖先 A、B 再逐代往下沿箭头寻找回到另一个亲本 H，总共经历了两条通径链。所以有：

$$F_X=\left(\frac{1}{2}\right)^6+\left(\frac{1}{2}\right)^6=\frac{1}{32}$$

或根据式 6-1 先求 $R_{JH}$，$R_{JH}=\left(\frac{1}{2}\right)^5+\left(\frac{1}{2}\right)^5=\frac{1}{16}$，然后依式 6-2 可求 $F_x$：

$$F_X=R_{JH}\times\frac{1}{2}=\frac{1}{16}\times\frac{1}{2}=\frac{1}{32}$$

两者结果相同，方法各异。

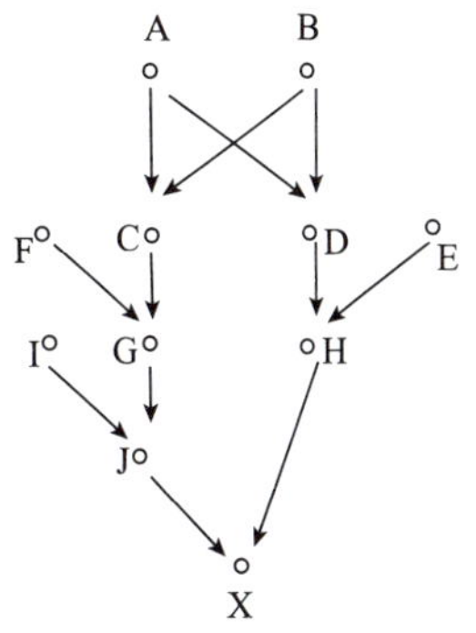

图 6-5　隔代堂（表）兄妹婚配后代 X 的通径图
（王亚馥．2002．遗传学）

一旦获得各种近亲婚配家系的谱系图，转换成通径图之后，利用通径分析方法求血缘系数和近交系数比运用概率论原理推算的方法更为简便而准确。

各种亲属之间婚配后代的近交系数列于表 6-5。

**表 6-5　几类亲属间婚配后代中的近交系数**

（王亚馥．2002．遗传学）

| 婚配类型 | $Fx$ |
|---|---|
| 自交 | 1/2 |
| 嫡亲兄妹（全同胞） | 1/4 |
| 叔侄，姑侄 | 1/8 |
| 嫡堂（表）兄妹 | 1/16 |
| 堂（表）兄妹 | 1/64 |
| 第三代堂（表）兄妹 | 1/256 |

在个体数有限的小群体中，近亲间的交配是不可避免的，并且群体越小近交机会越多。如在每代随机取样 $N$ 个个体之间进行随机交配的群体中，$t$ 代后的近交系数为：

$$F_t=\frac{1}{2N}+\left(1-\frac{1}{2N}\right)F_{t-1}$$

在动、植物育种工作中，有时需要控制适当的近交而获得相当程度的纯合化。如果每一代都进行同样的近交，近交系数将逐代增加，血缘越近，纯合率增加得越快。

### （二）各种不同的近亲交配系统在相继世代中的纯合性

图 6-6 所示 1 对、5 对、10 对和 15 对独立基因自交 1～10 代的纯合率动态。怀特等人曾经计算了各种不同的近交系统的各相继世代的纯合性（图 6-7），如图所示自花授粉植物产生的纯合性最为迅速。在产生纯合性的速度上同胞交配不如自花授粉植物那样有效。从表面上看来，似乎不论哪一种近交系统只要持续下去，最终杂合基因型都将趋于纯合。但这种情况如果在大群体中，而且亲缘关系不比嫡表亲更近的个体间交配却不是如此。如半嫡表亲间的交配在经过了无数代之后纯合性仅从 50%提高到 52%；而再表亲间的交配最终也只能

从 50%提高到 51%。

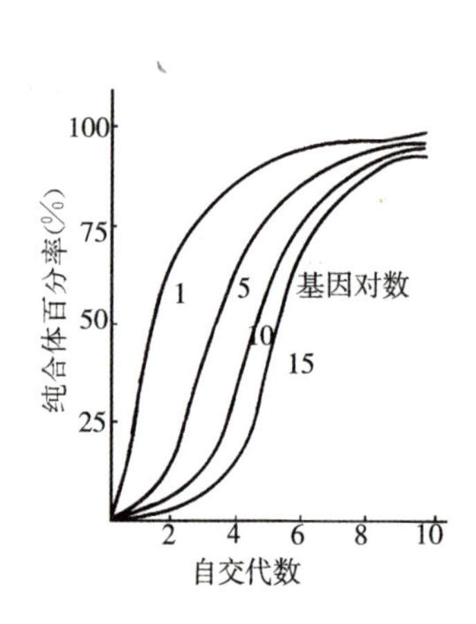


图 6-6　杂种所涉及的基因对数与自交后代纯合百分率的动态曲线

（浙江农业大学.1989. 遗传学）

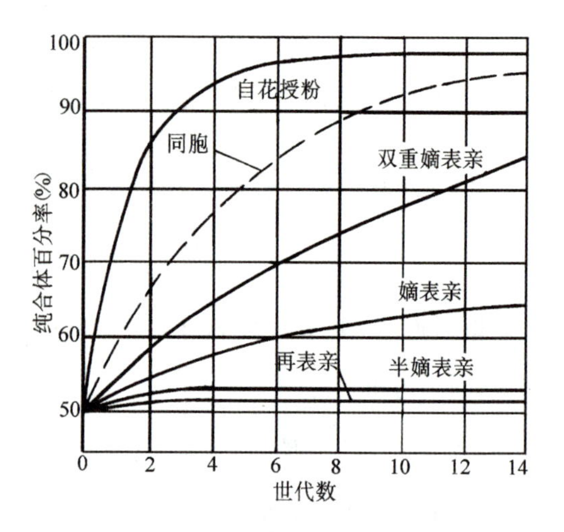


图 6-7　各种不同的近亲交配系统在相继世代里纯合体百分率曲线

（E.J. 加德纳.1984. 遗传学原理）

# 第三节　纯系学说

## 一、约翰森揭示纯系学说的试验

约翰森于 1900 年起进行粒重选择实验，他以天然混杂的不同质量的公主菜豆（prince bean）为试验材料，得到 19 个株系。这些株系平均粒重彼此有显著差异，而且能够稳定遗传。在系统中再度选择时则无效，由此其提出纯系学说（pure line theory）（表 6-6，表 6-7）。

**表 6-6　公主菜豆 19 个品系的产量**（mg）

（蔡旭.1988. 植物遗传育种学）

| 纯系号数 | 1 | 2 | 3 | 4 | 5 | 6 | 7 | 8 | 9 | 10 | 11 | 12 | 13 | 14 | 15 | 16 | 17 | 18 | 19 |
|---|---|---|---|---|---|---|---|---|---|---|---|---|---|---|---|---|---|---|---|
| 个体数 | 145 | 475 | 382 | 307 | 255 | 141 | 305 | 159 | 241 | 533 | 418 | 83 | 212 | 103 | 188 | 273 | 295 | 357 | 219 |
| 平均值 | 642 | 558 | 554 | 548 | 512 | 506 | 492 | 489 | 482 | 465 | 455 | 455 | 454 | 453 | 450 | 446 | 428 | 408 | 381 |

**表 6-7　纯系菜豆的产量历代不变**（mg）

（蔡旭.1988. 植物遗传育种学）

| 世代 | 亲本的平均重量 | | | 子代的平均重量 | | |
|---|---|---|---|---|---|---|
| | 最轻 | 最重 | 相差 | 由最轻亲本选出的 | 由最重亲本选出的 | 相差 |
| 1 | 600 | 700 | +100 | 631.5 | 648.5 | +17.0 |
| 2 | 550 | 800 | +250 | 751.9 | 708.8 | −43.1 |
| 3 | 500 | 870 | +370 | 545.9 | 506.8 | −39.1 |
| 4 | 430 | 730 | +300 | 635.5 | 636.4 | +0.9 |
| 5 | 460 | 840 | +380 | 743.8 | 700.0 | −43.8 |
| 6 | 560 | 810 | +250 | 690.7 | 676.6 | −14.1 |

## 二、纯系学说的要点

约翰森把自花授粉的一个植株自交后代称为纯系（pure line）。像菜豆这样严格的自花授粉作物，由基因型纯合的个体自交产生的后代群体的基因型也是纯合的。在一个自花授粉植物的天然混杂群体中，通过选择可以分离许多纯系。为此，约翰逊的纯系学说有以下要点：

（1）凡由一同质的亲代自交而产生的子代为纯系。自花授粉及异花授粉植物自交后均可得到纯系后代。

（2）一般每个自花授粉的农家品种内常存在若干纯系。即农家品种往往是若干纯系的混合群体。

（3）利用单株选择法进行选择的最大效能在于分离纯系。但分离最优基因型对品种的改良是有限的。

（4）已成纯系的群体，再进行选择无效（表 6－7）。在纯系中某一性状虽有差异，但都是由环境引起的不可遗传的变异，也称彷徨变异（fluctuation），在遗传上无真实价值，故再三选择，无增亦无减，这就是纯系内选择无效的原因。

应该指出，约翰森当时所指的纯系只涉及菜豆试验的粒重一个目标性状。未涉及其他性状。在实践中应正确理解纯系的概念。首先，纯系是有条件的、是暂时的，纯是相对的，而不纯才是绝对的。在自然界中天然杂交、基因突变都会导致纯系的遗传性发生变化。其次，选择应在有遗传差异的群体内进行，对一种或一些目标性状为纯系的群体，对另一种或另一些目标性状就未必是纯系，所以这种选择仍然是有效的。

## 第四节　杂种优势的分类与表现特点

杂种优势（heterosis）是指两个遗传组成不同的亲本杂交产生的 $F_1$ 在生长势、生活力、繁殖力、抗逆性、产量、品质等方面优于双亲的现象。同时也是指近交系间杂交时，因近交导致的适合度和生活力的丧失可因杂交而得到恢复的现象。

### 一、杂种优势的分类

杂种优势的表现是多方面的，古斯塔弗森（Gustafsson，1951）根据杂种表现性状的性质，把杂种优势分为 3 种基本类型：①体质型。杂种营养器官的较强发育，如茎叶发育快、产量高。②生殖型。杂种繁殖器官较强发育，如结实率高、种子和果实的产量高。③适应型。杂种具有较高的活力，适应性和竞争能力强。

1974 年麦基（J. Maekey）从进化的观点出发，把杂种优势的概念划分为狭义与广义两种。狭义的杂种优势，是植物育种学家所坚持的，一般指杂种一代与其双亲相比较，具有生长势的优势、不稳定的优势；广义的杂种优势可以从方向性、功能性和有性生殖阶段的传递性上来理解（表 6－8）。

**表 6－8　现代杂种优势概念的详细分类**

（蔡旭．1988. 植物遗传育种学）

| 分类情况 | 杂种优势种类 |
| --- | --- |
| 按杂种优势的方向性分 | 正向杂种优势 |
| | 负向杂种优势 |

（续）

| 分类情况 | 杂种优势种类 | |
|---|---|---|
| 按杂种优势的功能性分 | 旺势杂种优势 | |
| | 适应杂种优势 | |
| | 选择杂种优势 | |
| | 生殖杂种优势 | |
| 按有性生殖阶段的传递性分 | 不稳定的杂种优势 | 不稳定杂合性杂种优势 |
| | | 异核体杂种优势 |
| | 稳定的杂种优势 | 稳定杂合性杂种优势 |
| | | 纯合性杂种优势 |

为了研究和利用杂种优势，需要对杂种优势的大小进行测定。杂种优势所涉及的性状多是数量性状，通常用优势率表示。优势率有多种计算方法，平均优势率是其中的一种度量方法，即 $F_1$ 超过双亲平均数的百分率。计算式为：

$$H_{AB}=\frac{F_1-\left(\frac{1}{2}\overline{A}+\frac{1}{2}\overline{B}\right)}{\frac{1}{2}\overline{A}+\frac{1}{2}\overline{B}}\times 100\%$$

式中：$H_{AB}$——杂种优势率；

$F_1$——一代杂种均值；

$\overline{A}$ 和 $\overline{B}$——分别表示不同的两个纯种亲本的均值。

如三品种（品系）杂交 $C\times(A\times B)$ 情况下的计算式为：

$$H_{ABC}=\frac{F_1-\left(\frac{1}{4}\overline{A}+\frac{1}{4}\overline{B}+\frac{1}{2}\overline{C}\right)}{\frac{1}{4}\overline{A}+\frac{1}{4}\overline{B}+\frac{1}{2}\overline{C}}\times 100\%$$

式中：$F_1$——三品种杂种均值；

$\overline{A}$、$\overline{B}$、$\overline{C}$——分别表示参与杂交的三个纯种亲本的均值（此处 A、B、C 为终端品种或品系）。

上式中的分子部分即杂种均值与纯种亲本均值的差值，称为杂种优势量（amount of heterosis）。若杂种优势超过亲本均值为正杂种优势；若低于亲本均值，则为负杂种优势。正杂种优势并不都是人们所期望的，如猪的达上市体重的日龄、背膘厚度等则要求呈现负杂种优势。

杂种优势在动物和植物中均存在。在家养动物中，杂种优势广泛应用于猪、鸡、羊等的育种工作中，所得杂种个体具有体型大、健壮、生长速度快、出肉率高等优点。在植物方面，杂交玉米、高粱在生产上发挥作用较早，番茄、洋葱等的杂种优势利用也已取得很大成绩。水稻品种间杂种个体往往表现为植株高大、生长繁茂、分蘖力强、千粒重高，从而得到营养体或杂交种籽粒产量增加的效果。杂种优势表现于种间的突出例子就是马（*Equm caballs*）和驴（*Equus asimcs*）的杂种——骡子。马和驴分属于两个种，杂交产生的骡子劲头大、耐力强、健壮、不易患病，而且耐粗饲，显然优于其双亲。

## 二、杂种优势表现的特点

杂种优势表现往往涉及较多方面，比较复杂。同一性状在不同杂交组合中可能表现不同的优势，同一组合内不同性状也会表现不同优势。将动、植物方面的许多研究结果归纳起来，$F_1$ 杂种优势表现具有以下几个特点。

**1. 杂种优势是生物界既普遍又复杂的一种现象** 凡是能进行有性生殖的生物，无论高等还是低等，自花授粉还是异花授粉，都可见到杂种优势现象。而且杂种优势不是一两个个别性状的孤立表现，而是许多性状的综合表现。但这并不是说任何两个亲本杂交所产生的杂种或杂种的所有性状都具有优势，有些杂种或杂种的某些性状无明显的优势，与亲本水平相当；有些不但没有优势，甚至表现为劣势。如禾本科的许多作物在杂种优势利用的早期阶段都曾有过产量性状优势很大，但品质性状（如营养品质、适口性等）却表现劣势的现象。

**2. 杂种优势与双亲的差异有关** 杂种基因型的高度杂合性来自于双亲遗传差异。但双亲的差异并不是越大越好，多数研究表明：杂种优势和双亲遗传的差异是一种二次曲线的函数关系，在一定范围内，双亲间的遗传差异愈大，相对性状的优、缺点愈能互补，杂种优势愈明显。

**3. 杂交亲本愈纯，后代杂种优势愈明显** 杂种优势一般体现在群体的优势表现。只有在双亲基因型的纯合程度都很高时，$F_1$ 群体的基因型才能具有整齐一致的杂合性，表现出明显的杂种优势。所以，目前在玉米生产中多利用自交系杂交种中的单交种。

**4. 杂种优势的大小与环境条件的作用也有密切的关系** 性状的表现是基因型与环境综合作用的结果。环境条件对于杂种优势表现的强度有很大影响。在植物中常常可以看到，同一杂交种在甲地区表现显著优势，而在乙地区却优势表现不明显；在同一地区由于营养水平、管理水平不同，优势表现的程度也差异很大。但是，一般地说，在同样不良的环境条件下，杂种比其双亲总是具有较强的适应能力。这正是因为杂种具有杂合基因型，而对环境条件的改变具有较高的适应性。

## 三、$F_2$ 群体杂种优势衰退

根据性状遗传的基本规律，$F_2$ 群体内必将出现性状的分离和重组。因此，$F_2$ 与 $F_1$ 相比较，生长势、生活力、抗逆性和产量等方面都显著地表现下降，即所谓的衰退（depression）现象。并且，两亲本纯合程度越高、性状差异愈大，$F_1$ 表现的杂种优势愈大，则其 $F_2$ 表现衰退现象也愈加明显。$F_2$ 的优势衰退主要表现在 $F_2$ 群体中的严重分离。从理论上讲，其中虽然有极少数个体可能保持 $F_1$ 同样的杂合基因型，但是绝大多数个体的基因型所含的杂合和纯合的程度是很不一致的，致使 $F_2$ 个体间参差不齐，差异极大，引起 $F_2$ 群体表现明显的衰退现象。

根据自交的遗传效应，由 $F_2$ 所显示的杂种优势只有 $F_1$ 显示的杂种优势的一半，即预期 $F_2$ 的杂种优势从 $F_1$ 杂种优势向中亲值的方向退去一半。同理，$F_2$ 继续随机交配，$F_3$ 的杂种优势又比 $F_2$ 杂种优势减少一半，如此继续下去，最后杂种的群体均值等于中亲值。由此可以表明，在有性繁殖过程中，杂种优势是不能固定的，随着杂合子频率的下降，杂种优势将逐渐消失。在杂种优势利用上，$F_2$ 一般不再利用，必须重新配制杂种，才能满足生产需要。

# 第五节　杂种优势的遗传机理

尽管在生产实践上杂种优势利用已取得了显著的成就，但是杂种优势产生的遗传机理，其理论研究却远远落后于生产实践，还停留在假说阶段。其中影响深远的是显性假说和超显性假说。

## 一、显性假说

显性假说（dominance hypothesis）由布鲁斯（Bruce，1910）提出，琼斯（Jone，1917）等人补充发展而成。其基本观点是：生物个体处于杂合状态时，由于显性基因的存在，不同程度地消除了隐性基因的有害或不利的效应，从而提高了杂种个体的生活力以及数量性状的效应值等，因此表现出杂种优势。而且杂交亲本的有利性状大都由多基因连锁群中的显性基因控制，不利的隐性基因的作用能被有利的显性基因所抑制，有缺陷的基因能被正常基因所补偿。通过杂交，可使双亲的显性基因全部聚集在杂种里。总的说来，有利显性基因积累得越多，杂种优势越明显。显性假说有时也称显性基因互补说或连锁有利显性基因说。

现以一个连锁群的部分基因为例说明显性假说。假定它们有 5 对基因互为显隐性的关系，分别位于 2 对染色体上。同时假定各隐性纯合基因对性状的贡献值为 1 个单位，而各显性纯合和杂合基因对性状的贡献值为 2 个单位。两纯合亲本杂交产生的杂种优势可表示如图 6－8：

$$
\begin{array}{ccccc}
P_1 & & P_2 & & F_1 \\
\dfrac{\text{AbcDe}}{\text{AbcDe}} & \times & \dfrac{\text{aBCdE}}{\text{aBCdE}} & \rightarrow & \dfrac{\text{AbcDe}}{\text{aBCdE}} \\
(2+1+1+2+1=7) & & (1+2+2+1+2=8) & & (2+2+2+2+2=10)
\end{array}
$$

图 6－8　用显性假说解释杂种优势

从理论上讲，显性基因的作用表现在：①等位基因中有利显性基因对有害隐性基因的抑制作用、对有缺陷基因的补偿作用，即显性基因的互补效应；②等位基因中有利显性基因的共显性作用；③非等位基因的互补互作效应和不同显性基因的加性效应；④非等位基因间的上位性效应（指显性上位，抑制基因作用）。显性假说中的有利显性基因的作用可能包括上述 4 种基因互作，或者只包括其中 1～2 种，但不可能不包括其中任何一种。

或许有人会提出这种问题：如果杂种优势的起因是由于加性效应的话，那么有无可能通过基因的分离和重组选择出纯合显性个体 AABBCCDDEE，即将杂种一代的优势固定下来呢？从理论上讲并不能说不可能，但实际上由于显性基因与隐性基因在同一连锁群上，而且交换又是随机的。所以，不大可能从 AaBbCcDdEe 中分离出纯显性个体。斯普拉格（Sprague）（1957）假定决定玉米籽粒产量的基因有 30 个，在连锁不起实质性作用的情况下，欲获得 30 个位点上的纯合显性基因的概率仅为（$1/4^{30}$）。即需要有比地球陆地面积大 2000 倍的土地来种植 $F_2$，这在现有条件下是办不到的。

应该指出的是，如果杂种优势的大小完全决定于有利显性基因的加性效应，也就是完全符合显性假说，那么自交系间产生的单交种的产量就不可能超过两个亲本的产量总和，因为杂交种的有利显性基因数目不可能超过双亲有利显性基因的总和。但事实上玉米自交系间最好的单交种，其产量可以大大超过双亲产量之和，所以有利基因的加性效应，不能说是产生杂种优势的唯一原因，还应考虑到基因间的相互作用，考虑到许多数量性状是受微效多基因控制的，基因之间并不存在着显隐性关系，而存在累加效应等。

## 二、超显性假说

超显性假说（overdominance hypothesis 或 superdominance hypothesis）也称等位基因异质结合假说，由肖尔（Shull，1908）和伊斯特（Eest，1908）提出。这一假说的基本观点是：杂种优势产生的原因是双亲基因型的异质结合所引起的等位基因间的相互作用。等位基因间没有显隐性关系，杂质等位基因的相互作用大于同质等位基因的作用，即 $a_1a_2>a_1a_1$ 或 $a_2a_2$。

为了说明超显性假说，仍列举一个连锁群部分基因的例子。假定它们受 5 对基因作用，各等位基因均无显隐性关系。同时 $a_1a_1$、$b_1b_1$ 等同质等位基因对性状的贡献值为 1 个单位，而 $a_1a_2$、$b_1b_2$ 等异质等位基因对性状的贡献值为 2 个单位。两纯合亲本杂交产生的杂种优势可表示于图 6-9：

$$\underset{(1+1+1+1+1=5)}{\overset{P_1}{\frac{a_1b_1c_1d_1e_1}{a_1b_1c_1d_1e_1}}} \quad \times \quad \underset{(1+1+1+1+1=5)}{\overset{P_2}{\frac{a_2b_2c_2d_2e_2}{a_2b_2c_2d_2e_2}}} \quad \longrightarrow \quad \underset{(2+2+2+2+2=10)}{\overset{F_1}{\frac{a_1b_1c_1d_1e_1}{a_2b_2c_2d_2e_2}}}$$

图 6-9　用超显性假说解释杂种优势

由此可见，由于异质基因互作，$F_1$ 的优势可以显著地超过双亲，而且异质位点越多，优势越明显；如果非等位基因间也存在互作，则杂种优势更能大幅度提高。

近代的超显性假说的概念已有所扩大和引申，它不仅仅包括 1 对等位基因的互作（杂合性的刺激作用），而且也包括多基因的互作，即上位效应（显性上位、隐性上位）。

虽然两个假说在解释杂种优势时所处的角度不同，但这两个假说有许多共同点，如都一致认为杂种优势来自不同基因型双亲的基因互作；自交导致生活力衰退，而杂种可使生长势恢复，杂交才能产生优势；杂种一代的优势很难或是无法固定。

这两种假说在解释杂种优势现象时是相辅相成的，不是对立的。往往显性假说难圆其说的现象则超显性假说可迎刃而解；反之亦然。所以多数学者认为，把两种假说结合起来解释复杂的杂种优势现象较为稳妥。

## 三、两个假说的补充和其他

杂种优势的两个假说最初都忽略了细胞质基因的作用，忽略了核、质的互作。而近代的遗传研究表明，细胞质基因的作用和核、质基因的互作效应在杂种优势形成中占有重要位置，不可忽视。木原均（1951）最早提出核质杂种优势（nucleo cytoplasmic heteiosis）的概念，并对其进行了研究，常胁恒一郎（1973）曾把两种遗传性不同的生物可能形成的杂种进行了分类（图 6-10）。因此，许多学者都主张给两个假说增加细胞质基因和核质基因互作效应的内容。

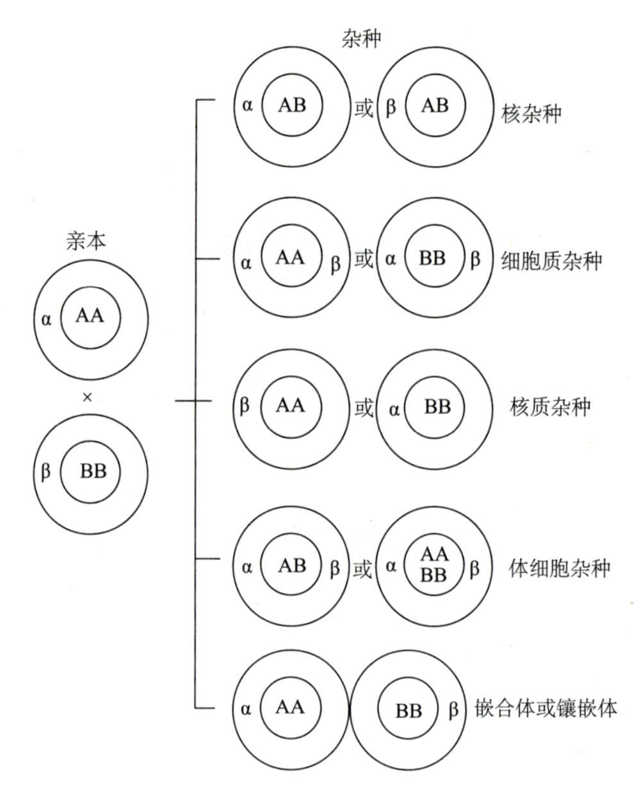


图 6－10　根据核和细胞质遗传构成的杂种分类

（黄铁成．1990．杂种小麦研究——进展，问题与展望）

综上所述，无论显性假说，还是超显性假说，它们的理论都是根据基因作用的各种形式，即显性——专指等位基因中显性基因的有利性、加性、上位性；超显性——专指杂合子的刺激作用、细胞质基因作用及核、质基因互作等效应而提出来的。上述 6 种基因作用的形式都可以成为同一个杂种所表现的杂种优势总效应的遗传组成部分，但是每一种组成部分在杂种优势总效应中所占的份额，则因所研究的植物种类、杂种种类、性状的不同而有所不同。

此外，关于杂种优势的遗传解释，还有一些假说，如遗传平衡假说、杂种自组织假说、遗传振动合成假说、双向基因重组假说等。值得注意的是近年来人们对杂种优势的分子机理也进行了积极的探索，主要表现在：①从遗传差异（距离）入手探讨与杂种优势的关系；②从基因差异性表达探讨与杂种优势的关系；③从基因组结构变化探讨与杂种优势的关系；④从后成修饰（epigenetic modification）探讨与杂种优势表现的关系。这些都标志着人类为最终揭示杂种优势的遗传基础和机制仍在不懈努力。

## 复习思考题

1. 名词解释

近交、回交、近交系数、血缘系数、纯系、可遗传变异、不可遗传变异、杂种优势

2. 有 4 对基因的一个杂合体，经 4 代自交，群体内有 2 对杂合基因和 2 对纯合基因的

基因型所占频率多大？

3. 有涉及4对基因的两个亲本杂交，经过4代自交，4对基因均为显性纯合和隐性纯合的基因型各占多大频率？

4. 今有AABbCcDdEeFF和AaBBCCddEeff 2个杂合基因型个体，经过相同的自交代数，哪个自交后代分离的程度大？哪个稳定的快？为什么？

5. 今有涉及5对相对基因的回交组合，当回交到第5代时，轮回亲本的基因型和基因频率多大？

6. 什么是纯系学说？为什么说纯系是相对的？

7. 试述杂种优势的表现特点。

8. 显性学说的基本内容是什么？其与超显性学说有何异同？

9. 利用你学过的知识解释玉米杂交种只利用 $F_1$，而不利用 $F_2$ 的原因。

10. 分析计算表兄妹间的血缘系数及其子女的近交系数。

# 第七章 基因突变

**穆勒**（Hermann Joseph Muller，1890—1967）

遗传学家、辐射遗传学的创始人，出生于美国纽约，自幼喜欢收集昆虫和小动物，对生物科学表现出浓厚兴趣。1912—1916 年，师从摩尔根从事果蝇遗传学研究，并成为了摩尔根的得力助手之一，为揭示孟德尔遗传机理和提出基因的连锁交换定律做出了重要的贡献。随后离开“蝇室”，开始研究基因突变。1918 年发现提高温度会增加突变率的证据，并在果蝇中发现平衡致死现象。1921 年出版了《由单个基因的改变而引起的变异》。1926 年发现 X 射线可以诱发突变；研究了果蝇的突变率并设计了检测致死突变的 ClB 法。1927 年发表了经典文章《基因的人工诱变》（Artificial Transmutation of the Gene），为实验遗传学开辟了新的领域。1946 年，穆勒因“发现用 X 射线辐射的方法能够产生突变”而获得诺贝尔生理学或医学奖。

基因突变（gene mutation）是指染色体上某一基因结构内部发生了化学性质的变化，与原来基因形成对性关系。基因突变通常是独立发生的，即某一基因座位的这一等位基因发生突变时，不影响其他等位基因。同时，基因突变可以小到 1 个核苷酸。因此，基因突变也称为点突变（point mutation）。摩尔根（1910）在野生的红眼果蝇群体中发现了一只白眼果蝇，认为是基因突变的结果。后来的大量研究表明，在动、植物以及微生物、病毒中广泛存在基因突变现象，并且基因突变总是从一个基因变成它的等位基因。基因突变是物种进化的重要根源所在。

## 第一节 基因突变的表现与特征

### 一、基因突变的类型

根据不同的标准，基因突变可以分为多种类型。

#### （一）根据突变发生的方式分类

如果突变是在自然状态下发生的，称为自然突变或自发突变（spontaneous mutation），自然突变在生物界是广泛存在的，达尔文所描述的短腿安康羊就是一例自然突变。如果突变是人们有意识地利用物理或化学等因素诱发产生的，则称为诱发突变（induced mutation），诱发突变目前已广泛应用于育种工作中。

#### （二）根据突变引起的改变分类

基因突变引起生物性状的改变是多种多样的，有些突变效应比较大，可以产生明显的表型特征，有些突变效应比较微弱，需要利用精细的遗传学或生化技术才能检测出来。

**1. 形态突变**（morphological mutation） 指基因突变导致生物的形态性状如形状、大小、色泽等的变化，可以通过肉眼从生物表型上识别出来，所以又称为可见突变（visible mutation）。如果蝇的白眼突变型、水稻的矮秆变异、绵羊中的短腿安康羊等。

**2. 生化突变**（biochemical mutation） 指基因突变影响生物的代谢过程，导致特定生化功能的丧失或改变。如野生型细菌中发生营养缺陷突变，突变体只能在基本培养基中添加某种营养成分后才能生长；人类的苯丙酮尿症和半乳糖血症等就是由于发生某种生化突变而导致的代谢缺陷。

**3. 致死突变**（lethal mutation） 指基因突变影响生物体的生活力，导致个体死亡。如果是显性致死，则在杂合状态就会导致个体死亡，如果是隐性致死，在纯合体或半合子状态才死亡。致死作用可以发生在不同的发育阶段，如在配子、合子、胚胎时期致死，就看不到表型效应，如发生在苗期，可以观察到致死效应（如植物的白化苗）。此外，有的突变只有在一定条件下表现出致死效应，但在其他条件下能存话，这种突变称为条件致死突变。

**4. 抗性突变**（resistant mutation） 指突变细胞或生物体获得了对某种特殊抑制剂的抵抗能力。生物可以广泛产生对生物性和非生物性抑制物的抗性突变，包括动植物抗病虫性、细菌对抗生素的抗性等。如野生型果蝇对滴滴涕敏感，在培养瓶中放置涂有滴滴涕的玻片可导致大量死亡；人们曾经选择到对滴滴涕具有很高抗性的突变型。

### （三）根据突变的结果分类

如果发生突变的结果具有显性作用就称为显性突变（dominant mutation），具有隐性作用则称为隐性突变（recessive mutation）。

## 二、基因突变的时期和表现

突变可以发生在生物个体发育的任何时期、任何部位，即体细胞和性细胞都可以发生突变。发生在体细胞中的突变，称为体细胞突变（somatic mutation）；发生在性细胞中的突变，称为性细胞突变（germinal mutation）。实践证明，性细胞中发生突变的比率比体细胞高，这是因为性细胞在减数分裂末期对外界环境条件具有较大的敏感性。

基因突变表现世代的早晚和纯化速度的快慢，因显隐性突变而有所不同。相对而言，在自交的情况下，显性突变表现的早而检出纯合体慢；隐性突变与此相反，表现的晚而检出纯合体快。表示诱发突变的世代用 M。接受诱发的种子及长成的植株和接受诱发的植株均称为 $M_1$，用 $M_1$ 繁殖的后代为 $M_2$，余类推。显性突变在第 1 代（$M_1$）就能表现（理论上是这样，但一般在 $M_1$ 突变和生理损伤同在，不易检出），$M_2$ 能够纯合（可检出表型），而检出突变纯合体则有待于 $M_3$。隐性突变在 $M_2$ 表现，$M_2$ 纯合，检出突变纯合体也在 $M_2$（图 7-1）。

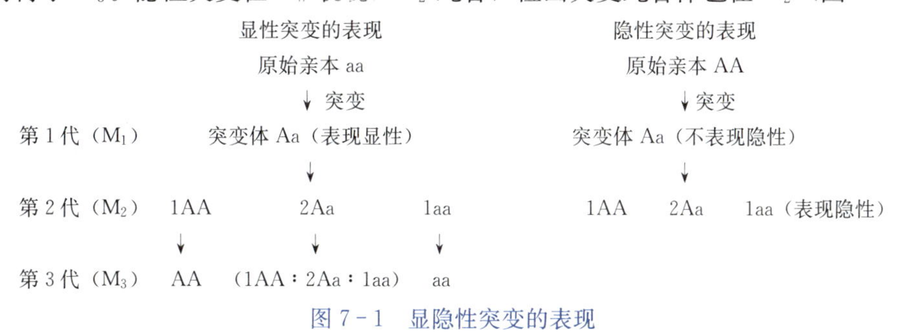


图 7-1 显隐性突变的表现

在体细胞突变中，若隐性基因发生显性突变，则当代就会表现出来，突变性状与原来性状并存，产生镶嵌现象或称嵌合体（chimera），镶嵌范围的大小取决于突变发生时期的早晚，突变发生越早，镶嵌范围越大，发生越晚，镶嵌范围越小。如果树、花卉的腋芽若在早期发生突变，则由这个芽可以长成一个变异的枝条；如果在花芽分化时发生突变，那么可能只在单一花絮或在一朵花上表现变异，甚至变异只出现在一朵花或一个果实的某一部分，像半红半白的大丽菊或茉莉花、半红半黄的番茄果实等，就是这样的嵌合体。由于突变了的体细胞在生长能力上往往不如周围的正常细胞，因此一般长势较弱，甚至受到抑制而得不到发展。所以要保留体细胞突变，需将它从母体上及时分割下来加以无性繁殖，或者从突变部分分化产生性细胞，再通过有性繁殖传递给后代。许多植物的芽变就是体细胞突变的结果，当发现优良的芽变后，要及时采用扦插、压条、嫁接、组织培养等方法对其加以繁殖。芽变在农业生产上有着重要意义，不少果树新品种是由芽变选育成功的，如温州早橘就是通过选育温州蜜橘的早熟芽变类型培育成的。在性细胞突变中，有生存能力的突变配子的基因很容易传递给后代。许多植物品种和家养动物选育的优良性状，如植物的抗病性、抗旱性以及家养动物金鱼、观赏犬、家兔、鸡等变异都是对性细胞突变基因选育的结果。

突变性状的表现既因作物繁殖方式（有性繁殖与无性繁殖）而不同，又因授粉方式（自花授粉与异花授粉）而有别。当显性基因突变为隐性基因时，自花授粉植物只要通过自交繁殖，突变性状就会分离出来。异花授粉植物则不然，它会在群体中长期保持异质结合而不表现，只有进行人工强制自交，纯合的突变体才有可能出现。

## 三、基因突变的特征

### （一）基因突变的重演性

同一种生物不同个体独立地发生相同的基因突变，称为突变的重演性。在多次试验中发现很多性状都会出现类似的突变，而且突变的频率也极其相似。

### （二）基因突变的可逆性

基因突变和许多生物化学反应一样是可逆的。由显性基因 A 突变为隐性基因 a，称为正突变（forward mutation）（也称隐性突变）。相反，由隐性基因 a 突变为显性基因 A，称为反突变（reverse mutation）或回复突变（back mutation）（也称显性突变）。自然突变大多为隐性突变，故一般正突变率总是大于回复突变率。突变的可逆性足以说明，基因突变是基因内分子结构的改变，而不是遗传物质的缺失，否则将不可能发生回复突变。

### （三）基因突变的多向性

基因突变可以多方向发生。如基因 A 可以突变为 a，也可以突变为 $a_1$、$a_2$、$a_3$……。a、$a_1$、$a_2$、$a_3$……对 A 来说都是隐性基因，同时它们的生理功能与性状表现又各不相同。遗传试验表明，这些隐性突变基因彼此之间以及它们与 A 之间都存在有对性关系，用其中表现型不同的两个纯合体杂交，$F_2$ 都呈现等位基因的分离比例 3∶1 或 1∶2∶1。这也说明它们都是来源于同一基因座位的突变。位于同一基因座位上各个等位基因的总体，称为复等位基因（multiple alleles）。复等位基因存在于群体中的不同个体，对于一个具体的个体或细胞而言，仅可能有其中的 2 个。由于复等位基因的出现，增加了生物的多样性和适应性，为育种工作提供了丰富的资源，也使人们在分子水平上进一步理解了基因的内部结构。

复等位基因在生物界广泛存在。如人类的 ABO 血型由 3 个复等位基因（即 $I^A$、$I^B$ 和 i）所控制。再如在烟草属中有两个野生种（*N. forgationa* 和 *N. alata*）表现为自交不亲和性。在这些烟草中已发现 15 个自交不亲和的复等位基因（$S_1$、$S_2$、$S_3$、$S_4$……$S_{15}$）控制自花授粉的不结实性。通过实验表明，具有某一基因的花粉不能在具有同一基因的柱头上萌发，好像同一基因之间存在一种颉颃作用，但株间相互授粉则可结实。$S_1S_2 \times S_1S_2$ 不能结实，$S_1S_2 \times S_2S_3$ 能得到 $S_1S_3$ 和 $S_2S_3$ 种子，$S_1S_2 \times S_3S_4$ 可能得到 $S_1S_3$、$S_1S_4$、$S_2S_3$ 和 $S_2S_4$ 种子（图 7－2）。

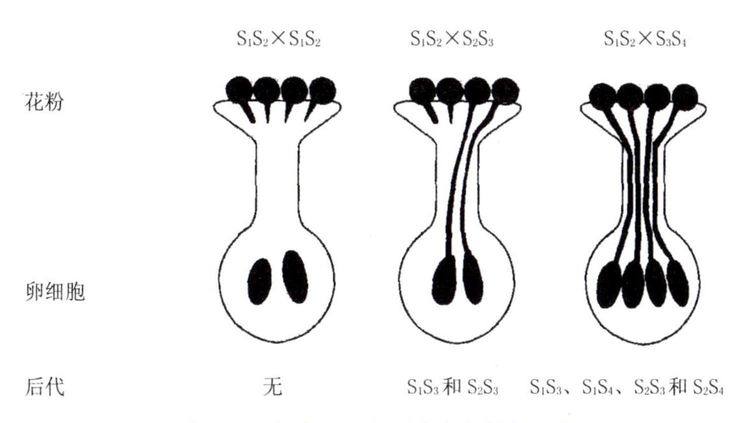


图 7－2　烟草属自交不亲和与异交可育

应该指出，基因突变的多方向是相对的，并不是可以发生任意的突变。这主要是由于突变的方向首先受到构成基因本身的化学物质的制约，一种分子是不可能漫无限制的转化成其他分子的。如陆地棉花瓣基点的颜色是由一组复等位基因控制的，它表现为从无色到不同深浅的红紫色，但从来没有出现过蓝色或黑色的基点。

### （四）基因突变的有害性与有利性

很多事例表明，大多数的基因突变不利于生物的生长和发育。因为生物经过长期进化，遗传物质及形态结构、生理生化与发育特征等都处于相对平衡的协调状态，从某种意义上说也是“最适应”其生存环境的。突变打破了这种协调关系，干扰了内部生理生化的正常状态。突变体一般表现为生活力和可育性降低以及寿命缩短等，严重的会导致个体死亡。如在玉米品种的自交后代中，有时会出现白化苗，这种白化苗就是由于正常绿色基因 C 突变成了 c，突变杂合体自交时，就会分离出隐性纯合体 cc，表现为白化苗。由于白化苗不能形成叶绿素，无法制造养分，当耗尽籽粒中贮存的养分（3～4 片真叶）时即死亡。

有些基因仅仅控制一些次要性状，即使发生突变，也不会影响生物的正常生理活动，因而仍能保持其正常的生活力和繁殖力，为自然选择保留下来。如小麦粒色的变化、小麦和水稻芒的有无等。也有少数突变能促进或加强某些生命活动，对生物生存有利。如作物的抗病性、早熟性和茎秆矮化坚韧、抗倒以及微生物的抗药性等。

有害性与有利性是相对的。在一种环境中不适应的“有害”突变可能适应另一种环境条件而成为有利突变。如矮秆突变植株处于高秆群体中，受光不足发育不良；但在多风或高肥地区，矮秆植株群体具有较强的抗倒伏能力，生长反而更加茁壮。

如果从人类对生物利用与需求考虑，而不是从生物本身生存与生长发育角度考虑，有害性与有利性可能发生更显著的转变。有的突变性状对生物本身有利，但不符合人类生产需要，如谷类作物的落粒性。相反，有些突变对生物本身有害而对人类却有利。植物雄性不育对其自身繁衍生存有害，但利用雄性不育配制杂交种可以免除人工去雄的麻烦。

### （五）基因突变的平行性

亲缘关系相近的物种因遗传基础比较近似，往往发生相似的基因突变，这种现象称为突变的平行性。如小麦有早熟、晚熟变异类型，禾本科的其他植物如大麦、高粱、玉米、水稻等也同样存在这些变异类型。再如梨、海棠甚至桃、李、杏等都可能发生短果枝突变。

由于突变平行性的存在，如果在某一个物种或属内发现一些突变，可以预期在亲缘关系相近的其他物种或属内也会出现类似的突变，这对人工诱变有一定的参考意义。

# 第二节　基因突变的鉴定

## 一、基因突变率

基因突变率（mutation rate）是指在一个世代中或其他规定的单位时间内，在特定的条件下，一个细胞发生某一突变的概率。基因突变率一般是很低的，但不同生物和不同基因有很大差别。据估计，在自然条件下，高等生物基因突变率平均为 $10^{-8}$～$10^{-5}$，而低等生物如细菌的突变率为 $10^{-10}$～$10^{-4}$，变化幅度较大。由于基因突变而表现突变性状的细胞或个体，称为突变体（mutant）。由于微生物的繁殖周期较短，所以微生物比高等生物更容易获得突变体。

基因突变率的估算因生物生殖方式而不同。在有性生殖的生物中，突变率通常是用每一配子发生突变的概率，即用一定数目配子中的突变配子数表示。如玉米籽粒 7 个基因的自然突变率各不相同，其中有的较高，如 R 基因在每百万个配子中平均突变率为 492；有的很低，如 Wx 基因在 150 万配子中没有发生过一次突变（表 7-1）。在无性繁殖的细菌中，突变率是用每一细胞世代中每一细菌发生突变的概率，即用一定数目的细菌在分裂一次过程中发生突变的次数表示。如大肠杆菌在一个世代中一个细胞发生的突变率：链霉素抗性基因 $str^R$ 为 $4\times10^{-10}$；乳糖发酵基因 $lac^-$ 为 $2\times10^{-7}$，两者突变率亦表现出很大的差异。

**表 7-1　玉米 7 个基因的自然突变率**

| 基因 | 控制的性状 | 测定的配子数 | 观察到的突变数 | 突变率（每百万配子平均） |
|---|---|---|---|---|
| R | 籽粒色 | 554786 | 273 | 492.0 |
| I | 抑制色素形成 | 265391 | 28 | 106.0 |
| Pr | 紫色糊粉层 | 647102 | 7 | 11.0 |
| Su | 非甜粒 | 1678736 | 4 | 2.4 |
| Y | 黄胚乳 | 1745280 | 4 | 2.2 |
| Sh | 饱满粒 | 2469285 | 3 | 1.2 |
| Wx | 非糯性 | 1503744 | 0 | 0 |

突变的发生往往受到生物体内的生理生化状态以及外界环境条件（包括营养、温度、化学物质以及自然界的辐射等）的影响。其中以生物的年龄和温度的影响比较明显。如在诱变

条件下，一般在 0～25℃的温度范围内，每增加 10℃，突变率将提高 2 倍以上。在老龄种子的细胞内，常产生具有某种诱变作用的代谢产物——自发诱变剂，因此突变频率较高。

## 二、基因突变的鉴定

在植物群体中，一旦发现与原始亲本不同的变异体，就要鉴定它是否真实遗传。由基因突变而引起的变异是可遗传的，而由一般环境条件导致的变异是不遗传的。如某种高秆植物经理化因素处理，在其后代中发现个别矮秆植株。将发现的变异体连同原始亲本一起种植在土壤和栽培条件基本均匀一致的条件下，仔细观察比较两者的表现。如果变异体跟原始亲本大体相似，即都是高秆的，说明它是不可遗传的变异；反之，如果变异体与原始亲本不同，仍然表现为矮秆的，说明它是可遗传的，是基因发生了突变。

显隐性的鉴定可以利用杂交实验进行。让突变体矮秆植株与原始亲本杂交，若 $F_1$ 均表现高秆，这说明矮秆突变是隐性突变。若 $F_1$ 既有高秆，又有矮秆植株，则为显性突变（图 7－3）。

若为隐性突变
原始亲本 AA×突变体 aa
↓
$F_1$　　Aa（表现显性性状）

若为显性突变
原始亲本 aa×突变体 Aa
↓
Aa（显性性状）：aa（隐性性状）

图 7－3　显隐性突变的杂交鉴定

显隐性的鉴定也可以利用自交实验进行。让突变体矮秆植株自交，若子代全是矮秆植株，不分离，则为隐性突变。若子代既有高秆又有矮秆植株，则为显性突变（图 7－4）。

若为隐性突变
原始亲本 AA
↓ 突变
突变体 aa（表现隐性）
↓⊗
子代　aa（表现隐性）

若为显性突变
原始亲本 aa
↓突变
突变体 Aa（表现显性）
↓⊗
1AA：2Aa：1aa
显性性状　隐性性状

图 7－4　显隐性突变的自交鉴定

不论采取以上哪种鉴定方法，需注意的是基因突变引起性状变异的程度是不同的。有些突变效应表现明显，容易被发现和选择，称为大突变。如豌豆籽粒的圆形与皱形、玉米胚乳的糯性与非糯性等。有些突变效应表现微小，较难察觉，称为微突变。如小麦粒色的深浅、成熟期的早晚等。微突变是受一系列微效基因控制的，每个基因对变异的影响程度虽然不大，但其效应具有累加作用，在多基因作用下积小为大，最终可以积量变为质变，导致性状的明显改变。试验表明，在微突变中出现的有利突变率高于大突变。所以在育种工作中，要特别注意微突变的分析和选择，必要时可借助统计方法加以研究分析。

## 三、基因突变率的测定

测定基因突变率的方法很多，最简单的是利用花粉直感现象，根据杂交后代出现的突变体占观察总个体数的比例进行估算。如测定玉米籽粒由非甜粒变为甜粒（Su→su）的突变率，则用甜粒玉米纯种（susu）做母本，非甜粒玉米纯种（SuSu）先经诱变处理，用处理后的花粉做父本进行杂交，若在杂交籽粒中出现甜粒玉米，则说明有部分 Su 突变成了 su，甜粒数量占观察总籽粒数的比例即为 Su 基因的突变率。

值得说明的是，突变率和突变体率是两个不同的概念，尤其对于高等生物和多倍体生物而言，发生了基因突变的个体并不一定能表现出来。因此，不能以突变体率代替突变率。

# 第三节　基因突变的分子基础

## 一、基因突变的分子机制

从细胞水平上理解，基因相当于染色体上的一点，称为位点（locus）。从分子水平上看，一个位点还可以分成许多基本单位，称为座位（site）。一个座位一般指的是一个核苷酸对。有时其中一个碱基发生改变，就可能产生一个突变。因此，突变就是基因内不同座位的改变。这种由座位的改变而引起的突变称为真正的点突变，这比细胞水平上所指的点突变更为深入。一个基因内不同座位的改变可以形成许多等位基因，从而形成复等位基因，所以说，复等位基因是一个基因内部不同碱基改变的结果。

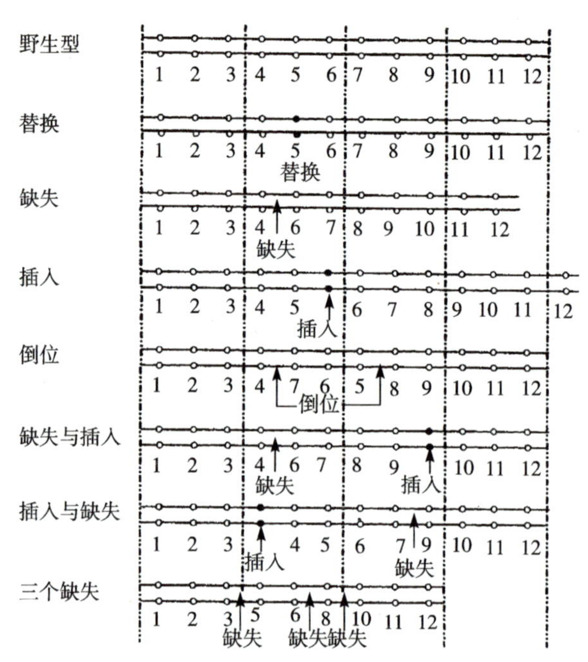


图 7-5　分子水平上的突变

○碱基　●变化后的碱基　↑碱基变化的位置

注：实线表示 DNA 链，虚线表示密码子遗传信息由每 3 个碱基一组的密码子组成，从左向右读。

基因突变的方式主要有两种：①分子结构的改变，如碱基替换（base substitution）和倒位（inversion）；②移码（frame shift），如碱基的缺失（deletion）和插入（insertion）。分子水平上突变可归纳为图 7-5。

如原来的 mRNA 是 GAA GAA GAA GAA……，按照密码子所合成的肽链是一个谷氨酸多肽。如果开头插入一个 G，那么 mRNA 就成为 GGA AGA AGA AGA……，按照这些密码子合成的肽链是一个以甘氨酸开头的精氨酸多肽。移码的结果将引起肽链的改变，从而引起蛋白质性质的改变，最终引起性状的变异，严重时会造成个体死亡。

现将一些主要诱变剂的诱变机制及其作用的特异性综合如下：

### （一）妨碍 DNA 某一成分的合成，引起 DNA 结构的变化

这类诱变物质有 5-氨基尿嘧啶、8-乙氧基咖啡碱、6-巯基嘌呤等。前两种妨碍嘧啶的合成，6-巯基嘌呤妨碍嘌呤的合成，从而导致被处理生物的突变。

### （二）碱基类似物替换 DNA 分子中的不同碱基，引起碱基对的改变

已发现能替代 DNA 分子中原有碱基的碱基类似物有 5-溴尿嘧啶（5-BU）、5-溴去氧

尿核苷（5-BUdR）、2-氨基嘌呤（2-AP）等。这类与DNA碱基类似的化合物，常常能混进DNA中去，好像是DNA分子的正常组成部分。它们在DNA复制时引起碱基配对上的差错，最终导致碱基对的替换，引起突变。

如5-BU与T基本相同，只是在$C_5$位置上的$CH_3$代之以溴Br，它能以酮式状态与腺嘌呤配对（A—5-BUK），同时它又能变构为烯醇式（5-BUe），而5-BUe又能与G配对（5-BUe—G）。因此，在DNA复制时，容易形成A—T向G—C的转换（transition），即嘌呤被嘌呤、嘧啶被嘧啶替换的现象。

### （三）直接改变DNA某些特定的结构

凡是能和DNA起化学反应并能改变碱基氢键性质的物质称为DNA诱变剂。属于这类诱变剂的有亚硝酸、烷化剂和羟胺等。

**1. 亚硝酸**（$HNO_2$） 亚硝酸在pH 5的缓冲溶液中通过氧化作用，以氧代替腺嘌呤和胞嘧啶$C_6$位置上的氨基，使腺嘌呤和胞嘧啶脱氨变成次黄嘌呤（H）和尿嘧啶（U）（图7-6）。H的配对特性像G，容易和C配对成H—C；U的配对特性像T，和A配成A—U。经过DNA复制就造成AT→GC和GC→AT的转换。

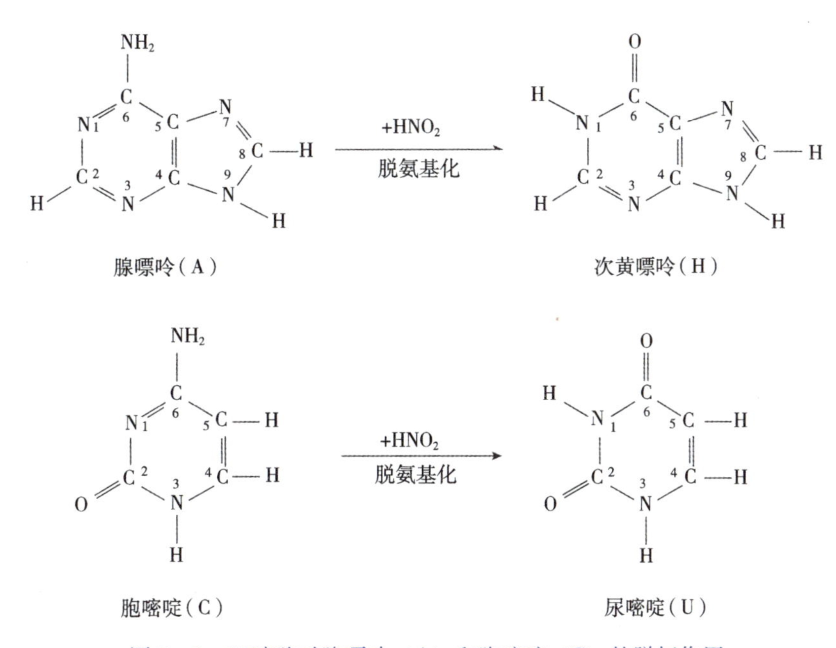


图7-6 亚硝酸对腺嘌呤（A）和胞嘧啶（C）的脱氨作用

**2. 烷化剂**（alkylating agents） 烷化剂是目前应用最广泛而有效的诱变剂。常用的有甲基磺酸乙酯（EMS）、甲基磺酸甲酯（MMS）、亚硝基胍等。它们都有一个或多个活跃的烷基，这些烷基能够移到其他电子密度较高的分子中去，使碱基许多位置增加了烷基（如乙基或甲基），从而在多方面改变氢键的结合能力。烷化作用主要发生在碱基的$N_1$、$N_3$、$N_7$位置上，最容易发生在鸟嘌呤（G）的$N_7$位置上，形成7-烷基鸟嘌呤。7-烷基鸟嘌呤可与胸腺嘧啶（T）配对，从而产生GC→AT的转换。

烷化作用还使DNA的碱基容易受到水解，从DNA链上裂解下来，造成碱基的缺失。碱基缺失则将引起碱基的转换或颠换（transversion）。颠换是指嘌呤被嘧啶或嘧啶被嘌呤的替换的现象（图 7 - 7）。

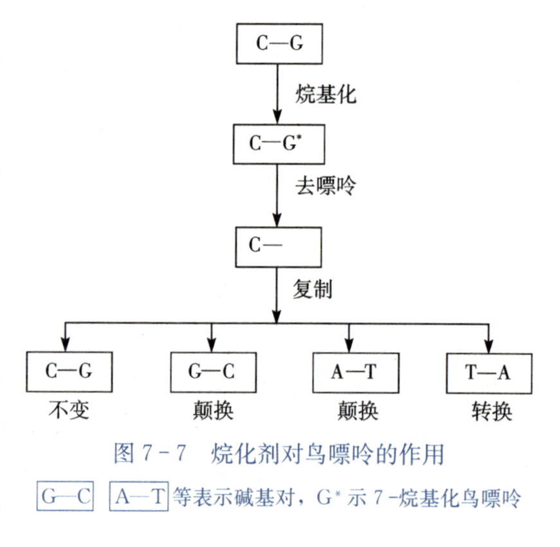


图 7 - 7 烷化剂对鸟嘌呤的作用

G—C A—T 等表示碱基对，G* 示 7 -烷基化鸟嘌呤

烷化剂的另一个作用是与磷酸反应变成不稳定的磷酸酯，磷酸酯水解成磷酸和脱氧核糖，使 DNA 链断裂，从而引起突变。

**3. 羟氨** 其作用比较专化，往往和胞嘧啶起作用，使胞嘧啶 $C_6$ 位置上的氨基羟化，变成有 T 的结合特性，DNA 复制时和 A 配对，形成 GC→AT 的转换。

### （四）引起 DNA 复制的错误

某些诱变剂如 2 -氨基吖啶，ICR170（ICR 是美国一个癌症研究所的简称，ICR170 是一种烷化剂和吖啶类相结合的化合物）等能嵌入 DNA 双链中心的碱基之间，引起单一核苷酸的缺失或插入。

### （五）高能射线或紫外线引起 DNA 结构或碱基的变化

高能射线对 DNA 的诱变作用是多方面的，如引起 DNA 链的断裂或碱基的改变。一般认为，属于电离辐射的高能射线并不作用于 DNA 的特定结构。而属于非电离辐射的紫外线（UV）则不同。紫外线诱变的最有效波长是 260nm 左右，这正是 DNA 所吸收的紫外线波长。紫外线被 DNA 吸收之后，促使分子结构发生离析，直接产生诱变作用。它特别作用于嘧啶，使得同一 DNA 链上相邻的嘧啶核苷酸之间形成多价的联合。最通常的结果是促使嘧啶合成胸腺嘧啶二聚体；或将胞嘧啶脱氨成尿嘧啶；或是将水加到嘧啶的 $C_4$、$C_5$ 位置上而成为光产物。紫外线的作用集中在 DNA 的特定部位，显示了诱变作用的特异性。

此外，紫外线也有间接诱变作用，比如经紫外线照射过的培养基产生了过氧化氢（$H_2O_2$），氨基酸经过氧化氢处理就有使微生物突变的作用，结果使微生物的突变率增加了。说明辐射诱变的作用不仅直接影响基因本身，改变基因的环境也能间接地起作用。

## 二、基因突变的修复

引起基因突变的因素很多，但是作为遗传物质的 DNA 通常能保持稳定。从诱变过程观察，可以看到诱发 DNA 产生的改变常比最终表现出来的相应性状突变多。说明生物对外界诱变因素的作用具有一定的防护能力，能对诱发的 DNA 的改变进行修复（repair）。

### （一）DNA 的防护机制

**1. 密码简并性** 密码的简并性可以使突变的结果不影响性状表现，这种不改变性状表型的突变称为同义突变。如许多单个碱基的代换并不影响翻译出的氨基酸，如 CUA→UUA，仍然译成亮氨酸。此外，许多具有类似性质的氨基酸常有类似的密码子，即使发生氨基酸的代换，所产生的蛋白质变化也不大。

**2. 回复突变** 某个座位遗传密码的回复突变可使突变型恢复原来的野生型，尽管回复突变的频率比正突变频率低得多，但对突变的修复仍起到一定的作用。

**3. 抑制** 有基因间抑制（intergenic suppression）和基因内抑制（intrage nic suppression）之分。前者指控制翻译机制的抑制基因，通常是 tRNA 基因发生突变，而使原来的无义突变、错义突变或移码突变（frameshift mutation）恢复成野生型。后者指突变基因另一个座位上的突变掩盖了原来座位的突变（但未恢复原来的密码顺序），使突变型恢复成野生型。

**4. 致死和选择** 如果防护机制未起作用，一个突变可能是致死的。在这种情况下，含有此突变的细胞将被选择所淘汰，突变就不能保存下来。

**5. 二倍体和多倍体** 高等生物的多倍体具有几套染色体组，每个基因都有几份，故能比二倍体和低等生物表现强烈的保护作用。

### （二）基因突变的修复

生物在长期的进化过程中，形成了各种修复系统对损伤的 DNA 进行修复，主要有以下 3 种形式。

**1. 光修复** 被紫外线照射后的细菌在 DNA 螺旋结构上形成一个巨大的凸起或扭曲，好像是个“赘瘤”。如果被紫外线照射后的细菌处于黑暗条件下，杀死的细菌量与紫外线的照射剂量成正比。如果被紫外线照射后，让细菌暴露于可见光下，这个“瘤”可以被光复活酶（photo reactivating enzyme）所辨认并与 DNA 链上的胸腺嘧啶二聚体结合成复合体，这种复合体以某种方式吸收可见光（波长 300～600nm），并利用光能切断二聚体之间的两个 C—C 键，使 DNA 恢复正常。这种经过解聚作用使突变恢复正常的过程称为光修复（light repair），又称光复活（photoreactivation）（图 7-8）。

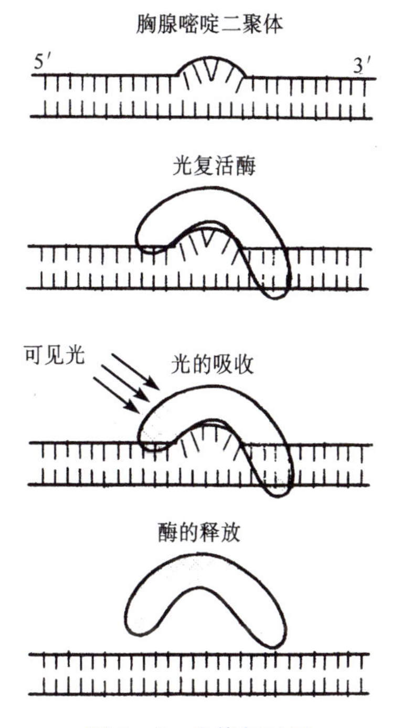


图 7-8 光修复过程

由于光修复过程需要可见光，所以不难理解，为什么紫外线灭菌消毒时，在黑暗条件下杀菌效果好。过去认为，光复活酶只存在于细菌和低等真核生物体内。后来发现在植物、鸟类甚至人类白细胞中也存在光复活酶。

**2. 暗修复** 暗修复（dark repair）是指工作酶的作用不需要可见光的激活，DNA 的损伤在黑暗下也能进行修复。但黑暗不是它的必要条件。修复过程由 4 种酶通过“切→补→切→封”4 个步骤完成（图 7－9）。首先由核酸修复内切酶识别 DNA 损伤部位，在胸腺嘧啶二聚体的一边做一切口，然后由 DNA 聚合酶把新合成的正常的核苷酸片段补上；再由核酸外切酶在另一边切开，把胸腺嘧啶二聚体和邻近的一些核苷酸切除；最后由连接酶把切口缝好，使 DNA 的结构恢复正常。这类修复也称为切除修复（excision repair）。

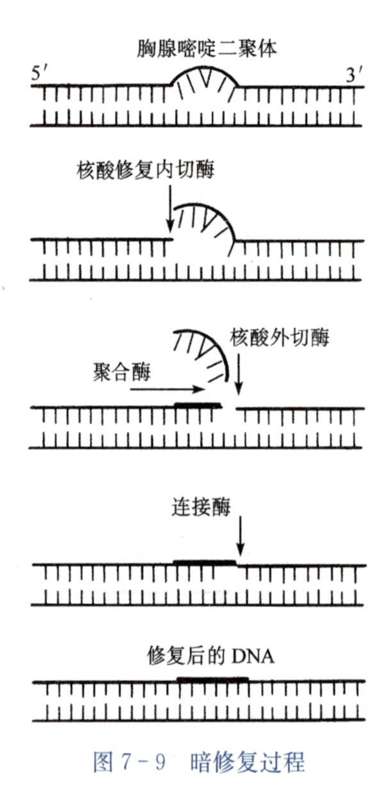


图 7－9 暗修复过程

从大肠杆菌、酵母到哺乳动物都存在修复内切酶。人类中发生的干皮性色素沉着，是修复内切酶基因发生突变引起的，这种突变表现为缺乏切除修复能力，不能修复紫外线对皮肤 DNA 的损伤，诱发几种皮肤癌。

**3. 重组修复** 重组修复（recombination repair）必须在 DNA 复制后进行，因此属于复制后修复。仍以形成的胸腺嘧啶二聚体为例，修复的主要步骤如下：

（1）突变形成胸腺嘧啶二聚体结构。

（2）含胸腺嘧啶二聚体结构的 DNA 仍可进行复制，但子 DNA 链在损伤部位出现缺口。

（3）完整的母链与有缺口的子链重组，缺口便由这条母链填补。但这条母链又产生一个缺口，这个缺口通过 DNA 聚合酶的作用，以对侧子链为模板合成单链 DNA 片段弥补。

（4）最后在连接酶作用下以磷酸二酯键连接新旧链而完成重组修复（图 7－10）。

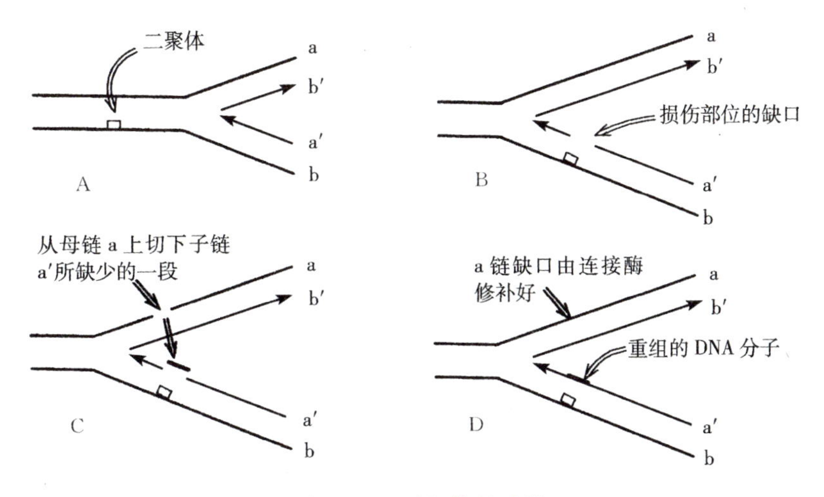


图 7-10　重组修复过程
（孙乃恩等．1990．分子遗传学）

修复过程是生物体内普遍存在的，是正常的生理过程。不仅紫外线的损伤可以修复，电离辐射和很多化学诱变剂引起的损伤也可以修复。当然不是任何 DNA 损伤都能修复，否则生物就不会发生突变，也就没有生物的进化了。

## 复习思考题

1. 名词解释

基因突变、突变体、突变率、自发突变、诱发突变、同义突变、错义突变、无义突变、显性突变、隐性突变、芽变、光修复、暗修复、重组修复、转换、颠换、移码突变

2. 性细胞和体细胞发生基因突变后，有什么不同的表现？体细胞中的基因突变能否遗传给后代？如何保留优良的芽变？

3. 显性突变与隐性突变在表现快慢上有什么不同？

4. 试述基因突变的主要特征。

5. 为什么基因突变大多数是有害的？

6. 突变的平行性说明什么问题？有何实践意义？

7. 利用花粉直感现象测定突变率时，在亲本选配上应该注意什么问题？

8. 某植株是 AA 显性纯合体，将其花粉用 X 射线照射后给隐性 aa 植株授粉，在 500 株杂种一代中有 3 株表现为隐性性状，如何解释和证明这个杂交结果？

9. 在高秆小麦田里突然出现一株矮化植株，如何验证它是由于基因突变还是由于环境影响产生的？若是基因突变产生的，又如何鉴定它是显性突变还是隐性突变？

10. 人的视网膜色素瘤是一种显性单基因控制的可以导致年轻时死亡的疾病，正常人基因型为 aa，若 a 突变为 A，就会出现病变。假如调查 50000 个婴儿中，发现 50 个患儿，试计算 a 突变为 A 的突变率。

# 第八章 染色体变异

**布里奇斯（Calvin Blackman Bridges，1889—1938）**

遗传学家，出生于美国纽约，虽幼年经历不幸，但勤奋上进。1909—1916 年在哥伦比亚大学学习期间，成为摩尔根的得力助手之一，为摩尔根染色体遗传理论的提出做出了重要贡献。毕业后的他继续与摩尔根一起从事果蝇遗传研究工作。1917 年，他在果蝇上首次发现了染色体缺失。1919 年，发现了果蝇的染色体复制。1921 年，在果蝇中报道了第一例单体。1923 年，观察到了果蝇的染色体易位。1925 年，完成了对三倍体果蝇的非整倍体后代的细胞学分析，确定性染色体与常染色体的关系控制着果蝇性别［同年斯特蒂文特（A. Sturtevant）分析果蝇棒眼现象发现位置效应，1926 年斯特蒂文特又首次发现倒位］。1935 年，布里奇斯发表果蝇唾腺染色体图。这些研究加深了人们对染色体异常与生理特征改变间联系的认识。

染色体是遗传物质的载体，基因按一定的顺序分布在染色体上，因而各种遗传现象及其规律都依赖于染色体形态、结构和数目的稳定，但染色体的稳定是相对的，变异是绝对的。在某些条件的作用下染色体可能发生改变，称为染色体变异。如各种射线、化学药剂、温度剧变等外界条件的影响或生物体内生理生化过程不正常、代谢失调、衰老等内因的变化以及远缘杂交等，均有可能使其结构发生改变。染色体的结构变异包括缺失（deficiency）、重复（duplication）、倒位（inversion）和易位（translocation）4 种类型。

## 第一节 染色体结构变异

### 一、缺 失

#### （一）缺失的类别

缺失是指染色体某一区段的丢失。它是 1917 年布里奇斯首先发现的。他在培养的野生果蝇中偶然发现一只翅膀边缘有缺刻的雌蝇。研究表明，它的产生是由于果蝇 X 染色体上一小段包括红眼基因在内的染色体的缺失。如果染色体缺失的区段是某臂的外端，称为顶端缺失（terminal deficiency）；如果丢失的是某臂内的内段，则称为中间缺失（interstitial deficiency）（图 8-1）。染色体缺失区段有时很小，但也有时会是一个整臂，从而形成顶端着丝点染色体。

图 8-1 表示了顶端缺失和中间缺失的形成过程以及缺失纯合体、缺失杂合体的染色体联会形式。顶端缺失染色体一般很难定型，因而比较少见。中间缺失的类型比较稳定，可以在细胞减数分裂时见到。如果某个体的细胞中一对同源染色体的一个发生了中间缺失，那么这个个体称为缺失杂合体（deficiency heterozygote），在细胞减数分裂的粗线期，可以看到由于

缺失而导致的同源染色体配对时形成的弧状突起，这种现象在果蝇的唾液腺染色体上看得非常清楚（图 8－2）。如果一对同源染色体都在同一位置发生了中间缺失，那么这个个体称为缺失纯合体（deficiency homozygote）。缺失纯合体在细胞学上很难鉴定，如果恰好看到原始的发生缺失的细胞，那么可以发现无着丝点的染色体断片（fragment），这种断片会随细胞分裂而消失。

正常染色体
a b c d e f
a b c d e f
丢失
末端缺失染色体
a b c d
正常染色体
a b c d e f
a b c d e f
丢失
中间缺失染色体
a b c f
末端缺失纯合体及其联会
a b c d
a b c d
中间缺失纯合体及其联会
a b c f
a b c f
末端缺失杂合体及其联会
a b c d e f
a b c d
中间缺失杂合体及其联会
a b c d e f
a b c f

图 8－1　缺失的形成及缺失杂合体的细胞学鉴定

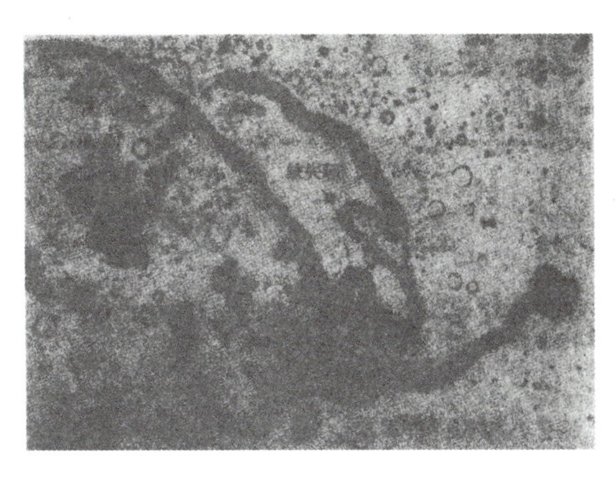

图 8－2　“缺翅”杂合型果蝇幼虫唾液腺染色体

## （二）缺失的遗传效应

染色体的某一段缺失了，该段上所有的基因也随之丢失。这对生物个体或细胞的正常发育及代谢通常是有害的，其有害程度与缺失段内基因数的多少及其重要性有关。如果缺失区段太大，或缺失了很重要的基因，那么这个个体不能成活；缺失纯合体的生活力远比缺失杂合体的生活力低，一般难以存活；缺失杂合体尚有一条正常的染色体，有时能成活，但表现出各种形式的遗传上的反常。

**1. 缺失杂合体产生两种配子**　一种是带有正常染色单体的配子，是正常可育的；另一种是带有缺失染色单体的配子，往往是败育的。雌配子对缺失的耐力比雄配子强，所以，缺失染色体通常通过雌配子——卵遗传给后代。

**2. 缺失杂合体常表现假显性**　如果带有显性基因的一段染色体丢失了，同源染色体上的隐性基因便会得到表现，这种现象称为假显性（pseudo－dominance）。如有人曾经将紫株玉米（PlPl）用 X 射线照射后，给绿株玉米（plpl）授粉，结果在 734 株 $F_1$ 中发现了 2 株绿苗。对这 2 株绿株进行细胞学检查的结果，发现其第 6 染色体长臂外端带有 Pl 基因的部分缺失，长成绿株是同源染色体上的 pl 基因得以表现的结果（图 8－3）。对于这种现象，如果不进行细胞学检查，仅根据表现型判断，就会误认为是 Pl（紫色显性）突变成 pl（绿色隐性）了。

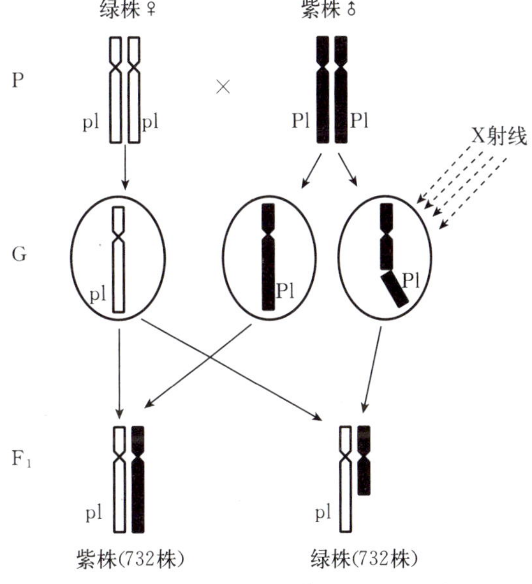


图 8－3　玉米株色遗传的假显性现象

## 二、重　复

### （一）重复的类别

重复是指染色体多了自己的某一区段。重复有许多种形式，可以归纳为两大类型：顺接重复（tandem duplication）和反接重复（reverse duplication）。顺接重复（图 8－4）指区段按照自己在染色体上的正常直线顺序重复了。反接重复是指某区段在重复时颠倒了自己在染色体上的正常直线顺序。由于重复发生在同源染色体之间，因此可能在一个染色体发生重复的同时，在另一个染色体上发生缺失。如果重复区段较长，重复杂合体在减数分裂染色体联会时，可以见到重复染色体的重复区段形成一个拱形结构或增长一段。如果重复区段很短，联会时重复染色体的重复区段可能收缩一点，正常染色体在相对的区段可能伸长一点，于是二价体就不会出现拱形结构，镜检时就很难觉察是否发生了重复。

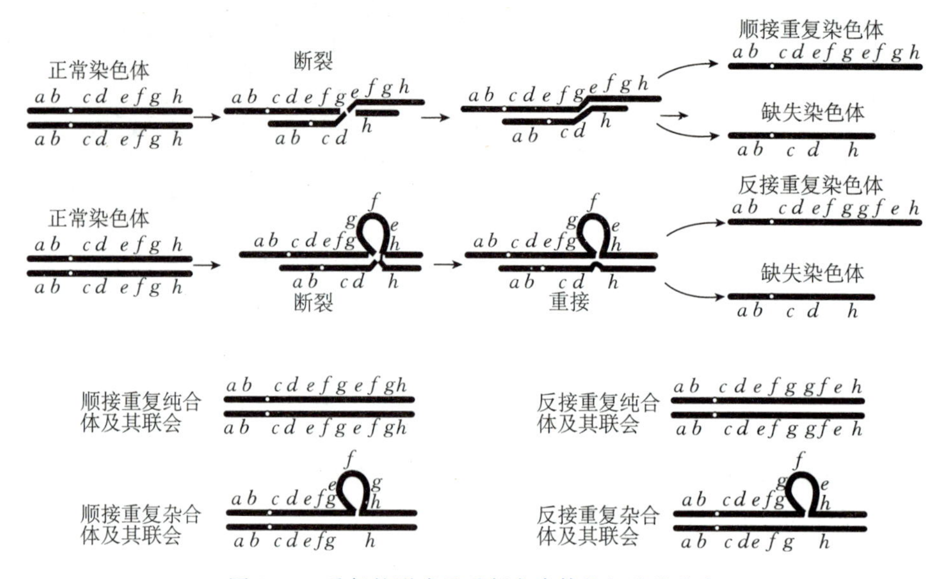


图 8－4　重复的形成及重复杂合体的细胞学鉴定

### （二）重复的遗传效应

重复对表现型的影响主要是扰乱了基因的原有平衡体系。因为染色体重复了一个区段，该区段上的基因也随之重复，某些基因超过正常的数量，改变了生物在进化过程中长期适应了的成对基因的平衡关系，对生物体的生长发育可能产生不良的影响。重复对表现型的影响主要有剂量效应（dosage effect）和位置效应（position effect）。重复区段上的基因在重复杂合体内是 3 个，在重复纯合体内是 4 个，往往产生剂量效应和位置效应。

重复造成表现型变异的最早和最突出的例子是果蝇的棒眼遗传。野生型果蝇（$\frac{\text{b}}{\text{b}}$）的每个复眼由 780 个左右的红色小眼所组成。曾发现 X 染色体上 16 区 A 段（一条染色体上有 1 个 16 区 A 段用 b 表示，2 个 16 区 A 段用 B 表示，3 个 16 区 A 段用 Bb 表示）有一次重复的个体（$\frac{\text{B}}{\text{b}}$），其表现型由复眼变成条形的棒眼。在重复纯合体（$\frac{\text{B}}{\text{B}}$）雌果蝇中，一对 X 染色体上 16 区 A 段各有一次重复时（即共有 4 个 16 区 A 段），复眼的小眼数目从正常的大约 780 个变成仅 68 个，表现出较细的棒眼。在杂合体中有一种类型，一对 X 染色体上有一条具有3个这样的区段，虽然总数也是四段重复（Bb∥b），其复眼却成为更细的条形，小眼数目减少到45个，称为重棒眼或加倍棒眼。由此可知，重复区段排列方式的不同会引起遗传的差异，称为位置效应；而重复区段数目的增多产生的影响称为剂量效应（图8-5）。

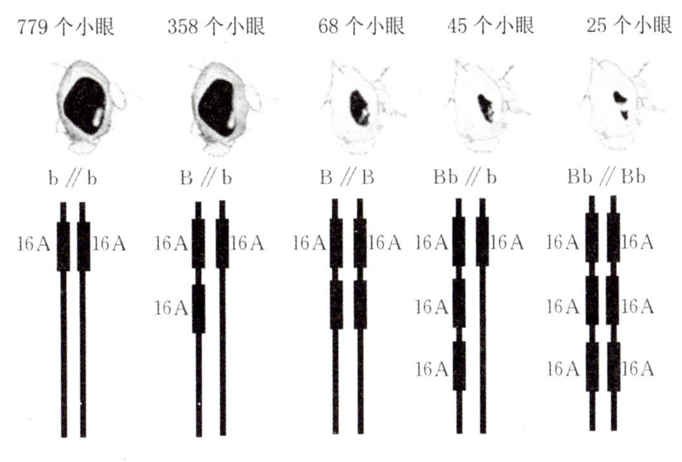


图8-5 果蝇一对X染色体16区A段的重复与棒眼变异的关系

## 三、倒　　位

### （一）倒位的类别

倒位是指染色体某一区段的正常直线顺序发生了颠倒。倒位有臂内倒位（paracentric inversion）和臂间倒位（pericentric inversion）（图8-6）。臂内倒位区段在染色体的某一个臂的范围内；臂间倒位的倒位区段内有着丝粒，即倒位区段涉及染色体的两个臂。鉴别倒位的方法也是根据倒位杂合体减数分裂时的联会现象。如果倒位区段很长，则倒位染色体就可能反转过来，使其倒位区段与正常染色体的同源区段进行联会，二价体的倒位区段以外的部分保持分离；如果倒位区段不长，则倒位染色体与正常染色体所联会的二价体就会在倒位区段内形成“倒位圈”（图8-7）；如果倒位区段很短，则不易从细胞学上鉴别。倒位纯合体减数分裂正常，难以鉴别。

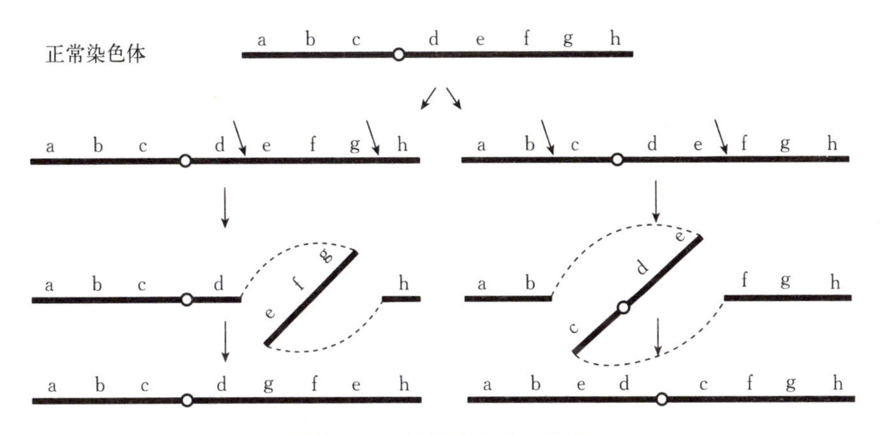


图8-6 倒位的类型与形成

在倒位圈内外，非姊妹染色单体之间可能发生片段交换，其结果不仅能引起臂内和臂间

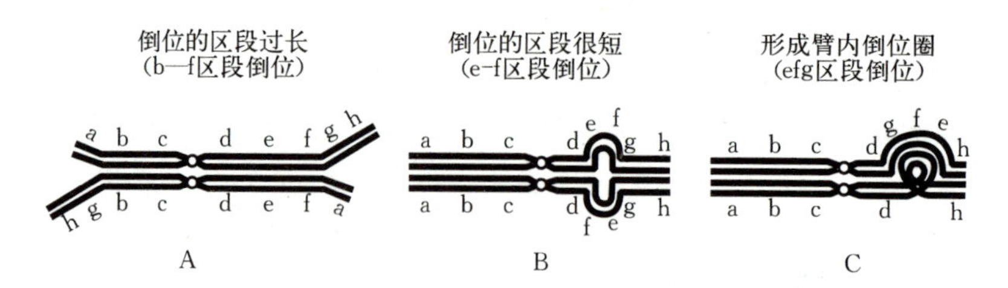


图 8-7 倒位杂合体染色体联会

A. 只有倒位节段配对 B. 只有非倒位节段配对 C. 只有形成倒位圈，同源染色体才能全部配对

杂合体产生缺失或重复染色单体，而且能引起臂内杂合体产生双着丝点染色单体，其两个着丝点受纺锤丝的牵引，在后期向两极移动时，两个着丝点之间的区段跨越两极，出现“后期桥”现象（图 8-8）。所以，某个体在减数分裂时形成后期Ⅰ桥或后期Ⅱ桥，可以作为鉴定是否发生染色体倒位的依据之一。

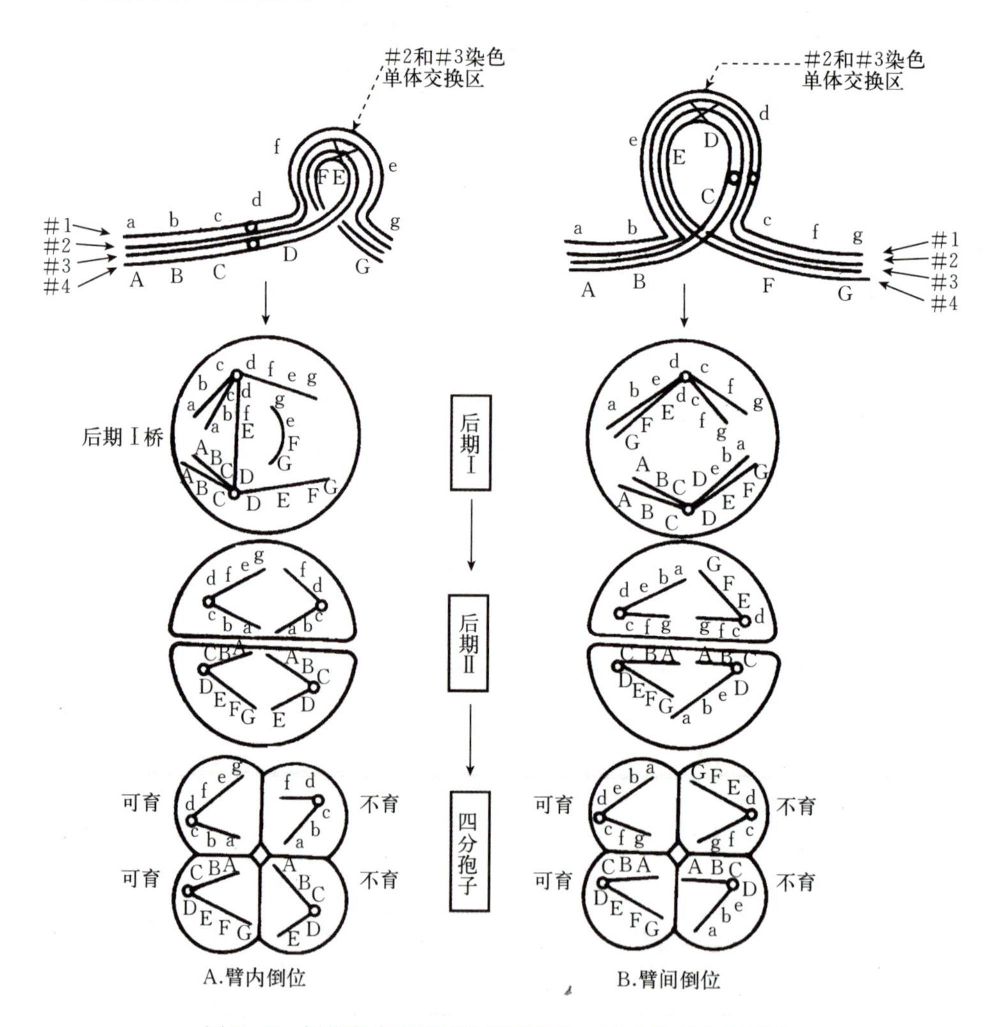


图 8-8 倒位杂合倒位倒位圈内发生一次交换产生的配子

A. 臂内倒位圈内形成一个交叉，后期Ⅰ形成“桥”和“断片”，后期Ⅱ形成的四分孢子 2 个是正常的，2 个不能发育

B. 臂间倒位圈内形成一个交叉，后期Ⅰ不形成“桥”和“断片”，后期Ⅱ形成的四分孢子 2 个是正常的，2 个不能发育

### (二)倒位的遗传效应

**1. 倒位杂合体能产生部分败育的配子** 如上所述，倒位杂合体能产生大量缺失或重复缺失的染色单体，分配到孢子中，将导致后代败育。

**2. 降低了倒位杂合体的连锁基因的重组率** 倒位杂合体的正常染色体和倒位染色体间联会不完全，靠近倒位圈的正常区段常不能联会，导致交换机会下降，因而降低了重组率。

**3. 倒位可以形成新物种，促进生物进化** 倒位杂合体自交会形成倒位纯合体，倒位纯合体一般生活力正常，但由于基因的位置效应会造成遗传性状与原始类型的差异，也会导致与原始物种形成生殖隔离，久之，会形成一个新的物种。如根据研究认为，百合科的两个种——头巾百合（*Lilium martagon*）和竹叶百合（*Lilium hansoni*）的分化，就是由于染色体发生臂内倒位形成的。

## 四、易　　位

### (一)易位的类别

易位是指某染色体的一个片段移接在非同源的另一个染色体上。如果这种转移是单方面的，称为单向易位或简单易位（simple translocation）；若是双方互换了某些区段，则称为相互易位（reciprocal translocation）（图 8-9）。易位和交换都是染色体片段的转移，不同的是交换发生在同源染色体之间，而易位则发生在非同源染色体之间；交换属于细胞减数分裂中的正常现象，而易位是异常条件影响下发生的染色体畸变，所以也称为非正常交换（illegitimate crossing over）。

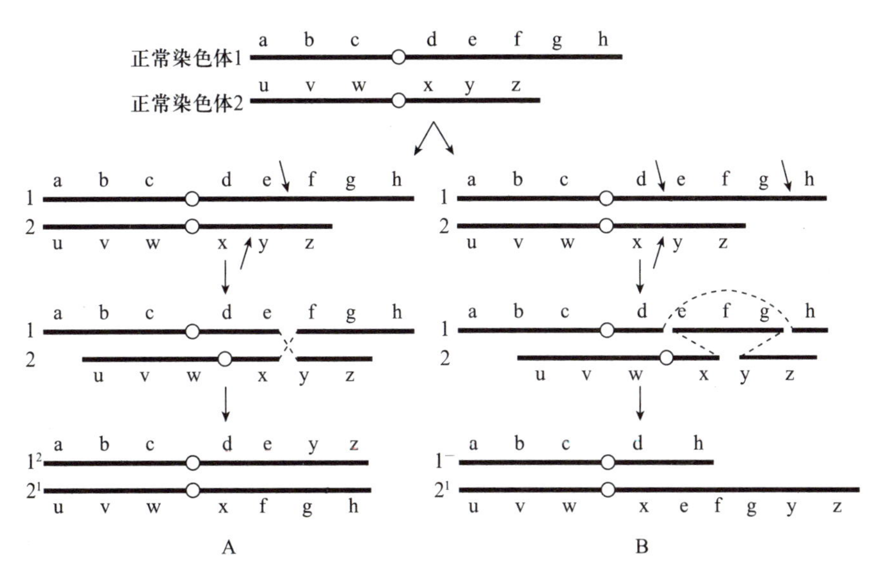


图 8-9　易位的类型与形成

A. 相互易位　B. 单向易位

单向易位杂合体的细胞学表现较为简单，减数分裂时两对同源染色体常联会成 T 字形。相互易位杂合体的细胞学表现则比较复杂，具体表现与易位区段的长短有关。如果易位区段很短，两对非同源染色体之间可以不发生联会，各自独立；如果易位区段较短，两对非同源染色体在终变期可以联会成链形（或C形）；当易位区段较长时，则粗线期两对非同源染色体可以联会成十字形（图 8-10），以后由于纺锤丝向两极的牵引，可以呈现8字形或O形大环样的两种四价体排列图像，到中期Ⅰ时，这两对非同源染色体便由于在赤道部位的排列方式和分离情况的不同，对配子的育性和遗传表现有很大影响。

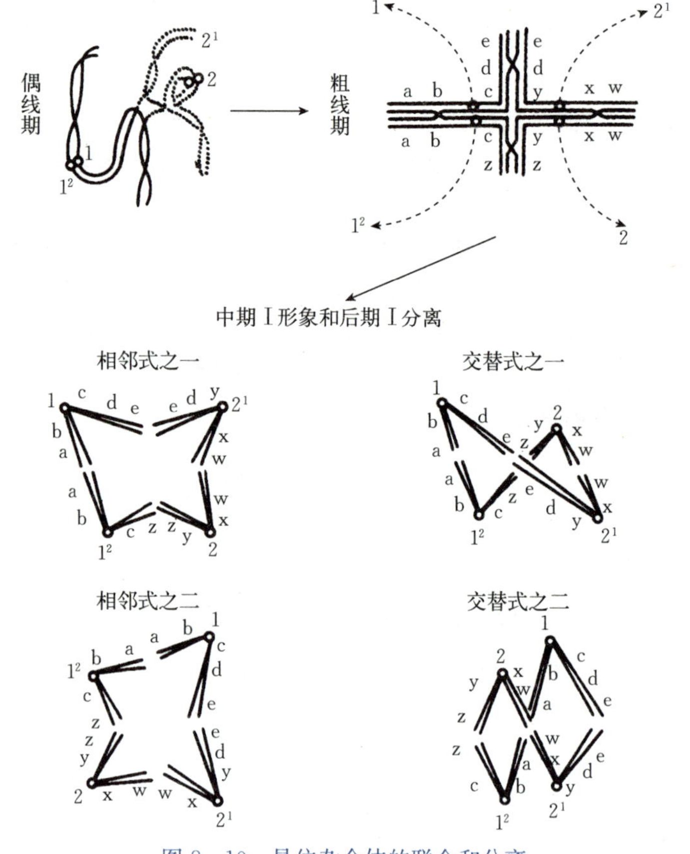

图 8-10 易位杂合体的联会和分离

在易位杂合体中，由两对相互易位的染色体组成的四价体，后期Ⅰ的分离有两种方式。

（1）相邻式。一条正常染色体和一条易位染色体分到一极，另一条正常染色体和另一条易位染色体分到另一极，由此产生的四种配子在染色体组成上既有缺失，又有重复，所以都是不育的。

（2）交替式。正常的两条非同源染色体分到一极，相互易位的两条非同源染色体分到另一极，由此产生的四种配子在染色体组成上有正常染色体和易位染色体，但没有缺失和重复，生活力正常（图 8-10）。

### （二）易位的遗传效应

**1. 易位杂合体表现半不育性**（simi - sterility） 由于相邻式分离的配子败育，交替式分离的配子可育，而这两种分离的机会一般大致相等，所以易位杂合体有一半配子败育。

而二倍体物种中，易位纯合体无论在表现型还是育性上都没有明显的变化。前人在大麦诱变的研究中发现，染色体组型的剧烈重排对表现型影响很小，却导致代谢强度的提高，从而得到高产的变异。因此有人认为，在实践中诱发易位纯合体是获得具有高产特性突变的一种好方法。

**2. 易位杂合体自交后代的表现与一对基因的分离相似** 因为在它可育的配子中，有一半带有两个正常染色体，一半带有两个易位染色体。自交时，后代中将有 1/4 是正常可育的纯合体，2/4 是半不育的杂合体，1/4 是可育的易位纯合体，类似于带有一对杂合基因个体自交后代的表现。

**3. 易位可使两个正常的连锁群改组为两个新的连锁群** 原来同一染色体上的连锁基因经易位会表现为独立遗传；反之，原来非连锁基因也可能出现连锁遗传现象。如玉米的糯粒基因 wx 和有色糊粉层基因 C 都在第 9 染色体上，呈连锁关系，后来发现糯粒性状与甜粒（su）和日光红（pl）等基因表现出新的连锁关系，和基因 C 则失去了连锁关系，经细胞学分析，证明是带有 wx 基因的第 9 染色体片段易位到第 6 染色体造成的结果，通常用 T9－6 表示。

**4. 易位也是物种进化的因素之一** 经研究发现，有许多植物的变种或变系是在进化过程中染色体连续发生易位造成的。如直果曼陀罗（*Datura stramonium*）的许多变系就是不同染色体的易位纯合体。这种植物具有 12 对染色体（$n=12$）。为了便于研究，可将其 12 对染色体的两臂分别标以数字代号，如 1·2，3·4，5·6，……，23·24 等。“·”代表着丝点，可以原型一系为标准与其他变系比较。发现原型二系是 1·18 和 2·17 的易位纯合体；还有一些变系是再次发生易位的纯合体，如 17 变系是 9·13、10·24 和 14·23 的易位纯合体，后两个染色体则是 10·14 和原型染色体 23·24 再次易位形成的。已知上百个变系的形态各不相同，它们都是通过易位形成的易位纯合体。

**5. 易位有时会造成染色体融合而导致染色体数的变异** 由于两个易位染色体的其中一个只得到两个正常染色体的很小一段，另一个却得到两个正常染色体的大部分，在形成配子时，前者丢失，未能进入配子核内，而后者使一个配子具有了一个很大的易位染色体，在这一个体的自交子代中，便将出现少了一对染色体的易位纯合体。如菊科植物还阳参属（*Crepis*）的物种中，$n=5$ 的种来自 $n=6$ 的种，还有 $n=3$、$n=4$ 的种，经杂交形成 $n=7$、$n=8$ 等染色体数目不同的种。

# 第二节　染色体数目变异

每种生物细胞中的染色体数目一般是恒定的。如果染色体数目发生改变，生物性状、育性、生活力等也随之发生变化，甚至产生新的物种。早在 19 世纪末，狄·弗里斯在普通月见草（*Oenothera lamarckiana*）中发现一种组织和器官都大得多的变异类型，并在 1901 年把它定名为巨型月见草（*O. gigas*）新种。当时狄·弗里斯以为巨型月见草是普通月见草通过基因突变而产生的。后来经过几年的细胞学研究得知巨型月见草的合子染色体数是 28 个（$2n=28$），正好是普通月见草（$2n=14$）的 2 倍。这就启发人们认识到染色体数目会发生变异，而且这些变异能导致生物遗传性状的改变。此后，细胞学的研究逐渐发现，当初按形态分类划定的不同属或不同种，有许多是和染色体数目变异联系着的。

## 一、染色体数目及其变异类型

### （一）染色体组

一种生物维持基本生命活动所必需的一套染色体称为染色体组或基因组（genome）。一个染色体组所包含的所有染色体形态、结构和连锁基因群都彼此不同，它们构成了一个完整而协调的体系，载荷着该种生物体生长发育和繁殖后代所必需的全部遗传物质，缺少其中的任何一条都会造成生物体的性状变异、不育甚至死亡，这就是染色体组的基本特征。

一个染色体组内含有的染色体数又称为染色体基数（basic number of chromosome），通常用 $x$ 表示。一般来说，$x$ 所包含的染色体数就是一个属的染色体基数。如小麦属 $x=7$，该属中各个不同物种的染色体数都是以 7 为基数变化的，野生一粒小麦 $2n=2x=14$，野生二粒小麦 $2n=4x=28$，普通小麦 $2n=6x=42$。不同种属的染色体组所包含的染色体数可能相同，也可能不同。如大麦属 $x=7$，葱属 $x=8$，高粱属 $x=10$，烟草属 $x=12$，稻属 $x=$

12，柿属 $x=13$。

### （二）染色体数目变异的类型

染色体数目变异分为两大类，一类是以染色体组为单位增减染色体数的变异，称为整倍性变异，整倍性变异产生整倍体（euploid）；另一类是染色体组内的个别染色体数目有所增减，使细胞内的染色体数目不成基数的完整倍数，称为非整倍性变异，非整倍性变异产生非整倍体（aneuploid）（表 8-1）。

**表 8-1 整倍体及非整倍体的染色体组及其染色体变异类型**

| 类别 | | | 染色体组（$x$）及其染色体 | 染色体组数 | 染色体组类别 | 染色体组成 | 联会方式 |
|---|---|---|---|---|---|---|---|
| 整倍体 | 一倍体 | | A=abcd | $x$ | A | abcd | 4Ⅰ |
| | 二倍体 | | A=abcd | $2x$ | AA | aabbccdd | 4Ⅱ |
| | 同源 | 三倍体 | A=abcd | $3x$ | AAA | aaabbbcccddd | 4Ⅲ |
| | | 四倍体 | A=abcd | $4x$ | AAAA | aaaabbbbccccdddd | 4Ⅳ |
| | 异源 | 四倍体 | A=abcd<br>B=efgh | $4x$ | AABB | aabbccddeeffgghh | 8Ⅱ |
| | | 六倍体 | A=abcd<br>B=efgh<br>D=ijkl | $6x$ | AABBDD | aabbccddeeffgghhiijjkkll | 12Ⅱ |
| | | 三倍体 | A=abcd<br>B=efgh<br>D=ijkl | $3x$ | ABD | （abcd）（efgh）（ijkl） | 12Ⅰ |
| 非整倍体 | 亚倍体 | 单体 | A=abcd<br>B=efgh | $2n-1$ | AAB（B−1h） | aabbccddeeffggh | 7Ⅱ+1Ⅰ |
| | | 双单体 | A=abcd<br>B=efgh | $2n-1-1$ | AAB（B−1g）（B−1h） | aabbccddeeffgh | 6Ⅱ+1Ⅰ+1Ⅰ |
| | | 缺体 | A=abcd<br>B=efgh | $2n-2$ | AAB（B−2h） | aabbccddeeffgg | 7Ⅱ |
| | 超倍体 | 三体 | A=abcd | $2n+1$ | A（A+1d） | aabbccddd | 3Ⅱ+1Ⅲ |
| | | 双三体 | A=abcd | $2n+1+1$ | A（A+1c+1d） | aabbcccddd | 2Ⅱ+2Ⅲ |
| | | 四体 | A=abcd | $2n+2$ | A（A+2d） | aabbccdddd | 3Ⅱ+1Ⅳ |

自然界中，多数物种的体细胞内含有 2 个完整的染色体组（$2x$），即二倍体（diploid）。体细胞内多于 2 个染色体组的整倍体，如 $3x$、$4x$、$5x$……统称为多倍体（polyploid）。在多倍体中，如果加倍的染色体组来自同一物种，则称为同源多倍体（autopolyploid）；如果加倍的染色体组来自不同种属，则称为异源多倍体（allopolyploid）。构成异源多倍体的祖先二倍体种，称为基本种（bisicspecies）。

非整倍体中也有许多不同的类型。以 $2n$ 为标准，染色体数少于 $2n$ 的称为亚倍体（hypoploid），如果只少了 1 条，使体细胞内染色体数成为 $2n-1$，称为单体（monosomic），如果从两对染色体中各少了 1 条，使体细胞内染色体数成为 $2n-1-1$，称为双单体（double monosomic），如果缺少了 1 对同源染色体，使体细胞内染色体数成为 $2n-2$，称为缺体（nullisomic）；染色体数多于 $2n$ 的称为超倍体（hyperploid），当增加了 1 条，使体细胞内染

色体数成为 $2n+1$ 时，称为三体（trisomic），当增加了 2 条非同源染色体，使体细胞内染色体数成为 $2n+1+1$ 时，称为双三体（double trisomic），如果增加了 2 条同源染色体，使体细胞内染色体数成为 $2n+2$ 时，则称为四体（tetrasomic）。

## 二、整倍体及其遗传

### （一）单倍体

单倍体（haploid）是指具有配子染色体数（$n$）的个体。一般情况下，动、植物多数是二倍体类型（$2n$），而性细胞则是单倍体（$n$），但自然界中也有一些生物体细胞中的染色体数是单倍的。单倍体是大多数低等植物生命的主要阶段。藻菌植物的菌丝体时期，苔藓植物的配子体世代，雄峰、雄蚁、夏季孤雌生殖的蚜虫等，它们都是由未受精的卵发育而成的个体，都属于单倍体。

在高等植物中，所有单倍体几乎都是由于生殖过程不正常产生的，如孤雌生殖、孤雄生殖等。在自然界，大部分单倍体是孤雌生殖形成的，人工单倍体多数是通过花药的离体培养而得到的。

高等植物的单倍体和二倍体比较起来一般体型弱小，全株包括根、茎、叶、花等器官都较小。当减数分裂时，染色体成单价体存在，没有相互联会的同源染色体，所以最后将无规律地分离到配子中去，结果绝大多数不能发育成有效配子，因而表现高度不育。如玉米的单倍体有 10 条染色体，减数分裂时理论上 10 条染色体都分向一极的概率只有 $(1/2)^{10}=1/1024$，而且单价体在减数分裂过程中存在落后现象，常常不能进入子细胞的新核中，所以实际上获得可孕配子的概率比理论值还要低。只有雌、雄配子都是可育的，才能得到具有 10 对染色体的正常植株，这便是单倍体表现高度不育的原因。

单倍体在遗传研究和育种实践上具有重要价值。①由于单倍体中每个基因都是成单的，不论显、隐性都可以表达，因此是研究基因及其作用的良好材料。②研究单倍体母细胞减数分裂时的异源联会，可以分析各个染色体组之间的同源和部分同源关系。③利用 $F_1$ 花粉培养成单倍体植株，可以获得广泛变异的个体，特别是正突变可以得到表现。④使单倍体植株染色体加倍可以得到育性正常的纯合个体，从而缩短育种年限。⑤人工诱变单倍体植株，在当代就能发现变异类型，从而提高诱变效果。

### （二）同源多倍体

在自然界，同源多倍体多数为三倍性或四倍性水平的个体。如香蕉是同源三倍体，马铃薯是同源四倍体，甘蔗是同源六倍体。

同源多倍体与二倍体比较，有以下特点：

**1. 一般表现为形态的巨大性**　一般来说，染色体的同源倍数越多，核体积和细胞体积越大。判断某植物是不是同源多倍体，可以首先检查它的气孔和保卫细胞是否比二倍体大，单位面积内的气孔数是否比二倍体少。大多数同源多倍体的叶片大小、花朵大小、茎粗和叶厚都会随着染色体组数的增加而有所增加。

**2. 生长发育缓慢，开花成熟较迟，适应性较强**　这是由于多倍体的细胞分裂速度下降，生长素含量低，营养生长茂盛，同时随着基因剂量的增加，生理活性增强，糖类、蛋白质等代谢产物增多。

**3. 一般会出现各种程度的不育**　由于多倍体的同源染色体在减数分裂过程中不能正常

配对和均等分配，从而导致不育。以同源四倍体为例，减数分裂时，每组同源染色体都是 4 条，但在任何同源区段只能有 2 条染色体联会，因而联会松散，在终变期和中期Ⅰ会出现各种不同的状态，发生提早解离。4 条同源染色体可能结合成 1 个四价体，也可能形成 1 个三价体和 1 个单价体，还可能形成 2 个二价体以及 1 个二价体和 2 个单价体。到后期同源染色体分开时，便会出现 2/2、3/1 等方式，还会由于单价体常常在减数分裂过程中丢失而出现 2/1 式分离，最后使四分孢子中含有异常的染色体数，从而造成不同程度的不育性（图 8-11）。因此，不论天然的或人工的同源多倍体大多是无性繁殖植物。在减数分裂时出现多价体是同源多倍体的一个标志。

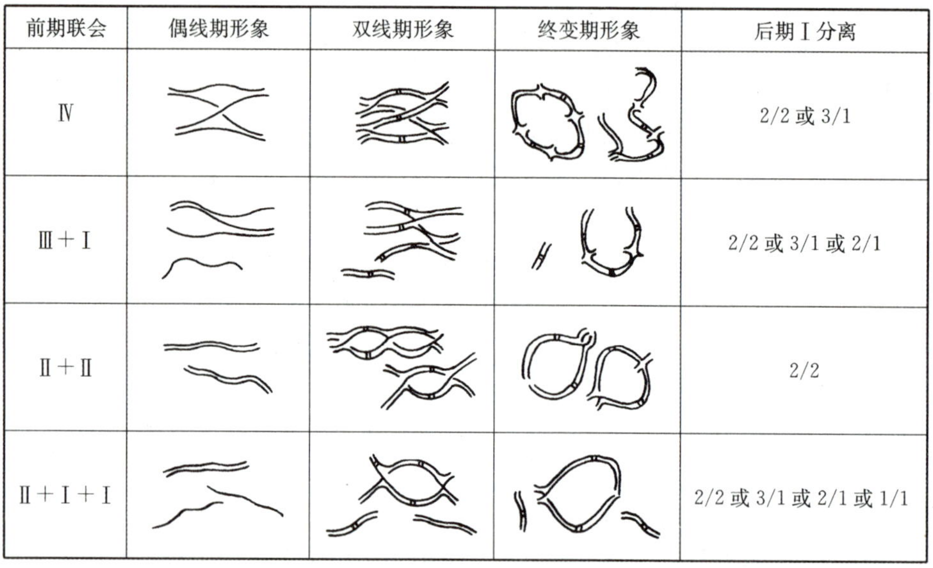

| 前期联会 | 偶线期形象 | 双线期形象 | 终变期形象 | 后期Ⅰ分离 |
| --- | --- | --- | --- | --- |
| Ⅳ | | | | 2/2 或 3/1 |
| Ⅲ+Ⅰ | | | | 2/2 或 3/1 或 2/1 |
| Ⅱ+Ⅱ | | | | 2/2 |
| Ⅱ+Ⅰ+Ⅰ | | | | 2/2 或 3/1 或 2/1 或 1/1 |

图 8-11 同源四倍体的联会和分离

**4. 遗传表现复杂** 仍以同源四倍体为例，由于同源染色体是 4 条，每个基因座位应该有相应的 4 份，如一对等位基因 Aa，在同源四倍体中存在 5 种可能的基因型：纯合的 AAAA 和 aaaa 以及杂合的 AAAa、AAaa 和 Aaaa。它们产生的配子类型和后代的分离情况也和二倍体不同。如 AAaa 在没有发生基因交换的前提下，并且 A 对 a 是完全显性，那么在 AAaa 与 aaaa 的测交后代中便会得到 5A∶1a 的表现型比例；在 AAaa 的自交后代中则将出现 35A∶1a 的表现型分离（表 8-2），隐性个体出现的比例显然比二倍体类型中的 1/4 少了很多。

**表 8-2 同源四倍体 $F_2$ 单对基因的分离组合**

| ♀ | ♂ | | |
| --- | --- | --- | --- |
| | 1AA | 4Aa | 1aa |
| 1AA | 1AAAA | 4AAAa | 1AAaa |
| 4Aa | 4AAAa | 16AAaa | 4Aaaa |
| 1aa | 1AAaa | 4Aaaa | 1aaaa |

上述推论在曼陀罗、大丽菊、金鱼草等四倍体植物的试验中多次得到了验证。如曼陀罗花色试验见图 8-12。

### （三）异源多倍体

异源多倍体包括偶倍数的异源多倍体和奇倍数的异源多倍体，是物种演化的一个重要因

紫花（PPPP）×白花（pppp）

↓

$F_1$ 紫花（PPpp）

↓⊗

$F_2$ 35 紫花∶1 白花

图 8-12 曼陀罗花色试验

素。自然界中能够自繁的异源多倍体种都是偶倍数的。这种偶倍数的异源多倍体在被子植物中占 30%～50%，禾本科植物中约占 70%，如小麦、燕麦、甘蔗、棉花、烟草、苹果、梨、樱桃、菊花、大丽菊、水仙、郁金香等都属于这种类型。

在偶倍数的异源多倍体细胞内，由于每种染色体都有两条，同源染色体是成对的，所以减数分裂正常，表现与二倍体相同的性状遗传规律。

对异源多倍体的研究，一方面是分析植物进化的一个重要途径，同时也为人工合成新物种提供了理论基础。通过人工诱导多倍体的试验表明，使种间杂交然后染色体加倍是异源多倍体形成的主要途径。如据研究，普通小麦的起源进化模式之一如图 8-13 所示。

拟斯卑尔脱山羊草×一粒小麦

$2n=2x=BB=14=7Ⅱ$ ↓ $2n=2x=AA=14=7Ⅱ$

$F_1$ $2x=AB=14=7Ⅰ+7Ⅰ$（不育）

↓加倍

拟二粒小麦×方穗山羊草

$2n=4x=AABB=28=14Ⅱ$ ↓ $2n=2x=DD=14=7Ⅱ$

$F_1$ $3x=ABD=21=7Ⅰ+7Ⅰ+7Ⅰ$（不育）

↓加倍

斯卑尔脱小麦（普通小麦的原始类型）

$2n=6x=AABBDD=42=21Ⅱ$

↓基因突变、长期演化

普通小麦

$2n=6x=AABBDD=42=21Ⅱ$

图 8-13 普通小麦的形成过程

通过以上人工诱导多倍体的途径，揭示了小麦属从一粒小麦系到二粒小麦系，再到普通小麦系的演化过程。经过对异源六倍体小麦的分析，人们把来源于一粒小麦 A 染色体组的 7 条染色体分别命名为 1A、2A、3A、4A、5A、6A 和 7A，把来源于拟斯卑尔脱山羊草 B 染色体组的 7 条染色体分别命名为 1B、2B、3B、4B、5B、6B 和 7B，把来源于方穗山羊草 D 染色体组的 7 条染色体分别命名为 1D、2D、3D、4D、5D、6D 和 7D。A、B、D 3 个染色体组虽然是异源的，但号码相同的染色体如 1A、1B、1D 上可能有少数相同的基因，因而在遗传上它们有时可以互相替代，通常说这 3 个组的染色体有部分同源关系。当异源六倍体小麦（$2n=6x=AABBDD=42=21Ⅱ$）减数分裂时，正常情况下是 1A 与 1A、1B 与 1B、1D 与 1D 进行同源联会（autosynapsis），但有时 1A 与 1B 或 1D 发生联会，即异源联会（allosynapsis），这是它们之间有部分同源关系的表现。当某异源多倍体的不同染色体组之间部分同源的程度很高时，这种多倍体就被称为节段异源多倍体（segmental polyploid）。节段异源多倍体在减数分裂时，染色体除了像异源多倍体一样形成二价体外，还会出现或多或少的多价体，从而导致某种程度的不育。因此，原始亲本之间不同的性状在节段异源多倍体的后代中会发生分离，在异源多倍体中则不然，这是二者之间表现的重要区别。

不同的偶倍数异源多倍体杂交可产生奇倍数异源多倍体（图 8 - 14）。

普通小麦 × 圆锥小麦

$2n=6x=AABBDD=42=21Ⅱ$ $2n=4x=AABB=28=14Ⅱ$

↓

$F_1$ 异源五倍体

$5x=AABBD=35=14Ⅱ+7Ⅰ$

图 8 - 14 普通小麦与圆锥小麦杂交

形成的异源五倍体也称倍半二倍体，在育种工作中，可以作为染色体替换的手段。在自然界，奇倍数的异源多倍体难以存在，只能依靠无性繁殖的方法加以保存。

### （四）多倍体的形成途径及应用

**1. 多倍体形成的途径** 多倍体形成的途径主要有两种：

（1）染色体数未减半的配子结合。研究表明，这种方式是自然界产生多倍体的主要方式，因为植物的生殖细胞容易受外界因素的影响而产生变异，特别是在减数分裂过程中，外界条件（如温度）的剧烈变化常常会扰乱减数分裂的正常程序，进而形成染色体数没有减半的生殖细胞。

染色体数未减半的生殖细胞结合后，既可产生同源多倍体，也可产生异源多倍体。如果参与受精的雌雄配子的染色体数都没有减半，则受精个体发育成四倍体或其他偶数性多倍体。如果只有一方的是未减半的，则受精个体发育成奇数性多倍体，如三倍体的香蕉。

（2）由体细胞染色体或受精的合子加倍产生多倍体。分为两种情况，一种是二倍体亲本正常的配子受精后加倍，一种是原始亲本加倍后再进行交配。在自然界后者较多，人工创造多倍体这两种途径都是可行的。

人工创造多倍体最常用的方法是用秋水仙素处理。秋水仙素的主要作用是抑制分裂细胞纺锤丝的形成，使染色体不分向两极而产生多倍体细胞，这些细胞继续正常分裂产生多倍体的组织或个体。

**2. 人工诱发多倍体的应用** 在现代育种实践中，人工诱发多倍体主要用于解决远缘杂交的困难和培育新的作物类型或品种。

（1）克服远缘杂种的不育性。以八倍体小黑麦的选育为例，说明多倍体在解决远缘杂种不育中所起的作用。八倍体小黑麦的选育过程如图 8 - 15 所示。

普通小麦品种间杂种 × 黑麦

（AABBDD $2n=6x=42$） （RR $2n=2x=14$）

↓

$F_1$（ABDR $4x=28$）不育

↓染色体加倍

异源八倍体小黑麦（人工创造的新物种）

（AABBDDRR $2n=8x=56$）可育

↓品系间杂交选育

八倍体小黑麦新品种

图 8 - 15 八倍体小黑麦的选育过程

小麦与黑麦的杂种一代在减数分裂时，由于染色体组的差异而不能正常联会，因此是不育的，经过秋水仙素的加倍处理后形成偶倍数的异源多倍体，同源染色体都是成双的，因此可以正常联会，减数分裂末期同源染色体能够均衡地分配到各个配子中去，表现为可育。

（2）培育新的作物类型或品种。如育种实践中利用奇倍数的多倍体减数分裂过程中同源染色体不能正常联会，配子形成不正常，因而表现高度不育的特点，巧妙地培育出一些无籽果实，三倍体无籽西瓜便是一个成功的例证。其培育过程为：首先选用二倍体西瓜（$2n=2x=22=11\text{Ⅱ}$），子叶期以 0.2%的秋水仙素水溶液点滴处理其生长点，诱变出四倍体植株。将四倍体与二倍体间行种植，调节好花期，以四倍体为母本，二倍体为父本进行杂交，从四倍体植株上收获三倍体种子。第二年将三倍体种子与二倍体种子按（3～4）：1 的行比播种，用二倍体作为授粉株给三倍体授粉，便能诱发其果实发育产生三倍体无籽西瓜（图 8－16）。

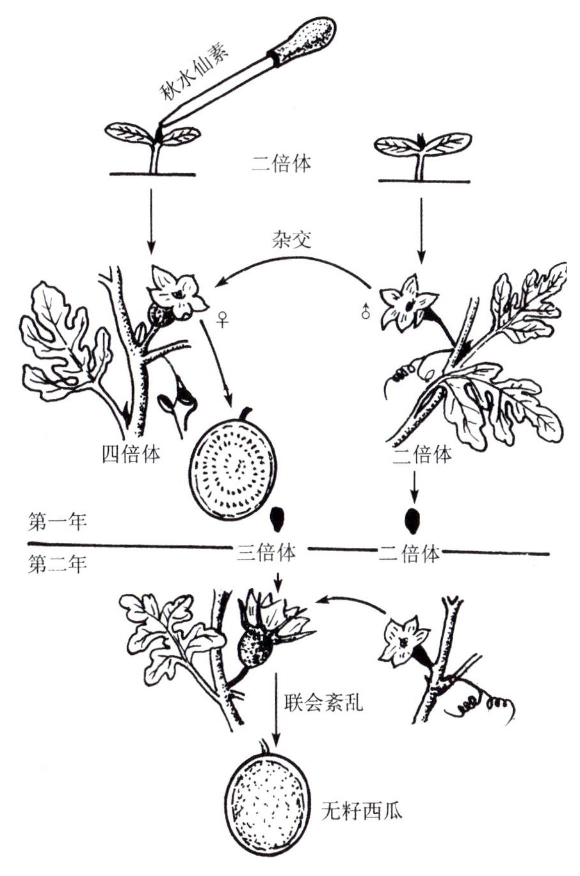


图 8－16　三倍体无籽西瓜的选育过程

（全国职业高中种植类专业教材编写组．1994．遗传与良种繁育）

除无籽西瓜外，目前已培育出很多同源多倍体类型在生产上利用。如多年生植物中的同源三倍体苹果（$2n=3x=51=17\text{Ⅲ}$）。一年生植物中，以下几种同源多倍体已有较大应用面积：三倍体甜菜（$2n=3x=27=9\text{Ⅲ}$），含糖量高于二倍体和四倍体；四倍体荞麦（$2n=4x=32=8\text{Ⅳ}$），产量高，抗寒性强；四倍体黑麦（$2n=4x=28=7\text{Ⅳ}$），在高寒地区比二倍体增产。

能直接利用的异源多倍体植物主要有自然形成的异源六倍体普通小麦、异源四倍体芥菜、异源四倍体欧洲油菜、异源四倍体陆地棉等，在生产上有很大种植面积；人工育成的异源八倍体小黑麦，具有穗大、粒大、抗病和抗逆性强的特点，在云贵高原的高寒地带种植，表现了一定的增产效果。

## 三、非整倍体及其遗传

非整倍体导致遗传上的不平衡，对生物体是不利的。非整倍体的出现，表明上几代曾经发生减数分裂或有丝分裂的不正常，其中最重要的是减数分裂时的不分离或提早解离，致使配子染色体少于或多于 $n$。

### （一）亚倍体

**1. 单体** 在自然界，有些物种的正常个体是单体，而单体染色体主要是性染色体。如蝗虫、蟋蟀、某些甲虫的雄性以及鸟类、家禽类和许多鳞翅目昆虫的雌性个体只有 1 条性染色体，它们都是 $2n-1$ 单体，能产生 $n$ 和 $n-1$ 两种配子，是正常可育的，这是长期进化的结果。

在植物中，二倍体物种的单体一般都不能存活，即使有少数存活下来也是不育的。而异源多倍体植物由于不同染色体组有部分相互补偿功能，单体是可以存在的，也能繁衍后代。如普通小麦（$2n=6x=$AABBDD$=42=21$Ⅱ）中已分离出 21 个单体，普通烟草（$2n=4x=$SSTT$=48=24$Ⅱ）中已分离出 24 个单体。

从理论上讲，单体自交会产生双体、单体和缺体，三者比例为 1∶2∶1（表 8-3）。

**表 8-3 单体自交**

| ♀ | ♂ | |
|---|---|---|
| | $n$（50%） | $n-1$（50%） |
| $n$（50%） | $2n$ | $2n-1$ |
| $n-1$（50%） | $2n-1$ | $2n-2$ |

实际上，单体在减数分裂时，形成的 $n$ 和 $n-1$ 配子不是 1∶1 的比例，$n-1$ 不正常配子的形成是大量的。这是因为成对染色体缺少一条后剩下的一条是个单价体，它常常被遗弃而丢失，故使 $n-1$ 配子增加。$n-1$ 配子对外界环境敏感，尤其是雄配子常常不育，所以 $n-1$ 配子多通过卵细胞遗传。如普通小麦单体 $n-1$ 配子的传递频率：用单体（$2n-1$）与双体（$2n$）杂交，单体作父本时，对 $F_1$ 进行细胞学鉴定，（$n-1$）配子传递率为 4%。$F_1$ 群体中（$2n-1$）单体有 0～10%，平均 4%，远小于理论值 50%；（$2n$）双体有 90%～100%，平均 96%，远大于理论值 50%。单体作母本时，（$n-1$）雌配子传递率为 75%。$F_1$ 群体中（$2n-1$）单体有 75%，远大于理论值 50%；（$2n$）双体有 25%，远小于理论值 50%。

**2. 缺体** 缺体是异源多倍体所特有的类型，一般来自单体的自交。有的物种如普通烟草的单体后代分离不出缺体，原因是缺体在幼胚阶段死亡。缺体只能产生一种 $n-1$ 配子，所以育性更低。可育的缺体一般都各具特征，如普通小麦的 3D 缺体（$2n-$Ⅱ$_{3D}$）籽粒为白色，5A 缺体（$2n-$Ⅱ$_{5A}$）发育成斯卑尔脱小麦的穗型等。

### （二）超倍体

与亚倍体相比，超倍体多出 1 条或若干条染色体，虽说是不平衡的，但对生物体的影响小一些。超倍体既可在异源多倍体的自然群体内出现，也可在二倍体的自然群体内出现。如玉米、曼陀罗、大麦、水稻、番茄等二倍体物种中都曾分离出全套的三体。

**1. 三体** 三体是细胞内某一对同源染色体增加了 1 条，染色体数由原来的 $2n$ 变成了 $2n+1$，或者说，染色体由原来的 $n$ 对（$n$Ⅱ）变成了 $n$Ⅱ$+1$。在三体中，有 1 对染色体有 3

个成员，而其余的 $n-1$ 对染色体仍是 2 个成员，所以三体又可表示为（$n-1$）Ⅱ＋Ⅲ，即 $2n+1=n$Ⅱ＋Ⅰ＝（$n-1$）Ⅱ＋Ⅲ。

三体的来源和单体一样，主要是减数分裂异常造成的，所不同的是三体在植物中经常出现。人为地产生三体植物可以先用同源四倍体与二倍体杂交，得到三倍体再与二倍体回交，三倍体产生的 $n+1$ 配子与二倍体的正常配子 $n$ 结合，便生成三体类型。

三体减数分裂时，理论上应该产生 $n$ 和 $n+1$ 两种数量相等的配子，事实上因为多出来的一条染色体在后期Ⅰ常有落后现象，致使 $n+1$ 配子通常少于50%。一般情况下，$n+1$ 型的雄配子不易成活，所以 $n+1$ 型配子大多也是通过卵细胞遗传的。

**2. 四体** 四体（$2n+2$）的特征是体细胞中（$n-1$）对染色体都是成对存在的，但有一对增加了 2 个同源染色体，成为由 4 个成员组成的同源组（Ⅳ）。绝大多数四体（$2n+2$）来源于三体子代群体。因为三体可产生 $n+1$ 的雌、雄配子，二者受精后即可形成四体。四体在偶线期因一个同源组有 4 条同源染色体，可以联会成（$n-1$）Ⅱ＋1Ⅳ，还可以联会成（$n+1$）Ⅱ。

四体在减数分裂时，4 条染色体首先联会，但联会的同源区段很短，交叉数较少，容易发生不联会和提早解离。因为同源染色体属于偶数的，所以后期Ⅰ多数为Ⅱ＋Ⅱ均衡分离，产生 $n+1$ 型配子。四体的自交后代会分离出四体，少数四体可以形成100%的四体子代。可见四体的稳定性远大于三体。四体染色体上的基因分离与同源四倍体同源组的染色体分离相同。

在异源多倍体中有时出现“四体-缺体”植株，指的是某一同源组有 4 条同源染色体，而另外一个染色体组与四体组有同源关系的一对染色体均缺失。异源多倍体的“四体-缺体”植株可育，因为多的 2 条染色体可以弥补缺失的 2 条染色体所造成的遗传上的不平衡。如普通小麦 $2n+\text{II}_{2A}-\text{II}_{2B}$“四体-缺体”品系或 $2n+\text{II}_{2A}-\text{II}_{2D}$“四体-缺体”品系都是可育的。

### （三）非整倍体的应用

**1. 测定基因所在的染色体** 如分析小麦京红 1 号的长芒性状时，使它和“中国春”21 个无芒单体品系分别杂交，多数 $F_1$ 表现无芒，而与单体 4B、5B、6B 杂交的 $F_1$ 中出现了无芒和长芒性状分离，表明京红 1 号中控制长芒性状的基因在染色体 4B、5B 和 6B 上。

在异源多倍体植株中，利用单体测定某基因所在染色体，是确定基因连锁群的一个重要方法。异源多倍体的不同染色体组之间存在着部分同源的关系，有许多异位同效基因，可用单体测定法确定异位同效基因所在的染色体。如经测定控制普通小麦粒色的基因 $R_1-r_1$、$R_2-r_2$、$R_3-r_3$ 分别位于 3D、3A、3B 之上。现已利用单体测定法鉴定了普通小麦和普通烟草的许多异位同效基因所在的染色体。

**2. 有目标地更换染色体，引入有利基因** 如假设某抗病基因 R 位于小麦的 6B 染色体上，现有一抗病品种综合性状较差，另有一感病品种其他性状优良，最理想的育种方案是把感病品种的 6B 染色体换成抗病品种的 6B 染色体，可以利用单体进行。具体方案如下：

先将感病品种转育成 6B 单体，再用该单体与抗病小麦杂交，在其后代中根据单体的特殊性状将单体选出，则此单体应是带有抗病品种 6B 染色体的个体。再经过多代回交，每次选择抗病且其他性状优良的单体植株，最后使单体自交，在后代中淘汰单体和缺体，则可以获得带有抗病品种 6B 染色体纯合体的植株。

此外，非整倍体产生的某些性状变异，在观赏植物中往往有特殊利用价值，但只能用无性繁殖方法加以保存。如菊花的多数品种是六倍体，$2n=6x=54$，但存在许多非整倍体，产生了形形色色的观赏类型。如欧洲的栽培菊品种染色体数在47～63，日本的栽培菊品种染色体数在53～67，我国的栽培菊品种染色体数则在53～55，染色体数多的一般是大菊品种。

## 复习思考题

1. 名称解释

缺失、重复、倒位、易位、假显性、位置效应、剂量效应、染色体组、染色体基数、整倍性变异、整倍体、非整倍性变异、非整倍体、单倍体、同源多倍体、异源多倍体、超倍体、亚倍体

2. 一株基因型Cc的玉米是第9染色体的缺失杂合体，糊粉层有色基因C在缺失染色体上，与C等位的无色基因c在正常染色体上。玉米的缺失染色体一般是不能通过花粉而遗传的。在一次以该玉米植株为父本与染色体正常的cc纯合体为母本的杂交中，10%的$F_1$籽粒是有色的。试解释发生这种现象的原因。

3. 某生物有3个不同的变种，各变种的某染色体的区段顺序分别为ABCDEFGHIJ、ABCHGFIDEJ、ABCHGFEDIJ。试论述这3个变种的进化关系。

4. 某个体有一对同源染色体的区段顺序有所不同，一个是12·34567，一个是12·36547（“·”代表着丝点），试解答下列问题：

（1）这对染色体在减数分裂时是如何联会的？

（2）如果在减数分裂时，5与6之间发生了一次非姊妹染色单体的交换，图解说明形成的四分体的染色体结构，并指出所产生配子的育性。

5. 某一基因型为AA的正常品系与另一基因型为aa的易位纯合体杂交，$F_1$表现半不育，问：$F_1$半不育的原因是什么？

6. 一个基因型为AAaa的同源四倍体，假定只产生二倍体配子，那么它能产生的配子类型和比例如何？该四倍体自交产生的后代基因型及比例如何？

7. 以二倍体西瓜为材料，设计三倍体西瓜的培育过程，并解释三倍体西瓜高度不育的原因。

8. 一般认为烟草是两个野生种*N. sylvestris*（$2n=24=12\text{II}=2x=SS$）和*N. tometoformis*（$2n=24=12\text{II}=2x=TT$）合并起来的异源四倍体（$2n=48=24\text{II}=SS\ TT$）。某烟草单体（$2n-1=47$）与*N. sylvestris*杂交的$F_1$群体内，有些植株有36条染色体，有些植株是35条染色体。细胞学检查表明，35条染色体的植株在减数分裂时联会成11个二价体和13个单价体。请回答下列问题：

（1）该单体所缺的那个染色体是属于S染色体组，还是属于T染色体组？

（2）如果所缺的染色体是属于你没有选择的那个染色体组，上述35条染色体的植株在减数分裂时应该联会成几个二价体和几个单价体？

9. 三体的$n+1$胚囊的生活力一般都远比$n+1$花粉强。假设某三体植株自交时参与受精的$n+1$胚囊占50%，而参与受精的$n+1$花粉占10%，试分析该三体植株的自交子代群体内四体、三体和正常$2n$双体各占多大频率？

10. 试述非整倍体的应用。

# 第九章　细胞质遗传

**柯伦斯**（Carl Erich Correns，1864—1933）

遗传学家和植物学家，出生于德国慕尼黑，很小就成为孤儿，在亲戚的抚养下长大成人，上大学时攻读植物学。1892 年，开始进行植物遗传试验。1900 年，论文《杂种后代表现方式中的孟德尔定律》的发表对孟德尔遗传规律的再发现起了十分重要的作用。1909 年他和鲍尔（E. Bauer）在研究植物花斑遗传时，发现某些植物叶绿体缺失的非孟德尔式遗传，成为细胞质遗传的奠基人。

前几章所介绍的遗传现象和规律都是受存在于细胞核内的染色体上的基因，即细胞核基因所控制。由核基因所决定的遗传现象和遗传规律称为细胞核遗传或核遗传（nuclear inheritance）。核遗传在遗传学的发展过程中有非常重要的地位。随着遗传学研究的不断深入，人们发现细胞核遗传并不是生物唯一的遗传方式。生物的某些遗传现象并不是或者不全是由核基因所决定的，而是取决于或部分取决于细胞质内的基因。除核基因外，细胞内还存在着其他遗传系统。

遗传学上将真核细胞细胞质基因所决定的遗传现象和遗传规律称为细胞质遗传（cytoplasmic inheritance）。由于细胞质基因存在于染色体之外，所以细胞质遗传又称为染色体外遗传（extrachromosomal inheritance）、非染色体遗传（non-chromosomal inheritance）、核外遗传（extranuclear inheritance）、非孟德尔遗传（non-Mendelian inheritance）、母体遗传（maternal inheritance）。

## 第一节　细胞质遗传的现象和特征

### 一、细胞质遗传现象的发现

柯伦斯（Correns，1908）观察到一项正反交实验结果的差异，首先报道了偏离孟德尔遗传的现象。紫茉莉（*Mirabilis jalapa*）是其研究的植物之一。紫茉莉中的花斑植株上着生绿色、白色和花斑 3 种枝条，而且白色和绿色组织间有明显的界线。以这 3 种枝条上的花做母本，成对授以 3 种枝条上的花粉，在杂交后代中得到如表 9-1 所示的结果。

**表 9-1　紫茉莉花斑性状的遗传**

| 接受花粉的枝条 | 提供花粉的枝条 | 杂种实生苗的表现 |
|---|---|---|
| 白色 | 白色、绿色、花斑 | 白色 |
| 绿色 | 白色、绿色、花斑 | 绿色 |
| 花斑 | 白色、绿色、花斑 | 白色、绿色、花斑（但不成比例） |

因此，他认为花斑性状是通过母本的细胞质传递的，而与父本花粉携带的基因没有直接的关系。

## 二、细胞质遗传的特征

如上所述，在有性繁殖过程，细胞质主要是由卵细胞提供，所以，一切受细胞质基因所决定的性状，其遗传信息只能通过卵细胞传递给子代，这种特点决定了细胞质遗传的特征，如果在试验中出现以下任何一种情况，就值得考虑有关性状是属于非染色体遗传的范畴：

（1）正交与反交的结果不同，这一判断标准适用于高等植物和某些微生物。

（2）两亲本杂交后，子代自交或与亲本回交，表现不分离现象。

（3）通过回交、核移植等方法，将母本的细胞核置换以后，仍然表现该母本的性状。

（4）通过注射、接合转移等方式把一种生物的细胞质或 DNA 分子转移到另一生物中，如果受体由此而获得供体的某一性状。

（5）某些染色体外遗传的性状可以由于环境的改变而消除。如吖啶类染料可以使一些抗药性细菌变为敏感性细菌；加速草履虫放毒品系的分裂速度，可以使它变为非放毒品系等。染色体基因突变可以通过回复突变而成为原来的野生型，如果被消除的性状不再重复出现，则说明这些性状的遗传受控于非染色体的遗传因子。

（6）无法进行基因定位。

## 三、母性影响

上述细胞质遗传的特征是区别于核遗传的主要标志，为了更好地区分核遗传和细胞质遗传，下面举一个母性影响的例子。

母性影响（maternal influence）所表现的遗传现象与细胞质遗传十分相近，但这种遗传现象并不是由细胞质基因所决定，而是由积累在卵细胞中的核基因的产物所决定的。由于卵细胞质中存在着来自母体的某些代谢产物，使子代的性状并不由本身的基因型决定而与雌亲相似。其本质是核遗传范畴中的前定作用（pre-determination）或延迟遗传（delayed inheritance）。椎实螺（*limnaea pregre*）的外壳旋转方向的遗传就是母性影响的典型例子。

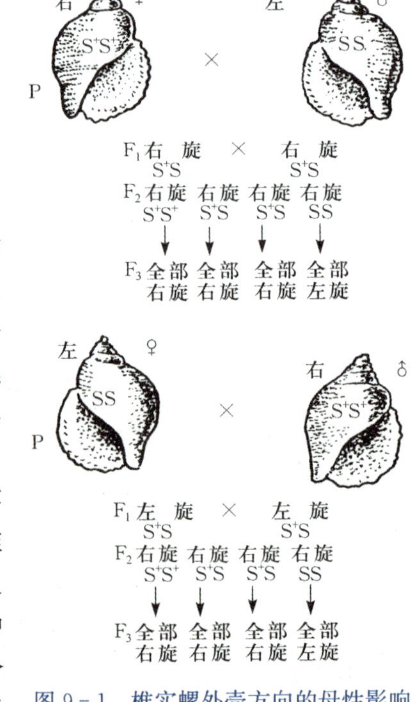

图 9-1　椎实螺外壳方向的母性影响

椎实螺螺壳旋转方向有左旋和右旋之分，右旋椎实螺×左旋椎实螺，$F_1$ 表现右旋；左旋椎实螺×右旋椎实螺，则 $F_1$ 为左旋，这很像细胞质遗传。但是，正反交 $F_1$ 群体内的雌、雄交配或自体受精（椎实螺是一种雌雄同体的软体动物），$F_2$ 全部表现右旋，不发生分离，这既不符合母体遗传，也不符合孟德尔遗传。但 $F_3$ 每个杂交组合的群体内却呈现右旋和左旋 3∶1 的分离（图 9-1），这显然属于孟德尔的分离规律，只是分离晚了一个世代。

后来研究发现椎实螺外壳旋转方向是由受精卵第一次和第二次分裂时的纺锤体分裂方向所决定。受精卵的纺锤体向中线的右侧分裂时为右旋，反之为左旋。纺锤体的这种分裂行为是由受精前的母体基因型决定的。

## 第二节　细胞质遗传的物质基础

细胞质遗传和核遗传一样，性状的表现都是受基因控制。与核基因相同的是细胞质基因也是 DNA 分子上的一段特异遗传功能的专一核苷酸序列。所不同的是这些基因的载体不同；基因的分离和分配不同。

### 一、细胞质基因的存在

细胞质基因和核基因一样，都有载体。核基因的载体是染色体，而细胞质基因的载体是存在于细胞质中的细胞器，如动、植物的线粒体，植物的叶绿体等；寄生于细胞质中的某些附加体和共生体，如大肠杆菌的 F 因子、草履虫的卡巴粒、果蝇的 σ 因子等。前者被称为细胞器基因组，后者被称为非细胞器基因组。一个细胞中的各种细胞质基因总称为细胞质基因组（图 9 - 2）。

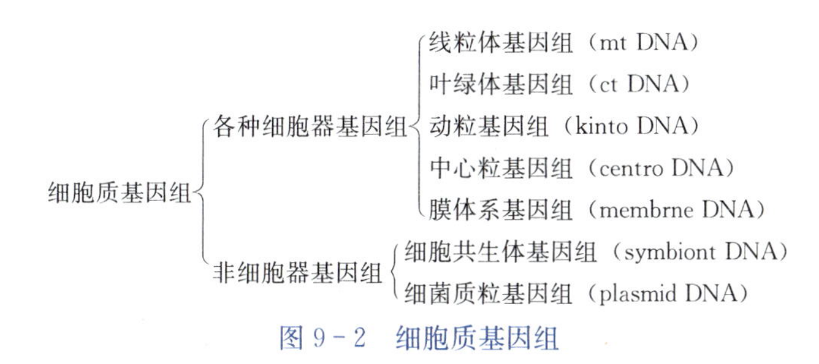


图 9 - 2　细胞质基因组

#### （一）叶绿体 DNA

叶绿体 DNA(ct DNA) 仅占细胞 DNA 总量的 2%～4%，是闭合的双链环状分子，分子长度约为 40μm(±10%)。多数高等植物的 ctDNA 约为 150kb（如水稻 ctDNA 为 134.525kb，烟草 ctDNA 为 155.844kb)，每个叶绿体内含有 30～60 个叶绿体基因组的复本，而一个细胞中约有几千个 ctDNA 分子。每个 ctDNA 大约能编码 126 个蛋白质，ctDNA 序列中的 12%专门为叶绿体的组成编码。在细胞核中，核 DNA 与蛋白质组成复合体，即以染色体的形式存在，因而有构型的稳定性。与此相比，ctDNA 则不与任何蛋白质组成复合体，而与细菌的 DNA 相似。

#### （二）线粒体 DNA

真核细胞中的线粒体 DNA（mt DNA）绝大多数是一种裸露的双链闭合环形分子，也有线形的，不同物种间大小差异很大。如人类为 16.6kb，一般动物为 36kb，酵母菌为 85kb，衣藻为 15%，玉米为 575kb，都为环状；但属于原生动物的草履虫的 mt DNA 为 50kb 的线性分子。

mt DNA 与核 DNA 有明显不同：①mtDNA 的浮力密度比较低（浮力密度是通过密度离心法测得的 DNA 分子质量的一种度量，其单位是 $g/cm^2$）；②mtDNA 的碱基成分中，G、C 的含量比 A、T 少；③mtDNA 两条链的密度不同，一条称为重链（H 链），另一条称为轻链（L 链）；④mtDNA 分子非常小，仅为核 DNA 的十万分之一。

### （三）质粒和共生体

**1. 质粒** 质粒（plasmid）是指细菌、酵母和放线菌等生物细胞中，独立于染色体以外的单一的 DNA 分子。其分子大小范围可从 1kb 左右到 1000kb。通常质粒都是共价闭合环状的双链 DNA（covalent closed circular DNA，cccDNA），它是一种自主的遗传成分，能独立地进行自我复制。大部分质粒在染色体外；某些质粒既能独立于细胞中，也能整合到染色体上，这种质粒被称为附加体（episome）。大肠杆菌的 F 因子（fertility factor，致育因子）是质粒研究常用的对象，除 F 因子以外，R 质粒（resistance factor，抗性质粒）和 Col 质粒（colicin，大肠杆菌毒素质粒）也常被遗传研究引用。随着研究工作的深入和进展，新的质粒将会被不断地发现。质粒在遗传工程研究中被用作基因的载体。

**2. 共生体** 在染色体外遗传系统中，除了质体、线粒体等细胞器和细菌质粒以外，在某些生物的细胞中还有另一类细胞质颗粒，它们并不是细胞生存的必需组成部分，而是以某种共生的形式存在于细胞之中，这种细胞质颗粒被称为共生体（symbionts）。共生体能够自我复制或在寄主细胞核基因组作用下进行复制，连续地保持在寄主细胞中，并对寄主的表现型产生一定的影响，产生类似于染色体外遗传的效果。

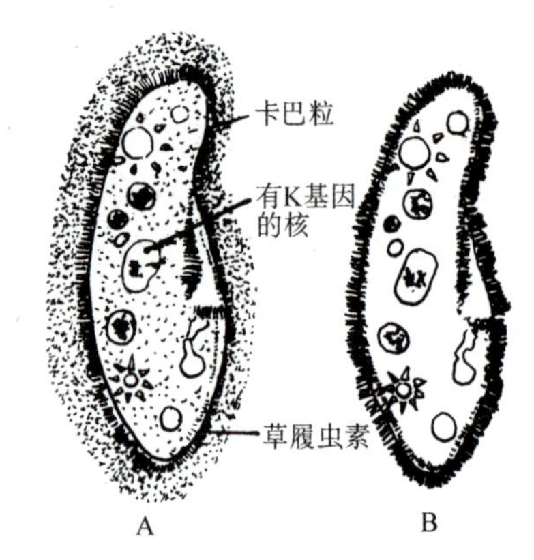


图 9-3 草履虫

A. 放毒型，体内含有卡巴粒，在体外的液体培养基中有草履虫素，核内含有 K 基因

B. 敏感型，体内没有卡巴粒，也不能释放草履虫素，核内含有隐性基因 k

最常引用的共生体颗粒是草履虫细胞质中存在的卡巴粒（kappe particle）（图 9-3）。

现在已经知道，卡巴粒直径大约 0.2μm，相当于一个小型细菌的大小。这种颗粒外面有两层膜。外膜好像细胞壁，内膜是典型的细胞膜结构。卡巴粒内含有 DNA、RNA、蛋白质和脂类物质。不仅这些物质的含量与普通细菌的含量相似，而且，卡巴粒中的 DNA 的碱基比例与草履虫小核和线粒体的 DNA 不同，卡巴粒中的细胞色素也与草履虫的不同，而与某些细菌的相似。考虑到草履虫没有卡巴粒也能正常生存，因此人们认为卡巴粒其实是一种共生型细菌，并定名为有螺旋形带子的散毒菌（*Caedobacter taeniospimlis*）。

## 二、核基因、细胞质基因与性状表现

### （一）核基因和细胞质基因共同控制性状的表现

细胞质和细胞核是细胞不可分割的组成部分。在基因对性状的控制上，细胞质基因与细胞核基因是相互依赖、相互联系和相互制约的。细胞质基因虽有自己的遗传体系，但与核基因相比，它的功能是不完善的，并且在很大程度上受核基因控制，或者说与核基因一起实现对某一性状的控制。其中核基因是占主导和支配地位的。如细胞质内的细胞器，如线粒体的建造，是核基因和细胞质基因共同控制的。线粒体上的大部分蛋白质是由核基因编码的，而少量内膜上的蛋白质是由细胞质基因决定的。又如在有些基因的调控系统中，编码阻遏蛋白的调节基因存在于细胞质内，而操纵与结构基因存在于核内。核基因与细胞质基因共同控制某种性状的表现在植物中普遍存在，其中质核互作型雄性不育就是一典型实例（详见本章第三节内容）。

### （二）核基因引起细胞质基因突变

在玉米中有 50 多个核基因与叶绿体的变异有关，其中还发现了一种由染色体基因所引发的叶绿体的不可逆变异，这种变异一经发生便表现为细胞质遗传。罗兹（Rhoades，1943）报道，玉米的第 7 条染色体上有一个控制白色条纹的基因（ij），纯合的 ijij 植株的叶片表现为白色和绿色相间的条纹。绿色部分能进行光合作用，使植株正常发育。以这种条纹植株与正常绿色株进行正反杂交，并将 $F_1$ 自交或回交其结果如图 9－4 所示。

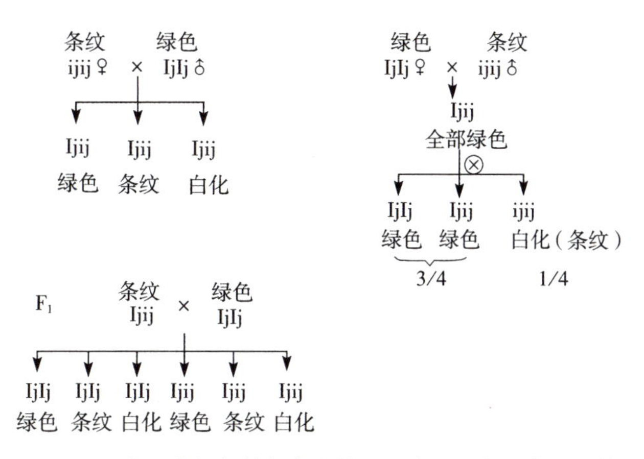


图 9－4　玉米正常绿色株与条纹株正反交、回交和自交的结果

当以绿色株为母本时，$F_1$ 全部是正常绿色，$F_2$ 出现绿色与白化（致死）或条纹株 3∶1 的分离。当条纹株为母本时，$F_1$ 出现正常绿色、条纹和白色株，并且这三类植株的比例不定。如果将 $F_1$ 的条纹株与正常绿色株回交，后代仍然出现比例不定的三类植株。继续用正常绿色株做父本与条纹株回交，ij 基因被全部取代，仍然未发现父本对这个性状的影响。

### （三）核基因决定细胞质基因的存在

双核草履虫有一个特殊的品系，体内有卡巴粒存在。它可以分泌毒素，毒死其他品系。决定是否放毒，有两个遗传因素：①存在于细胞质内的卡巴粒，②核内的显性基因 K。只有核内有 K 基因，细胞质内又有卡巴粒存在时，才能保证放毒。但是显性基因 K 本身不产生卡巴粒，也不含有决定草履虫毒素产生的遗传信息，它的唯一作用是使卡巴粒在细胞质内继续存在。如果草履虫的核基因型是 KK 或 Kk，而不含卡巴粒，它也不会产生出卡巴粒；如果亲代核基因型是 kk，细胞质内即使有卡巴粒，这种卡巴粒也不会稳定遗传，而在子代逐渐消失。其遗传动态如图 9－5 所示。

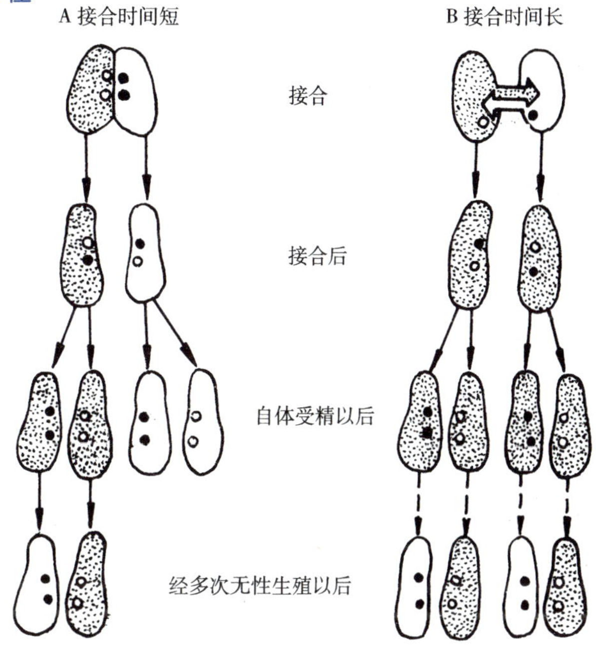


图 9－5　双核草履虫放毒性的遗传

●代表携带 k 基因的小核；○代表携带 K 基因的小核；细胞质内的小黑点代表卡巴粒；有黑点的为放毒型，无黑点的为敏感型

# 第三节 植物的雄性不育的分类及花粉败育的特点

## 一、植物雄性不育的分类

植物雄性不育（male sterility）是指由于生理上或遗传上的原因所造成的花粉败育。前者被称为生理性雄性不育，生理性雄性不育是正常可育基因型植株在雄性发育过程中遇到不利条件，如极端温度、光照不足、干旱、化学药物处理等引起的，它是暂时的、不遗传的。后者被称为遗传性雄性不育。遗传学所讨论的雄性不育一般是指后者。所以，植物的雄性不育可定义为：雌性性器官正常产生可育配子，而雄性性器官不正常，不能产生或只产生不育的雄配子的遗传现象。根据雄性不育发生的遗传机制不同，又可分为细胞核雄性不育（NMS）和细胞质-核互作雄性不育（即细胞质雄性不育，CMS）。随着研究的深入，人们发现还存在着第三种形式的雄性不育性，即生态遗传雄性不育（EGMS），这种雄性不育性是受特定基因型控制，并由特定的生态因子引发，可以通过遗传加以利用的雄性不育类型（也有人称为生境敏感雄性不育类型）。换言之，生态遗传雄性不育是具有雄性不育基因型的植株在一定生态条件下雄性不育，而在适当条件下恢复可育的不育类型。尽管这种不育性像生理性雄性不育类型一样只要条件适合就能恢复育性，但其不育性是可遗传的，是由特定的基因型决定的。借助于植物的雄性不育性可大规模地杂交生产杂种种子，更广泛地利用多种作物的杂种优势。为了便于对植物雄性不育有系统性的了解，现将植物雄性不育分类于图 9－6。

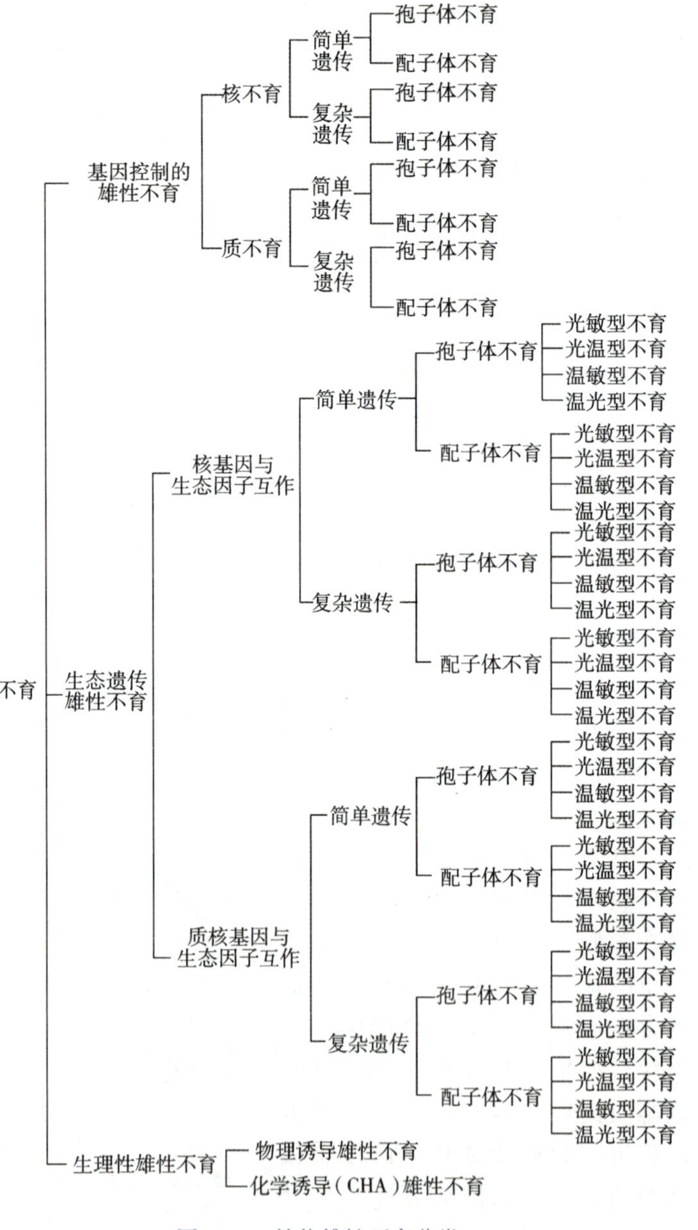


图 9－6 植物雄性不育分类

植物的雄性不育现象在被子植物中是非常普遍的，从理论上讲，任何一种植物都会产生雄性不育。早在1763年就有过雄性不育的报道，据Kaul（1988）统计，已在43个科162个属320种植物中发现617例天然的或种属间杂交来源的雄性不育。一种植物中可能有数十种CMS来源，分属几种不同类型，而NMS类型则更多。

## 二、植物花粉的败育时期及败育特点

植物雄性配子体的发育可划分为若干时期，在各个时期都有败育的可能。双子叶植物比单子叶植物的败育往往早一些。绝大部分雄性不育类型的花粉败育发生在四分孢子期到有液泡的双核花粉期，其中以早期无液泡的小孢子期为最常见。

王培田（1976）把雄性孢子的发育和败育划分为10个时期：

**1. 雄蕊形成期** 雄蕊包括花药和花丝，都是雄蕊原始体的分化产物。花丝畸形必然影响花药发育，花药畸形（花瓣化、雌蕊化或发育异常）往往使花粉不能正常发育。烟草、棉花及禾谷类都有这种现象。

**2. 花粉母细胞期** 造孢组织的造孢细胞经过几次有丝分裂产生一个较大的花粉母细胞。在它周围有一层胶状物质称为胼胝质。水稻、玉米及青椒都有花粉母细胞退化而产生的无花粉不育现象。

**3. 二分孢子期** 减数分裂第一次分裂产生的2个子细胞被称为二分孢子，它们被包裹在同一胼胝质壁内，因此又称为双孢体。小麦、水稻都有此时表现异常的类型。

**4. 四分孢子期** 减数分裂第二次分裂产生的4个小孢子仍处于同一胼胝质壁内，称为四分孢子。一般来说，双子叶植物比单子叶植物发生减数分裂异常的概率高。胼胝质壁对花粉母细胞的发育有保护作用，四分孢子成熟后，包围着它的胼胝质壁被新生的胼胝层酶溶解，释放出4个小孢子，如果胼胝壁过早消失，常会导致花粉母细胞或小孢子的相互粘连，形成多倍体细胞或不能分离的小孢子。

**5. 单核早期** 刚从四分孢子游离出来的小孢子是较小的球形细胞，它本身的养分已消耗殆尽，如果不能从花药内部的毡绒层细胞获得充足的营养，就会停止发育而死亡。单子叶植物及双子叶植物都有此时败育的雄性不育。其主要特征是花粉粒小而皱缩，呈不规则形，对碘溶液没有染色反应，被称为典型的雄性不育，简称为典败。

**6. 单核中期** 花粉粒此时因养分不足或其他原因而停止发育，表现为无液泡的圆球形，对碘液无染色反应，简称圆败。双子叶及单子叶植物都有这种败育类型。

**7. 单核后期** 即单核靠边期。水稻、高粱和玉米都有此时败育的，表现为有液泡的圆败型。

**8. 双核前期** 此时花粉细胞质内尚未积累淀粉，液泡也未消失，但是原生质较为黏稠，败育的花粉可以被碘液染成浅棕色。水稻及其他一些单子叶植物常有此类败育现象。

**9. 双核后期** 双核花粉进一步从瓦解的毡绒层细胞摄取养分，积累了大量淀粉及其他营养物质，液泡消失，可以被碘溶液染成棕红色（支链淀粉）或蓝黑色（直链淀粉）。此时败育的花粉称为染败型。仅见于单子叶植物如水稻、小麦等。小麦k型不育系的属此类。

**10. 三核期** 大多数植物正常开花时散出的花粉仍是双核花粉。它落在雌蕊的柱头上，从萌发孔中长一个花粉管，在管内生殖核再进行有丝分裂，成为两个精核。它们与原有的营养核组成三核花粉。水稻及有些植物的花粉在开花前已通过两次有丝分裂，形成了三核花粉，水稻B型不育系的花粉有此时败育的现象，仍属于染败型。

## 三、雄性不育性表达的复杂性

### （一）雄性完全不育与部分不育

前述单基因控制的隐性雄性不育性和显性雄性不育性都是完全的不育性，即雄性不育株的花粉全部是不育的，套袋自交时完全不结实。但如果不育性的受控基因对数较多，就有可能出现不完全的不育性。事实上，由于雄性育性是一个受生境条件影响的发育性状，生长环境不适合可能模糊可育与不育之间的界限，所以由一对隐性不育基因控制的不育性也可能是部分不育的；由两对或几对基因控制的也可能是完全可育的。

无论是核不育，还是质不育，雄性不育性的表现是复杂的，为了便于比较和讨论，往往根据自交结实率把雄性不育性划分成各不相同的不育度等级。不同植物划分不育度等级可以有所不同。如水稻雄性不育性的不育度等级可分为：

（1）全不育。自交结实率为0。

（2）高不育。自交结实率为1%～10%。

（3）半不育。自交结实率为11%～50%。

（4）低不育。自交结实率为51%～80%。

（5）正常育。自交结实率为80%以上。

### （二）雄性不育性中的孢子体不育和配子体不育

孢子体不育与配子体不育是说明育性基因的表达时期。孢子体不育是指花粉的育性受孢子体（植株）基因型的控制，而与花粉本身所含的基因无关。如果孢子体的基因型是rfrf，则全部花粉败育；基因型为RfRf，全部花粉可育；基因型为Rfrf，产生的花粉有两种，一种是Rf，另一种是rf，这两种花粉都有授粉结实能力，自交后代表现为花粉育性株间分离。配子体不育是指花粉的育性直接受雄配子体（花粉）本身的基因所决定。如果雄配子体内的核基因为Rf′，则该配子可育，如果雄配子体内的核基因为rf′，则该配子不育，基因型为Rf′rf′的植株表现株内花粉育性分离（表9-2）。

**表9-2　孢子体（2*n*）不育与配子体不育的两种杂合可育株（Rfrf与Rf′rf′）遗传特性比较**

| 花粉 | | | | | |
|---|---|---|---|---|---|
| 卵 | 孢子体的杂育株 | | 卵 | 配子体的杂育株 | |
| | Rf有效 | rf有效 | | Rf′有效 | rf′无效 |
| Rf有效 | RfRf | Rfrf | Rf′有效 | Rf′Rf′ | — |
| rf有效 | Rfrf | rfrf | rf′有效 | Rf′rf′ | — |
| 分离比率 | 3可育∶1不育 | | 分离比率 | 2可育∶0不育 | |

在雄性不育性中，孢子体雄性不育比较常见，包括大多数CMS和NMS类型。配子体不育性比较少见，目前已报道的有水稻BT-CMS、HL-CMS、玉米S-CMS、高粱$A_3$-CMS等类型。

# 第四节 基因控制的雄性不育的遗传特点及利用原理

## 一、核基因控制的雄性不育性的遗传特点及利用原理

### (一) 核基因控制的雄性不育性的特征

完全受核基因控制的植物雄性不育为核不育。核不育有4个显著特征。

**1. 核不育多是基因突变的结果** 在自然界中发现的不育株更多的是核不育类型;而人工采用离子辐射、中子照射、烷化剂、抗生素等理化因素处理,虽然都能诱导植物雄性不育突变,这种突变既可能是核基因突变,也可能是细胞质基因突变,但主要是隐性核基因不育突变。

**2. 核不育与细胞质基因无关** 不论用什么基因型个体给雄性不育株授粉,雄性不育性都无法完全保持,这是核不育型的一个最重要的特征。

**3. 核不育花粉败育早而彻底** 所谓早是说核不育往往在减数分裂期间就发生了败育;所谓彻底是指不育株不能形成性细胞,所以核不育多属于无花粉类型的雄性不育。

**4. 核雄性不育性多属于质量性状** 一般受一个或一对主效基因控制。但在小麦、水稻等作物中也发现有受多对核基因累加控制的雄性不育性。

### (二) 隐性核不育与显性核不育利用原理

控制花粉正常育性的基因绝大多数是显性基因,但偶尔也能遇到显性不育而隐性可育的例子。

**1. 隐性雄性不育** 它们往往是由正常纯合可育株(RfRf)突变产生的杂合可育株(Rfrf),再经自交分离产生的隐性纯合体(rfrf)。

杂合可育株能产生正常花粉,它的自交子代按3∶1分离出可育株与雄性不育株。雄性不育株没有正常花粉,不能自交,它与杂育株(Rfrf)杂交,杂交子代按1∶1分离出雄性不育株与杂合可育株。因为杂育株能使子代群体保持有一半的雄性不育株,所以有人把这种杂育株称为半保持系。也有人把这种雄性不育株和杂育株的混合系称为两用系。其利用原理见图9-7。番茄、大白菜和萝卜等蔬菜作物由于繁殖系数高,用种量小,所以可以利用隐性核不育系配制杂交种。

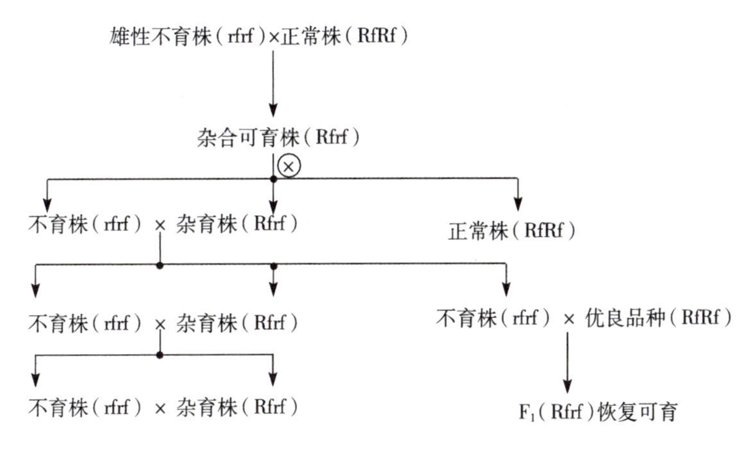


图9-7 隐性雄性不育的遗传和利用原理

**2. 显性雄性不育** 一般表现为显性单基因不育。在棉花、小麦、莴苣、马铃薯、亚麻、谷子及红胡麻草中都发现了显性雄性不育现象。这种雄性不育性也是基因突变的结果。

显性雄性不育株有两个特点，即雄性不育性只能通过母本遗传以及其杂交子代按1∶1分离出雄性不育株和可育株。因此，显性雄性不育性一般不适宜直接用于杂种优势利用。但显性雄性不育性可以作为杂交及轮回杂交的母本，用于群体改良。人们可以从这种改良群体中分离出新的育性正常的纯系。其利用原理见图9-8。

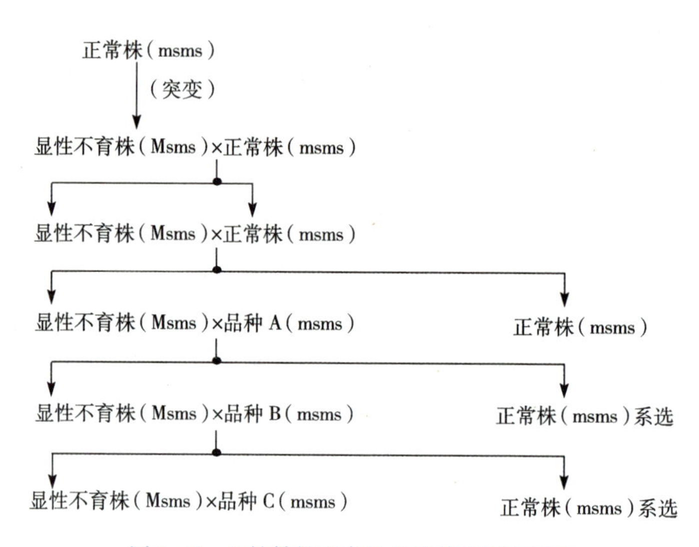


图9-8 显性雄性不育性的遗传和利用原理

## 二、细胞质雄性不育性的遗传特点及利用原理

### (一) 细胞质雄性不育性的特点

**1. 细胞质雄性不育与核不育的最大区别是其可以找到保持系** 即细胞质雄性不育性既可被完全保持又可被恢复。能够保持细胞质雄性不育系不育性的品系为保持系（习惯上将保持系称为B系，而不育系称为A系)。不育系（S/rfrf）与保持系（N/rfrf）核内都有纯合的雄性不育基因rf，而不育系的细胞质内又有细胞质不育基因S，S与rf互作表现雄性不育性。保持系细胞质内有细胞质可育基因N，N抑制核内不育基因的表达，表现为雄性可育。能够使雄性不育系恢复育性的品系为恢复系（习惯上将恢复系称为R系)。恢复系（S/RfRf或N/RfRf）都有纯合的显性恢复基因Rf，无论其细胞质基因是S还是N，则都表现为可育(图9-9)。

**2. 细胞质雄性不育多是远缘杂交核代换的产物** 虽然细胞质雄性不育可以从自然界中发现，也可以诱变产生，但研究较多的是利用核代换产生CMS。图9-10示高粱迈罗型雄性不育系产生的核代换过程和恢保关系。

史蒂芬斯（Stephens）和霍兰德（Holland）(1954）用西非高粱品种双重矮早熟迈罗做母本，用南非高粱品种得克萨斯黑壳卡费尔做父本，通过核代换育成了迈罗型不育系。

**3. 细胞质雄性不育花粉败育晚且轻** 除了矮牵牛、胡萝卜等少数植物的败育发生在减

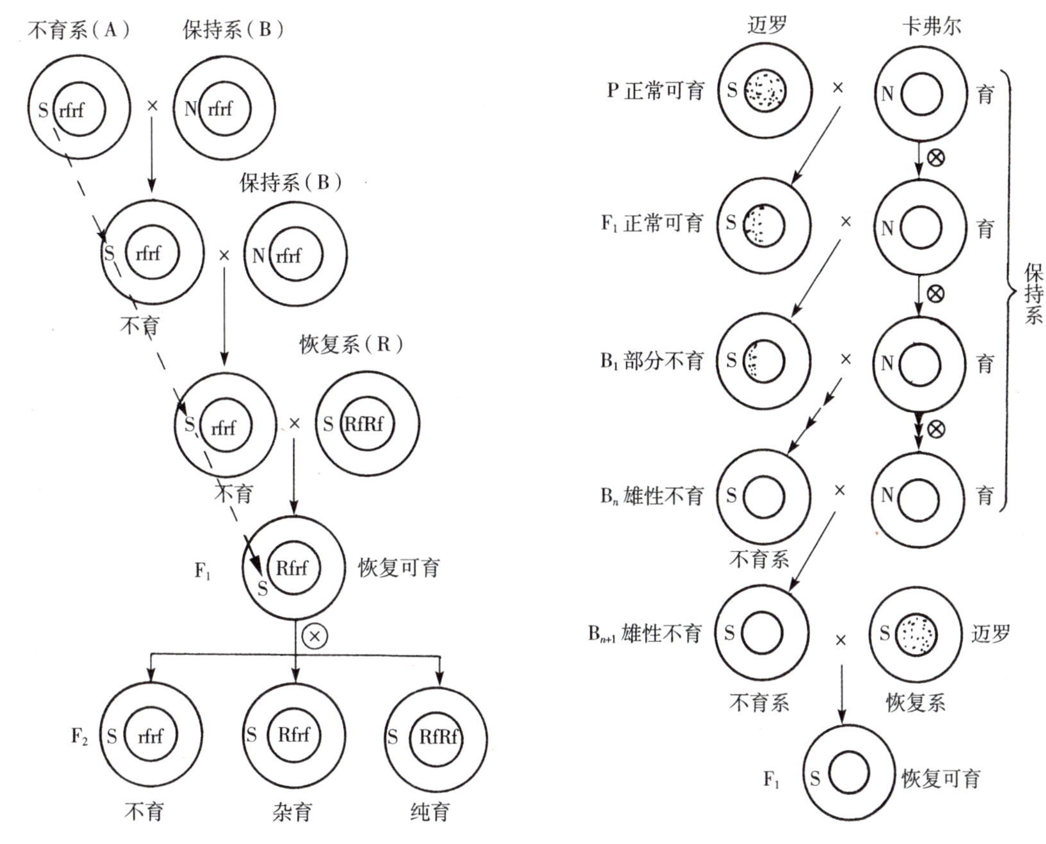


图 9－9 细胞质雄性不育性的保持与育性恢复

图 9－10 高粱核代换产生不育系的过程和恢保关系

数分裂过程中或在此以前外，这种不育性败育多发生在减数分裂的雄配子形成期。败育类型可分为典败、圆败和染败。

**4. 细胞质雄性不育易受环境影响** 细胞质雄性不育比核雄性不育容易受环境条件的影响，特别是多基因控制的雄性不育性对环境变化更为敏感，如高粱 3197A（不育系）在开花前 20d 中若遇 40℃高温便有可育花朵出现，这种现象被称为热激反应。水稻常菲 22A、Ⅱ32A（不育系）种植在玻璃温室内，其花粉平均染黑率由 0 分别提高到 18%和 27%。

### （二）细胞质雄性不育性的利用原理

**1. 利用核代换技术产生雄性不育性的规律** 如上所述，大量的新的细胞质雄性不育性出自远缘杂交后的核代换。利用核代换技术产生雄性不育性有几点应引起注意：

（1）把进化程度较高的种或品种的核代换到进化程度较低的细胞质内，易获得质核互作的雄性不育系；反之，很难获得雄性不育系。如小麦 T 型不育系和 K 型不育系分别是用提莫菲维小麦（*T. timopheevi*，AAGG）和黏果山羊草（*Ae. kotschyi*，$G^UG^US^rS^r$）与普通小麦（*Triticum aestivum*，AABBDD）进行核代换而获得的，反向杂交都没有获得不育系。

（2）核代换杂交产生的雄性不育系，它的父本是相应的保持系，其细胞核内具有对应的雄性不育基因。

（3）如果核代换杂交 $F_1$ 的育性正常，$F_2$ 或回交后代才出现和保持雄性不育性，则原始母本中一定含有对应的核恢复基因。

(4) 如果杂交 $F_1$ 因染色体不配对或性状不协调而有花粉败育现象，则原始母本及其近缘品种虽有恢复基因也不是这种不育系的有效恢复系。如小麦 T 型不育系与原始母本提莫菲维小麦杂交，$F_1$ 为五倍体（AABDG），雌、雄配子都严重败育。因此，原始母本中有恢复基因也不是有效的恢复系。

**2. 生产上为了利用杂种优势而利用细胞质雄性不育性需要“三系配套”** 所谓“三系配套”是指在细胞质雄性不育系利用体系中必须具备雄性不育系、保持系和恢复系。

三系配套的一般原理：①把杂交母本转育成不育系。常用的做法是利用已有的雄性不育材料与该母本材料（此时其作父本）杂交，如果该材料的基因型为 N/rfrf，则连续回交若干次（一般 4～5 次），就得到该母本材料不育系。②繁殖不育系。此时雄性正常的、用于回交的该亲本材料即成为新的不育系的同型保持系，它除了具有雄性可育的性状外，其他性状与新不育系完全相同，它能为不育系提供花粉，保证不育系的繁殖，同时保持系自交可繁殖自己。③制种。不育系与恢复系（基因型为 S/RfRf 或 N/RfRf）的杂交为制种。如果原来欲作杂交的组合父本本身就带有恢复基因，经过测定证明后，可以直接利用配制杂交种，供大田生产用，同时恢复系自交可繁殖自己。否则，也要利用带恢复基因的材料，进行转育工作。转育的方法与转育不育系大同小异。

## 第五节　生态遗传雄性不育性的性状表达及利用原理

自石明松（1973）发现光敏核不育水稻农垦 58S（NK58S）以来，中国科学家就水稻、小麦、大麦、高粱等作物光敏和温敏的两系杂种进行了大量研究，生态遗传雄性不育系的育成使作物杂种优势利用由三系变为两系。

### 一、生态遗传雄性不育性的性状表达

生态遗传雄性不育性研究最为深刻是对水稻、小麦等作物中光（温）敏雄性不育性的研究。现已证明，作物光（温）敏雄性不育是自然界中存在的一种普遍的生物现象。既有核不育，也有核质互作不育。由于环境中光、温对作物育性的影响不是孤立的、绝对的，所以育性变化应该是光、温共同作用的结果。人们把这种不育性分为光温型和温光型两种基本类型，只是要说明主要因素有差异，迄今为止，没有发现有任何一种不育系只与日照长度和温度中一种因子相关。

#### （一）水稻光（温）敏不育系的育性转换模式

**1. 水稻光周期敏感核不育类型** 水稻光周期核不育农垦 58S（NK58S）是石明松（1973）在粳稻品种农垦 58 中发现的孢子体隐性核不育。NK58S 受 2 对隐性基因控制，雄性不育性表达受光敏感期雌蕊形成初期（第Ⅱ期）的光周期影响，在人工控制条件下，在光周期敏感期用长于 14h 的光照处理（LD），表现雄性不育，用短于 13.75h 的光照处理（SD）则表现雄性可育。

后来研究发现光敏不育系只能在一定温度范围内，才具有光敏特性，即长光下表现不育，短光下可育；超出这个范围，光照长短对育性转换并不起作用。当温度高于临界高温值时，高温会掩盖光长的作用，在任何光长下均表现不育；当温度低于临界低温值时，较低的平温也会掩盖光长的作用，在任何光长下均表现可育。同时，在光敏温度范围内，光长与温

度还有互补作用，即温度升高，导致不育的临界光长缩短，反之，温度下降，导致不育的临界光长变长（图9-11）。

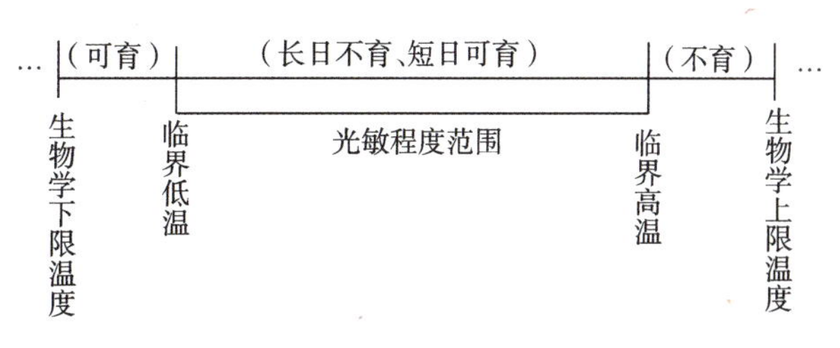


图9-11　水稻光敏不育系的育性转换模式

诱导NK58S不育的最短日长与最低温度分别为13.45h和26℃左右。NK58S在14h长日条件下，只要敏感期的温度低于24℃就出现可育，染色花粉率高达50%，结实率为3.3%～10.1%。一般认为：这类不育起点温度偏高的光敏不育系，在生产上使用存在一定的风险。

**2. 水稻温度敏感核不育类型**　水稻温度敏感核不育类型中安农S-1是1987年由邓华凤在籼稻中发现并育成的第一个籼型温敏不育系。育性受一对位于第二染色体上的隐性基因tms5控制。安农S-1的育性主要由温度控制，高温不育，低温可育，温度临界点在26.7℃。安农S-1的育性转换时期一般认为在花粉母细胞形成期到减数分裂的四分体期之前，感受温度信号的部位是幼穗。对于温度起主要作用的温敏不育系，也有一个育性转换模式（图9-12）。

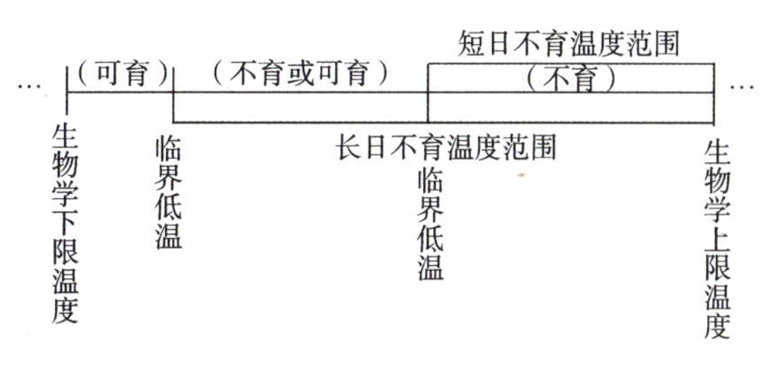


图9-12　水稻温敏不育系的育性转换模式

基因型不同，导致不育的起点温度不同，如W6154S和安农S-1为26～27℃，5460S高达28℃以上，长光下略低，短光下略高，但光长的互补作用不如对光敏不育系那样显著。临界低温值的高低还因低温持续时间、日最低温强度和由不育转可育或由可育转不育而有差异，由于这类温敏不育系的不育起点温度高，加之光长效应小，因而它们的育性较易波动。如温敏不育系衡农S-1，在敏感期内，当一天中出现连续12h的高温（27℃）或平温（24℃）时，就会引起部分花粉育性发生逆转。很明显，像这类临界起点温度较高的温敏不育系，在生产上的应用价值较小。

综合所述，理想的不育系的基本要求是：不育起点温度较低、光敏温度范围宽、临界光长短、遗传性稳定。

### （二）小麦光（温）敏不育系的育性转换模式

在小麦的春季生长发育过程中，温度与光长变化是同步的、一致的，伴随着温度的升高，光照长度增长。在这种生态环境中选育的小麦光（温）敏不育系其临界温度和临界光长是相互影响的一对变量。在自然界中年份间光照长度是相对稳定的，而温度变化在不同年份存在差异，因此不论是光温型，还是温光型，温度波动都是影响其育性稳定的主要因素。

此外，由于不同生态区的地理条件与气候不尽相同，各年份气候因子也有较大差异，所以温度与光长的临界值都应是一个区间范围，而不是一个定值。不同的转换系（即生态遗传雄性不育系的别称）临界温度及光长不同，同一个转换系在不同的生态区其育性转换的临界温度及光长亦存在差异。如图9-13所示，①A、A′、A″均为生物学极限造成的不育范围。②S为低温短日或短日低温条件下不育范围。③B为长日温暖或温暖长日条件下可育范围。④B′为长日低温或低温长日条件下部分不育范围。⑤B″为短日温暖或温暖短日条件下部分可育范围。当临界温度或临界光长增加时，转换系的不育期延长，同时也缩小了不育系转换的范围。相对而言，较高的临界温度值和较稳定的临界光长值对安全制种和可靠繁殖是较为有利的。

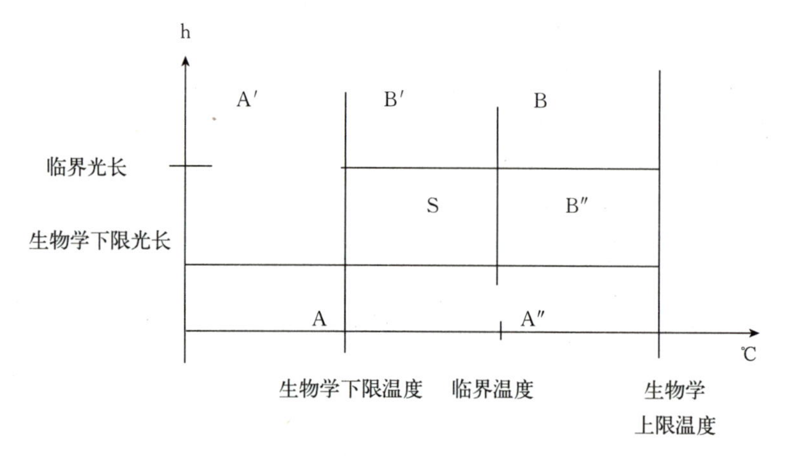


图 9-13　小麦转变系育种转换的光温模式

（余国东 . 1998）

下面列举了几个小麦转变系育性转换依据，供应用时参考。

**1. C49S 温光型核不育系**　由谭昌华（1992）育成，具有在低温短日下不育，温暖长日下可育的育性转换特性。C49S 在低温短日（8℃/7h 和 8℃/11h）条件下不育度达 100%，而在温暖长日（16℃/11h 和 16℃/15h）条件下可育，结实率分别为 90.4%和 94.5%。同时低温长日（8℃/15h）育性逐渐恢复，不育度 33.2%；高温短日（16℃/7h）条件下，不育度 46.4%，其育性转换主要受温度控制，光照长度也起一定作用。在重庆地区 C49S 10 月下旬播种，翌年 3 月初以前抽穗表现全不育，而在 12 月上旬播种转为正常可育（自交结实率 30%以上），其育性转换临界为≤14℃，临界光长 11h。

**2. ES-3、ES-4 光温敏不育系**　由何觉民（1992）育成，具有在短日低温不育，长日高温可育的特性。ES-3、ES-4 育性主要受光周期和温度影响，育性转换临界光长 11.5h，临界温度≤10℃，表现为短日（≤11.5h）低温（≤10℃）不育，长日（>11.5h）高温（>10℃）可育。该类不育系由于临界温度偏低，在长沙附近要提早播种（9 月下旬）才能满足稳定不育，而在正季（10 月下旬至 11 月上旬）播种易出现育性波动。

**3. A3314 温度敏感雄性不育系**　由何蓓如育成，其育性转换敏感期在孕穗期前后 8d，即减数分裂至单核期。育性转换临界温度为 18℃，稳定可育温度≥20℃，高于 C49S 系列和 ES 系列不育系。A3314 育性对光周期不敏感。在杨凌 10 月 7～22 日播种，均表现全不育，2 月 14 日至 3 月 21 日播种，平均自交结实率为 16.19%。

**4. $D^2$ 类光敏型细胞质雄性不育系（PCMS）**　Sasakuma 和 Ohtsuka（1979）首先发现 $D^2$ 类细胞质的核代换系具有光温敏特性，村井正之等（1993）指出：$D^2$ 型细胞质农林 26 异质系在长日照条件（≥15h）下表现为几乎完全雄性不育，在短日照（≤14.5h）条件下，雄性高度可育，温度对降低雄性育性没有明显影响。把这类雄性不育称为光敏型细胞质雄性不育（PCMS）。PCMS 表现为雄蕊雌化，植株的小花分化期是光敏感时期。何蓓如等育成的 A31 属于此类。

**5. BNS温敏型核不育** 由茹振钢发现并于2002年育成。温度敏感期为雌、雄蕊原基分化至药隔期，高度不育时平均温度为8.4～12.6℃；光照敏感期为药隔期，高度不育时日平均光照长度为6.6～6.8h。属于温敏为主的低温短日生态雄性不育类型。在沿黄麦区10月1日～9日播种，不育度99%～100%；春播自交结实率为63%～78%。

## 二、生态遗传雄性不育系的选育原理

生态遗传雄性不育系的选育须在不育区和可育区两种条件下进行。一般作法有两种：

(1) 把原始雄性不育株或分离后代在可育区自交，获得的种子一分为二，一半在不育区种植观察不育性表现，如果彻底不育，则将另一半种植在可育区，观察自交结实情况。这种做法存在一个问题，就是不能对同一基因型个体进行不育性和恢复可育性观察。

(2) 先把原始雄性不育株或分离后代种植在不育区，观察其不育性表现，然后通过延长生育期等措施，将表现彻底不育的植株转移到可育区种植，观察其恢复可育的情况，并自交获得种子。

可育区和不育区的选择和确定是选育的关键，核心是有利于转变系的性状充分表达。在选育早期可利用生态地理差异选择适宜的地区进行，在决选阶段须利用人工气候室进行鉴定。

## 复习思考题

1. 名词解释

母体遗传、母性影响、植物雄性不育性、细胞核雄性不育、细胞质雄性不育、生态遗传雄性不育、孢子体不育、配子体不育、三系配套

2. 正反交$F_1$有时得到不同结果，这可能是（1）伴性遗传；（2）细胞质遗传；（3）母性影响。你如何设计试验加以鉴定和区别？

3. 试述细胞质遗传的特征。

4. 细胞核基因与细胞质基因是如何控制相关性状表现的？

5. 试述核不育和细胞质雄性不育的特点。

6. 试述三系配套的一般原理。

7. 在某植物中，一个雄性不育株与受一对显性基因控制的恢复系进行了杂交，$F_1$全部是散粉可育株。用$F_1$的花粉再授到不育株上进行回交，或自交，所得后代全部都是散粉株可育株，没有雄性不育株分离出来。试分析其中的遗传关系。

8. 有3个水稻不育系甲、乙、丙，均与各自的恢复系杂交，然后让$F_1$再与各自的不育系回交，结果发现：甲回交组合的后代群体只有一种正常散粉、花粉半可育株，乙回交组合的后代群体里分离出不育株和可育株几乎各半，丙回交组合尽管和乙组合呈现类似的分离，但经用大量品种与回交后代里的不育株测交，所有测交组合均发生育性分离，而乙组合的回交后代不育株也用大量品种测交，有的测交组合后代全部植株均不育。请问甲、乙、丙3个不育系的性质并简要说明理由。

9. 已知某作物的雄性不育为孢子体不育类型，其恢复性受核内3对基因（$Rf_1$、$Rf_2$、$Rf_3$）所支配，它们分别被载于不同的染色体上。这3对基因中显性基因$Rf_1$可以独立起恢复作用；$Rf_2$和$Rf_3$为两对显性互补基因，它们共同作用才能产生恢复作用。根据上述特

点，回答下列问题：

（1）写出不育系和恢复系的可能基因型。

（2）以不育系与恢复系杂交，$F_2$ 得到 570 株可育株，70 株不育株，试写出两个杂交亲本可能的基因型。

（3）以不育系与恢复系杂交，$F_2$ 得到 75 株可育株，5 株不育株。试问这两个杂交亲本有哪几种可能的基因型。

10. 一个不育系×恢复系，$F_1$ 正常散粉。用 $F_1$ 花粉给不育系授粉，结果在回交群体里分离出 89 株可育株和 271 株不育株。请问这个不育系的性质。

# 第十章　群体的遗传与进化

**哈迪**（Godfrey Harold Hardy，1877—1947，左图）

数学家，出生于英国萨里郡。在数学方面贡献卓著。

**温伯格**（Wilhelm Weinberg，1862—1937，右图）

医生，出生于德国斯图加特。

1908年哈迪和温伯格通过各自独立的研究，提出群体遗传平衡定律——哈迪-温伯格定律。

遗传和变异作为生物的基本属性，为生物进化提供了必要的前提和基础。研究和认识生物进化诸问题，仅仅了解生物个体水平和家系水平的遗传与变异规律是远远不够的，还必须在群体水平上掌握其遗传与变异的规律。

本章将从群体遗传学（population genetics）的角度出发，重点介绍生物群体的遗传组成及其变化规律、生命的起源与物种形成的遗传学基础问题。

## 第一节　群体的遗传组成

### 一、群体和孟德尔群体

**1. 群体**　遗传学上的群体（population）不是许多个体的简单集合，而是指占有一个共同基因库的许多个体构成的生物集团。群体内个体间有着共同的染色体组型，个体间可以通过杂交相互交换基因。群体的最大范围是一个物种，也可以小到一个变种或品种。普通小麦或玉米分别可以构成群体。但把它们混合起来则不能称为群体。这是因为两者分属于两个不同的基因库，彼此间存在生殖隔离，基因库不能共享。

**2. 孟德尔群体**　由占有一个共同基因库，并且个体间有随机婚配关系的群体称为孟德尔群体（Mendelian population）。孟德尔群体与一般群体的重要区别在于群体内的个体间能够随机婚配，而不是选型婚配。从这个意义上来看，异体受精动物和植物中的异花授粉植物构成的群体属于孟德尔群体，而自体受精动物和自花授粉植物则只是一般的群体或者称非孟德尔群体。对于完全无性繁殖的生物，群体是指由共同亲本来源的个体集合而成的无性繁殖系或无性繁殖系群，在繁殖过程中只保持亲代的基因型，当然也不是孟德尔群体。

### 二、基因型频率和基因频率

群体遗传学是研究群体的遗传组成及其变化规律的科学。群体的遗传组成是指群体的基因型频率和基因频率。

### (一) 基因型频率

一个群体内不同基因型所占的比例，就是基因型频率（genotypic frequency），即群体中某一特定基因型个体数占群体个体总数的比率（这里只讲二倍体、常染色体的基因）。

如玉米的非糯与糯受一对等位基因 Wx 和 wx 控制，若某一地区的玉米群体中没有糯性品种，那么非糯性的基因型 WxWx 频率为 100%，而糯性基因型 wxwx 频率则为 0。

假定，已知的玉米自然群体中，糯性有 250 株，非糯米有 750 株，而且已知其中非糯性的纯合体 WxWx 有 250 株，杂合体 Wxwx 有 500 株，则 3 种基因型频率见表 10-1。

**表 10-1 基因型频率示例**

| 基因型 | WxWx | Wxwx | wxwx | 合计 |
|---|---|---|---|---|
| 表现性 | 非糯 | 非糯 | 糯 | |
| 株 数 | 250 | 500 | 250 | 1000 |
| 基因型频率 | 0.25 | 0.50 | 0.25 | 1 |

分析群体的遗传组成不仅要考虑基因型频率的分布，而且要考虑群体中基因从一代传递到下一代的问题。由于在基因传递的过程中，亲代的基因型解体，分离成配子中的基因，配子结合而形成子代基因型。因此，分析群体遗传组成还必须分析群体中的基因频率。

### (二) 基因频率

在一个二倍体生物群体中某特定基因占其该位点基因总数的比率，即为基因频率（gene frequency）或等位基因频率（allele frequency）。它是由基因型频率推算而来。基因频率是决定一个群体性质的基本因素。当环境条件或遗传结构不变时，基因频率也不会改变。一个群体的变异或进化实质是其等位基因频率发生了改变。

仍用上述玉米的例子。群体的总数是 1000 株，则该位点上等位基因的总数应是 2000 个。对 WxWx 个体来说，有 2 个 Wx 基因；对 Wxwx 个体来说，有 1 个 Wx 基因和 1 个 wx 基因；而对 wxwx 个体来说，则有 2 个 wx 基因。因此，在这个群体中 Wx 基因与 wx 基因的个数及其基因频率见表 10-2。

**表 10-2 基因频率示例**

| 基因型 | 株 数 | Wx 基因个数 | wx 基因个数 |
|---|---|---|---|
| WxWx | 250 | 2×250 | 0 |
| Wxwx | 500 | 1×500 | 1×500 |
| wxwx | 250 | 0 | 2×500 |
| 合 计 | 1000 | 1000 | 1000 |
| 基因频率=基因个数/位点总数 | | 0.5 | 0.5 |

设在一对同源染色体某一位点上有一对等位基因 A 及 a，A 的频率为 $p$，a 的频率为 $q$，则 $p+q=1$。

由这一对基因构成 3 种不同的基因型 AA、Aa 及 aa，其个体数分别为 $D'$、$H'$ 及 $R'$，设由这 3 种基因型个体构成的群体共有总个数 $N$，则有 $D'+H'+R'=N$。

$N$ 个体共有 $2N$ 个基因：其中 A 有 $2D'+H'$ 个，a 有 $H'+2R'$ 个。因此，基因 A 及 a 的

频率分别为：

$$p=\frac{2D'+H'}{2N}=\frac{D'+\frac{1}{2}H'}{N}$$

$$q=\frac{H'+2R'}{2N}=\frac{\frac{1}{2}H'+R'}{N}$$

如果相应基因型频率为：$D=\frac{D'}{N}$、$H=\frac{H'}{N}$、$R=\frac{R'}{N}$，则基因频率 $p$ 和 $q$ 可分别改写为：

$$p=D+\frac{1}{2}H$$

$$q=\frac{1}{2}H+R$$

如设由一对基因 A、a 构成的群体，它们的 3 种基因型可从其表现型区别出来，它们的个体数分别如表 10－3 所示。

**表 10－3　基因型与基因型频率**

| 基因型 | AA | Aa | aa | 总数 |
|---|---|---|---|---|
| 个体数 | 2（$D'$） | 12（$H'$） | 26（$R'$） | 40（$N$） |
| 基因型频率 | 0.05（$D$） | 0.30（$H$） | 0.65（$R$） | |

可根据个体数求出基因 A 的频率（$p$）和 $a$ 的频率（$q$）：

$$p=\frac{2+\frac{1}{2}\times 12}{40}=0.20$$

$$q=\frac{\frac{1}{2}\times 12+26}{40}=0.80$$

同理，也可根据基因型频率求出：

$$p=0.05+\frac{1}{2}\times 0.30=0.20$$

$$q=\frac{1}{2}\times 0.30+0.65=0.80$$

基因频率是一个相对值，以百分率或小数表示，其变动范围在 0～1。

## 第二节　哈迪-温伯格定律

1908 年英国数学家哈迪和德国医生温伯格分别独立发现了孟德尔群体在随机交配（random mating）条件下基因型频率和基因频率的变化规律，为群体的遗传研究提供了理论基础。后人把这一规律称为哈迪-温伯格定律，或者称哈迪-温伯格平衡法则。

### 一、哈迪-温伯格定律的内容

如果一个完全随机交配的群体，在没有其他因素（如突变、选择、迁移等）干扰时，其基因频率及 3 种基因型频率能保持一定，各代不变，则这个群体被称为平衡群体（equilibrium population）。

所谓随机交配是指在一个有性繁殖的生物群体中，一个性别的任何个体与另一性别的任何个体具有同样的交配机会。即每个雌雄个体间具有同样的交配概率。

设某一群体 3 个基因型的频率分别如下表：

| 基因型 | AA | Aa | aa |
|---|---|---|---|
| 频 率 | $p^2$ | $2pq$ | $q^2$ |

这里 $p$ 是基因 A 的频率，$q$ 是基因 a 的频率，$p+q=1$。

如果进行随机交配，那么这个群体就达到平衡。因为这 3 种基因型的个体所产生的 2 种配子的频率是：

$$\text{A 配子频率}=p^2+\frac{1}{2}(2pq)=p^2+pq=p\ (p+q)=p$$

$$\text{a 配子频率}=\frac{1}{2}(2pq)+q^2=pq+q^2=q\ (p+q)=q$$

由于个体间的交配是随机的，即配子的结合是随机的，于是就可以得到以下结果：

| 卵 子 | 精 子 | |
|---|---|---|
| | A（$p$） | a（$q$） |
| A（$p$） | AA（$p^2$） | Aa（$pq$） |
| a（$q$） | Aa（$pq$） | aa（$q^2$） |

所以，子代 3 个基因型的频率如下表：

| 基因型 | AA | Aa | aa |
|---|---|---|---|
| 频 率 | $p^2$ | $pq+pq=2pq$ | $q^2$ |

这个频率是和上代 3 个基因型的频率完全一样的，所以说，就这对基因而言，群体已经达到平衡。

下面我们举个实例说明一下。设某群体第 1 代的 3 种基因型频率分别为：$D_1=0.6$，$H_1=0.4$，$R_1=0$。则第 1 代的基因频率为：

$$p_1=D_1+\frac{1}{2}H_1=0.6+0.2=0.8$$

$$q_1=\frac{1}{2}H_1+R_1=0.2+0=0.2$$

第 2 代的基因型频率：$D_2=p_1^2=0.8^2=0.64$

$H_2=2p_1q_1=2\times0.8\times0.2=0.32$

$R_2=q_1^2=0.2^2=0.04$

则第 2 代的基因频率为：

$$p_2=D_2+\frac{1}{2}H_2=0.64+0.16=0.8$$

$$q_2=\frac{1}{2}H_2+R_2=0.16+0.04=0.2$$

第 3 代的基因型频率：

$D_3=p_2^2=0.8^2=0.64$

$H_3=2p_2q_2=2\times0.8\times0.2=0.32$

$R_3=q_2^2=0.2^2=0.04$

则第 3 代的基因频率为：

$$p_3=D_3+\frac{1}{2}H_3=0.64+0.16=0.8$$

$$q_3=\frac{1}{2}H_3+R_3=0.16+0.04=0.2$$

由上可见，对各世代的基因型频率而言，虽然 $D_2\neq D_1$，$H_2\neq H_1$，$R_2\neq R_1$，但经过一代随机交配，$D_2=D_3$，$H_2=H_3$，$R_2=R_3$。然而各世代间的基因频率，则自始至终保持不变。

现在将哈迪-温伯格定律的要点归纳如下。

(1) 在随机交配的大群体中，如果没有其他因素的干扰，则各代基因频率保持一定不变。

(2) 在任何一个大群体内，不论其基因频率如何，只要经过一代的随机交配，这个群体就可达到平衡。

(3) 一个群体在平衡状态时，基因频率和基因型频率的关系是：$D=p^2$，$H=2pq$，$R=q^2$。

## 二、哈迪-温伯格定律的生物学例证

一般说来，自然界中许多群体都是很大的，个体间的交配在许多性状上，尤其是在中性性状上一般是接近于随机的，所以哈迪-温伯格定律具有普遍适用性。它已成为分析自然群体的基础，即使对于那些不能用实验方法进行研究的群体也是适用的。下面以人类 MN 血型为例，看其是否符合这一规律。

人类的 MN 血型是由一对常染色体的基因 $L^M$ 和 $L^N$ 所决定的，这一对基因杂合时，表现共显性。因此，基因型与表现型一致。另外，在人类婚姻中，对血型无选择，基本上是随机的，而且可以在较大的群体中进行调查。

1971 年在我国某大城市调查了 1788 人的 MN 血型，结果见表 10－4。

**表 10－4　MN 血型基因频率的计算**

| 血型 | 基因型 | 观察人数 | $L^M$ 基因数 | $L^N$ 基因数 | 合　计 |
|---|---|---|---|---|---|
| M | $L^ML^M$ | 397 | 794 | — | |
| MN | $L^ML^N$ | 861 | 861 | 861 | |
| N | $L^NL^N$ | 530 | — | 1060 | |
| | 基 因 数 | | 1655 | 1921 | 3576 |
| | 基因频率 | | $p=0.4628$ | $q=0.5372$ | 1.0000 |

根据平衡法则，在这样一个群体中，其基因频率及基因型频率应处于平衡状态，亦即应符合 $D=p^2$，$H=2pq$，$R=q^2$。

根据上表中计算所得，3 种基因型频率应为：

$$D=p^2=(0.4628)^2=0.2142$$
$$H=2pq=2\times0.4628\times0.5372=0.4972$$
$$R=q^2=(0.5372)^2=0.2886$$

将它预期的3种基因型频率，分别乘以总人数，得出3种血型的预期人数，与实查的人数比较，再进行卡方（$\chi^2$）测验（表10－5）。

**表10－5　MN血型预期人数的比较**

| 血　型 | M | MN | N | 合计 |
|---|---|---|---|---|
| 实查数（$O$） | 397 | 861 | 530 | 1788 |
| 预期频数 | $p^2n$ | $2pqn$ | $q^2n$ | $n$ |
| 预期数（$E$） | 382.96 | 889.05 | 515.99 | 1788 |

经卡方测验，$\chi^2=1.7801<\chi^2_{0.05}=3.841$（这里自由度为$\nu=n-2=1$而不是$n-1=2$，因为受到$p+q=1$和$p^2n+2pqn+q^2n=n$两个条件的制约，所以在预期数的计算实际只受一个因素即$p$或$q$的影响），则$p>0.05$，即实查数与预期数差异不显著，表明人类MN血型的遗传确实处于平衡状态。

## 三、基因频率的基本计算

### （一）无显性或不完全显性

在这种情况下，基因型与表现型是一致的。因此，计算方法很简单，计算出表现型的频率就可以得到相应基因型频率，再应用基因频率与基因型频率关系的公式计算出基因频率。正如前面所举的人类MN血型的例子。

### （二）完全显性

在这种情况下，由于显性的影响，基因型有3种，而表现型只有2种。显性纯合体与显性杂合体不能由表现型加以区分，这就只能从隐性纯合体的频率入手。

如果是一个随机交配的大群体，根据平衡法则，它应处于平衡状态。那么，它的隐性纯合体的基因型频率$R=q^2$，所以$q=\sqrt{R}$，而$p=1-q$。

如一些人类的遗传性疾病，如白化病、先天性聋哑、镰刀形贫血病等，都是常染色体上一对隐性基因控制的疾病。如果我们调查统计了这些病在人群中的发病率，就可以推算出其在人群中的基因频率以及“杂合体”携带者的频率。下面举一个具体事例来说明基因频率的计算。

据统计，在英国人中白化病的基因型cc的频率$R=q^2=1/20000$。那么：

基因c的频率应为：

$$q=\sqrt{\frac{1}{20000}}=\frac{1}{141}$$

基因C的频率则为：

$$p=1-q=1-\frac{1}{141}=\frac{140}{141}$$

值得注意的是隐性的白化基因（c）的携带者（Cc），他们的表现型是正常的，根据平衡法则，携带者在人群中的频率为$2pq$，即$H_{(Cc)}=2pq=2\times\frac{1}{141}\times\frac{140}{141}=0.014$，是发病率的

280 倍。许多隐性疾病都有这样的规律，这也是近亲婚配产生遗传性疾病婴儿的概率增高的重要的原因。

## 四、哈迪-温伯格定律的扩展

以上讨论的是二倍体群体中一对等位基因的平衡情况，属于最简单的一种类型。但实际上，就某些单位性状来说，群体内还可能存在复等位基因；此外对于有性染色体分化的异配类型的生物而言，还有一些性连锁基因。它们的基因频率又该如何计算呢？

### （一）复等位基因频率的遗传平衡

设有 3 个等位基因 $A_1$、$A_2$、$A_3$，相应的基因频率分别是 $p$、$q$、$r$，且 $p+q+r=1$。在一个随机交配的群体中，3 个基因的频率与 6 种基因型的频率，如果存在下列关系，则认为已经是处于平衡状态：

$$\begin{pmatrix} A_1 & A_2 & A_3 \\ & p+q+r & \end{pmatrix} = \begin{pmatrix} A_1A_1 & A_1A_2 & A_1A_3 & A_2A_2 & A_2A_3 & A_3A_3 \\ p^2 & +2pq & +2pr & +q^2 & +2qr & +r^2 \end{pmatrix}$$

如果不考虑基因的显隐性关系，平衡状态下的基因频率可由基因型频率以下列各式求出：

$$p=p^2+\frac{1}{2}(2pq+2pr)=p^2+pq+pr$$

$$q=q^2+\frac{1}{2}(2pq+2qr)=q^2+pq+pr$$

$$r=r^2+\frac{1}{2}(2pr+2qr)=r^2+pr+qr$$

即：某基因的频率是其纯合体的频率与 1/2 含有该基因全部杂合体的频率之和。

推而广之：当复等位基因为数目 k 时，某一基因频率为：

$$p_i = p_i^2 + \sum_{i \neq j} p_i p_j$$

式中：$i$——1，2，3，……，$k$；

$\sum p_i$——1。

不同于两个等位基因的情况，在复等位基因群体中，杂合体总的比例可以大于 50%，例如，当 $p=q=r=\frac{1}{3}$时，杂合体比例为 $2(pq+pr+qr)=\frac{2}{3}$。

人类 ABO 血型是复等位基因遗传的经典例子。人类 ABO 血型受 3 个复等位基因 $I^A$、$I^B$、i 控制，其中 $I^A$、$I^B$ 对 i 为完全显性，$I^A$、$I^B$ 为共显性。因此在 6 种基因型的基础上，表现型 4 种血型即 A 型、B 型、AB 型和 O 型。

设 $I^A$、$I^B$ 和 i 的基因频率分别为 $p$、$q$ 和 $r$，4 种表现型频率为 $P(A)$、$P(B)$、$P(AB)$ 和 $P(O)$，则基因型与表型频率的关系见表 10-6。

**表 10-6　ABO 血型的基因型与表现型频率的关系**

| 血型 | A | B | AB | O |
|---|---|---|---|---|
| 基因型 | $I^AI^A$，$I^Ai$ | $I^BI^B$，$I^Bi$ | $I^AI^B$ | ii |
| 表现型频率 | $P(A)=p^2+2pr$ | $P(B)=q^2+2qr$ | $P(AB)=2pq$ | $P(O)=r^2$ |

进行血型调查时，能观察到的只有 4 种表现型，可根据表现型频率计算 3 个复等位基因的基因频率。

其中，$r=\sqrt{P(\text{O})}$；$p=\sqrt{P(\text{A+O})}-\sqrt{P(\text{O})}$；$q=1-\sqrt{P(\text{A+O})}$。同理 $q=\sqrt{P(\text{B+O})}-\sqrt{P(\text{O})}$，则有 $p=1-\sqrt{P(\text{B+O})}$。

例：在一次血型调查中，$P(\text{A})=0.41716$，$P(\text{B})=0.08560$，$P(\text{AB})=0.03040$，$P(\text{O})=0.46684$。求其中的各基因频率。

$$r=\sqrt{P(\text{O})}=\sqrt{0.46684}=0.6833$$

$$p=\sqrt{P(\text{A+O})}-\sqrt{P(\text{O})}=\sqrt{0.41716+0.46684}-0.6833=0.2569$$

$$q=1-\sqrt{P(\text{A+O})}=1-\sqrt{0.41716+0.46684}=0.0598$$

同理，也可先求出 $q$，再求 $p$。

### （二）伴性基因的遗传平衡

性连锁基因在群体中的情况比常染色体基因复杂。如在 XY 型性别决定的方式中，雌性为同配类型，有两条 XX 染色体，携带两份 X 染色体的连锁基因，而雄性为异配类型，只含有一条 X 染色体上的连锁基因，群体中 X 连锁基因在不同性别的分配是不平衡的，因此，基因频率的计算和遗传平衡时的情况要相对复杂些。

已知，决定人类红绿色盲的基因是存在于 X 染色体上的隐性基因 $X^b$。女性有 2 种表现型，3 种基因型，即正常（$X^BX^B$，$X^BX^b$）和色盲（$X^bX^b$）；男性有 2 种表现型，而且表现型与基因型是一致的，即正常（$X^BY$）和色盲（$X^bY$）。

设：人类群体中 $X^B$ 和 $X^b$ 的基因频率为 $p$ 和 $q$，则群体达到平衡时，女性群体中 $X^BX^B$、$X^BX^b$ 和 $X^bX^b$ 的基因型频率与常染色体表现相同，分别是 $p^2$、$2pq$ 和 $q^2$，而男性群体中 $X^BY$，$X^bY$ 的基因型频率为 $p$ 和 $q$。因此根据男性的发病率可以很容易地计算出等位基因的频率。

例：已知西欧男子色盲的患病率为 8%。则群体中 $q=0.08$，$p=0.92$。

在女性群体中表现正常的概率为 $p^2+2pq=0.9936$。其中色盲基因携带者（$X^BX^b$）的概率为 $2pq=0.1472$。而女性的患病率仅为 $q^2=0.0064$，比男性低得多。

## 第三节　改变群体遗传组成的因素

群体的平衡是相对的、暂时的。因为维持群体平衡是有条件的，这些条件得不到满足，群体的平衡就要被打破。打破群体平衡有 5 个因素：随机交配的偏移、基因突变、选择、遗传漂变和迁移。

### 一、随机交配的偏移

哈迪-温伯格定律的前提是随机交配。但做到这一点很不容易，常常会出现非随机交配的情况。所谓非随机交配是指群体中某种基因型个体更有可能与某种特定基因型的个体交配（与随机交配条件下的交配概率相比）。非随机交配可细分为选型交配和近亲交配，二者均可导致群体内基因型频率的变化。

**1. 选型交配**　所谓选型交配是指让特定基因型个体间交配，这里有两种情况：①相同基因型个体间的交配（如 AA×AA、Aa×Aa 或 aa×aa）比随机交配所预期的频率高，这称为正选型交配或同型交配；②相同基因型个体间的交配比随机交配所预期的频率低，或者说不同基因型个体间的交配（如 AA×aa、AA×Aa 或 Aa×aa）比随机交配所预期的频率高，这称为负选型交配或异型交配。正选型交配只可改变基因型频率，不能改变基因频率，一般可以预期杂合体减少，而纯合体增加。正选型交配只限于对决定特定性状（选择的对象）的基因位点产生效果，所以在群体遗传学上它远不及近亲交配重要。

**2. 近亲交配** 所谓近亲交配是指有亲缘关系的个体间的交配。这种交配方式比随机交配所预期的频率要高得多。在这种情况下，由于所有基因位点上纯合体增加，所以它的影响很大。有关内容已在第六章讨论过。

## 二、基因突变

基因突变是新等位基因产生的唯一来源。基因突变为生物进化提供了最原始的材料，没有突变，等位基因的重组和非等位基因的重组就无从发生作用；突变也会改变群体的基因频率。

设某一群体中，基因 A→a 的突变速率为 $u$，A 基因频率为 $p$，a 基因频率为 $q$，若干世代后群体基因频率将会是 $p=0$，而 $q=1$。

但是，基因的突变常常是可逆的，单向的突变比较少。设 a→A 的逆向突变频率为 $v$，则群体内 A 基因频率的改变（$\Delta p$）等于基因 a 的突变频率（$qv$）与基因 A 的突变频率（$pu$）的差，即 $\Delta p=qv-pu$。当 $\Delta p=0$ 时，即 $qv=pu$ 时，群体就达到了平衡。

如果某一世代的 a 基因频率为 $q$，则 A 的基因频率为 $p=1-q$，在群体平衡时，即有

$$qv=(1-q)u$$

上式移项则：

$$q(u+v)=u$$

故：

$$q=\frac{u}{u+v}$$

$$p=\frac{v}{u+v}$$

从上式可看出，平衡群体的基因频率完全是由突变频率决定的。

例：假设某一群体中，A→a 的突变频率 $u=3\times10^{-5}$，a→A 的突变频率 $v=2\times10^{-5}$，则达到平衡时有：

$$\text{a 基因频率 } q=\frac{3\times10^{-5}}{3\times10^{-5}+2\times10^{-5}}=\frac{3}{5}=0.60$$

$$\text{A 基因频率 } p=\frac{2\times10^{-5}}{3\times10^{-5}+2\times10^{-5}}=\frac{2}{5}=0.40$$

即有：$0.60\times2\times10^{-5}=0.40\times3\times10^{-5}=1.20\times10^{-5}$，亦即 $qv=pu$。

倘若由 A→a 的突变不受其他因素的阻碍，则这个群体最后就将达到纯合性的 a。设基因 A 的频率在某一世代是 $p_0$，其突变率为 $u$，则在 $n$ 代后，它的频率 $p_n$ 将是

$$p_n=p_0(1-u)^n$$

因为大多数基因的突变频率是很小的（$10^{-7}\sim10^{-4}$），因此，只靠突变要使基因频率显著改变，就需要经历很多的世代。不过有些生物（如微生物）的世代很短，因而突变就可能成为它们群体基因频率改变的一个重要的因素。

## 三、选　　择

每个生物体都有两种能力，即生活力和生殖力。前者是个体生存的能力，后者是繁殖后代的能力。在生存竞争中，生活力和生殖力强的生物能留下后代，而弱者将被淘汰，这就是自然选择。所以，有人将选择定义为“改变一个基因型生存与生殖能力的过程”。

在大群体中，选择（selection）是改变基因频率最重要的力量，也是物种进化的第一步。下面仍然以一对等位基因为例对选择的作用进行分析。

### （一）如果选择对显性个体不利，或者说完全淘汰显性个体

如在红花品种和白花品种杂交后代中选留白花，很快就能把红花植株从群体中淘汰，即把红花基因频率降低到 0，而白花基因频率增加到 1。

设在一个随机交配的群体中，红花植株占 84%，白花植株占 16%；则白花基因频率为 $q=\sqrt{0.16}=0.4$，而红花基因频率为 $p=1-0.4=0.6$。如果把 16%的白花植株选留下来，下一代当然全是白花植株，这时 $q=1$，$p=0$，基因频率迅速发生了变化。

### （二）如果选择对隐性基因不利，基因频率改变的速度要慢得多

设在未进行选择世代的隐性基因频率为 $q_0$，则 $q_0=\frac{1}{2}H_0+R_0$。如果把 aa 淘汰（即$R_0=0$），则下一代隐性基因频率（$q_1$）只有从杂合体所占比值求出，因为隐性基因占杂合体的一半，所以它在总个体中所占的比值可由下式来求出：

总个体数为：

$$N=D_0+H_0+R_0=D_0+H_0=p_0{}^2+2p_0q_0$$

隐性基因频率为：

$$q_1=\frac{\frac{1}{2}H_0}{N}=\frac{p_0q_0}{p_0^2+2p_0q_0}=\frac{q_0}{p_0+2q_0}=\frac{q_0}{1+q_0}$$

据上例，原来的白花植株的基因频率 $q_0=0.4$，把白花植株淘汰后，下一代白花基因频率（$q_1$）及白花植株基因型频率（$R_1$）分别为：

$$q_1=\frac{q_0}{1+q_0}=\frac{0.4}{1.4}=0.286$$

$$R_1=q_1^2=0.082$$

因此，在这个群体中还有 8.2%的白花植株，如果把这些白花植株再全部淘汰，下一代的基因频率则为：

$$q_2=\frac{q_1}{1+q_1}=\frac{\frac{q_0}{1+q_0}}{1+\frac{q_0}{1+q_0}}=\frac{q_0}{1+2q_0}$$

再下一代继续淘汰白花植株，则：

$$q_3=\frac{q_2}{1+q_2}=\frac{\frac{q_0}{1+2q_0}}{1+\frac{q_0}{1+2q_0}}=\frac{q_0}{1+3q_0}$$

经过几代淘汰后，群体中隐性基因频率为：

$$q_n=\frac{q_0}{1+nq_0}$$

在上例中，隐性基因频率是逐代下降的（表 10－7）。

**表 10－7　淘汰隐性性状后不同世代的隐性基因及隐性性状频率**

| 世　代 | 0 | 1 | 2 | 3 | 4 | 5 | … | 10 |
|---|---|---|---|---|---|---|---|---|
| 隐性基因频率 | 0.400 | 0.286 | 0.222 | 0.182 | 0.154 | 0.133 | … | 0.080 |
| 隐性性状频率 | 0.1600 | 0.0816 | 0.0494 | 0.0331 | 0.0237 | 0.0178 | … | 0.0064 |

从上表可见，到第 10 代，隐性基因频率还保持在 0.08，隐性基因型频率为 $(0.08)^2=64/10000$，即 100 株中仍将近有 1 株表现隐性性状。由此可见，只从表现型淘汰隐性性状是很缓慢的。

根据上面求隐性基因频率的公式，可以推算出需要达到某一基因频率的世代数，其公式推导如下。

根据：

$$q_n=\frac{q_0}{1+nq_0}$$

移项得：

$$1+nq_0=\frac{q_0}{q_n}$$

故：

$$nq_0=\frac{q_0}{q_n}-1$$

所以：

$$n=\frac{1}{q_0}\left(\frac{q_0}{q_n}-1\right)=\frac{1}{q_n}-\frac{1}{q_0}$$

利用这个公式，只要知道开始选择世代的基因频率，就能算出达到某一基因频率所需要的代数。如在开始时，隐性基因频率 $q_0=0.4$，如果继续淘汰白花植株，要求使隐性基因的频率减少到 0.01 则其所需的世代数为：

$$n=\frac{1}{0.01}-\frac{1}{0.4}=100-2.5=97.5$$

可见经过 97.5 代选择后，隐性基因频率才能降到 0.01，这时 $R=q^2=0.0001$，也就是说在 1 万株植株中还有 1 株是白花植株。

一般从选择作用影响基因频率的效果来看，可以得出两点结论：

（1）基因频率接近 0.5 时，选择最有效，而当基因频率大于或小于 0.5 时，有效度降低很快。

（2）隐性基因很少时，对一个隐性基因的选择或淘汰的有效度就非常低，因为这时隐性基因几乎完全存在于杂合体中而得到保护。

## 四、迁　　移

个体的迁移同样也会打破群体基因频率的平衡。

群体间的个体移动和基因流动称为迁移（migration）。在种子生产中，迁移被称为群体混杂。混杂包括机械混杂与生物学混杂。由于混杂，迁入进来部分新的基因型个体或基因，因此群体的基因频率就要改变。

设在一个大的群体内，每代有一部分新个体迁入，其迁入率为 $m$，则 $1-m$ 是原来就有个体的比率。如果迁入个体某一基因的频率是 $q_m$，原来群体中同一基因的频率是 $q_0$，二者混杂后混杂群体内的基因频率将是：

$$
\begin{aligned}
q_1 &= mq_m+(1-m)q_0 \\
&= m\ (q_m-q_0)+q_0
\end{aligned}
$$

迁入后引起的基因频率的变化量为：

$$
\begin{aligned}
\Delta q &= q_1-q_0 \\
&= [m\ (q_m-q_0)+q_0]-q_0 \\
&= m\ (q_m-q_0)
\end{aligned}
$$

因此，在有迁入个体的群体里基因频率的变化量决定于迁入率和迁入个体基因频率与本群体基因频率的差异，其具体数值就是二者的乘积。

## 五、遗传漂变

在一个小群体内，基因频率在代与代之间的随机增减称为随机遗传漂变（random genetic drift），简称为遗传漂变（genetic drift）。

遗传漂变一般是在小群体里发生的。因为在一个很大的群体里，如果产生突变，则根据哈迪-温伯格定律，不同基因型频率将维持平衡状态，但是在一个小群体内由于与其他群体相隔离，不能充分地进行随机交配，因而群体内基因不能达到完全自由分离和组合，使基因频率容易产生偏差。这种偏差不是由于突变、选择等因素引起的，而是由于小群体内基因分离和组合时产生的误差引起的。这样就将那些中性的或无利的性状在群体中继续保持下来。

种子生产上的小样本留种会引起遗传漂变。一般说来，一个群体愈小，遗传漂变的作用愈大。当群体很大时，个体间容易达到充分的随机交配，遗传漂变的作用就消失了。

遗传漂变在生物的进化过程中，也起到一定的作用。有许多中性或不利的性状的存在并不能用自然选择来解释，这可能是遗传漂变的结果。如在人类中不同种族所具有的血型的频率，彼此间存在一定差异。有人调查，秘鲁的印第安人全部是O型血（调查200人全部是ii基因型），而调查美国蒙大拿州的印第安人中黑脚族人A型血占调查人数的76.5%，O型血仅占23.5%，其中i基因占0.485，$I^A$ 基因占0.515，$I^B$ 基因几乎不存在。血型这个性状看来并没有任何适应上的意义，可是这种差异一直传了下来，可能就是遗传漂变的结果。

# 第四节　达尔文的生物进化学说及其发展

## 一、达尔文的生物进化学说

当今的生物世界，种类极其繁多，性状千差万别。这些丰富多彩的亿万种生物是怎样产生的？这个问题长期以来就存在着争论。19 世纪以前，由于科学发展的局限性，人们普遍相信特创论（special creation），即神创论，认为世界上的物种都是上帝创造的，并且是一成不变的。随着科学的进步，许多唯物主义的思想家和科学家，通过长期观察和研究，逐渐产生了生物进化（biological evolution）的思想，如布丰（Georges Louis Leclere de Buffon）和拉马克，为进化论的胜利铺平了道路。达尔文在 1859 年出版了《物种起源》，提出了以"自然选择"为中心的生物进化学说，第一次把生物放在完全科学的基础之上。恩格斯称达尔文的进化论为 19 世纪自然科学的三大发现之一。

生物进化是指地球上的生命通过漫长的年代，从最初最原始的形式，由简单到复杂、由低等到高等演化为几百万种各式各样生物的变化过程；生物进化既包括某一物种的变化，也包括整个生物界的变化。

达尔文的生物进化学说主要内容如下。

**1. 物种是可变的，生物是进化的** 地球上现存的所有生物都起源于共同的祖先，生物界是一个历史而连续的统一整体。一切生物都能发生变异，至少有一部分变异能够遗传给后代。

**2. 自然选择是生物进化的动力** 生物都有繁殖过剩的倾向，在生存空间和食物等条件的压迫下，发生生存斗争（struggle for existence）是不可避免的。在自然条件下，在同一种群中的个体存在着变异，在一定环境条件下，会导致它们生存和繁殖的机会不均等，只有那些最具有适应环境的有利变异的个体才有较大的生存机会，并繁殖后代，从而使有利变异世代积累，而那些不利变异的个体就被淘汰。即适者生存，不适者被淘汰。经过长期的自然选择，微小的变异就得到积累而成为显著的变异。由此可能导致亚种和新种的形成。即生存斗争由繁殖过剩而致，在生存斗争中通过自然选择来实现优胜劣汰的生物进化。

## 二、现代综合进化论

经过一个多世纪许多科学家的不懈努力，达尔文的进化论早已深入人心。自然选择学说也逐渐发展为现代综合进化论（modern synthetic theory of evolution），又称现代达尔文主义或新达尔文主义。其主要论点是：

（1）自然选择的单位是个体，而进化的基本单位是种群。进化的实质是种群内基因频率和基因型频率的改变。

（2）基因突变是偶然的，与环境无必然联系。

（3）突变、基因重组、选择和隔离是生物进化和物种形成的基本环节。

（4）自然选择是连接物种基因库和环境的纽带，自动地调节突变与环境的相互关系，把突变偶然性纳入进化必然性的轨道，产生适应与进化。

（5）自然选择存在多种机制和模式。

但是，这个理论还不能很好地解释生物进化的一些问题，如生物体的新结构、新器官的形成，产生变异的原因，适应性的起源，以及生活习性和生活方式的改变等。随着近代分子遗传学的发展，生物进化的理论有可能从分子水平上得到进一步的完善。

## 三、分子水平的进化

### （一）分子进化的概念

广义的分子进化包括两个层次的含义。从生命发展史来看，在细胞生命出现之前的前生命的化学进化阶段，进化主要表现在分子层次上，即表现在生物分子的起源和进化上；换言之，从时序上说，分子进化是生物进化的初始阶段，故通常称为前生命的化学（分子）进化。从生命活动和组织结构方面看，在细胞生命出现之后，进化发生在生物分子、细胞、组织、器官、生物个体、种群等各个组织层次上，分子进化是发生在生物分子水平上的进化；换言之，分子进化是生物进化层次中最基础层次上的进化。通常所称的分子进化是指狭义的分子进化，仅包括后一方面的内容。

20世纪50年代以前，人们主要是用古生物学、分类学、胚胎发生学、比较解剖学、生物地理学、生理学和遗传学等方面的知识来证明生物进化的事实。20世纪50年代以后，随着分子生物学和分子遗传学的兴起，检测生物DNA分子的核苷酸序列和各种多肽的氨基酸序列等技术得到了普及，生物学家开始从分子水平研究生物进化的原因和机制，并取得了显著的进展。

在分子水平上，生物进化过程涉及在DNA中发生插入、缺失、倒位、核苷酸替换等变异。如果发生变异的DNA片段编码某种多肽，那么这类变异就可能使多肽链中氨基酸序列发生变化。在长期的进化过程中，这些变异就会被积累起来，形成与其祖先存在很大差异的分子。因此，在核酸和蛋白质分子组成的序列中，蕴藏着大量生物进化的遗传信息。在不同物种间，从相应的核酸和蛋白质组成成分的差异上，可以估测它们之间的亲缘关系。凡彼此间所具有的核苷酸或氨基酸愈相似，则表示其亲缘关系愈接近；反之，其亲缘关系就愈疏远。根据各种生物间在分子水平上的进化关系，可以建立分子进化的系统树（phylogenetic tree）。

从分子水平上研究生物的进化有以下几个优点：①根据生物所具有的核酸和蛋白质在结构上的差异程度，可以估测生物种类的进化时期和速度，这比任何其他方法都精确，因为它是从数量上进行分析的；②对于结构简单的微生物的进化，只能采用这种方法进行研究；③可以比较亲缘关系极其疏远的类型之间的进化信息，这是其他方法难以做到的。

### （二）生物大分子进化的特点

在生物大分子这个层次上考查进化，可以看到一个很不同于表现型进化的历程。生物大分子进化有如下两个特点：

**1. 生物大分子进化速率相对恒定** 不同物种同类型（同源）的核酸和蛋白质大分子，被认为有着相同的起源。研究这些大分子一级结构的改变，检测出不同物种间大分子序列中的核苷酸或氨基酸的替换数，再结合地质学上有关化石方面的数据，就可以确定生物大分子随时间而改变的速度，即分子进化速率。

木村（kimura，1989）的研究表明，不同物种的同源生物大分子的分子进化速率大致相等。分子进化速率远比表现型进化速率稳定。一些研究还表明，生物大分子的一级结构的改变（替换）只和进化所经历的时间相关，而与表现型进化速率无关。

**2. 生物大分子进化的“保守性”** 生物分子进化的“保守性”是指功能上重要的大分子或大分子中功能重要的局部，在进化速率上明显低于那些功能上不重要的大分子或大分子的局部。换言之，那些可能会引起现有表现型发生显著改变的突变（替换），其发生的概率要比那些无明显表现型效应的突变（替换）发生的概率低。

# 第五节　生物的进化

## 一、生物进化的基本历程

地球大约在46亿年以前就已经形成。在地球形成初期的原始大气环境下，非生命的有机分子经过长期的前生物期（prebiotic period）的化学演化，逐渐形成了最简单的生命形式。最原始的生命形式或最早出现的细胞应该是异养的，它们直接消耗外部的有机分子并获得能量。原核生物出现在31亿～22亿年前，蓝藻等原核生物的光合作用产生的氧气为异养细胞的有氧呼吸和向更高级程度的进化提供了条件。真核生物则出现在14亿～12亿年前。在海水中的原始生物逐渐发展成真核生物，它朝着两个不同方向发展。一种生物体内具有叶绿素，它能靠日光、水分、空气等自己制造养料，即为植物。另一种生物体内没有叶绿素，不能自己制造养料，于是就朝动物方面发展。

在原始生命起源的过程中，一旦遗传系统被建立起来，自然选择便开始发挥作用。那些繁殖能力强同时能从环境中获得更多能量的细胞便具有了更强的存活率和进化的机会。繁殖、蛋白质合成和代谢三者之间在特殊环境条件下协同进化，加深了遗传系统与代谢系统的耦联。

总的看来，生物的进化，经历着一个由简单到复杂、由低级到高级、由少数到多数、由水生到陆生、由一个物种到另一个物种的演变历程，这个历程是极其悠久的。生物进化的历程，已在古生物学、地质学、比较解剖学以及其他现代科学上取得了大量资料和证据。

## 二、遗传、变异和选择在生物进化中的作用

在生物进化过程中，遗传和变异是生物进化的内因，选择是生物进化的外因。

生物的遗传和变异是矛盾统一体的两个侧面。遗传反映着生物稳定的、保守的一面，没有这种稳定性和保守性，各种生物会随时变来变去，就不可能形成具有一定固定性状的生物类型。变异反映着生物发展变化的一面，世界上没有绝对不变的生物，不变就不可能有发展和进化。所以说，各种生物只有既能变异，又能遗传，再一次变异，再一次遗传，这种变与不变的矛盾统一，就是生物进化的基础和内因。但是生物向哪个方向变，变成什么样？这又是受到选择这一外因决定的。选择包括自然选择和人工选择。

在进化的漫长岁月里，生物的遗传物质及其性状在不断地变异着，自然环境也在不断地变化着。生物的变异本来是没有一定方向的，即具有各种变异的可能性，既有可能产生有利于自身生存发展的变异，也能产生不利的变异，在各种复杂或变化了的环境里，不适于环境的变异类型必然逐渐被淘汰。如在寒冷条件下，不抗寒的变异被冻死；在高温干旱的环境里，耐高温能力差的变异个体也最终被淘汰。而得以生存和发展的，只能是那些适应环境的变异类型。达尔文曾经发现某些海岛上只生存着不会飞翔和善于飞翔的两类昆虫，他认为这是由于在经常刮大风的海岛环境下，那些具有一般飞翔能力的昆虫容易被风刮到海里，而只有不会飞的或飞翔能力特别强的昆虫，才能得以生存。就是说大风这个自然条件对昆虫进行了选择，使有利生存的变异逐代得到加强。由此看来，在不同的自然环境里之所以生存着不同的生物类型，这是自然选择方向不同造成的。世界上所有的生物，都是在不断产生变异的基础上长期自然选择的结果。所以，自然选择是自然界生物进化的主要动力。

达尔文对动、植物在人为干预条件下的变化过程进行了研究，结果表明，所有饲养动物和栽培植物，都是由一个或几个野生种演变而来的。如目前饲养的家鸡品种有数百个，它们各有不同的性状特点，但不论是肉用型或蛋用型，也不论是黑鸡或白鸡，都是起源于同一种野生原鸡。它们之所以有不同的特点和用途，这是人类按不同的需要，向着不同的方向选择不同变异类型的结果。目前繁多的稻属品种，虽各有特点，但都起源于野生稻。由于人类的需要是多方面的，对品种的要求也是不断变化的。因此，人工选择的新类型、新品种就越来越多，越来越符合人类的需要。人工选择丰富了自然界的生物类别，加速了生物向人类需求的方向进化，所以动、植物新品种的选育也称为生物的“人工进化”。

### 三、隔离在进化中的作用

隔离在生物进化中占有重要地位。一个发生优良变异的个体或群体，如果不和普通个体或群体隔离开来，彼此间进行自由交配，则新获得的优良特性就会很快消失，因而也就不能形成新物种或新品种。

隔离的重要性很久以前已为人们所认识。拉马克和达尔文曾指出，在遗传上有差异的群体，如果相互杂交，就会使这种差异消失。在达尔文之后，有很多学者强调过隔离在生物进化中的作用，认为没有隔离或阻止杂交繁殖，有机界的进化是不可能的。

隔离一般有地理隔离（geographic isolation）、生态隔离（ecological isolation）和生殖隔离（reproductive isolation）等。地理隔离是由于某些地理的阻碍而发生的，如海洋、大片陆地、高山和沙漠等。使许多生物不能自由迁移，相互之间不能自由交配，不同基因间不能彼此交流，因而就形成独立的种。生态隔离是指由于所需求的食物、环境或其他生态条件的差异而发生的隔离。如两种生物虽处在同一地区，但因繁殖季节不同而不能达到相互交配或受精的目的。而生殖隔离是指不能杂交或杂交不育。不能杂交可能是由许多原因引起的，如生殖器官构造差异太大或因生理不协调，以及遗传结构上的差异等，而使交配不能成功或杂交不能成功或杂交不育。

地理或生态的隔离可以说是一种条件性的生殖隔离。分离开的生物间不能相互杂交，遗传物质不能交流。这样，在各个隔离群体里发生的遗传变异，就会朝着不同的方向积累和发展，久之即形成不同的变种或亚种，最后过渡到生殖上的隔离，形成独立的物种。

隔离是巩固由选择而积累下来的变异的重要因素，它是保障物种形成的最后阶段。所以在物种形成上是一个不可缺少的条件。它与生物的遗传、变异、选择一起构成生物进化的四大支柱。

## 第六节　物种的形成

### 一、物种的概念

物种（species）是具有一定形态和生理特征、分布在一定区域内的生物类群，是生物分类的基本单元，也是生物繁殖和进化的基本单元。同一物种的个体间可以交配产生后代，进行基因交流从而消除群体间的遗传结构差异；而不同物种的个体则不能交配或交配后不能产生有生殖力的后代，因此不能进行基因交流。

在现阶段，一般认为区别和鉴定物种的主要标准和依据是不同生物种群或个体间是否存在生殖隔离、能否进行相互的杂交。凡是能够杂交而且产生能生育的后代的种群或个体，就属于同一个物种；不能相互杂交，或者能够杂交但不能产生能育后代的种群或个体，则属于不同的物种。如马与驴能够杂交产生骡子，但所得到的杂种不能生育。所以马和驴属于不同的物种。物种之间的遗传差异比较大，一般涉及一系列基因的不同或涉及染色体数目上和结构上的差别。

作为物种的标准还要考虑形态结构上以及生物地理上的差异。除了形态上的区别，还要注意生物地理的分布区域，因为每一个物种在空间上有一定的地理分布范围，超过这个范围，它就不能存在；或是产生新的特性和特征而转变为另一个物种。

综上所述，物种的结构可以概括为由个体构成地方种群，由地方种群组合为亚种，再由亚种组合为种。地方种群（local population）是指生活在特定生态和地理环境中的一群同一物种的个体，也称为地理族（geographic race）。地方种群是物种存在的基本结构单元。

需要注意的是，农业生产上使用的品种（cultivar 或 variety）并不是一个分类学上的单位，而是一个生产应用中的名词。品种是人类在一定的生态和经济条件下，根据自己的需要而创造出来的某种作物的一种群体，它能满足人类进行生产的各种需要。

## 二、物种形成的方式

物种形成（speciation）也称物种起源，是指物种的分化产生，它是生物进化的主要标志。物种的形成是一种由量变到质变的过程。

### （一）渐变式

渐变式物种形成（gradual speciation）是物种形成的主要方式。一般是通过突变、选择和隔离等过程，逐渐积累变异而成为新种。其中又可以分为以下两种方式：

**1. 继承式** 继承式是指一个物种通过逐渐累积变异的方法，经过悠久的地质年代，由一系列的中间类型过渡到一个全新的物种，而原物种已不复存在。如马的进化就是属于这种方式。

**2. 分化式** 分化式是指一个物种的两个或两个以上的地方种群，由于地理隔离或生殖隔离，逐渐分化为两个或两个以上的新物种。它的特点是种的数目越变越多，而且需要经过亚种的阶段，然后才变成不同的新种。如棉属中一些种的形成属于分化式。

### （二）爆发式

爆发式物种形成（sudden speciation）则是指新物种的形成不一定需要悠久的演变历史，可以在较短的时间内通过染色体数目或结构的变异、远缘杂交、大的基因突变等形式，并在自然选择的作用下以跨越的形式从一个物种变成另一物种，一般也不经过亚种阶段。在高等植物，特别是种子植物的形成过程中，这是一种比较普遍的形式。

远缘杂交结合多倍化，这种物种形成形式主要见于显花植物。在栽培植物中多倍体的比例比野生植物多，所以这种物种形成方式与人类有密切关系。根据小麦种、属间大量的远缘杂交试验分析，证明普通小麦起源于 3 个不同的二倍体物种，是通过两次远缘杂交和染色体加倍，而形成的异源六倍体。科学上已经用人工的方法合成了与普通小麦相似的新种。

这种物种形成过程在棉属、烟草属、芸薹属等属内也有类似的例子。

## 复习思考题

1. 名词解释

群体遗传学、群体、孟德尔群体、基因型频率、（等位）基因频率、遗传漂变、物种、生殖隔离、地理隔离

2. 基因频率和基因型频率如何计算？调查 69685 人的血型，其中 M 型的有 21045 人，N 型有 14262 人，MN 型是 34378 人，表现型与基因型一致，试估算各基因型频率及基因频率。

3. 简述哈迪—温伯格定律的要点。

4. 哪些因素对改变基因频率发生影响？为什么？

5. 如果在一个 10000 株的玉米群体中出现 400 株由隐性基因控制的黄苗植株，请计算：

（1）黄苗基因 y 在该群体中的频率。

（2）经过 20 代淘汰后黄苗基因的频率还有多少？还会有多少黄苗植株出现？

（3）要把黄苗基因频率降到 0.01，需要淘汰多少代？

6. 人类中，色盲男人在男人中约占 8%，已知色盲基因是位于 X 染色体上的隐性基因，假定该基因在男女中频率相同且属于随机婚配，试预期色盲女人占总人口中的比例是多少？

7. 对某地区人群中 ABO 血型调查发现，1000 个人中 O 型有 360 人，B 型有 130 人，试问该 1000 人中 A 型血和 AB 型血的人数。

8. 达尔文的生物进化学说的基本内容是什么？

9. 为什么说遗传、变异、选择和隔离是生物进化的四大支柱？

10. 物种的定义是什么？鉴定物种的标准和依据是什么？有哪几种不同的形成方式？

# 第十一章　细菌和病毒的遗传

**黎德伯格（Joshua Lederberg，1925—2008）**

细菌遗传学家、分子生物学家，出生于美国新泽西州蒙特克莱尔。1946年他与塔特姆（E. L. Tatum）应用大肠杆菌首先阐明了细菌细胞接合引起有性生殖，证实细菌的遗传重组。1950年他在大肠杆菌中发现第一个病毒游离基因“lambda”。1952年他与学生津德（N. Zinder）发现沙门氏菌的转导。1958年黎德伯格因“发现细菌遗传物质的基因重组和组织”而与比德尔（G. W. Beadle）、塔特姆（E. L. Tatum）平分了诺贝尔生理学或医学奖。

众所周知，与真核生物相比，原核生物的结构相对简单，没有明显的核膜，多为单细胞或多细胞群体的形式存在，主要以无性繁殖的细胞分裂来实现自身的繁衍，甚至还有更特殊的一些类群——病毒，根本没有细胞结构，无法独立生存，需要寄生于活体细胞中，利用寄主细胞的遗传体系来实现自身的增殖。由于细菌和病毒是当今遗传学研究中重要的试验生物，所以有必要学习和掌握有关细菌和病毒遗传学的基本知识。

## 第一节　细菌和病毒在遗传研究中的意义

遗传学的研究从细胞水平时代进入到分子水平时代基于两个重要的原因：①化学家和物理学家对基因的化学和物理结构的了解日趋深化；②研究材料采用了新的生物类型——细菌和病毒。

### 一、细　　菌

所有的细菌都是比较小的细胞，长1～2 μm，宽0.5μm，由一层或多层膜或壁所包围（图11-1）。细菌细胞中含有许多核糖体的细胞质，以及含DNA的区域，称为拟核。大肠杆菌（*Escherichia coli*）在细菌遗传学研究中应用十分广泛，其DNA主要是以单个主染色体的形式存在，是一个封闭的大环。除单一环状染色体外，有些细菌具有多条环状染色体，还有些细菌具有线状染色体。表11-1是几种常见细菌所含染色体的类型和数目。

**表11-1　几种常见细菌所含染色体的类型和数目**

| 细　　菌 | 染色体形状和数目 | 质粒类型和数目 |
| --- | --- | --- |
| 根癌土壤杆菌（*Agrobacterium tumefaciens*） | 1个线状（2.1Mb）和1个环状（3.0Mb） | 2个环状（450kb+200kb） |
| 枯草芽孢杆菌（*Bacillus subtilis*） | 1个环状（4.2Mb） | |

（续）

| 细　　菌 | 染色体形状和数目 | 质粒类型和数目 |
|---|---|---|
| 苏云金芽孢杆菌（*Bacillus thuringiensis*） | 1个环状（5.7Mb） | 6个（每个>50kb） |
| 马耳他布鲁氏菌（*Brucella melitensis*） | 2个环状（2.1Mb+1.2Mb） | |
| 大肠杆菌（*Escherichia coli*）K-12 | 1个环状（4.6Mb） | |
| 苜蓿根瘤菌（*Rhizobium meliloti*） | 2个环状（3.4Mb+1.7Mb） | 1个环状巨大质粒（1400kb） |

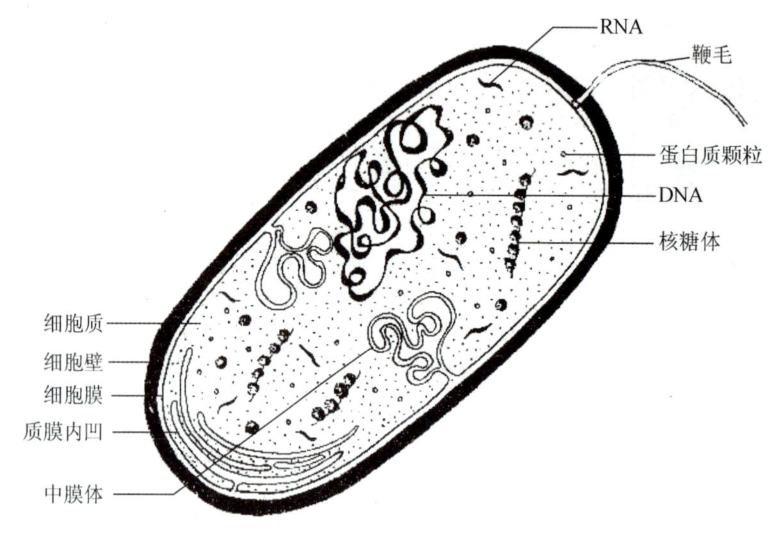


图11-1　细　菌

细菌细胞里通常还具有一个或多个小的染色体，这每一个小的染色体称质粒（plasmid）。质粒携带的基因是细菌染色体中没有的，这些基因经常具有实际的功能，根据它们携带的基因和它们在宿主细胞中显示的特性，已有5种质粒被鉴定，即抗性质粒（R）、致育质粒（F）、Col质粒、降解质粒和毒力质粒。

细菌一般进行无性繁殖，通过简单的裂殖呈几何级数增长。在适宜条件下，细菌繁殖非常快，一般20min分裂一次。以一定梯度稀释的菌液均匀涂布在固体培养基上，或在固体培养基上多次画线，得到的单个细胞在较短时间内（如经过一夜）可产生$10^7$个子细胞，并且聚集在一起，形成肉眼可见的细菌群落，称为菌落（Colony）。一个菌落的全部细胞理论上应具有相同的遗传组成，又称为克隆（clone），即无性繁殖系（图11-2）。

细菌可产生多种突变，如细胞形态突变、菌落形态突变、生化突变和抗性突变等。菌落形态突变主要涉及菌落的大小、光泽、颜色和透明度等。生化突变是指一类丧失合成某种营养物质能力的菌株，它们不能在基本培养基上生长和形成菌落，由于它们在营养代谢上是有缺陷的，所以统称为营养缺陷型（auxotroph）。能在基本培养基上生长的野生型菌株称为原养型（prototroph）。抗性突变主要是指对某种药物产生抗性的抗药性突变和不受某种病毒感染的抗感染性突变等。

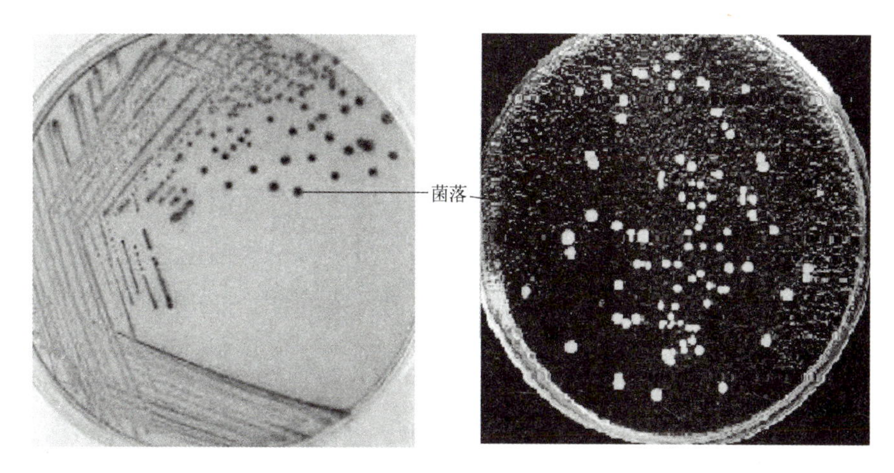


图 11-2　在固体培养基上由单细胞分裂繁殖形成的菌落

## 二、病　　毒

病毒是一类比细菌还小的，结构十分简单的生物体。它们仅含一种核酸（或 DNA 或 RNA）和一个蛋白质外壳（图 11-3）。病毒必须感染活细胞，改变和利用活细胞的代谢合成系统，才能合成新的病毒后代。病毒按其感染的宿主种类可分为动物病毒、植物病毒、细菌病毒和真菌病毒等。

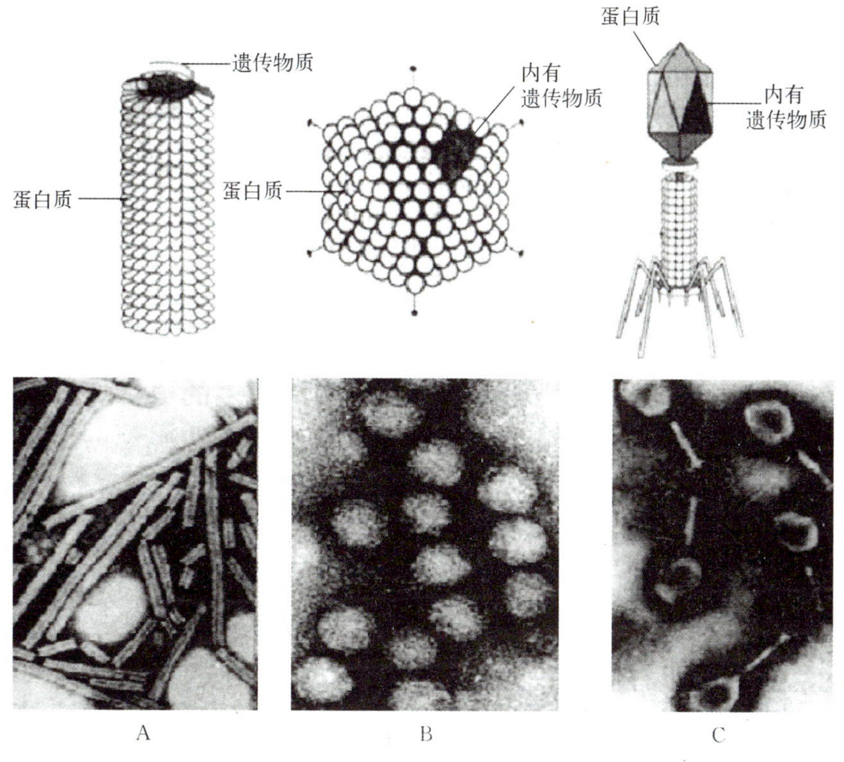


图 11-3　病毒的结构（上为模型图，下为电镜扫描图）
A. 烟草花叶病病毒　B. 腺病毒　C. 大肠杆菌噬菌体

感染细菌的病毒又称噬菌体（bacteriophage），是目前了解比较清楚的病毒，其遗传物质有单链 DNA、单链 RNA、双链 DNA 和双链 RNA 等 4 种类型，其形态有丝杆（螺旋）状、二十面体（球）状和头尾相连（蝌蚪）状等 3 种类型。依其与宿主细胞的相互关系，可以分为烈性（virulent）和温和（temperate）噬菌体两大类型。

## 三、细菌和病毒在遗传研究中的优越性

### （一）遗传研究中的优越性

细菌和病毒在遗传研究中的优越性可归纳为：①繁殖迅速，世代周期短；②遗传物质简单，仅仅是 1～2 个裸露的 DNA 分子或 RNA 分子，不存在显隐性的问题；③体积小且可以合成全部氨基酸和维生素，可以获得和鉴定各种营养缺陷型，并易于管理和进行化学分析；④存在着拟有性过程：即细菌可以通过转化、接合、性导和转导来获得外源 DNA，并通过交换而形成重组体；两个不同的噬菌体品系同时感染一个细菌细胞时，可以在宿主细胞内发生遗传物质的交换和重组。

### （二）遗传研究方向

利用细菌和病毒作为实验材料为以下研究提供了极大的方便。

**1. 基因突变的研究** 研究基因突变需要观察大量个体，利用细菌作为研究材料时，不仅在数量上满足要求，而且可以用选择培养的方法，在若干亿个细菌中找出少数突变。利用选择培养基可很容易把不同的营养缺陷型突变体筛选出来。

**2. 基因互作的研究** 在研究基因作用时，常常需要对野生型和突变型的代谢产物进行化学分析。细菌繁殖快、代谢旺盛，对培养条件又能严格控制，因此极为有利。

**3. 基因微细结构（fine structure）研究** 通过对大量不同座位的突变型进行重组分析，求出重组率，再根据重组率确定某一基因内的各个突变座位和相对距离。

**4. 基因表达与调控的研究** 细菌和病毒结构简单，其染色体只有一条裸露的核酸分子，易于着手研究基因的表达与调控等一类复杂的遗传问题，微生物研究对高等生物的遗传研究有极大的启发和推动作用。

# 第二节 噬菌体的遗传分析

## 一、噬菌体的生活周期

噬菌体生活周期也称为噬菌体的感染周期，是指噬菌体从吸附细菌到后代噬菌体由寄主细胞中释放出来的过程。噬菌体感染细胞以后，根据噬菌体与宿主的关系，可将噬菌体分为烈性噬菌体（virulent phage）和温和噬菌体（temperate phage）。烈性噬菌体能在原核生物中进行营养增殖，并在短时间内使寄主细胞裂解（lysis），如大肠杆菌的 T 噬菌体系列（$T_1$～$T_7$）。温和噬菌体侵入细胞后，可以将其基因组插入寄主染色体，随寄主染色体同步复制，而且具有潜在的合成噬菌体粒子的能力，如 $p_1$ 噬菌体和 λ 噬菌体。

### （一）$T_4$ 噬菌体的裂解性生活周期

$T_4$ 噬菌体颗粒感染大肠杆菌时，首先与细胞表面的受体蛋白 Omp C 结合，噬菌体 DNA 通过尾部结构注入细胞。在细胞内，噬菌体基因的转录启动，同时宿主细胞 DNA、RNA 和蛋白质的合成被阻断。宿主细胞的 DNA 被解聚，所得的核苷酸用于噬菌体 DNA 的

复制。然后是噬菌体外壳蛋白的合成和新的噬菌体颗粒装配。最后，寄主细胞裂解，释放出200～300个新的噬菌体颗粒。

### （二）λ噬菌体的生活周期

λ噬菌体感染大肠杆菌以后，可将其基因组整合到细菌染色体上，进而成为细菌基因组的一部分，随着细菌DNA复制而复制，这种整合的噬菌体称为原噬菌体（prophage），这种整合有噬菌体基因组的细菌称为溶源细菌（lysogenic bacterium），这一过程称为溶源途径。溶源性细菌一般不被同种噬菌体再侵染，这一现象称为免疫性。λ噬菌体感染寄主后也可以不通过溶源途径，而是进入裂解途径，即λDNA进入细胞后，利用寄主的酶和原料进行自身复制和形成噬菌体颗粒。最终使宿主细胞裂解而死亡，这一过程也称为裂解循环或溶菌途径。溶源性细菌受某些外界物理或化学因素（如紫外线、丝裂霉素C等）的作用，原噬菌体可以脱离细菌染色体而进行自主复制，最终导致细菌裂解，游离出大量噬菌体，这一过程称为诱导（induction）（图11-4）。

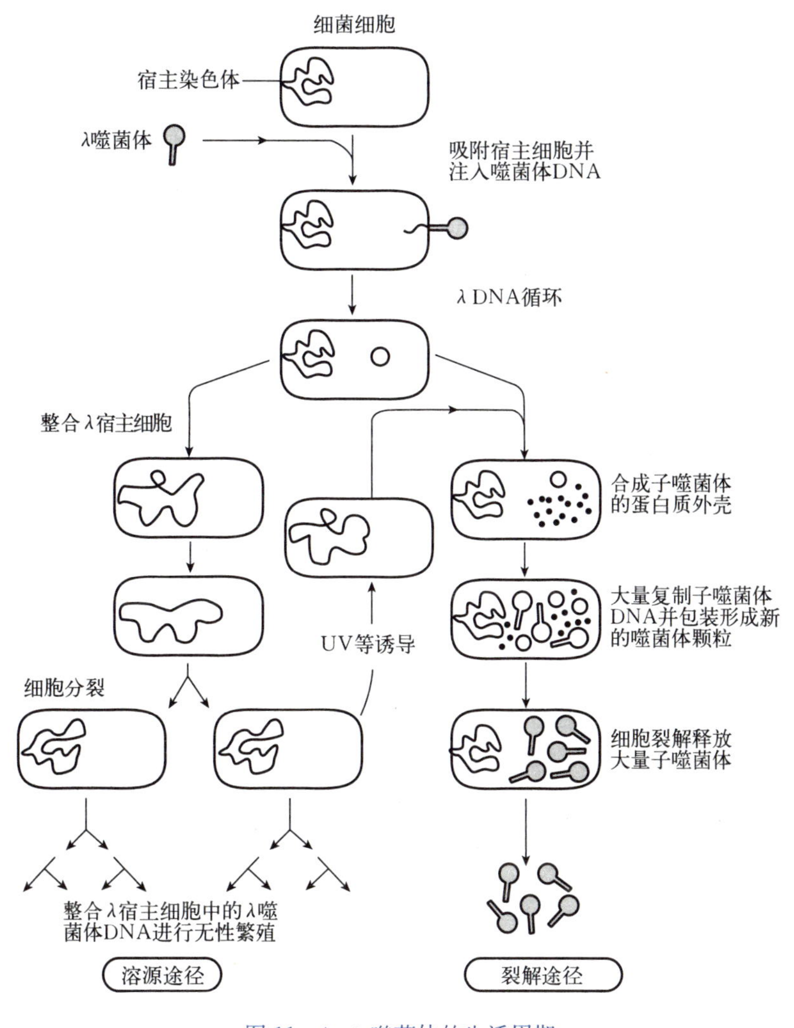


图11-4 λ噬菌体的生活周期

在溶源状态下，λ 噬菌体的裂解能力并没有消失，只不过是潜伏起来了，此时，λ 噬菌体看起来只是寄主无害的共生病毒基因，和寄主一起繁殖、生长和死亡。通过诱导（如紫外线照射、温度改变等），它就会转入溶菌状态，在 37℃条件下，这一过程需要 40～45min。此时每个大肠杆菌可产生出 100 个有侵染活性的子代 λ 噬菌体颗粒。

$p_1$ 噬菌体与 λ 噬菌体同属溶源性类型，在生活周期中略有不同的一点是这类噬菌体并不整合到细菌的染色体上，而是独立地存在于细胞质内。

### （三）M13 噬菌体的生活周期

有些噬菌体的生活史有别于上述裂解和溶源两种途径。如感染大肠杆菌的 M13 噬菌体。它的基因组是一条单链环状 DNA 分子。M13 感染细菌后，利用宿主细胞的酶产生双链复制形式（replicative form，RF）的 DNA。所合成的多拷贝的 RF 作为产生单链形式的模板。单链被装配到衣壳中并且不经过细胞裂解而从细胞中释放出来。噬菌体颗粒随着细胞分裂传到下一代的细胞中，因而被 M13 感染的细胞能继续生长并分裂产生被感染的子代细胞。M13 在生活周期中的这种特点使它成为分子生物学中一种有用的克隆载体。双链环状的复制形式容易像其他质粒一样被纯化，而单链的噬菌体 DNA 是 DNA 测序的理想模板。

## 二、噬菌体的基因重组

噬菌体比细菌还要小，只能借助于电镜才能观察到。噬菌体有两种性状可作为遗传标记，一种是噬菌斑的形态，不同基因型的噬菌体形成不同形态的噬菌斑，有的大，有的小，有的边缘清楚，有的边缘模糊等；另一种是噬菌体的宿主范围（host range），同一种噬菌体的不同突变型有不同的宿主范围。

对于 $T_2$ 噬菌体而言，r 突变体（rapid lysis 速溶性）能产生比正常噬菌体大 2 倍的边缘清楚的噬菌斑；正常基因型 $r^+$ 噬菌体产生的噬菌斑小而边缘模糊。未发生宿主范围突变的 $h^+$ 基因型噬菌体只能利用大肠杆菌 B 菌株，发生宿主范围突变的基因型 h 则能利用大肠杆菌 B 菌株和大肠杆菌 B/2 菌株（即对 $T_2$ 的抗性菌株）。

用 $hr^+$ 和 $h^+r$ 同时感染大肠杆菌 B 株，称为双重感染（double infection）。将释放出来的子代噬菌体接种在混合生长有 B 菌株和 B/2 菌株上，结果在培养基上出现了 4 种噬菌体菌斑（图 11－5）。

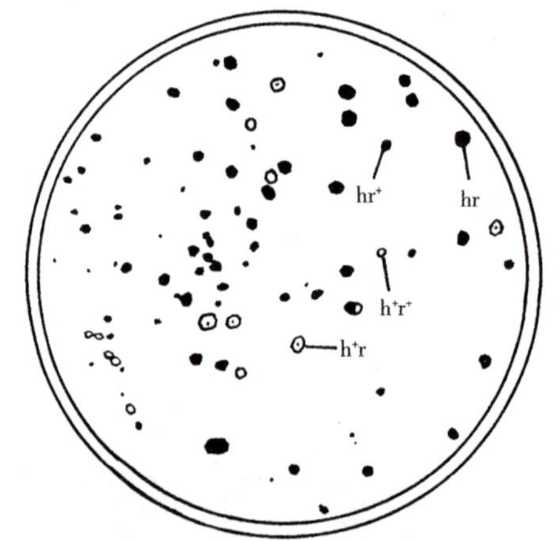


图 11－5　$hr^+ \times h^+r$ 混合感染产生的噬菌斑类型
（浙江农业大学．1989．遗传学）

根据噬菌体的表现型特征推导它们的基因型见表 11－2：

重组值可用下式计算：

$$重组值=\frac{重组噬菌体斑数}{总噬菌体}\times 100\%=\frac{(h^+r^+ + hr)}{hr^+ + h^+r + h^+r^+ + hr}\times 100\%$$

表 11-2 噬菌体的表现型特征与基因型

| 噬菌体表现型 | | 推导的基因型 | |
|---|---|---|---|
| 透明 | 小 | $hr^+$ | 亲本型 |
| 半透明 | 大 | $h^+r$ | 亲本型 |
| 半透明 | 小 | $h^+r^+$ | 重组型 |
| 透明 | 大 | hr | 重组型 |

# 第三节 细菌的遗传分析

## 一、转　　化

转化（transformation）是指某些细菌（或其他生物）能通过其细胞膜摄取周围提供的染色体片段，并将这些外源 DNA 片段通过重组整合到自己染色体组的过程。只有当被整合的 DNA 片段产生新的性状表现型时，才能测知转化的发生。

转化首先由格里费斯（1928）在肺炎链球菌中发现（详见第一章第一节）。艾弗里（1944）等在分子水平加以证实，证实了转化因子（transforming principle）是 DNA。转化是细菌交换基因的方法之一。虽然在其他微生物中也发现了自然转化现象，但研究较深入的仍然是细菌。

### （一）自然转化过程

如果不用特殊的化学方法或电击处理，大多数细菌都不能有效地吸收 DNA 分子。通常将不经特殊处理的细菌细胞从其环境中吸收外来 DNA 的过程称为自然转化。目前已经发现不少属细菌可以转化，如链球菌属（*Streptococcus*）、嗜血杆菌属（*Haemophilus*）、芽孢杆菌属（*Bacillus*）、假单胞杆菌属（*Pseadomonas*）以及大肠杆菌属（*Coliforms*）等。能够进行自然转化的细菌可能是细菌表面的一种蛋白质或是一种转化酶，能够参与 DNA 的吸收。自然转化过程可以分为以下几个步骤（图 11-6）：

（1）双链 DNA 分子和细胞表面感受位点可逆性的结合。

（2）供体 DNA 片段被吸入受体细胞。

（3）侵入受体细胞的供体单链 DNA 通过联会，部分或整体地插入受体细胞的 DNA 中，形成杂合 DNA 三链体；联会可能性的大小决定于供体与受体 DNA 片段之间的亲缘关系的远近。亲缘关系愈近，联会的可能性愈大，转化的可能性就愈大。

（4）这种杂合的 DNA 复制以后，形成一个亲代类型的 DNA（非转化子）和一个重组类型的 DNA（转化子），并导致转化细胞的形成与表达。

### （二）人工转化过程

已知许多细菌均无自然转化能力，但经人工诱导可使它们形成感受态。如果通过二价阳离子处理，大肠杆菌和许多革兰氏阴性细菌（$G^-$）能产生感受态；对另一些细菌特别是某些革兰氏阳性细菌（$G^+$），则可通过制备原生质体实现 DNA 转化。

**1. 大肠杆菌的转化**　目前人们已经建立起了用 $Ca^{2+}$、$Mg^{2+}$ 等诱导转化的标准程序（参见实验十一有关内容），能对大肠杆菌 C600、JM101、JM109、DH5α 等进行有效的转化。

**2. PEG 介导的转化** 不能自然形成感受态的革兰氏阳性细菌如枯草芽孢杆菌和放线菌，可通过聚乙二醇（PEG，一般用 PEG6000）的作用实现转化。首先用细胞壁降解酶完全除去它们的肽聚糖层，然后使其维持在等渗的培养基中，在 PEG 存在下，质粒或噬菌体 DNA 可被高效地导入原生质体。

**3. 电穿孔法和基因枪转化法** 在许多细菌和真核系统中，它们既无自然的感受态呈现，也不能用上述的方法建立感受态。因此人们采用了一些新的将核酸分子导入细胞的方法，最突出的是电穿孔（electroporation）法和基因枪（biolistic）转化法。

电穿孔法对真核生物和原核生物都适用。电穿孔法是用高压脉冲电流击破细胞膜或将细胞膜击成小孔，使各种大分子（包括 DNA）能通过这些小孔进入细胞，所以也称电转化。基因枪转化法是将包裹有 DNA 的钨颗粒像子弹一样用高压射进细胞，并使 DNA 留在细胞内，特别是留在细胞器中。用这种方法首次成功地将 DNA 导入酵母线粒体并引起线粒体遗传变化，基因枪转化现在被广泛地应用于植物的转化中。

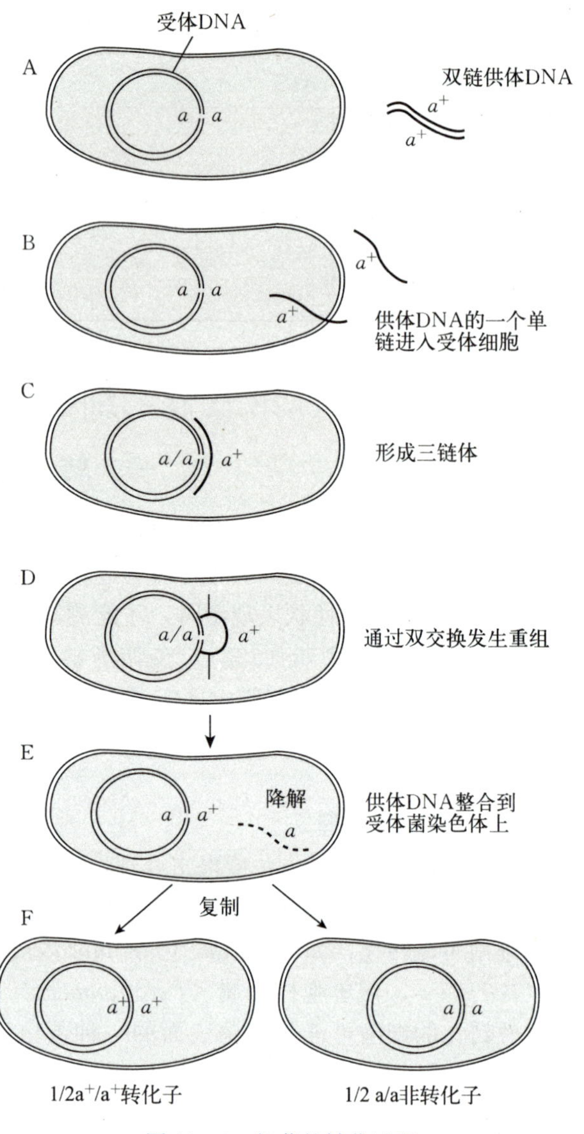


图 11-6 细菌的转化过程

## 二、接　　合

细菌传递 DNA 从而实现基因重组的主要途径是接合（conjugation）。细菌的接合也称为细菌的杂交，指细菌细胞之间产生接合管（conjugation tube）或称胞质桥（cytoplasmic bridge）（图 11-7），一方的 DNA 通过接合管向另一方转移。提供该 DNA 的一方称为供体，接受该 DNA 的一方称为受体。

介导接合作用的质粒称为接合质粒（conjugative plasmid），也称自主转移质粒（self-transmissible plasmid）或性质粒（sex plasmid）。

接合作用普遍存在于 $G^-$ 和 $G^+$ 细菌中。它不同于细菌的转化和以后将要提到的转导。其主要特点为：①接合作用中需要供体细胞与受体细胞之间的直接接触；②自主转移质粒除

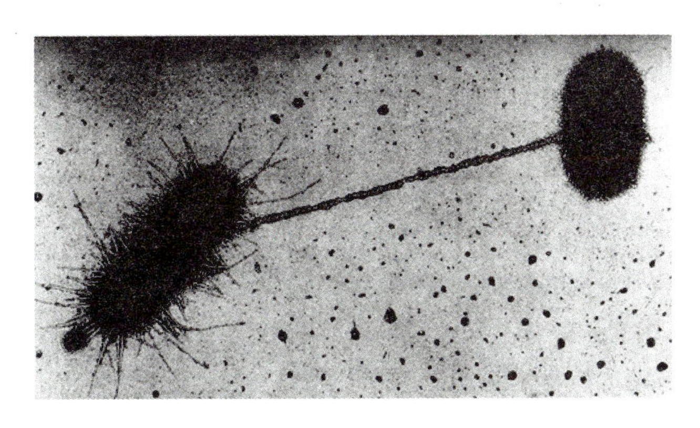

图 11－7　大肠杆菌革兰氏阴性细菌和革兰氏阳性细菌细胞的接合管
（程罗根．2013．遗传学）

自身能从供体细胞向受体细胞转移外，还能带动供体染色体向受体转移。

细菌中的接合作用最早是在大肠杆菌中发现的，其自主转移质粒是 F 因子。下面以大肠杆菌为例，介绍接合现象的发现、F 质粒及接合作用的机制。

### （一）大肠杆菌的杂交试验

黎德伯格和塔特姆（Lederberg & E. Tatum，1946）选用了 2 个不同营养缺陷型大肠杆菌菌株，A 菌株只有在同时补加有甲硫氨酸（methionine）和生物素（biotin）的基本培养基上生长；B 菌株只能在同时补加有苏氨酸（threonine）、亮氨酸（leucine）和维生素 $B_1$ 的基本培养基上生长。A 菌株和 B 菌株都是多重营养缺陷型，其基因型分别为：

A 菌株：$met^-$ $bio^-$ $thr^+$ $leu^+$ $thi^+$

B 菌株：$met^+$ $bio^+$ $thr^-$ $leu^-$ $thi^-$

A 菌株和 B 菌株均不能在基本培养基上生长，但当将 A 菌株和 B 菌株混合培养在加有上述 5 种物质的液体培养基上数小时后，再把混合菌液涂布在基本培养基上时，生长出了原养型菌落（$met^+$ $bio^+$ $thr^+$ $leu^+$ $thi^+$），出现的频率为 $10^{-7}$（图 11－8）。

由于 A 菌株和 B 菌株都是多重营养缺陷型，原养型的出现显然不是基因回复突变的结果。因为基因突变率本来很低，一般为 $10^{-6}$，而某两个基因同时发生突变的概率应为 $10^{-12}$，突变的概率几乎为 0。

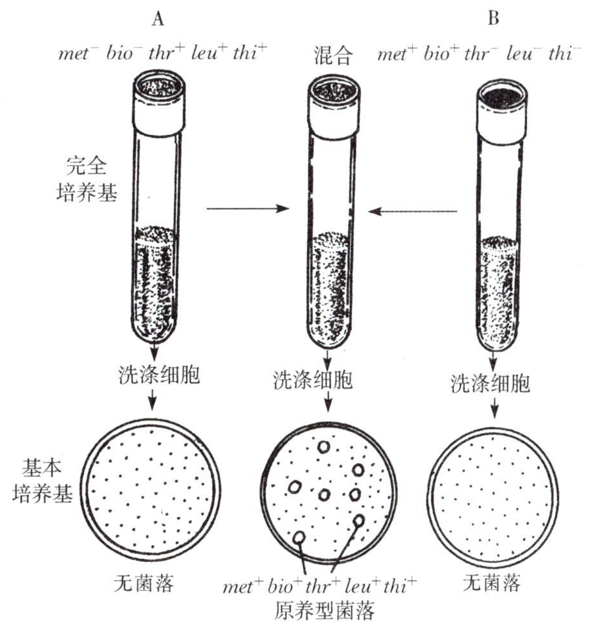


图 11－8　细菌接合（杂交）试验

当时黎德伯格和塔特姆已经证明，当把 A 菌株的培养液经过灭菌，再加入到 B 菌株的培养液中，没有原养型菌落，这说明原养型的出现也非转化的结果。戴威斯（B. Davis，1950）设计的 U 型管试验进一步支持了黎德伯格和塔特姆的结论。证明了两种细胞间的接触是产生原养型重组基因型的必要条件（图 11-9）。

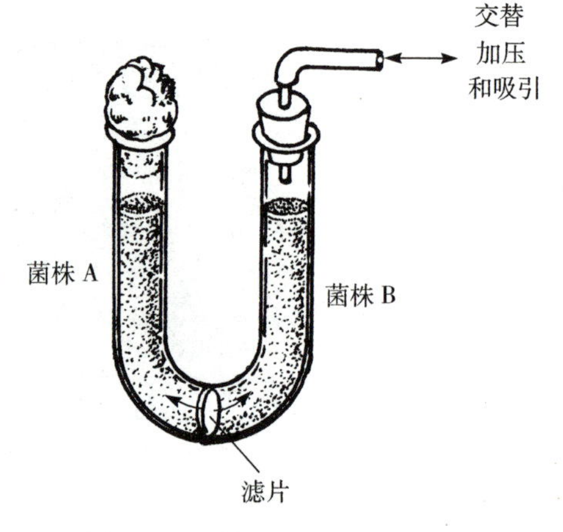

图 11-9 戴维斯的 U 型管试验

U 型管底部的中间用烧结玻璃滤片隔开，滤片的孔径很小，细菌不能通过，但培养液营养物质和 DNA 可以自由通过。在 U 型管的左右两臂中分别加入 A 菌株和 B 菌株。从 U 型管的一臂用加压和减压的方法使两臂中的培养液充分混合，但 A 菌株和 B 菌株仍然保持隔离状态，不相接触。经培养数小时后，将它们分别涂布在基本培养基上，结果没有出现原养型菌落。1952 年，海斯（W. Hayes,）用杂交试验证明，在杂交期间两个菌株所起的作用是不同的，细菌重组的发生只是染色体单方向的转移，即 A 菌株（供体）遗传物质向 B 菌株（受体）转移。

### （二）F 因子（质粒）

1953 年海斯和卡瓦里-斯弗扎（Cavalli - Sforza）进一步研究发现，大肠杆菌中供体和受体菌株的区别就在于它们是否有一种微小的质粒——F 因子（F - factor 或 felement）。F 因子又称性因子（sex factor）或致育因子（fertility factor）。F 因子具有赋予中性的细菌呈现性别的奇妙性质。它是一种封闭的环状 DNA 分子，相对分子质量约为 $4.5\times10^{6}$，全长约为 $9\times10^{4}$ bp，大约为大肠杆菌环状染色体全长的 2%，以游离状态存在于细胞质中。在大肠杆菌中并不是每个细菌细胞中都有这种游离的 F 因子，只有供体细胞才含有 F 因子，这种菌株就称为 $F^{+}$，受体细胞不含 F 因子，这种菌株称为 $F^{-}$。F 因子结构包含 3 个区域（图 11-10）：①原点（origin），它是转移的起点；②致育基因（fertility gene），这些基因使它具有感染性，其中一些基因编码生成 F 菌毛（fpillus）的蛋白质，即 $F^{+}$ 细胞表面的管

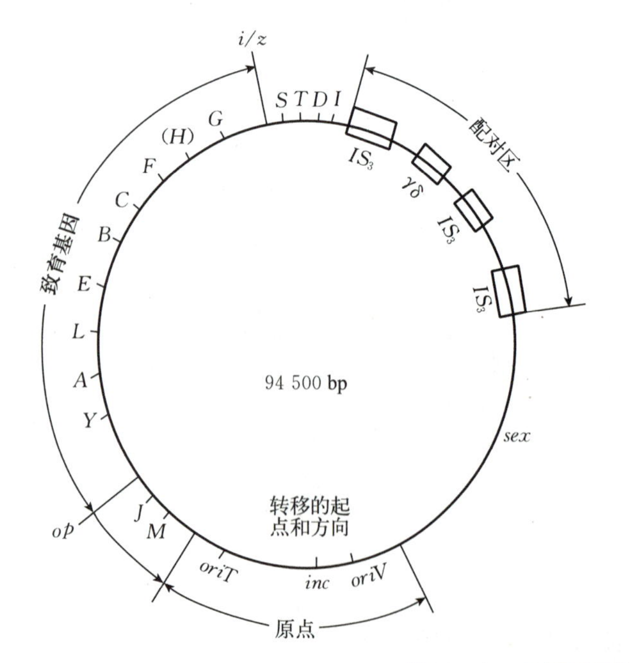


*sex*（*pif* ϕⅡ$^{r}$）：抑制 ϕⅡ T4 噬菌体
*inc*：不相容性物质的顺反子
*ori*：*oriT* 转移时的复制起点
*oriV* 营养期的复制起点
*p*：控制调节
*o*：*p* 的作用位点
*J*：性伞毛形成的顺反子、调节 *tra M* 和 *tra Y*
*A*～*G*：菌毛的合成
*S*, *T*：产生表面物质，阻止两个 $F^{+}$ 细菌接合
*D*, *I*：引起基因组移动
*i/z*：控制引起接合致死作用

图 11-10 F 因子的结构

状结构，称为接合管（conjugation tube），F 菌毛与 $F^-$ 细胞表面的受体相结合，在两个细胞间形成细胞质桥即接合管；③配对（pairing region），F 因子的这一区域与细菌染色体中多处的核苷酸序列相对应，因此 F 因子可以分别与染色体上这些同源序列配对，通过交换整合到染色体中成为细菌染色体的一部分。像这种既可存在于染色体之外作为一个独立的复制子，也可整合到细菌染色体中作为细菌复制子的一部分的遗传因子称为附加体（episome）。

由图 11-11 可见 F 质粒的 3 种存在形式。根据大肠杆菌细胞内有无质粒及 F 质粒在细胞内的存在状态可将细胞分为 4 种类型：$F^-$、$F^+$、Hfr 及 $F'$。其中 Hfr 菌株（high frequency recombination strain）称为高频重组菌株，是指 F 质粒通过同源重组整合到宿主的染色体上，随着宿主染色体的复制而复制的类型；$F'$ 是指携带了宿主一部分染色体的 F 质粒。

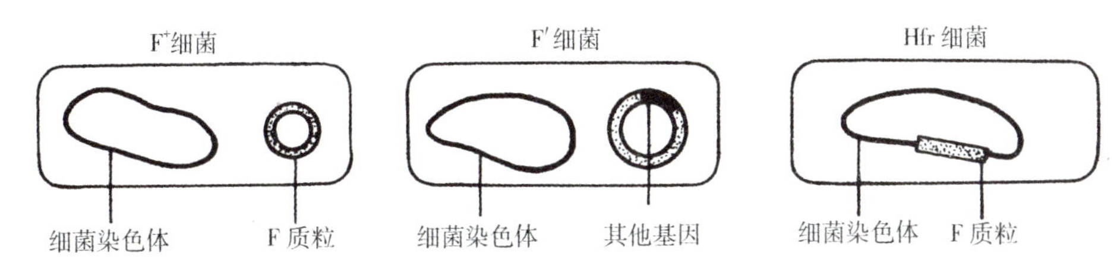


图 11-11　F 质粒的 3 种存在形式

## （三）$F^+ \times F^-$

带有 F 质粒的细胞在形态学上可以与 $F^-$ 明显区别。$F^+$ 通常在细胞对数生长期具有少量（1～3 根）长达数毫米纤细的性菌毛。性菌毛在细菌的接合过程中起着十分重要的作用。F 质粒可以通过接合过程从 $F^+$ 细胞转移到 $F^-$ 细胞中。细菌的接合过程分为两步进行，即接合配对的形成和 DNA 转移（图 11-12）。

在 $G^-$ 细菌中，F 质粒编码的性菌毛识别受体细胞。当性菌毛头部与受体细胞接触，使供体细胞和受体细胞连接到一起后，由于性菌毛的收缩，可使供体和受体细胞紧密相连，很快在接触处形成接合管。接合管是 F 因子转移的通道。

在 DNA 转移过程中，首先 F 质粒 DNA 双链中的一条单链被核酸内切酶从接合转移起始位点（*oriT*）切开一个切口，并以 5′末端为首通过接合管进入受体，而互补链留在供体。一

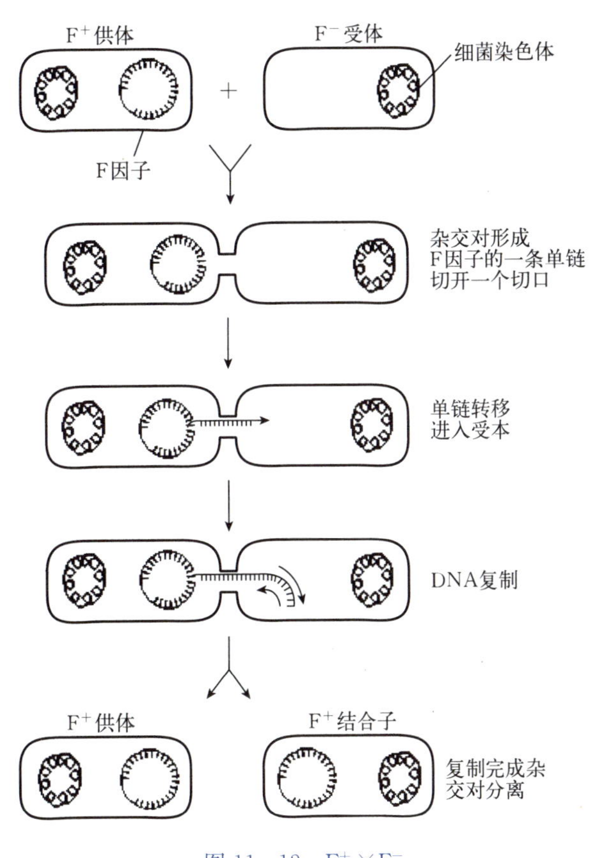


图 11-12　$F^+ \times F^-$
（Color Atlas of Genetics. 2001）

旦单链 DNA 进入受体细胞，DNA 分子两端再连接起来形成环状 DNA 分子，然后受体细胞和供体细胞中的单链 DNA 再分别以自己为模板进行复制，形成双链 DNA 分子。所以接合完成时，受体细胞也变成了 $F^+$ 细胞，即 $F^+ \times F^- \rightarrow 2F^+$。

### （四）$Hfr \times F^-$

在 $F^+ \times F^-$ 中不涉及供体染色体 DNA 的转移。F 质粒除了自身转移外，也能介导寄主 DNA 的传递，在这类基因转移过程中，F 质粒只起着遗传载体的作用。把 F 质粒介导的基因转移称为 F 转导或 F 性导（sexduction）。F 性导有两种形式：供体染色体的部分甚至全部转移（$Hfr \times F^-$）；供体的一个或少数基因转移（$F' \times F^-$）。

$Hfr \times F^-$ 与 $F^+ \times F^-$ 有着相同的过程，包括细胞间接触［F 质粒提供转移（*tra*）功能］、接合管形成、链的断裂、单链 DNA 从供体向受体转移。与 $F^+ \times F^-$ 情况不同的是在 $Hfr \times F^-$ 中，$F^-$ 细菌很少转变成 Hfr。这是因为当 Hfr 与 $F^-$ 接合时，整合的F DNA从一端被内切酶切成单链切口，转移时首先是 F 因子的 *oriT* 和小部分 F DNA 先进入受体，然后是染色体 DNA，最后才是剩下的大部分 F 因子的 DNA。再者，Hfr 细胞推动完整的大肠杆菌染色体的转移大约需要 100min，而此过程时常因外界干扰或细菌自身的活动而中途停止。所以让全部的 Hfr DNA 进入受体相当困难。于是在 $Hfr \times F^-$ 中，杂交结果仍是 Hfr 细胞和 $F^-$ 细胞（图 11 - 13）。

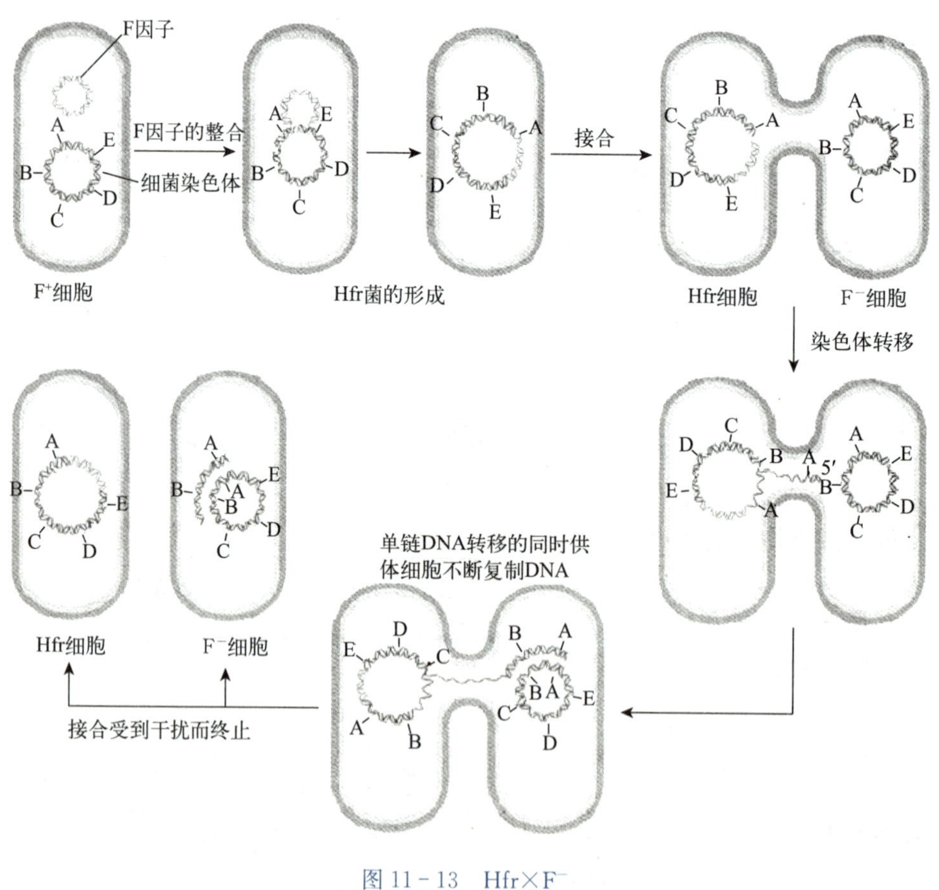


图 11 - 13　$Hfr \times F^-$
（贺竹梅 . 2003. 现代遗传学教程）

当 Hfr 的细菌染色体进入 $F^-$ 后，在短期内，$F^-$ 细胞对某些位点来说有一段二倍体的 DNA。这样的细菌称为部分二倍体（partial diploid）或部分合子（merozygote），新染色体的 DNA 称为供体外基因（exogenote），而宿主的染色体则称为受体内基因（endogenote）。供体染色体片段进入受体细胞后，与受体染色体的同源片段发生联会和交换。单交换使环状染色体打开，产生一个线性染色体，该细胞不能成活，发生偶数交换，才能产生遗传的重组体和片段，其中片段最终将丢失。

## 三、性　　导

细菌之间存在一种特殊的接合，称为性导（sexduction）。它是指接合时由 F′质粒所携带的外源 DNA 整合到细菌染色体的过程。

前面讲到 F 因子通过配对区域间的联会和交换，整合到细菌染色体上，成为 Hfr 细胞。这一过程是可逆的，整合在染色体上的 F 因子也可以通过相反的过程从染色体上切除下来，成为自主状态，这一过程称为环出（looping out）。由于 F 因子偶尔在环出时不够准确，会在携带出染色体上的一些基因后形成 F′因子。Hfr 细菌的不同菌株，由于 F 因子插入的位置不同，所以能够形成携带不同基因的 F′因子（图 11－14）。F′因子携带的染色体片段大小可从一个标准的基因到半个细菌染色体。

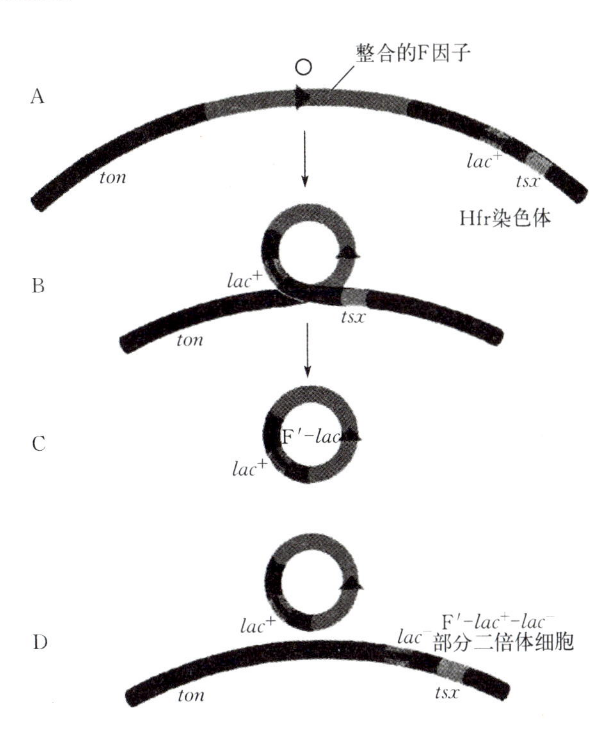


图 11－14　F′因子的形成
A. F 因子整合在宿主染色体上　B. F 因子环出错误带有宿主基因
C. 带有宿主基因的 F′因子形成　D. F′因子与新宿主形成部分二倍体
（程罗根．2013．遗传学）

F′因子不仅转移基因频率极高，而且自然整合率也极高。基于 F′因子的这些特性，可以利用性导，将供体的特定基因转移到受体中，形成基因型杂合的部分二倍体，用于鉴定基因的显隐性。如将供体的 $lac^+$ 基因转移到 $lac^-$ 受体中，形成 $lac^+-lac^-$ 的部分二倍体，能在 EMB 乳糖琼脂培养基上形成红白相间的菌落，这就表明这种菌落能够利用乳糖，从而证明 $lac^+$ 基因对 $lac^-$ 基因为显性。利用性导进行重组分析，可以绘制大肠杆菌环状遗传图。

## 四、转　　导

转导（transduction）是指以噬菌体（病毒）为媒介，将供体菌的部分 DNA 转移到受体菌内的过程。因为绝大多数细菌都有噬菌体，所以转导作用是细菌遗传物质传递和交换的一种重要方式。转导与上述的转化、性导和接合相比，其特点在于：它是以噬菌体为媒体。在这一过程中，细菌的一段 DNA 被错误地包装在噬菌体的蛋白质外壳中，并通过感染而转移到另一个受体细胞内。

转导可分为普遍性转导（generalized transduction）和局限性转导（specialized transduction）两种类型。在普遍性转导中，任何供体的染色体都可以转移到受体细胞。而在局限性转导中，被转导的 DNA 片段仅仅是那些靠近染色体上溶源化位点的基因，这是因为这些基因常常在原噬菌体反常切除时被错误地带到噬菌体基因组中。这里仅简要介绍普遍性转导。

### （一）转导现象的发现

细菌杂交是在大肠杆菌中发现的，为了知道鼠伤寒沙门氏菌（*Salmonella typhimurium*）是否也有同样的现象，1952 年黎德伯格和他的学生津德（N. Zinder）用鼠伤寒沙门氏菌的 2 个突变菌株进行实验。一个菌株是 $phe^- try^- tyr^-$（不能合成苯丙氨酸、色氨酸和酪氨酸），另一菌株是 $met^- his^-$（甲硫氨酸和组氨酸缺陷型）。这 2 个菌株分别在基本培养基上培养时，没有发现原养型菌落；而在混合培养时，大约在 105 个细胞中得到 1 个原养型菌落，这似乎与大肠杆菌的重组没有什么区别。但用这 2 个菌株进行戴维斯 U 型管试验时，结果意外地在 U 型管的一臂出现原养型菌落。这说明原养型菌落可以不经过细胞接触而得到。也就是说，这种原养型菌落的出现不是由于接合和性导。

基于以上的结果，他们推断，在 U 型管两臂之间交流而导致原养型菌落产生的既不是游离的 DNA 分子，也不是细菌细胞，而是一种过滤性因子，它没有细胞结构，但是其中的 DNA 受到蛋白质外壳的保护。这个推断以后被证实，这种过滤性因子就是噬菌体，它的质量相当于噬菌体 $P_{22}$，用抗 $P_{22}$ 血清处理能够使它失活。

### （二）普遍性转导

普遍性转导噬菌体包括许多温和噬菌体和一些烈性噬菌体，鼠伤寒沙门氏菌的 $P_{22}$ 和大肠杆菌的 $P_1$ 是研究最多的普遍性转导噬菌体。在噬菌体感染的末期，细菌染色体被断裂成许多小片段，在形成噬菌体颗粒时，极少数噬菌体将细菌的 DNA 误认为是它们自己的 DNA 而包被在蛋白质外壳内，在这一过程中，噬菌体外壳蛋白质只包被一段与噬菌体 DNA 长度大致相等的细菌 DNA，而无法区分这段细菌 DNA 的基因组成，所以细菌 DNA 的任何部分都可被包被，这就形成了普遍性转导噬菌体。当携带供体基因的噬菌体侵染受体菌时，噬菌体便将供体基因注入受体菌中。如图 11-15 所示，$P_1$ 噬菌体感染带有 $a^+$ 基因的大肠杆菌后，进行繁殖，同时使宿主的 DNA 降解成小片段，$P_1$ 噬菌体包装时有部分错误地将宿主的 DNA 包装到头部，细胞裂解后一并释放出来。当带有 $a^+$ 基因的转导颗粒再去感染带有 $a^-$ 基因的大肠杆菌时，因其不含 $P_1$DNA，所以不能复制、繁殖和裂解（lytic），只是将含 $a^+$ 的 DNA 片段注入新的 $a^-$ 受体，经双交换发生重组使 $a^-$ 细胞转导成 $a^+$，被交换下来的带有 $a^-$ 的片段则最终被降解。

虽然在许多细菌中发现了普遍性转导噬菌体，普遍性转导噬菌体在细菌的遗传分析中也起了很大作用。但是，如果有些细菌中没有已知的普遍性转导噬菌体，要寻找普遍性转导噬菌体则非常困难。因此在后来的遗传性状分析中，应用的并不十分广泛。

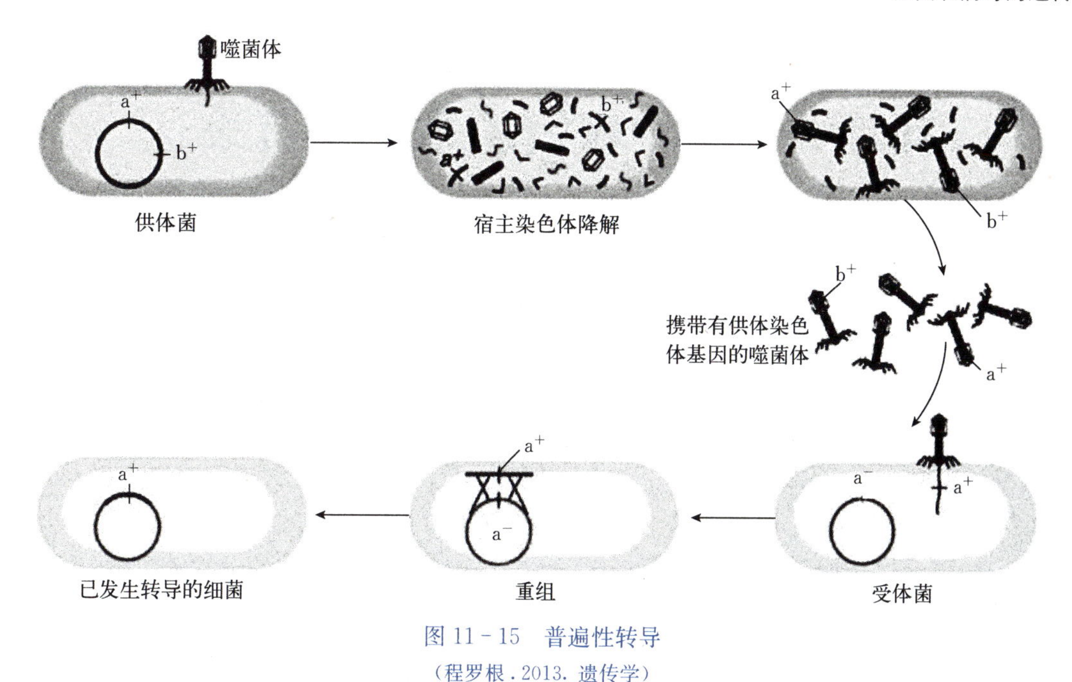


图 11-15　普遍性转导
（程罗根．2013．遗传学）

## 复习思考题

1. 名词解释

烈性噬菌体、温和性噬菌体、溶原性细菌、转化、接合、性导、转导、$F^-$ 菌株、$F^+$ 菌株、Hfr 菌株、F 因子、F′因子

2. 为什么在现代遗传学研究中广泛采用细菌和病毒作为研究材料？

3. 如何观察和鉴定噬菌体的基因重组？

4. 试比较转化、接合、性导、转导在细菌遗传物质传递上的异同，并设计试验区分它们。

5. A 菌株和 B 菌株均为营养缺陷型，它们的基因型分别是：

| A 菌株 | $met^+$ | $bio^-$ | $thr^+$ | $leu^+$ |
|---|---|---|---|---|
| B 菌株 | $met^-$ | $bio^+$ | $thr^-$ | $leu^-$ |

将它们培养数小时后，把混合菌液涂布在基本培养基上，出现了原养型菌落（$met^+ bio^+ thr^+ leu^+$），频率为 $10^{-7}$。试问原养型菌落的出现是否为基因回复突变的结果。为什么？

# 第十二章　基因的本质及其表达

**雅各布**（Francois Jacob，1920—2013）

生物学家、分子遗传学家，出生于法国南锡的一个商人家庭，起初立志学医，后因二战反法西斯斗争中受伤最终弃医而致力于生物学研究。1950年进入巴斯德研究所，在尔沃夫（A. M. Lwoff）领导下工作。1954年完成论文《溶原性细菌及原病毒概念》。1956年他与沃尔曼（E. L. Wollman）证明细菌交配时DNA片段从供体进入受体；1958年他们又证明大肠杆菌不同Hfr品系中不同的基因连锁实际上是同一个环状连锁群。1956年他与莫诺一起研究大肠杆菌乳糖代谢基因的调控，经过5年的努力，1961年6月他们发表了“蛋白质合成的遗传调节机制”的论文，提出了乳糖操纵子的模型，形成一个完整的基因调控学说。

**莫诺**（Jacques Lucien Monod，1910—1976）

生物学家、分子遗传学家，出生于法国巴黎，由于父亲的影响，很小的时候就对生物学产生了兴趣。1937年开始以大肠杆菌为实验材料研究细菌的生理现象；1940年发现了细菌的“双峰生长曲线”现象，后来提出“酶的诱导作用”解释该现象。二战期间英勇地参加了反法西斯斗争。后来，他与雅各布合作研究基因调控，1961年6月他们提出了乳糖操纵子的模型。1963年他与布伦纳（S. Brenner）一起提出了“复制子”假说。1965年巴斯德研究所的雅各布、尔沃夫和莫诺三位科学家因“在酶和病毒合成的遗传控制中的发现”而获得诺贝尔生理学或医学奖。

## 第一节　基因的本质

### 一、基因概念的发展

基因是遗传变异的基本单位，基因的结构和功能则是贯穿在整个遗传学研究中的主线，遗传学发展史本身就清楚地说明了这点。

#### （一）经典遗传学关于基因的概念

孟德尔最初将控制生物性状的因子称为遗传因子。约翰森提出了基因这个名词，取代了孟德尔的遗传因子，一直沿用至今。以后摩尔根及其同事们以果蝇、玉米为材料，经过大量研究，建立了以基因和染色体为主体的经典遗传学。

经典遗传学关于基因的概念有如下几个要点：

（1）基因是不连续的颗粒状因子，在染色体上有固定的位置，并且呈直线排列，具有相对的稳定性。

（2）基因作为一个功能单位控制有机体的性状表达。

（3）基因以整体进行突变，是突变的最小单位。

（4）基因在交换中不再被分割，是重组的最小单位。

（5）基因能自我复制，在有机体内通过有丝分裂有规律地传递，在上下代之间能通过减数分裂和受精作用有规律地传递。

由于基因的交换、突变都涉及基因的结构，因此突变单位和重组单位也统称为结构单位。经典遗传学认为基因既是一个结构单位又是一个功能单位，或者说基因是位于染色体上的念珠状颗粒，是突变、重组和功能的三位一体（three-in-one）的最小单位。

### （二）分子遗传学关于基因的概念

但基因究竟是由什么物质构成的？基因的本质是什么？经典遗传学无法回答这个问题。自 20 世纪 40 年代以后，随着分子遗传学的飞速发展，对基因有了越来越深刻的认识。DNA 双螺旋模型的建立、遗传密码的破译，使基因的概念获得了更加具体的内容，明确了一个基因相当于 DNA 分子上的一个区段。

拟等位基因（pseudo alleles）和顺反子（cistron）的发现，对经典基因的三位一体的概念产生了巨大的冲击，这些发现充分说明了基因并不是不可分割的最小单位，它在结构上是可分割的，因为作为功能单位的顺反子并不是突变和重组的最小结构单位。同时作为功能单位的"一个基因一个酶"学说也进一步发展为"一种顺反子一种多肽"学说。据此，分子遗传学中基因的概念保留了功能单位的解释，而摈弃了最小结构单位的说法，认为基因是功能的一位一体（one - in - one）的最小单位，它可被转录为 RNA 并进而翻译为多肽，也可只转录不翻译或不转录不翻译。

因此，按照分子遗传学的观点，基因在结构上还可以划分为若干个小单位。突变、重组和功能这三个单位分别是：

（1）突变子（muton）。突变子是指性状发生突变时，产生突变的最小单位，即改变后可以产生突变型表现型的最小单位。最小的突变子可以是 1 个核苷酸对。

（2）重组子（recon）。重组子是指发生性状重组时，可交换的最小单位，或者说不能由重组分开的基本单位。可小到只包含 1 个核苷酸对，也称交换子。

（3）顺反子。顺反子是与经典基因概念的功能单位相当的概念，或者说就是一个基因。顺反子是与一条多肽链的合成相对应的一段 DNA 序列，是一个完整的不可分割的最小功能单位，它的平均大小为 500～1500bp，一个顺反子可包含若干个重组子和突变子。

概言之，基因是一段有功能的 DNA 序列，是一个遗传功能单位，其内部存在有许多的重组子和突变子。

### （三）现代基因概念的新发展——基因的多样性

过去一直认为基因在染色体上的位置是固定不变的，遗传密码在 DNA 分子上是连续分布且不相重叠的，但 20 世纪 70 年代后，又发现了重叠基因、重复基因、间隔基因和跳跃基因的存在，使基因的概念又有了新的发展。

**1. 重叠基因**（overlapping gene） 重叠基因是指不同基因共用相同的碱基密码，即同一段 DNA 编码顺序，由于阅读的框架不同或终止的早晚不同，同时编码 2 个以上的基因（图 12 -1）。

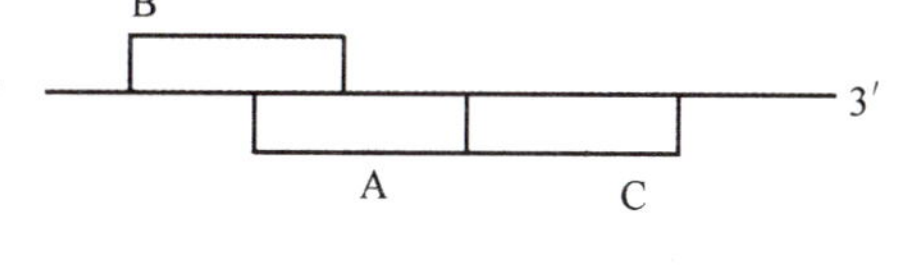


图 12 - 1 重叠基因

A、B 基因共用相同的编码顺序

**2. 重复基因**（repetitive gene） 重复基因生物的基因组十分复杂，往往是由各种单一顺序和重复顺序组成。所谓重复基因是指基因组内有多份相同编码的核苷酸序列。根据重复的拷贝数可分为以下 3 种：

（1）高度重复顺序（high repetitive sequence）。高度重复顺序。重复次数在 $10^5$ 以上的拷贝，每个重复顺序只有 2～10bp，一般不能转录，主要分布在异染色体区（如着丝点旁），亦称为卫星 DNA（satellite - DNA）。其作用是利于交换的发生，利于基因的表达调控。

（2）中度重复顺序（middle repetitive sequence）。中度重复顺序。重复次数为 $10^2$～$10^5$，每个重复顺序有 100～300bp，可以转录 tRNA、rRNA。

（3）单一重复顺序（unique repetitive sequence）。单一重复顺序。在整个基因组中，只有一个顺序，每个顺序约有 1000bp，属于结构基因，既可转录，亦可翻译。

**3. 间隔基因**（splitting gene） 在真核生物中，基因的结构既包括可转录可翻译的外显子（extron），也包括可转录但不翻译的内含子（intron），二者镶嵌排列。刚转录的 mRNA 称为前体 mRNA，通过剪去内含子的 mRNA，才能成为成熟的 mRNA（图 12 - 2）。

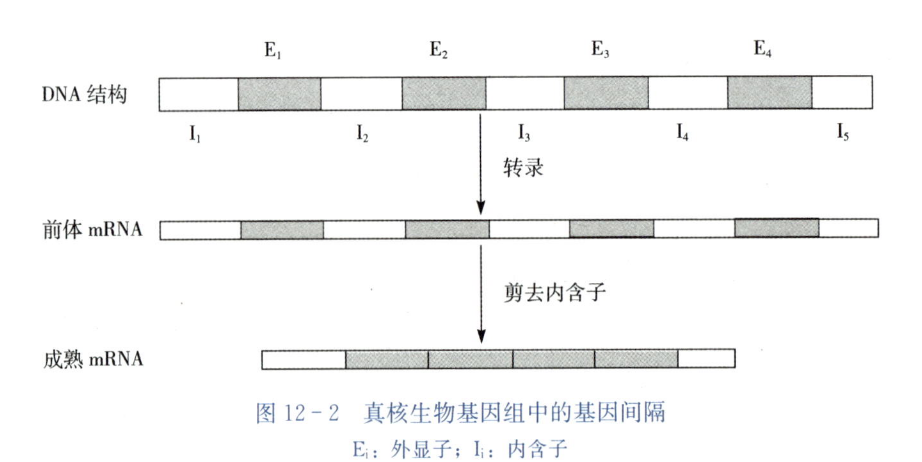


图 12 - 2 真核生物基因组中的基因间隔

$E_i$：外显子；$I_i$：内含子

**4. 跳跃基因**（jumping gene） 跳跃基因是指在染色体上可以转移位置的基因，也称为转座因子（transposable element）。跳跃基因是在 20 世纪 50 年代由麦克林托克（Barbara McClintock）在玉米籽粒的遗传研究中提出来，直到 80 年代初才得到公认。玉米中的转座因子包含解离（dissociation，Ds）和激活（activator，Ac）两个部分，Ds 能经常变动在染色体上的位置从而影响邻近基因的作用。Ac 则可易位于基因组的任何地方，它的存在会解除 Ds 对邻近基因的抑制作用，使邻近基因能够表达（图 12 - 3）。

（1）坐落在 9 号染色体上的玉米籽粒胚乳颜色表达基因 C 能使胚乳呈现深色色素，但它的表达与 9 号染色体上一种能转移的 Ds 片段有关。当 Ds 片段插入到 C 基因旁时，玉米籽粒则无色，这说明 Ds 片段能抑制 C 基因的表达。

（2）玉米籽粒胚乳颜色表达基因 C 除与 Ds 片段有关外，还受另一片段 Ac 控制。在同一条染色体上有 Ac 存在，Ds 就不稳定，表现为能够转移。由于 Ds 跳动很快，使 C 基因时开时关，致使籽粒的胚乳出现斑斑点点的颜色。

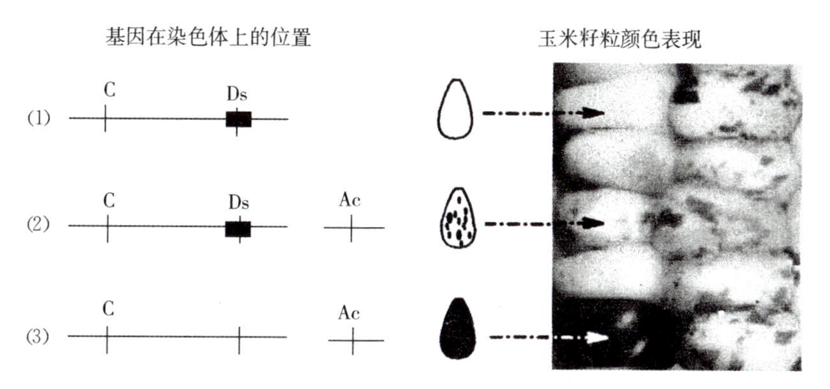


图 12-3 麦克林托克的玉米两因子调控系统（Ds-Ac）的作用模式

（3）当 Ac 片段插入到 Ds 片段附近时，Ds 片段就能跳出 9 号染色体，从而使 C 基因解除抑制，恢复活性，能正常产生色素。这说明 Ds 的作用受 Ac 的片段控制。

跳跃基因在各类生物中有广泛的分布，其最显著的结构特点是它们的两端都有相同或者相似的末端重复顺序（terminal repeats）。跳跃基因的转移，或是在转座酶的作用下直接从原来的位置上切离下来，然后插入到染色体新的位置；或是转录成 RNA，RNA 在反转录酶的作用下反转录生成互补 DNA（complementary DNA，cDNA），然后插入到染色体内的新位置上，这样在原来位置上仍保留跳跃基因，新的位置上也插入了一份跳跃基因。

**5. 假基因**（pseudo gene） 一个完整的基因有一个启动子、内含子、外显子和终止子等。启动子（promoter）是指在转录起点上游启动转录开始的一段 DNA 序列。终止子（terminator）是指给予 RNA 聚合酶转录终止信号的 DNA 序列。假基因是指没有启动子、内含子、外显子的 C-DNA，是在反转录酶作用下以 mRNA 为模板形成的 DNA。假基因是与功能性基因密切相关的 DNA 序列，它的产生可能是由于相应的正常基因缺失、插入和无义突变失去阅读框而不能编码蛋白质产物（图 12-4）。

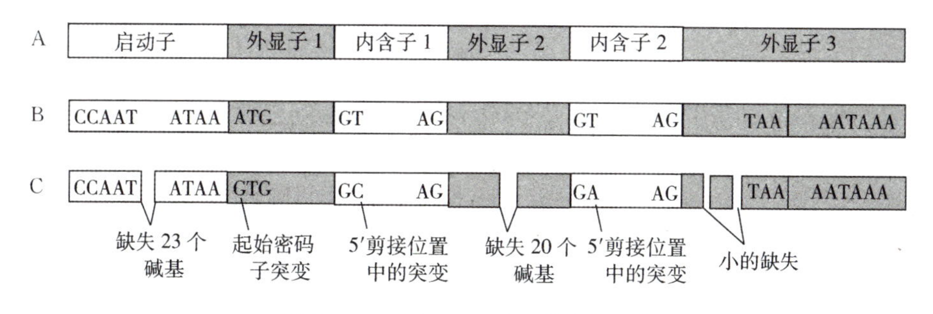


图 12-4 人的 α-珠蛋白假基因结构

A. 珠蛋白基因的共有结构 B. $\alpha_2$ 珠蛋白基因 C. $\Psi\alpha_1$ 假基因

人 $\Psi\alpha_1$ 假基因结构与有功能的 $\alpha_2$ 珠蛋白基因相似，它们的 DNA 序列有将近 70%相同，但 $\Psi\alpha_1$ 假基因在基因序列中积累了很多突变，所以不能编码有功能的蛋白质。

由此可见，随着生物科学的不断发展，人们对基因概念的理解也不断深入。在世界科学技术日新月异的今天，生物科学将会有更多新的突破性进展，基因的概念不可避免的将会被赋予新的内容。

## 二、基因的作用与性状的表现

在生物的个体发育过程中，基因一旦处于活化状态，就将它携带的遗传密码通过 mRNA 的转录和翻译，形成特异的蛋白质。大部分遗传性状都是直接或间接通过蛋白质表现出来的。

### （一）直接作用

在生物的个体发育中，处于活跃状态的基因将它携带的遗传密码，通过 mRNA 的转录和翻译，如果最后产物是结构蛋白或功能蛋白，那么基因的变异可直接影响到蛋白质的特性，从而表现出不同的遗传性状，这就是直接作用。人类镰刀红细胞贫血症的出现就是典型的例证。

镰刀红细胞的血红蛋白是由一个正常血红蛋白基因（$Hb^A$）的 2 个不同的突变（$Hb^S$ 或 $Hb^C$）引起的，即 $Hb^A \rightarrow Hb^S$ 或 $Hb^A \rightarrow Hb^C$。每个血红蛋白分子有 4 条多肽链：2 条相同的 α 链，每条有 141 个氨基酸；2 条相同的 β 链，每条有 146 个氨基酸。对这 3 种血红蛋白（$Hb^A$、$Hb^S$、$Hb^C$）的氨基酸组成的分析比较发现，三者之间的差异，仅仅在于 β 链的第 6 位上有一个氨基酸的不同（图 12－5）。

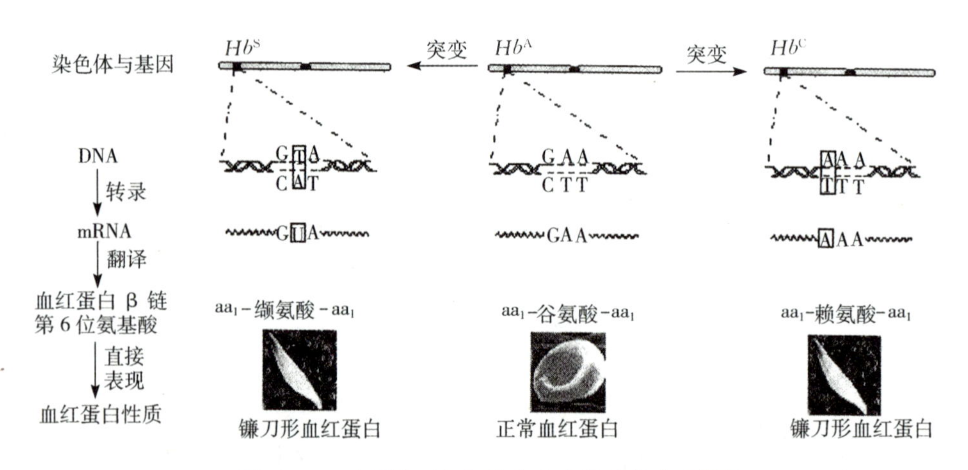


图 12－5　人类镰刀红细胞贫血症的性状表达图示

注：2 个 β 链的突变体 $Hb^S$、$Hb^C$ 与正常的 $Hb^A$ 不同，改变了的核苷酸用方框表示。

从图 12－5 中可以看出，在人的血红蛋白基因的密码中，仅仅改变其中 1 个碱基就可以引起它的最后产物——血红蛋白的性质发生改变，从而引起红细胞镰刀形贫血症。

### （二）间接作用

大多数情况下，基因是通过控制酶的合成，间接地影响生物性状的表达。如在孟德尔的豌豆杂交试验中，高茎豌豆（TT）×矮茎豌豆（tt），其 $F_1$ 表现为高茎豌豆（Tt），这是因为高茎基因 T 对矮茎基因 t 是显性。为什么 T 表现高茎，而 t 表现为矮茎呢？研究表明，这主要是由于高茎品种中含有一种能促进茎部节间细胞伸长的物质——赤霉素，而矮茎品种中则没有这种物质。赤霉素的产生需要酶的催化。高茎豌豆中的 T 基因具有特定的核苷酸序列，可以转录翻译成正常的促进赤霉素合成的酶，使之产生了赤霉素，从而使细胞得以正常伸长，于是表现为高茎；矮茎豌豆的 t 具有与 T 不同的核苷酸序列，不能转录翻译成促进赤霉素形成的酶，因而不能产生赤霉素，细胞便不能正常伸长，于是表现为矮茎。在这里，基因对性状的控制并不是直接的，而是通过控制特定的酶的合成来影响特定的生化过程，从而间接地实现性状的表达。

为什么基因只有在它应该发挥作用的细胞内并在应该发挥作用的时间才能呈现活化状态？其原因就在于生物体中基因的表达有一个严密有序的基因调控系统。不同生物使用不同的信号来指挥基因调控。原核生物和真核生物之间存在着相当大差异。原核生物中，营养状况、环境因素对基因表达起着十分重要的作用；而真核生物尤其是高等真核生物中，基因表达调控的主要因素是激素水平、发育阶段等，而营养和环境因素则降之为次要因素。

从 DNA 到蛋白质的过程称为基因表达（gene expression），对这个过程的调节即为基因表达调控（regulation of gene expression）。

## 第二节　原核生物基因调控的基本模式

原核生物基因表达的调控主要发生在转录水平上，其中的道理也很简单，因为任何一系列过程，控制其第一步是最有效和最经济的。大肠杆菌（*E. coli*）的乳糖代谢调控就是一个最经典的例子。

### 一、乳糖操纵子模型及阻遏物调控

在实验条件下，当大肠杆菌生长在没有乳糖的培养基上时，每个细胞内只有不到 5 个分子的 β-半乳糖苷酶。当加入适量的乳糖后，在 2～3min 内细胞开始出现 β-半乳糖苷酶，很快可达到每个细胞 5000 个酶分子。如果培养基内乳糖用完时，酶的合成也迅速停止。

雅各布和莫诺（1961）根据上述实验提出了操纵子模型（operon model）。按这一模型，乳糖代谢操纵子（lac operon）由 5 个紧密连锁但功能不同的 DNA 片段组成，其中 3 个区段分别携带着 3 个结构基因 *z*、*y* 和 *a*，相应编码 β-半乳糖苷酶、β-半乳糖苷透性酶和 β-半乳糖苷转乙酰酶这 3 种大肠杆菌利用乳糖所需的酶；另外两个区段是 1 个调节基因（*i*）和 1 个操纵基因（*o*）。大肠杆菌通过 i 基因形成 1 个阻遏物分子（repressor molecule）调节 3 个结构基因的转录。这种阻遏物分子可与其他小分子发生可逆性的互相作用，而引起三维构象的变化。

当培养基内无乳糖存在时，阻遏物分子与操纵基因（*o*）的 DNA 顺序结合，阻止 3 个结构基因的转录表达，则不产生乳糖分解代谢所必需的 3 种酶即 β-半乳糖苷酶（z）、β-半乳糖苷透性酶（y）和 β-半乳糖苷转乙酰酶（a）。

当培养基内有乳糖存在时，阻遏物分子与乳糖结合，引起构象变化，使阻遏物不能与操纵基因（*o*）的 DNA 顺序结合，结构基因转录表达，产生上述 3 种酶。

当调节基因和操纵基因发生突变后（$i^+$—$i^-$，$o^+$—$o^c$），结构基因转录表达（图 12-6）。

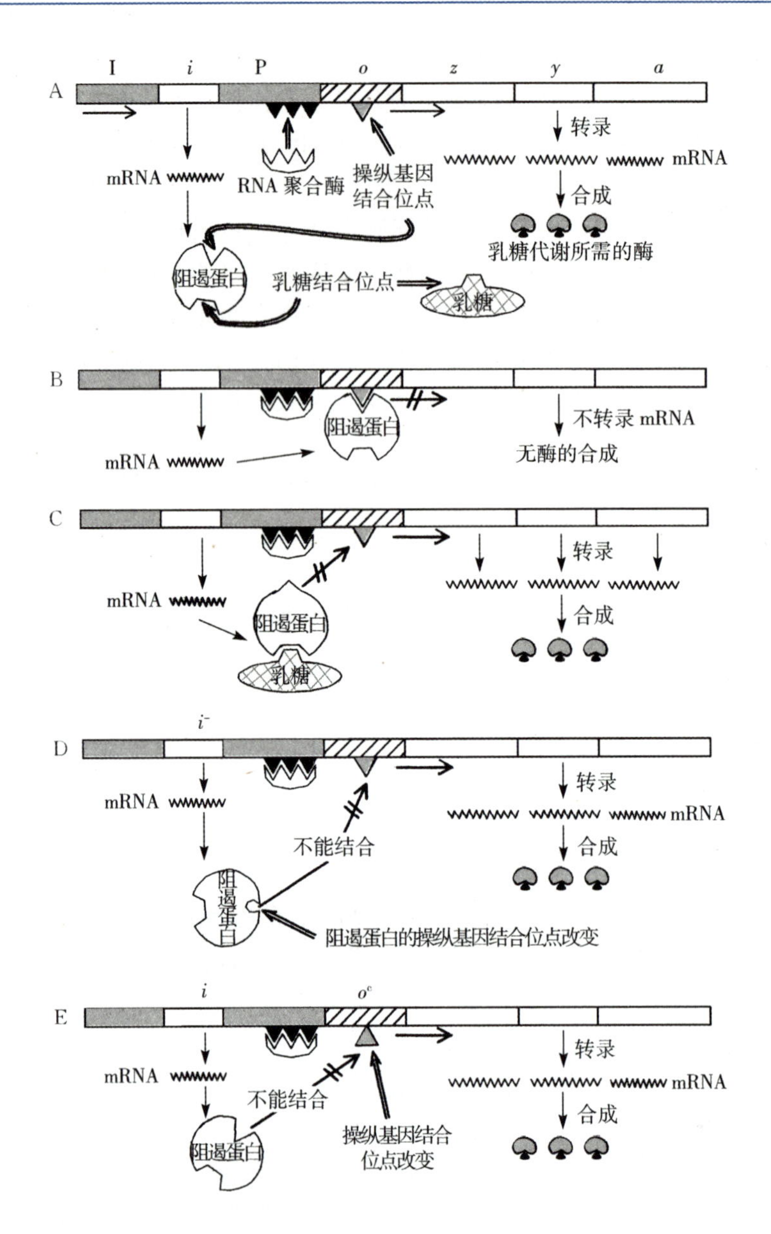


图 12-6 大肠杆菌乳糖操纵子模型及调控机制

A. 乳糖操纵子结构模型：其中 I 为调节基因启动子，P 为乳糖启动子；B. 无乳糖存在时，乳糖操纵子对酶的合成的阻遏作用；C. 有乳糖存在时，乳糖操纵子对酶的合成的诱导作用；D. 当调节基因发生突变后（$i^+ \rightarrow i^-$），阻遏蛋白的操纵基因结合位点空间构象发生变化，在无乳糖存在时也不能与操纵基因结合，结构基因转录表达；E. 当操纵基因发生突变后（$o^+ \rightarrow o^c$），操纵基因结合位点发生变化，在无乳糖存在时阻遏蛋白也不能识别并与之结合，结构基因转录表达

## 二、分解代谢产物阻遏调控

在上述乳糖操纵子调控中，乳糖诱导结构基因的转录是在仅有乳糖存在的条件下进行的。而β-半乳糖苷酶在乳糖代谢中的作用是降解乳糖形成葡萄糖和半乳糖，半乳糖又被细胞转变成葡萄糖后加以利用。实际上，当培养基中既有乳糖又有葡萄糖存在时，细胞就不产

生 β-半乳糖苷酶。这表明葡萄糖的分解代谢产物能阻碍乳糖对乳糖操纵子的诱导，在葡萄糖用完之后，才会开始乳糖的诱导活性，这预示着在乳糖操纵子之外还有另一个调控系统——分解代谢产物阻遏（catabolite repression）调控。

阻遏是一种附加调控机制，它可以使乳糖操纵子辨别出比乳糖更优先的能量来源——葡萄糖的存在。如果乳糖和葡萄糖同时存在，细胞会优先利用葡萄糖，而不会耗费能量将乳糖分解为单糖。

在乳糖操纵子的操纵基因与调节基因之间有 1 个启动基因区（promoter region），它包括两个重要的区段：①与 *i* 基因接近的一端有 1 个 CAP 位点，可以与分解代谢产物活化蛋白（catabolite activating protein，CAP）结合；②与 *o* 基因接近的区段，可与 RNA 聚合酶 σ 亚单位相结合。CAP 只有与 cAMP（环化 AMP）相连结形成一种 cAMP－CAP 复合体，作为操纵子的正调控因子，才能结合到 CAP 位点上，使启动子 DNA 弯曲形成新的构型，提高 RNA 聚合酶的结合能力并进而提高乳糖操纵子的转录水平。

当不存在葡萄糖时，腺苷酸环化酶（adenylate cyclase）很容易把 ATP 转变成 cAMP。由于 cAMP 的作用，CAP 得以与 CAP 位点结合，RNA 聚合酶与启动基因相结合，使结构基因高效转录表达。当葡萄糖存在时，腺苷酸环化酶活性剧烈下降，cAMP 浓度减少，cAMP－CAP 复合体不能形成，因此，不能有效地结合到 CAP 位点上，乳糖操纵子以低水平转录表达（图 12－7）。当细胞既有乳糖与阻遏蛋白结合，又有 cAMP－CAP 结合在启动子 DNA 序列时，乳糖启动子的转录效率最高。

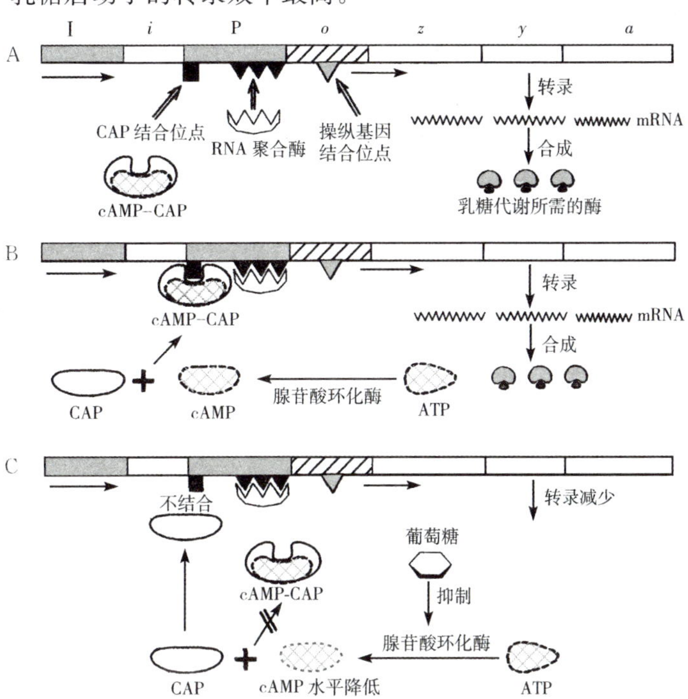


图 12－7　分解代谢产物阻遏调控机制

A. 分解代谢产物阻遏模型：其中 I 为调节基因启动子，P 为乳糖启动子；
B. 无葡萄糖存在时，cAMP－CAP 复合体提高乳糖操纵子的转录水平；
C. 有葡萄糖存在时，乳糖操纵子以较低水平转录

在前面的乳糖操纵子调控中，阻遏物和操纵子基因互作是负调控（negative control）；在分解代谢产物阻遏调控中，CAP 与 CAP 位点的互作是正调控（positive control）。两种调控系统中包括 DNA 与 3 种蛋白质的直接相互作用，即操纵基因与阻遏物的结合、启动基因与 CAP－cAMP 以及与 RNA 聚合酶相结合。研究发现与蛋白质相结合的 DNA 都具有回文结构的核苷酸顺序，说明回文结构对 DNA 与蛋白质的结合十分重要。

## 第三节　真核生物基因调控的基本模式

真核生物基因表达的调控与原核生物比较有着一些共同之处，如都以转录水平的调控为重点，在真核生物结构基因的上游和下游（甚至内部）也都存在着许多特异的调控成分。但真核生物基因表达的调控远比原核生物复杂得多，这主要是由真核生物基因组自身的特点以及真核细胞的复杂性决定的（表 12－1）。

**表 12－1　真核生物与原核生物基因组的差异**

| 比较项目 | 原核生物 | 真核生物 |
| --- | --- | --- |
| 基因组大小 | 基因组小，大肠杆菌基因组总长 $4.6\times10^6$ bp，编码 4 000 多个基因 | 基因组大，人类的基因组全长 $3\times10^9$ bp，编码 3 万多个基因 |
| 遗传物质结构及其与基因表达调控的关系 | 裸露的 DNA | DNA 与组蛋白紧密结合形成的核小体组成核内染色质，包裹在核膜内。核外还有遗传成分 |
| | 单倍性 | 二倍性 |
| | 染色质结构对基因的表达调控没有明显的影响 | 染色质结构对基因的表达调控有明显的影响 |
| 基因分布 | 基因都分布在同一染色体上，编码序列绝大多数是连续的 | 基因分布在不同的染色体上，编码序列绝大多数是不连续的（有外显子和内含子） |
| DNA 序列及其与基因结构的关系 | 大部分序列都为编码基因 | 哺乳类基因组中仅有约 10%的序列编码蛋白质、rRNA、tRNA 等 |
| | 除 rRNA、tRNA 基因有多个拷贝外，重复序列不多 | 存在大量重复序列，如哺乳类中 *Alu* 序列在基因组中重复 $3\times10^5$ 次 |
| | 多数基因按功能相关成串排列，组成操纵子基因表达调控的单元，共同开启或关闭，转录出多顺反子的 mRNA | 一个结构基因转录生成一条 mRNA，即 mRNA 是单顺反子，基本上没有操纵子的结构，且许多活性蛋白是由多肽形成的亚基构成的，涉及多个基因的协调表达 |

从表 12－1 可见，真核基因组比原核基因组复杂得多，至今人类对真核生物基因组的认识还很有限，虽然现在人类基因组研究计划（human genome project，HGP）已完成人类全部基因的染色体定位图，测出人基因组 $3\times10^9$ bp 全部 DNA 序列，但要搞清楚人类全部基因的功能及其相互关系，特别是要明了基因表达调控的全部规律，还需要经历一个漫长而艰巨的研究过程。

### 一、真核生物基因表达调控的特点

尽管我们现在对真核基因表达调控了解还不多，但与原核生物比较，它具有一些明显的特点。真核生物与原核生物在基因表达调控上最大的区别在于原核生物主要通过转录调控来开启或关闭某些基因的表达以适应环境条件的变化，而对大多数真核生物来说，基因表达调控最明显的特征是基因的差别表达，这是细胞分化和功能的核心，即真核生物能在特定的细胞中激活特定的基因，从而实现有序的、不可逆转的分化发育过程，并使特定的组织和器官行使不同的功能。

### （一）真核基因表达调控的环节更多

基因表达是基因经过转录、翻译、产生有生物活性的蛋白质的整个过程。同原核生物一样，转录依然是真核生物基因表达调控的主要环节。但真核基因转录发生在细胞核（线粒体基因的转录在线粒体上）内，翻译则多在细胞质中，两个过程是分开的，因此其调控增加了更多的环节和复杂性，转录后的调控占有了更多的分量。真核基因表达的调控主要有DNA水平的调控、转录水平的调控、转录后水平的调控、翻译水平的调控以及翻译后水平的调控等5个可能的环节（图12-8）。

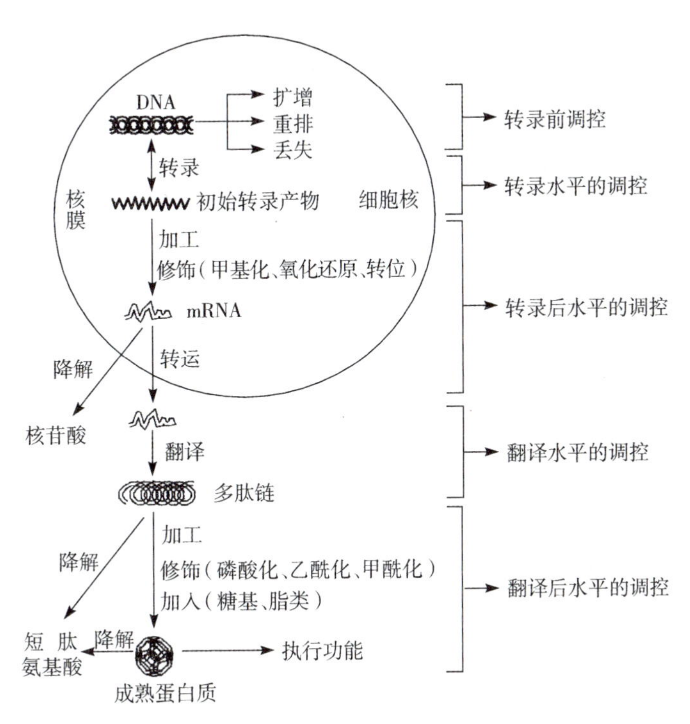


图12-8　真核生物基因表达调控的可能环节

### （二）真核生物的基因转录与染色质结构的变化相关

真核基因组DNA绝大部分都在细胞核内与组蛋白等结合成染色质，染色质的结构、染色质中DNA和组蛋白的结构状态都会影响转录。主要有以下几种现象：

**1. 染色质结构影响基因转录**　细胞核中结构松散的常染色质的基因是可以转录的，而在细胞分裂后不像其他部分解旋松开、仍保持紧凑折叠结构的异染色质中却从未见过基因转录表达。可见紧密的染色质结构会阻止基因表达。

**2. 组蛋白对基因转录的作用**　早期体外实验观察到组蛋白与DNA结合能阻止DNA上基因的转录，去除组蛋白基因又能够转录。这可能是因为碱性的组蛋白带正电荷，可与DNA链上带负电荷的磷酸基相结合，从而遮蔽了DNA分子，妨碍了转录，扮演了非特异性阻遏蛋白的作用；染色质中的非组蛋白成分可能会消除组蛋白的阻遏，起到特异性的去阻遏促转录作用。

**3. 转录活跃区域对核酸酶作用敏感度增加** 染色质 DNA 受脱氧核糖核酸酶 Ⅰ（DNase Ⅰ）作用通常会被降解成 200bp 或 400bp 的片段，反映了完整的核小体规则的重复结构。但活跃进行转录的染色质区域受 DNase Ⅰ作用时常出现 100～200bp 的 DNA 片段，且长短不均一，说明其 DNA 受组蛋白掩盖的结构有变化，出现了对 DNase Ⅰ高敏感点（hypersensitive site）。这种高敏感点多在调控蛋白结合位点的附近，分析该区域核小体的结构发生的变化，有利于调控蛋白的结合而促进转录。

**4. DNA 拓扑结构变化** 天然双链 DNA 的构象大多是负性超螺旋结构。当基因活跃转录时，RNA 聚合酶转录方向前方 DNA 的构象是正性超螺旋结构，而其后面的 DNA 为负性超螺旋结构。正性超螺旋会拆散核小体，有利于 RNA 聚合酶向前移动转录；而负性超螺旋则有利于核小体的再形成。

**5. DNA 碱基修饰变化** 真核细胞 DNA 中的胞嘧啶约有 5%被甲基化为 5－甲基胞嘧啶（5－methylcytidine），而活跃转录的 DNA 段落中胞嘧啶甲基化程度常较低。这种甲基化最常发生在某些基因 5′侧区的 CG 序列中。一般认为：去甲基化则与一个沉默基因的重新激活相关联。

### （三）真核基因表达以正调控为主

在真核细胞中 RNA 聚合酶对启动子的亲和力很低，基本上不能独靠其自身来起始转录。染色质中的基因在转录前需要有一个被激活的过程。真核基因转录表达的调控蛋白有起阻遏和激活作用或兼有两种作用的，但总的来说是以激活蛋白的作用为主。即多数真核基因在没有调控蛋白作用时是不转录的，需要表达时就需要有激活蛋白来促进转录。

## 二、DNA 水平上的基因调控

**1. 基因丢失** 在一些低等的真核生物细胞分化过程中，某些体细胞可以通过丢失某些基因而使其不再表达。这是一种不可逆调控。如某些原生动物、线虫、昆虫等在个体发育中，许多体细胞常常丢失整条染色体或部分染色体，只有那些将来分化产生生殖细胞的细胞一直保留着整套染色体。

目前在高等真核生物中尚未发现类似的基因丢失现象，并且许多生物各类不同的细胞或细胞核都具有经过去分化和再分化而发育出完整个体的潜在能力，说明这些细胞核内保存了个体发育所必需的全部基因。生物的这种能力称之为全能性（totipotency）。

**2. 基因扩增** 基因扩增（gene amplification）指细胞内某些特定基因的拷贝数专一性地大量增加的现象，它是细胞在短期内为满足某种需要而产生足够的基因产物的一种调控手段。最典型的例子是在两栖类和昆虫卵母细胞 rRNA 基因（rDNA）的扩增。

基因扩增无疑会大幅度地提高基因表达产物的量，但这种调控机理至今还不清楚。

**3. 基因重排** DNA 水平基因表达调控的另一个途径是在真核细胞分化过程中发生基因重排（gene rearrangement）。基因重排是由特定基因组的遗传信息决定的，重排后的基因序列转录成 mRNA，翻译成蛋白质，在真核生物细胞生长发育中起关键作用。因此，尽管基因组中的 DNA 序列重排并不是一种普遍方式，但它对某些基因的表达调控而言是重要机制。

## 三、转录水平的基因调控

在 DNA 水平的调控，只是真核生物基因表达调控的一个次要和辅助的手段，更多的基因调控发生在转录及其以后阶段。

许多真核生物基因编码关键代谢酶或细胞组成成分，这些基因常在所有细胞中都处于活跃状态。这种组成型表达的基因称为持家基因（house keeping gene）。而另一些基因的表达则因细胞或组织不同而异，受到一定的调控，只在某些特定的发育时期或细胞中才高效表达，称为特异表达基因，其表达调控通常发生在转录水平。

### （一）基因转录调控的顺式作用元件

真核基因转录调控的顺式作用元件（cis - acting elements）是指基因周围能与特异转录因子结合而影响转录的 DNA 序列。其中主要有起正调控作用的顺式作用元件（图 12 - 9），包括启动子（promoter）、增强子（enhancer）；近年又发现起负调控作用的元件沉默子（silencer）。

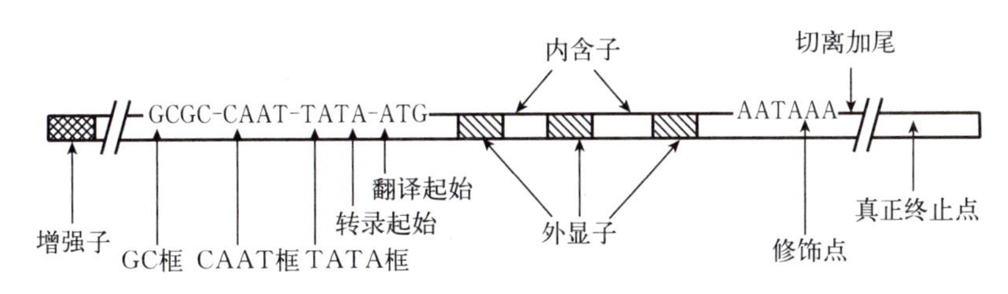


图 12 - 9　真核生物基因转录调控的顺式作用元件模型

**1. 启动子**　真核启动子与原核启动子的含义相同，是指与 RNA 聚合酶结合并启动转录的 DNA 序列，是转录因子和 RNA 聚合酶的结合位点，它位于受其调控的基因上游某一固定位置，紧邻转录起始点，是基因的一部分。但真核生物与原核生物基因转录的一个重要区别是：真核生物基因的启动子必须与一系列转录因子结合，才能在 RNA 聚合酶的作用下起始转录。

所谓转录因子（transcription factor，TF）是指激活真核生物基因转录的一系列蛋白质。不同转录因子又能与不同 DNA 序列相互作用，不同基因转录起始及其调控所需的转录因子也不完全相同，因而不同启动子序列也大不相同。

在真核细胞中 RNA 聚合酶通常不能单独发挥转录作用，而需要与其他转录因子共同协作。与 RNA 聚合酶Ⅰ、RNA 聚合酶Ⅱ、RNA 聚合酶Ⅲ相对应的转录因子分别称为 TFⅠ、TFⅡ、TFⅢ。其中对 TFⅡ的研究最多：TFⅡ一共有 6 个亚类，TFⅡ- D 是唯一能识别启动子 TATA 框并与之结合的转录因子，而 TFⅡ- B 则可促进 RNA 聚合酶Ⅱ与启动子的结合。

转录因子根据其结合特点可分为两类，即基本转录因子和特异转录因子。基本转录因子（basal transcription factors）是 RNA 聚合酶结合启动子所必需的一组蛋白质因子。如 TFⅡ-A、TFⅡ- B、TFⅡ- D、TFⅡ- E 等；而特异转录因子（special transcription factors）是个别基因转录所必需的转录因子。如 OCT - 2 因子，在淋巴细胞中特异性表达，识别 *Ig* 基因的启动子和增强子。

通过对大量的启动子分析发现蛋白质基因启动子的一般模式是：大多数启动子在转录起

始点上游－25bp附近都有一个 TATA 框（TATA box）。除此之外，还有各种因基因而异的上游启动子元件（upstream promoter element，UPE），如 CAAT 框（CAAT box）和 GC 框（GC box）等。现在已经知道，TATA 框是控制转录精确性的序列，而 UPE 则控制转录起始的频率。启动子的强度就决定于 UPE 的数目和种类。

真核启动子一般包括转录起始点及其上游 100～200bp 序列，其中包含有若干具有独立功能的 DNA 序列元件，每个元件长 7～30bp。

**2. 增强子** 增强子是一种能够提高转录效率的顺式作用元件，最早在 SV40 病毒中发现，它是一段长约 200bp 的 DNA，可使旁侧的基因转录提高 100 倍。其后在多种真核生物，甚至在原核生物中都发现了增强子。增强子通常占 100～200bp 长度，也和启动子一样由若干组件构成，基本核心组件常为 8～12bp，可以单拷贝或多拷贝串连形式存在。增强子的作用有以下特点：

（1）增强子提高同一条 DNA 链上基因的转录效率，可以远距离作用，通常可距离 1～4kb，个别情况下离开所调控的基因 30kb 仍能发挥作用，而且在基因的上游或下游都能起作用。

（2）增强子作用与其序列的正反方向无关，将增强子方向倒置依然能起作用。而将启动子倒置就不能起作用，可见增强子与启动子是很不相同的。

（3）增强子要有启动子才能发挥作用，没有启动子存在，增强子不能表现活性。但增强子对启动子没有严格的专一性，同一增强子可以影响不同类型启动子的转录。如当含有增强子的病毒基因组整合入宿主细胞基因组时，能够增强整合区附近宿主某些基因的转录；当增强子随某些染色体段落移位时，也能提高移到的新位置周围基因的转录。增强子可使某些癌基因转录表达增强，这可能是肿瘤发生的因素之一。

（4）增强子的作用机理虽然还不明确，但与其他顺式作用元件一样，必须与特定的转录因子结合后才能发挥增强转录的作用。增强子一般具有组织或细胞特异性，许多增强子只在某些细胞或组织中表现活性，是由这些细胞或组织中具有的特异性蛋白质因子所决定的。

**3. 沉默子** 最早在酵母中发现，以后在 T 淋巴细胞的 T 抗原受体基因的转录和重排中证实这种负调控顺式作用元件的存在。目前对这种在基因转录降低或关闭中起作用的序列研究还不多，但从已有的例子看到：沉默子的作用可不受序列方向的影响，也能远距离发挥作用，并可对异源基因的表达起作用。

### （二）反式作用因子

以反式作用影响转录的转录因子可统称为反式作用因子（trans - acting factors）。它是通过识别和结合顺式作用元件的核心序列而调控靶基因转录效率的一组蛋白质。反式作用因子对基因表达的调控可正（激活）可负（阻遏）。

反式作用因子主要由三个功能结构域构成，即 DNA 识别结合域（DNA - binding domain）、转录活性域（transcriptional activation domain）和结合其他蛋白的结合域。

### （三）真核基因转录起始调控

下面以真核生物 RNA 聚合酶Ⅱ的基因转录为例说明。

真核基因的转录需要有基本转录因子结合。以前认为与 TATA 框结合的是 TFⅡ- D，后来发现 TFⅡ- D 实际包括两类成分：与 TATA 框结合的称 TATA 框结合蛋白（TATA box binding protein，TBP），是唯一能识别 TATA 框并与其结合的转录因子，是 3 种 RNA 聚合酶转录时都需要的；其他的称为 TBP 相关因子（TBP associated factors，TAF），至少包括 8 种能与 TBP 紧密结合的因子。转录前先是 TFⅡ-D 与 TATA 框结合，继而 TFⅡ-B 与 TBP-DNA 复合体结合，接着 TFⅡ-F 加入装配，TFⅡ-F 能与 RNA 聚合酶形成复合体，还具有依赖于 ATP 供给能量的 DNA 解旋酶活性，能解开前方的 DNA 双螺旋，在转录链延伸中起作用。这样，启动子序列就与 TFⅡ-D、TFⅡ-B、TFⅡ-F 及 RNA 聚合酶Ⅱ结合形成一个“最低限度”能有转录功能基础的转录前起始复合物（pre-initiation complex，PIC）。TFⅡ-H 是多亚基蛋白复合体，具有依赖于 ATP 供给能量的 DNA 解旋酶活性，在转录链延伸中发挥作用；TFⅡ-E 是 2 个亚基组成的四聚体，不直接与 DNA 结合而可能是与 TFⅡ-B 联系，能提高 ATP 酶的活性；TFⅡ-E 和 TFⅡ-H 的加入就形成完整的转录复合体（图 12-10），能转录延伸生成长链 RNA，TFⅡ-A 能稳定 TFⅡ-D 与 TATA 框的结合，提高转录效率，但不是转录复合体一定需要的。

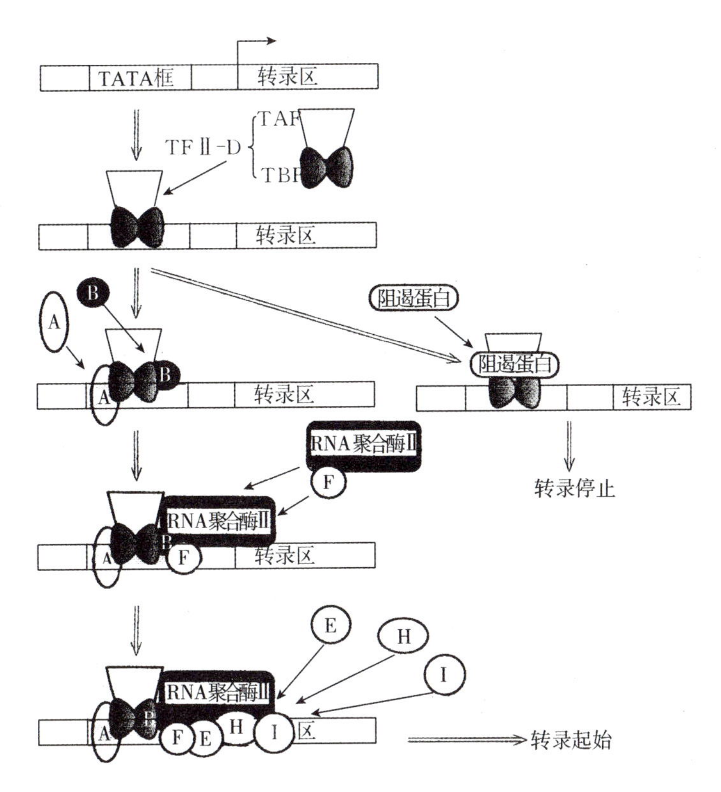


图 12-10 RNA 聚合酶Ⅱ的转录起始调控
TBP 表示 TATA 框结合蛋白；TAF 表示 TBP 相关因子；
A、B、E、F、H 和 I 分别表示相应的 TFⅡ转录因子

以上所述的是典型的启动子上转录复合体的形成。但有的真核启动子不含 TATA 框或不通过 TATA 框开始转录，如有的无 TATA 框的启动子是靠 TFⅡ-Ⅰ和 TFⅡ-D 共同组成稳定的转录起始复合体开始转录的。由此可以看到真核转录起始的复杂性。

### （四）真核基因转录调控的模型

**1. 顺式作用元件与反式作用因子的相互作用** 基因的所有顺式作用元件，包括上游启

动子成分（UPE）和增强子，都要与反式作用因子结合。反式作用因子与顺式作用元件成分结合以后，还要通过蛋白质与蛋白质之间的相互作用（包括反式作用因子之间的相互作用和反式作用因子与RNA聚合酶之间的相互作用），才能实现它们对于基因转录的调控。

**2. 可诱导的顺式作用元件** 可诱导的顺式作用元件主要指那些对热激、重金属、病毒感染、生长因子、固醇类激素等能作出反应的调控元件。这些元件中有的与基因相距很远（增强子），有的就成为UPE成分。

顺式作用元件对基因转录的激活作用可以通过不同的途径（图12-11），可能是一种正调控因子的激活，可能是使阻遏蛋白失活，也可能是两种作用同时发生。目前研究比较清楚的是许多固醇类激素可诱导基因的转录，具体的调控机制尚不可清楚。但激素对基因调控作用的轮廓是清楚的，即激素→受体→作用位点，三者缺一不可。

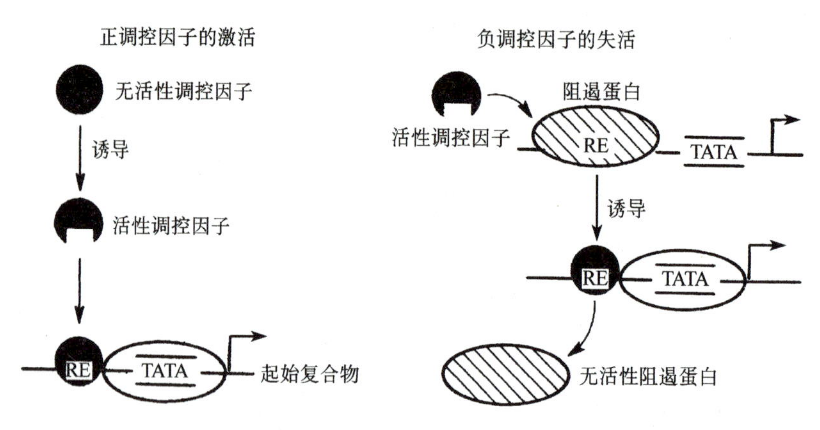


图12-11 可诱导的增强子或启动子成分的激活

RE为重组增强子，TATA为TATA框

从上述可见：转录调控的实质在于蛋白质与DNA、蛋白质与蛋白质之间的相互作用，构象的变化正是蛋白质和核酸“活”的表现。但对生物大分子间的辨认、相互作用、结构上的变化及其在生命活动中的意义，人们的认识和研究还只是在起步阶段，其中许多内容甚至重要的规律我们可能至今还一无所知，仍有待于进一步探索。

## 四、其他水平上的调控

**1. 转录后调控** 在真核生物中，转录的最初产物是核内mRNA前体——异质性（或不均一）核RNA（heterogeneous nuclear RNA，hnRNA），其长度比成熟RNA大得多，这种hnRNA经过加工剪接，切掉内含子，把外显子连接起来，才能形成成熟的mRNA。此过程加工的效率、精确性以及mRNA的稳定性均属于转录后调控。

**2. 翻译水平调控** 真核细胞中翻译过程受核糖体数量、tRNA数量、mRNA寿命、起始因子等因素的影响，这些因素影响翻译的速度、翻译产物的完整性或生物学活性，这都属于基因翻译水平上的调控。

**3. 翻译后调控** 真核细胞翻译的最初产物是一个蛋白质大分子，通常需要加工、修饰才能成为有活性的蛋白质。如胰岛素基因翻译的最初产物为含有86个氨基酸的胰岛素原，包括 A、B、C 3 个肽段，生物学活性很低，当把 C 肽段切掉后，形成只含 51 个氨基酸的胰岛素，才有较强的生物学活性。

## 复习思考题

1. 名词解释

顺反子、突变子、重组子、跳跃基因（转座因子）、外显子、内含子、基因调控、基因重排、启动子、增强子、沉默子、反式作用因子

2. 试述基因概念的发展，并比较经典遗传学和分子遗传学基因概念的含义有何不同。

3. 举例说明基因是如何控制遗传性状表现的。

4. 简述乳糖操纵子调控模型及其调控机制。

5. 比较原核生物与真核生物基因调控的异同点。试述真核生物基因调控的主要环节和 DNA 水平及转录水平调控的基本原理。

# 第十三章　基因工程

**科恩**（Stanley Norman Cohen，1935—　）

遗传学家，基因工程之父，出生于美国新泽西州的佩思安博伊。1968年，他开始在斯坦福大学研究一种细菌内特殊形式的DNA——质粒，他想知道质粒上携带的信息与细菌抗生素耐性之间的关系，他设法将质粒移植到其他细菌。1973年他与伯耶（H. W. Boyer）合作，成功地获得重组质粒并将其导入大肠杆菌，结果发现其仍然可以复制和基因表达。在人类历史上第一次打破物种界限实现了基因转移，标志着基因工程技术的诞生。后来证明这种方法也能适用于高等生物。

**伯耶**（Herbert Wayne Boyer，1936—　）

遗传学家，基因工程之父，生于美国宾夕法尼亚州匹兹堡的一个工人家庭。1958年开始转向细菌遗传学，后来他对限制酶产生了极大的兴趣，1968年他在加州大学旧金山分校最终锁定了大肠杆菌作为研究目标，并分离得到了一种限制性内切酶——*Eco*RI，他意识到*Eco*RI可能具有更大的应用潜力。他与科恩在基因工程技术方面的成就无疑会改变人类历史的进程。

## 第一节　基因工程的产生和应用

### 一、基因工程的产生

基因工程（gene engineering）也称遗传工程（genetic engineering），是人们按照自己的需要，根据分子生物学和遗传学原理，把一个生物体中有用的目的DNA（或基因）转入另一个生物体中，从后者获得所需的新的遗传性状或表达所需产物，从而最终实现该技术的商业价值。

20世纪50年代末以来，随着生物化学和分子生物学的迅猛发展，人们对核酸和蛋白质的生物合成有了深刻的认识，噬菌体、质粒和病毒的分子遗传学研究取得了长足的发展，尤其是魏斯（B. Weiss，1966）等发现DNA连接酶和史密斯（H. O. Smith，1968）等发现限制性核酸内切酶，奠定了建立和发展重组DNA技术的基础。

此后，塔那和内森斯（K. Dana & D. Nathans，1971）用限制性核酸内切酶成功酶切猿猴病毒SV40。伯格（P. Berg，1972）等将分别酶切的SV40 DNA和大肠杆菌的λ噬菌体DNA在体外连接，成为一种新的DNA分子。科恩（S，N. Cohen，1973）等进一步将不同质粒的限制性内切片断在体外连接，构建了第一个有生物学机能的重组质粒（recombinant plasmid）。将这个重组质粒转入大肠杆菌细胞，得到了具有两种抗生素抗性的基因工程菌株（图 13-1）。这些开创性的工作为基因工程建立了一套完整的方法和体系，成为现代生物学发展史上的重要里程碑。

1976 年世界上第一个遗传工程公司“Genentech”在美国建立。

## 二、基因工程的应用及展望

从理论上看，基因工程是研究分子遗传学基本理论的一个重要方面，它既为细胞分化、生长发育、肿瘤发生等高等生物的基础研究提供有效的实验手段，又为解决基因和基因组的精细结构、功能、控制机理等问题提供必要的分析方法；从实践上看，基因工程的研究，将为解决农业、工业、医学等部门所面临的许多重大问题开辟了新的途径。

基因工程有着广阔的应用前景，近年来发展极为迅速，现仅就基因工程在农业生产、食品工业、临床医学及化学制药等领域的研究应用作简单介绍。

### （一）基因工程在农业生产中的应用

基因工程在农业生产上应用研究分植物和动物两个方向。

**1. 在植物方向的应用** 对植物而言主要有以下几个方面：①通过对植物的 RuBp 羧化酶和光能吸收及转化效率的改良来提高光合作用的效率，最终提高农作物产量；②将豆科植物的固氮基因转移到非豆科作物中——生物固氮的基因工程；③通过改变种子贮存蛋白质编码基因的特定碱基顺序改良作物种子的营养品质；④通过将细菌的毒素基因转移到植物中，培育抗病虫或抗除草剂的作物品种，如国内培育出转 Bt 基因棉花品种不仅对某些鳞翅目害虫有较强抗性，而且对产量、纤维品质等农艺性状也无不利影响；⑤提高植物次生产物的合成效率。

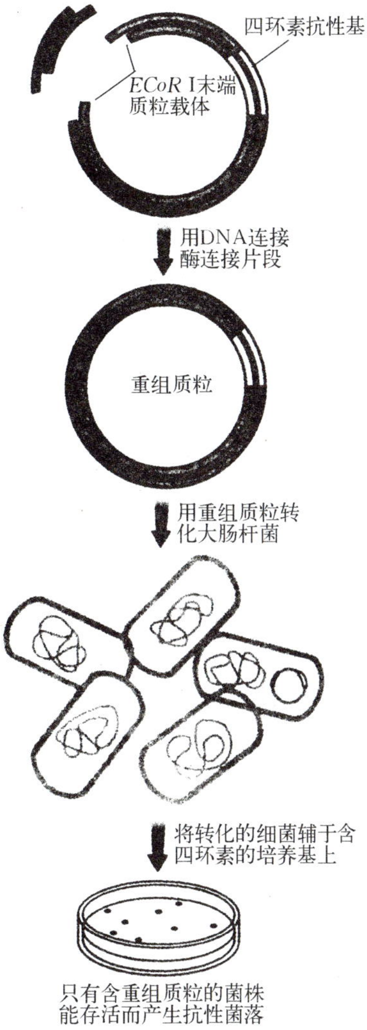

**2. 在动物方向的应用** 对动物而言，应用基因工程技术大规模、低成本地生产动物生长激素，具有巨大的经济潜力。科学家已经能够在大肠杆菌中生产牛生长激素（BGH）。若每天给乳牛注射这种激素，可使牛奶产量提高 40%，而牛奶的质量没有变化。另外，通过转基因技术引入角蛋白质的转基因，可使羊毛和皮革的质量得到改良。还可以培养出其乳腺能够分泌新型多肽或蛋白质的转基因牛或羊，然后再从转基因牛奶、羊奶中提取生长激素和抗体，把它们作为一种“生物工厂”（bio-factories），以生产特殊的药品。

四环素抗性基因
*EcoR* I末端
质粒载体
用DNA连接酶连接片段
重组质粒
用重组质粒转化大肠杆菌
将转化的细菌铺于含四环素的培养基上
只有含重组质粒的菌株能存活而产生抗性菌落

图 13-1 科恩（S. N. Cohen）等 DNA 重组、转化与阳性重组体筛选
（李锁平．2010．遗传学）

### （二）基因工程在工业生产上的应用

**1. 纤维素的开发利用** 纤维素是植物的重要组成部分，是地球上数量最丰富的有机物质。现已从细菌及丝状真菌中分离克隆出了各种纤维素分解酶基因，如果把这些基因导入酿酒酵母（*S. cerevisiae*），使酿酒酵母具备分泌纤维素分解酶的能力，那么就可以将纤维素降解成葡萄糖，再发酵成酒精，从而实现酒精生产流程的一步化新工艺。

**2. 酿酒工业** 大麦淀粉的产物麦芽汁，是由单糖、二糖、三糖和多糖组成的混合物。酿酒酵母可以发酵大多这类糖化物，但不能发酵被称为糊精的多糖。而面包酵母（*S. diastaticus*）则可使淀粉完全发酵为酒精，但生产的啤酒味道不佳。因此，如果把面包酵母基因组中编码淀粉α-1，4葡萄糖苷酶的*DEX*基因引入到酿酒酵母细胞中，产生出一种新的酵母菌株，则既可提高产量又可改进品质。

**3. 新型蛋白质的生产** 基因的商业应用价值，并不单单局限于利用微生物细胞来生产真核的蛋白质，而且能生产出新型的蛋白质。生产新型蛋白质的最简单的途径是利用定点突变技术重新设计酶分子的结构。有人对α-干扰素基因片段进行分析研究，以期得到由一半IFN-$\alpha_2$氨基末端和一半IFN-$\alpha_1$羟基末端结合成的杂种干扰素，具有不同于两种亲本干扰素的抗病特性。

### （三）基因工程在医学研究和疫苗生产上的应用

**1. 癌症研究** 如今癌症已成为仅次于心脏病的另一威胁人类生命的最严重的疾病。在20世纪80年代初期，科学家们发现自然界中存在有一组正常的细胞基因，当它们结构发生轻微的突变或其功能有异常表达时，就会使细胞无限制的增殖下去，从而将正常的细胞转化为肿瘤细胞。这些基因与肿瘤连为一体时称为致癌基因（oncogene），而当其处于正常细胞中时，则称为原癌基因（proto-oncogene）。根据对人类及动物体中自然发生的癌症的调查研究表明，肿瘤的发育是一种多阶段的过程。现在已经确立了若干种关于致癌基因激活作用的分子机理，但尚未发现一个固定的规律。

**2. 艾滋病研究** 获得性免疫缺陷综合征（aquired immune deficiency syndrome）简称为艾滋病（AIDS），自1980年在美国洛杉矶发现以来，目前正以惊人的速度向全球传播，成为威胁人类健康的一种严重疾病。它是由一种称为人体免疫缺陷病毒（human immouno deficiency virus）即HIV-Ⅰ反转录病毒引发产生的。目前已采用多种方法，包括基因操作和基因转移技术，研究HIV-Ⅰ病毒的分子生物学及其病理原因，以期早日生产出艾滋病疫苗和治疗药物。

**3. 基因治疗** 在全世界大约有2000种以上的人类疾病是由于单基因缺陷引起的。基因工程技术的发展为治疗这些遗传疾病开辟了一条充满希望的新途径，这就是所谓的基因治疗技术。其基本思路是通过DNA重组和基因转移等技术，把野生型的基因导入患者的体细胞内合成出正常的基因产物来补偿缺陷基因的功能，从而使人类的遗传病得以纠正。

**4. 重组DNA探针与遗传病诊断** 基因工程技术对临床医学另一个重要贡献是为疾病的诊断特别是为人类遗传疾病的诊断提供了一种简便快速、特异性强、灵敏度高的DNA探针检测法。所谓DNA探针（probe）是指用同位素、荧光分子及化学发光催化剂等标记的单链DNA片段，它可以与被检测的DNA分子中的同源互补序列杂交，从而检出所要查明的DNA或基因。目前DNA探针主要应用于遗传疾病的产前诊断和胎儿的DNA分析。

**5. 基因工程技术与疫苗生产** 许多传染性疾病，如乙型肝炎、疟疾、非洲淋巴癌、狂犬病及艾滋病等，严重地威胁着人类的生命安全。对于这些疾病，目前尚无有效的治疗手段，最好的办法是进行免疫注射，预防初期感染。

利用重组 DNA 技术可以采取更加有效更加安全的技术程序，代替花费昂贵而有时还相当危险的传统工艺，生产出能够抵抗这些疾病的新型疫苗。目前开发研究较多的是重组亚基疫苗和重组病毒活疫苗。

# 第二节　基因工程的操作过程

基因工程技术包括三个基本要素：载体（vector）、工具酶和表达系统（原核或真核宿主细胞），其技术路线大致包括以下几个操作程序：①准备材料。包括载体和工具酶的准备以及目的基因（target gene）的分离和制备。②构建重组 DNA 分子。把目的基因与载体结合成重组 DNA 分子，即进行基因的体外重构。③外源 DNA 导入受体细胞。把含外源 DNA 片段的重组 DNA 分子引入宿主受体细胞，建立分子无性繁殖系。④筛选重组 DNA 分子，鉴定目的基因表达。从细胞群体中选出所需要的无性繁殖系，并使外源基因在受体细胞中正确表达。

## 一、准备材料

### （一）工具酶

工具酶指在重组 DNA 技术中用于切割、连接、修饰 DNA 或 RNA 的一系列酶。它们是基因工程中的基本工具，其中最重要的是限制性核酸内切酶（restriction endonuclease）和 DNA 连接酶（ligase），其他常用工具酶包括 DNA 多聚酶、反转录酶、核酸酶 H、碱性磷酸酶等。下面扼要介绍限制性核酸内切酶和 DNA 连接酶。

**1. 限制性核酸内切酶**　DNA 是巨大分子，进行 DNA 操作时，必须加以切割，这就需要限制性核酸内切酶把 DNA 链在特定部位切断。限制性核酸内切酶是指能识别 DNA 的特定碱基序列，并把 DNA 链在特定位点切断。限制性内切酶可分为两大群：第一群以 *Eco*B、*Eco*K 等为代表，相对分子质量大约为 300000，其作用是在 ATP、$Mg^{2+}$、S-腺苷甲硫氨酸等辅助因子参与下，切断双链，切割部位没有特异性；第二群以 *Eco*RⅠ、*Hin*dⅢ为代表，相对分子质量比第一群小，为 20000～100000，与底物作用时只需 $Mg^{2+}$ 存在，能切断双链，切割部位在 DNA 分子上有特定的碱基顺序，即切割部位具有特异性。

基因工程中多采用第二群限制性内切酶。这一群酶有两大特点：①它们只在特定核苷酸顺序上起作用，在基因工程上应用最多是 *Eco*RⅠ和 *Hin*dⅢ，它们的切断部位各不相同（图 13-2）。②多数限制性内切酶切割可产生黏性末端（cohesive end），即在酶解时 DNA 双链不在同一地方断开，因而产生的片断两端都带有数个碱基的单链尾巴，这两个单链尾巴带有互补的碱基配对顺序，可以互相自动接合成为环状 DNA，故而称为黏性末端。

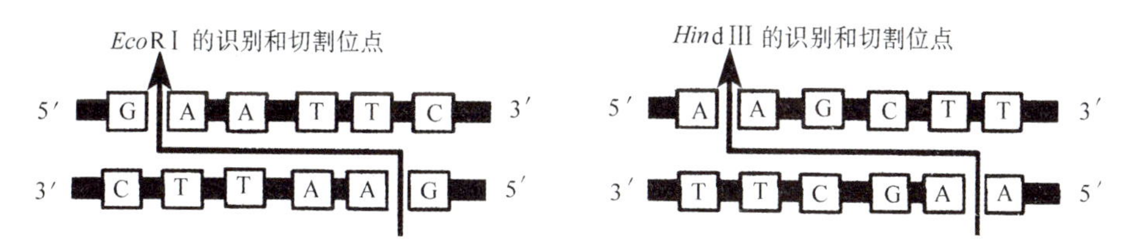


图 13-2　限制性核酸内切酶的识别和切割位点

已知的限制性内切酶已超过350种。细菌细胞中除了限制性内切酶以外，还存在有所谓的修饰酶（modification enzymes）。修饰酶也能识别特定碱基顺序，但它的作用是在特定部位将碱基甲基化（methylation），如使腺嘌呤成为6-甲基腺嘌呤，使胞嘧啶成为5-甲基胞嘧啶，从而不受限制性内切酶的作用。限制性内切酶和修饰酶常以成对的方式存在于细胞内，其中也有集中了限制性内切酶和修饰酶活性于同一酶中的现象。

限制性内切酶的命名，一般取来源生物的属名的第一个字母（大写）、种名的前两个字母（小写），均为斜体，再加上菌株代号的第一个字母组合而成。如果同一物种中具有不同特异性的限制性内切酶，则分别用大写罗马数字来表示。如 *Hind*Ⅲ是从嗜血杆菌d株（*Haemophilus influenzae* d）中提取的第三种限制性内切酶。就读法而言，前面和物种名相关的部分，能够拼起来的就拼起来读，例如 *Hind*Ⅲ读作 [`hind θri:]，*Eco*RⅠ读作 [ikɔär wʌn]。如果全是辅音，可把前面的几个字母按照字母读音念出来，再读数。

**2. DNA 连接酶** 最常用的是 $T_4$DNA 连接酶，是在 $T_4$ 噬菌体感染大肠杆菌中发现和分离的。它可以催化两条 DNA 链的 3′-OH 和 5′-$PO_4^{3-}$ 之间形成磷酸二酯键，从而把两段 DNA 连接起来。

$T_4$DNA 连接酶催化的反应需要 $Mg^{2+}$ 和 ATP，最适 pH 为 7.5～7.6。就酶的活性而言在 37℃时最高，但考虑到连接反应时 DNA 的稳定性和 DNA 片段之间末端的相互作用，在实际进行连接时，一般平齐末端采用 20～25℃，黏性末端采用 12～16℃。

### （二）载体

载体是指能将目的基因的 DNA 片段带入宿主细胞并能进行扩增的一类 DNA 分子。可作为 DNA 载体的有质粒、噬菌体、病毒、细菌人工染色体（BAC）或酵母菌人工染色体（YAC）等。

作为运载工具，载体必须具备3个条件：①在宿主细胞中能自我复制，并能稳定地保存；②有多种限制性内切酶的切点，每种酶的切点最好只有1个，且酶切后并不损坏其复制能力及选择标志基因（gene marker）的能力，并能嵌入外源 DNA 片段；③具有可作为重组 DNA 分子选择的遗传标记。

目前作为转入原核细胞宿主的载体主要有两大类：λ噬菌体和细菌质粒。而作为转入真核细胞宿主的载体，在动物方面主要有类人猿病毒 SV40（Simian Virus 40），在植物方面主要有农杆菌的 Ti 质粒。

Ti 质粒是最有希望应用于植物基因工程的质粒，它的 T-DNA 可以插入到植物染色体上并表达。如果把目的基因与 T-DNA 重组，就可以实现目的基因的转移，但由于 Ti 质粒上带有 ONC 致癌基因会引起细胞生瘤，因此应用时要加以改造。一般的方法是除去 T-DNA 上的基因，只留下调控部分与目的基因连接，转化后就可以表达。

### （三）cDNA 文库和基因组文库的构建

通过限制性内切酶或反转录技术可以获取包含某生物体所有基因的 DNA 片段集，如果把每一个片段与载体连接并分别导入受体细胞，这样就能得到所有包含该生物体全套基因的库，称之为基因文库（gene library），主要包括 cDNA 文库和基因组文库等。对于基因文库中只含有一个外源 DNA 片段的菌落，称为分子无性繁殖系或克隆（clone）。通过基因文库的构建，就可以根据需要随时从文库中选择目的基因。

**1. cDNA 文库的构建** cDNA 文库是以 mRNA 为模板，经反转录酶催化合成 cDNA 构建的基因文库。

（1）mRNA 的分离。所分离的 mRNA 应尽量保证其完整性，必须在低温条件下提取 RNA，并加入异硫氰酸胍、盐酸胍、尿素等强变性剂以抑制 RNase 的活性，但是部分 mRNA 还是因种种因素而发生断裂，这就需要分离 5′端含有帽子结构的 mRNA，可以利用与帽子结构蛋白结合的亲和层析实现。poly（A）是绝大多数 mRNA 具有的特征，再利用 oligo（dT）接头序列作为反转录引物合成第一链，可以保证其 3′端是完整的。

（2）第一链 cDNA 的合成。通过碱性磷酸酶对所提取的 mRNA 5′端进行脱磷处理，可以使断裂的 mRNA 5′端变成羟基，然后再用脱帽酶去除 mRNA 分子的 5′端帽子部分，其 5′端的磷酸根可以与人工合成的接头（linker）在 RNA 连接酶的作用下连接，再经逆（反）转录合成 cDNA，经 PCR 扩增可获得第一链全长 cDNA。

（3）第二链 cDNA 的合成。第二链的合成可以采用 PCR 方法以模板转换引物与 oligo（dT）相连的接头序列扩增获得全长基因 cDNA。利用该技术所构建的文库有 80%～85%为全长。逆转录酶的性质及逆转录时的温度对获得全长 cDNA 也十分重要，利用可耐 60℃高温的逆转录酶或在逆转录反应中加入一定浓度的海藻糖可以提高其对高温的耐性，同时并不影响其逆转录效率，这样就可以最大限度地减少 mRNA 在低温中稳定的二级结构对逆转录的空间阻碍。

（4）克隆双链 cDNA 并导入大肠杆菌中。将上述经均一化的基因全长 cDNA 两端加上稀有酶切位点（如 NotⅠ），连接形成线状多聚体，克隆到载体中并导入大肠杆菌中繁殖扩增（图 13－3）。

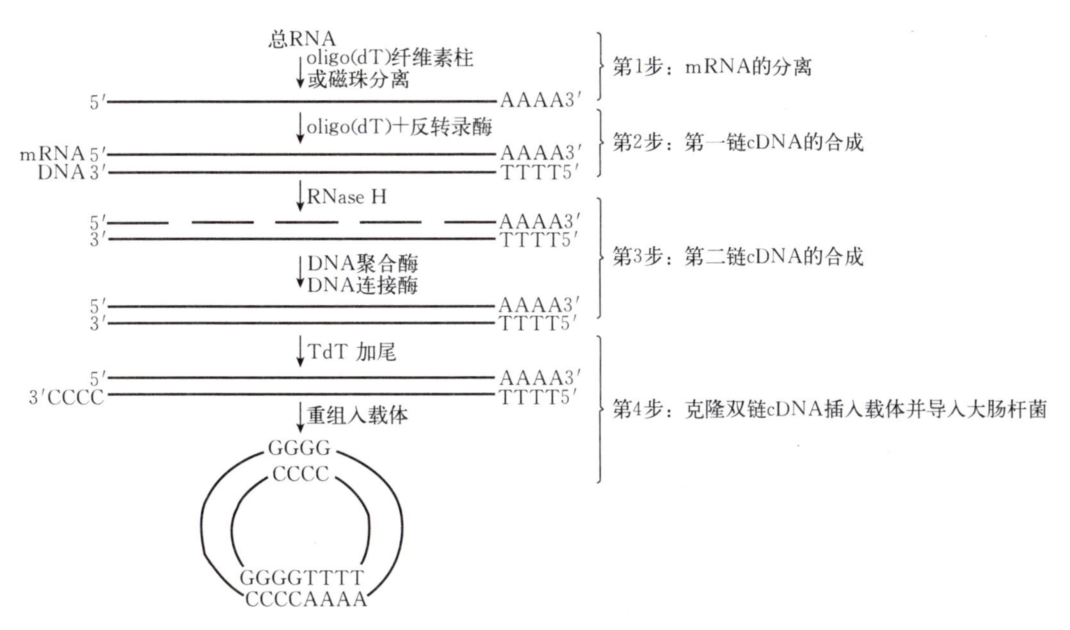


图 13－3　cDNA 文库构建的程序

**2. 基因组文库的构建**　将某生物的基因组（或染色体）DNA 经适当的限制性酶酶切后，插入到一定的载体中转化或包装后就可制备成基因组文库。所建立的基因组文库必须达到一定数量的克隆和适当的插入片段大小时，才有可能以较高的频率从中钓出研究所需的

DNA 序列，一般符合公式：

$$N=\ln(1-p)/\ln(1-f)$$

式中：$N$——基因组文库的克隆数；

$p$——该文库中钓取任何一个目的基因的概率；

$f$——插入片段与基因组大小的比值。

例如利用插入长度平均为 10kb 的质粒构建的人类基因组文库，以 99%的概率从中钓取某目的基因时所需的克隆数为 $1.38\times10^6$，而采用平均插入片段为 40kb 的黏粒则需克隆数为 $3.45\times10^5$，采用平均插入片段为 100kb 的细菌人工染色体（BAC）则需 $1.38\times10^5$。也有学者采用基因组文库数量与平均插入片段长度的乘积为该基因组长度的倍数做标准，一般要求达到 5～8 倍。

### （四）目的基因的分离和制备

目的基因是指准备导入受体细胞内的、以研究或应用为目的所需要的外源基因。获得目的基因是进行 DNA 重组最重要的一步，也是十分困难的一步。获得目的基因的方法很多，但目前主要通过下面 5 条途径获取。

**1. 从生物基因组群体中分离目的基因** 一般用限制性核酸内切酶把一个基因组 DNA 分成很多片段。原核生物基因组较小，基因容易定位，用限制性内切酶将基因组切成若干段后，直接用带有标记的核酸探针，从中选出目的基因。对于基因组较大的真核生物，则可先制作基因文库，然后钓取所需要的带有目的基因的 DNA 片段而获得目的基因。

**2. 人工合成目的基因 DNA 片段** 人工合成目的基因 DNA 片段有化学合成法和酶促合成法两条途径。一般是采用 DNA 合成仪来合成长度不是很大的 DNA 片段。

**3. PCR 技术合成 DNA** 聚合酶链式反应（polymerase chain reaction，PCR）是一种简单的酶促反应，由穆利斯（K. Mullis，1986）发明。这种方法可在数小时内将目的基因片断扩增到数百万个拷贝，它可取代一些经载体克隆 DNA 的方法。从某种意义上说，PCR 技术的发明是现代生物学发展史上的又一个里程碑。

PCR 是以 DNA 变性、复制的某些特性为原理设计的，前提条件是必须对目的基因有一定的了解，需要设计引物。PCR 技术包括 3 个步骤：①变性。在 94～95℃使模板 DNA 的双链变性成单链。②复性。两个引物分别与单链 DNA 互补复性，复性的温度在 50～60℃。③延伸。在引物的引导及 *Taq* 酶的作用下，于 72℃合成模板 DNA 的互补链。这 3 个步骤称为 1 个循环，PCR 通常有 25～35 个循环（图 13-4）。

**4. mRNA 差异显示法获得目的基因** mRNA 差异显示（mRNA differential display）是由彭亮（1992）等建立。其原理是先利用 PCR 技术扩增所有的 mRNA，生成互补 DNA（cDNA）群体；再用测序凝胶电泳获取所需要的目的基因；然后再次用 PCR 扩增。简单地讲，就是从基因的转录产物 mRNA 来反转录成 cDNA 作为目的基因。

**5. 用机械的方法** 如利用超声波把基因组打成片段。

## 二、构建重组 DNA 分子

外源基因（DNA 片段）很难直接透过受体细胞的细胞膜进入受体细胞，即使进入，也会受到细胞内限制性酶的作用而分解。要将外源 DNA 片段导入受体细胞，选择适当的载体是关键步骤之一。

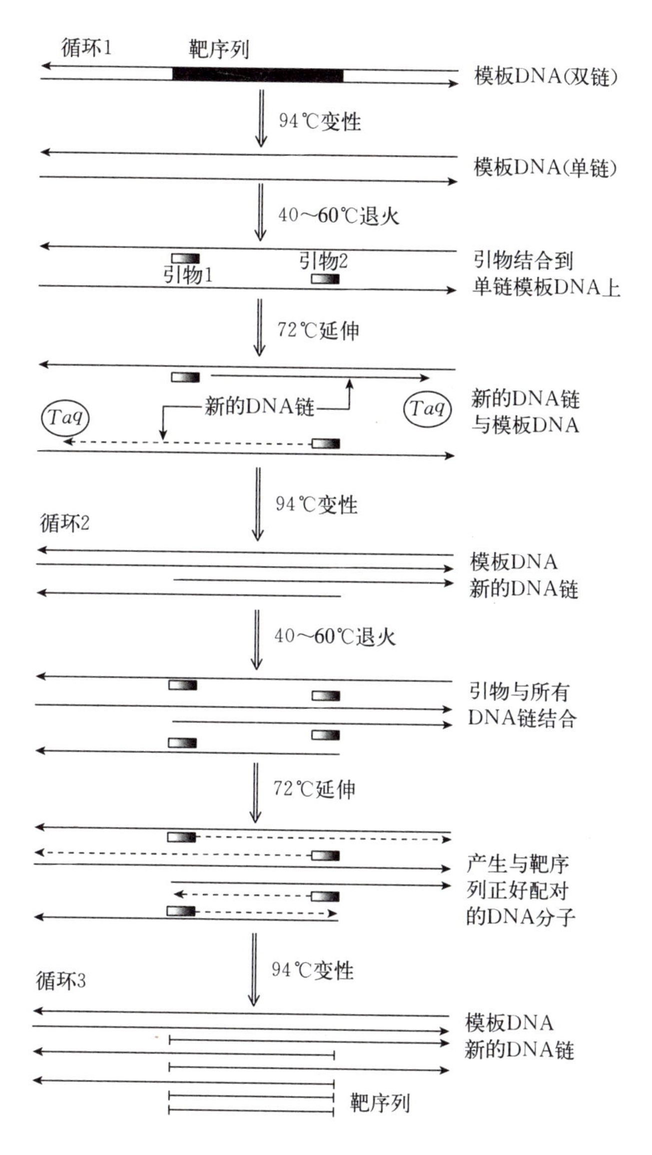


图 13-4　PCR 获取目的基因（靶序列）的原理
（［英］温特等．2001．遗传学）

含有目的基因的 DNA 片段和载体 DNA 的连接技术即 DNA 重组技术，其核心步骤是 DNA 片段之间的体外连接，其本质是涉及限制酶、连接酶等工具酶的酶促反应过程。重组 DNA 即将载体 DNA 与引入的 DNA 连接，把目的基因连接到载体上去。根据 DNA 末端性质不同，形成重组体 DNA 分子的方法也有所不同。

**1. 黏性末端的连接**　用同一种限制性内切酶或者用能够产生相同黏性末端的两种限制性内切酶分别消化外源 DNA 分子和载体，所形成的 DNA 末端彼此互补，用 DNA 连接酶共价连接起来，形成重组体 DNA 分子（图 13-5）。

**2. 平齐末端的连接**　可先生成黏性末端，在带平头末端的 DNA 片段的 3′末端加上多聚核苷酸的尾巴，在载体上加上互补的尾巴，然后用 DNA 连接酶连接。

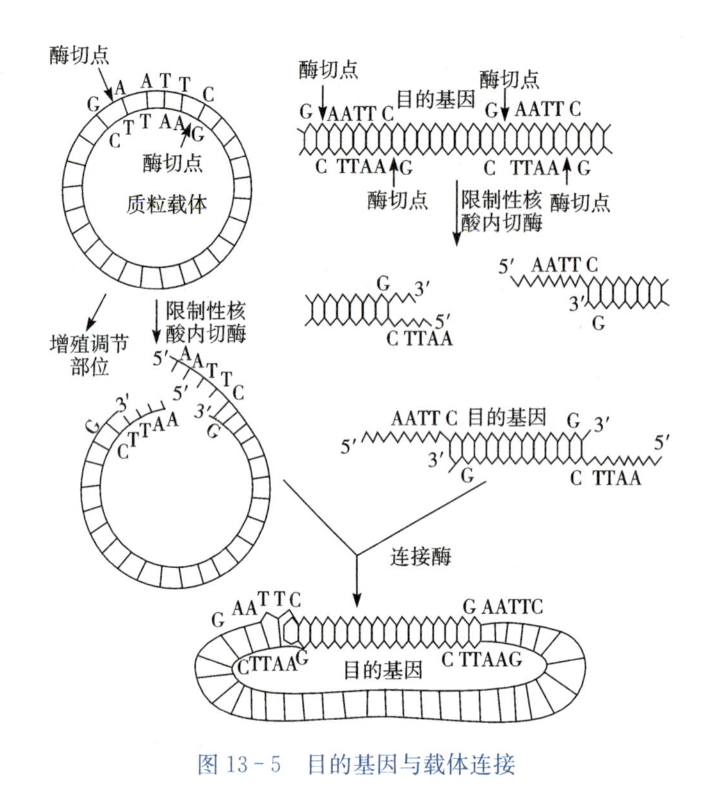


图 13-5　目的基因与载体连接

## 三、外源 DNA 导入受体细胞

重组体 DNA 分子只有导入合适的受体细胞，才能进行大量地复制、扩增和表达。受体细胞有许多种，原核细胞、低等真核细胞生物的细胞如酵母、植物细胞、哺乳动物细胞等都可以作为受体细胞。如胰岛素基因工程生产就是将外源 DNA 导入原核细胞大肠杆菌中进行表达实现的。

外源 DNA 导入受体细胞内，并整合到受体细胞基因组中的过程，称为遗传转化（genetic transformation），又称转基因。目前，细菌转基因常用重组质粒转化细菌细胞的方法，动物转基因常用显微注射法，植物转基因常用农杆菌介导法、基因枪法与花粉管通道法等。

## 四、筛选重组 DNA 分子、鉴定目的基因表达

基因工程最重要的目标是能使目的基因在宿主细胞中表达并产生人们所需的蛋白质。在大肠杆菌中游离于细菌染色体外的质粒基因也可获得表达，但在高等生物中重组 DNA 分子引入受体细胞后，需要整合到受体的基因组中，才可能表现应有的生物活性，在受体细胞遗传系统的调节控制下，才能正确地转录与翻译出有功能的多肽。

## 复习思考题

1. 名词解释

基因工程、限制性核酸内切酶、平齐末端、黏性末端、载体、基因文库

2. 试述基因工程的一般操作程序。

3. 简述基因工程的主要应用。

4. 作为载体 DNA 分子，需要具备哪些条件？

5. 简述 PCR 技术。

# 第十四章 基因组学和蛋白质组学

**桑格（Frederick Sanger，1918—2013）**

生物化学家，出生于英国格洛斯特郡一个医生家庭，受家人的影响，自幼喜欢动植物。起初打算研究医学，后来研究了自己更有兴趣的生物化学。1955年将牛胰岛素的氨基酸序列完整地测定出来，并证明蛋白质具有明确构造。1958年因“对蛋白质结构组成的研究，特别是对胰岛素的研究”而获诺贝尔化学奖。1975年发展出一种称为链终止法（chain termination method）的技术来测定DNA序列。1977年他与几个同事利用此技术成功测定出ΦX174噬菌体的基因组序列，在人类历史上第一次完成完整的基因组测序工作。随后他们又完成人线粒体基因组以及λ噬菌体基因组的测序工作。这项技术后来成为人类基因组计划等研究得以展开的关键之一。1980年他因“对核酸中DNA碱基序列的确定方法”再度获得诺贝尔化学奖［与桑格合作研究的吉尔伯特（W. Gilbert）以及另一团队的伯格（P. Berg）一同获奖］。

21世纪的生命科学研究是一个以“组学”为基本研究单位的高通量研究时代，主要包括基因组学、转录组学、蛋白质组学、糖组学、酶组学等。随着人类基因组计划的实施和推进，生命科学研究已进入了后基因组时代。在这个时代，生命科学的主要研究对象是功能基因组，包括结构基因组研究和蛋白质组研究等。

## 第一节 人类基因组计划与基因组学

### 一、人类基因组计划

人类基因组计划是当代生命科学中的一项伟大的科学工程，是堪称与阿波罗登月计划和曼哈顿原子弹计划相媲美的惊世壮举。1986年美国能源部正式提出开展人类基因组的测序工作，并提出了“人类基因组计划”草案。1986年3月诺贝尔奖获得者、美国著名肿瘤分子生物学家杜尔佰克（Dullbecco）在《科学》上撰文，强调弄清人基因组序列，搞清基因组中各基因的结构和功能及其相互关系，寻找预测、预防和早期诊断人类遗传病的新方法，将有助于解决包括癌症在内的人类疾病的发病原因这一美好前景的到来。随后经过学术界的反复论证和激烈争论，美国由能源部和国立卫生研究院（NIH）合作于1990年正式启动人类基因组计划。主要目标是计划拨款30亿美元，用15年时间完成人类基因组全部序列的测定，在2001年完成全部染色体的“工作草图”。

经过参与该项目的1000多名各国科学家的不懈努力，人类基因组的工作草图于2000年6月26日绘制完成，该工作草图包含人体90%以上碱基对的位置信息。2001年2月12日中国、美国、日本、德国、法国、英国等6国科学家和美国Celera公司联合公布了人类基因组图谱及初步分析结果，人类基因组由约$3.2\times10^9$bp组成，有3.0万～3.5万个基因，远小于原先预计的10万个基因的估计。2003年4月15日，上述6国又共同宣布人类基因组序列图完成。2004年10月，国际人类基因组测序联合体在《自然》周刊上发表了人类基因组常染色质全序列测定的论文，宣布人类基因组的常染色质部分中99%的序列已经被测定，其精度达到每10万个碱基中只有1个测量误差。随着人类基因组精细图的完成，研究者发现，人类基因组拥有的编码蛋白质的基因数目在2.0万～2.5万个，比“工作草图”的估计的基因数又低33%。

## 二、人类基因组的结构特点

人类基因组是第一个被测序的脊椎动物基因组，人类基因组大小约为$3.2\times10^9$bp（3200Mb），其中基因和基因相关序列约为1200Mb，基因间DNA序列约为2000Mb。在基因和基因相关序列中基因编码的序列约为48Mb，占总基因组序列的1.5%左右，而基因相关序列约为1152Mb，占总基因组的36%，其中包括假基因、基因片段和内含子以及非翻译区（untranslated region，UTR）；在基因间DNA序列中散在重复序列（interspersed repeat sequences，IRS）为1400Mb，占总基因组的43.75%，包括64Mb的长散在核元件（LINE）、420Mb的短散在核元件（SINE）、250Mb的长末端重复序列（longtermina lrepeat，LTR）和90Mb的DNA转座子。在基因间DNA序列还含有600Mb的其他的基因间区域序列，包括90Mb的微卫星序列和510Mb的各种序列成分（图14-1）。

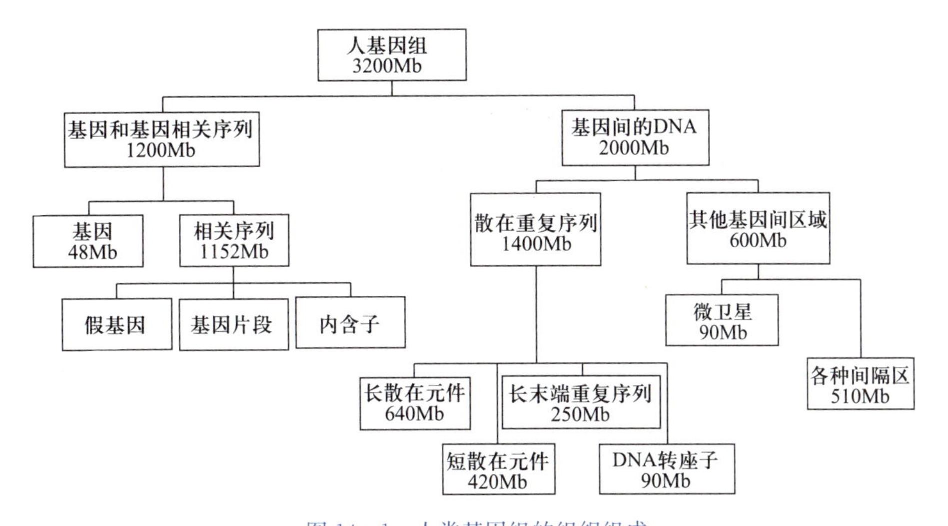


图14-1 人类基因组的组织组成

显然，编码基因的序列仅占人类基因组DNA的1%左右，98%以上的序列是非编码序列。基因中内含子的序列占基因组的24%，因此基因组涉及与产生蛋白质有关的序列达到25%。基因平均长27kb，平均具有9个外显子，一个基因约由1340bp组成编码序列，因此平均在一个基因内的编码序列仅仅只占一个基因序列碱基长度的5%。而人类基因组DNA中重复序列占50%以上，主要分成5种类型：①转座子成分。包括有活性的和无活性的，占基因组的45%，均以多拷贝的形式存在于基因组中。②已加工假基因（processed pseudogene)。这是一类与 RNA 转录物相似的失活基因，约 3000 个，约占基因组的 0.1%。③简单重复序列。约占基因组的 3%。④大片段重复（长 10～30kb 的大片段）。约占基因组的 5%。只有少部分在相同的染色体上，多数分布在不同的染色体上。⑤串联重复。主要位于着丝粒和端粒部位。

## 三、基因组学及其研究内容

基因组学（genomics）是指对所有基因进行基因作图（包括遗传图谱、物理图谱、转录图谱、基因组序列图谱）、基因定位和基因功能分析的一门科学。基因组学强调的是以基因组为单位，而不是以单个基因为单位作为研究对象，因此，基因组学的研究目标是认识基因组的结构、功能及进化，弄清基因组包含的遗传物质的全部信息及相互关系，为最终充分合理地利用各种有效资源提供科学依据。

基因组学研究主要包括两方面的内容：以全基因组测序为目标的结构基因组学（structural genomics）和以基因功能鉴定为目标的功能基因组学（functional genomics）。结构基因组学代表基因组分析的前期阶段，以建立高分辨率遗传图谱、物理图谱和转录图谱为主。功能基因组学代表基因分析的新阶段，即后基因组（post - genome）研究，是利用结构基因组学提供的信息系统地研究基因功能，它以高通量、大规模实验方法以及统计与计算机分析为特征。

## 四、基因图谱

遗传信息在染色体上，但染色体不能直接用来测序，必须将基因组这一巨大的研究对象进行分解，使之成为较易操作的小的结构区域。根据使用的遗传标记和手段不同，基因图谱有 4 种类型，即基因遗传图谱、基因物理图谱、基因转录图谱和基因序列图谱。从某种意义上讲，基因组序列图谱是分辨率为单个碱基的物理图谱，也是最终基因图的主要结构基础。

### （一）遗传图谱

遗传图谱（genetic map）又称为连锁图，是通过亲本的杂交，然后分析后代的基因或其他特异分子标记物间重组率，并用重组率来表示两个基因之间距离的线性连锁图。其提供了基因在染色体上的坐标，为基因的定位克隆提供了较为精确的位置，遗传图谱上的分子坐标也为物理图中重叠群的定位提供了可能，它是构建物理图的基础。

遗传图谱的标记主要有基因标记、DNA 标记等。基因标记即经典遗传学研究的某一性状的遗传表现；而 DNA 标记则是能够用来作为指纹鉴定或区分个体特点的 DNA 片断。

在 DNA 多态性技术未开发时，鉴定的连锁图谱很少，随着 DNA 多态性的开发，使得可利用的遗传标记数目迅速扩增。早期使用的多态性标志有 RFLP（限制性酶切片段长度多态性）、RAPD（随机引物扩增多态性 DNA）、AFLP（扩增片段长度多态性）；20 世纪 80 年代后出现的有 STR（短串联重复序列，又称微卫星）DNA 遗传多态性分析和 20 世纪 90 年代发展的 SNP（单个核苷酸的多态性）分析。

**1. RFLP 标记**　在群体中生物个体之间，由于 DNA 某一位点上的变异有可能引起该位点特异性的限制性内切酶识别位点的改变，包括原有位点的消失或出现新的酶切位点。当用限制性内切酶处理不同生物个体的 DNA 时，致使酶切片段长度发生变化，个体之间出现限制性片段长度的差异，这称为限制性片段长度多态性（restriction fragment length polymorphism，RELP）（图 14－2）。

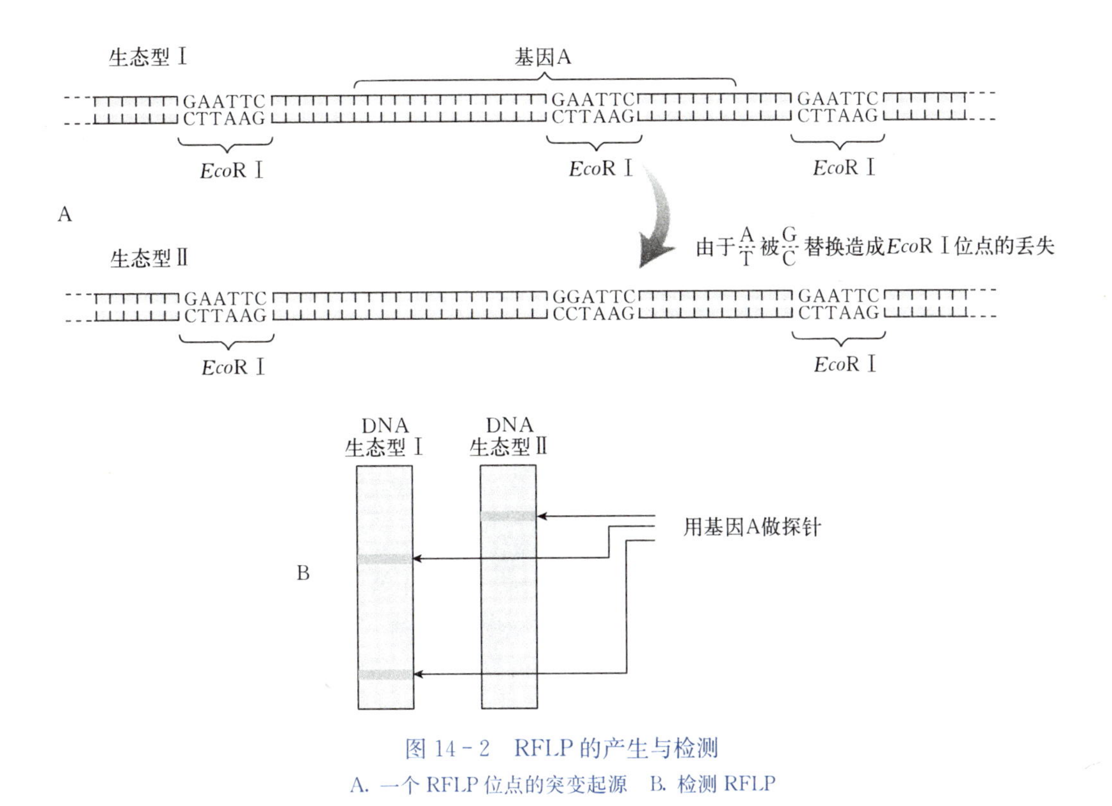


图 14－2　RFLP 的产生与检测

A. 一个 RFLP 位点的突变起源　B. 检测 RFLP

**2. AFLP 标记**　扩增片段长度多态性（amplified fragments length polymorphism，AFLP）标记，是结合 RFLP 和 PCR 的优点发明的一种 DNA 指纹技术。通过对基因组 DNA 酶切片段的选择性扩增来检测 DNA 酶切片段长度的多态性（图 14－3）。AFLP 揭示的 DNA 多态性是酶切位点和其后的选择性碱基的变异。AFLP 具有 RFLP 技术的可靠性和 PCR 技术的高效性。AFLP 标记的主要特点是：由于在 AFLP 分析中所采用的限制酶以及引物的种类、数目有较多的选择，因此在理论上能够产生的标记数目是无限的；而且扩增片段数目与引物有关而与酶切片段无关；AFLP 呈典型的孟德尔遗传，用于遗传分析；AFLP 分析中所产生的大多数扩增带的片段与基因组的单一位置相对应，因此可作为遗传图谱和物理图谱的界（位）标，用来构建高密度的连锁图。

**3. RAPD 标记**　随机引物扩增多态性 DNA（random amplified polymorphic DNA，RAPD）标记，是用寡核苷酸随机短引物（人工合成的 9～10 个核苷酸组成）进行 DNA 的 PCR 扩增技术。经凝胶电泳分离，溴化乙锭染色，显示出扩增产物 DNA 片段的多态性。其分子基础是模板 DNA 扩增区段上引物位点的碱基序列发生了突变。因此，不同来源的基因组在该区段（座位）上将表现为扩增区段产物的有无或扩增片段大小的差异（图 14－4）。RAPD 标记引物扩增产物所扩增的 DNA 区段是事先未知的，具有随机性和任意性，因此随机引物 PCR 标记技术可用于对任何未知基因组的研究。RAPD 标记的不足之处是：一般表现为显性遗传，不能区分显性纯合和杂合的基因型，因而提供的信息量不完整。

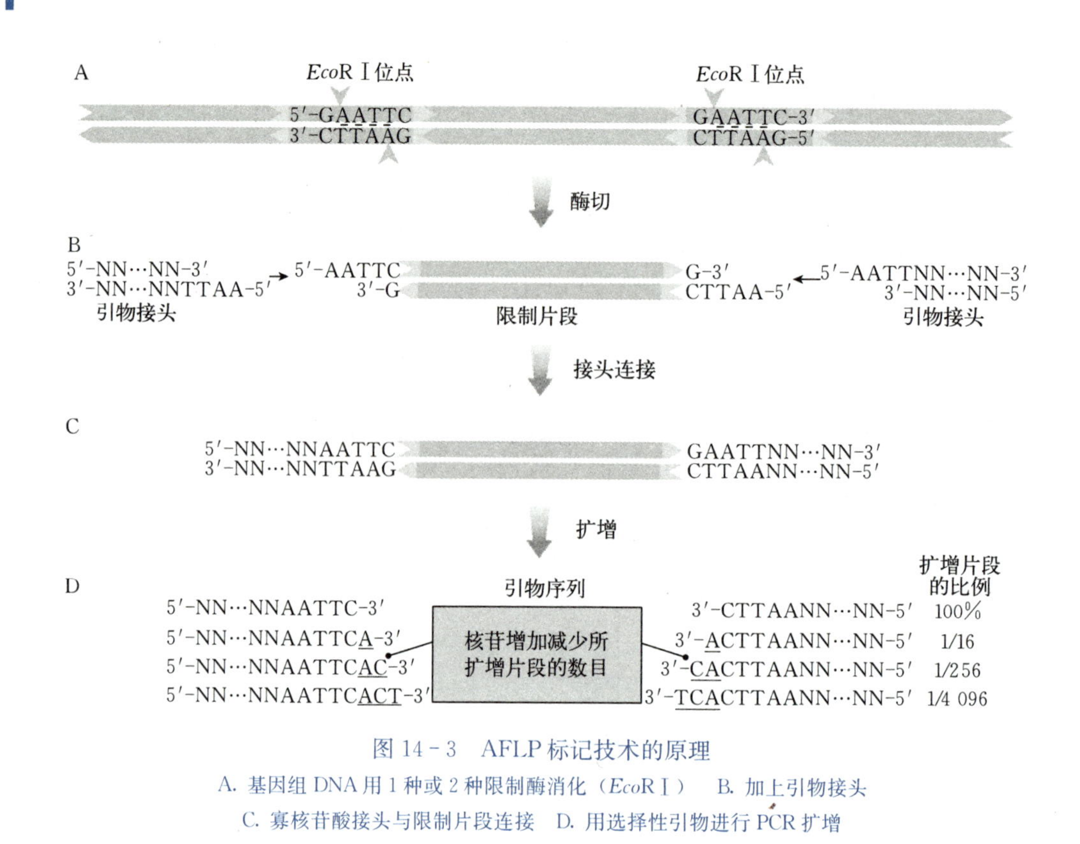


图 14-3 AFLP 标记技术的原理

A. 基因组 DNA 用 1 种或 2 种限制酶消化（*Eco*R Ⅰ） B. 加上引物接头
C. 寡核苷酸接头与限制片段连接 D. 用选择性引物进行 PCR 扩增

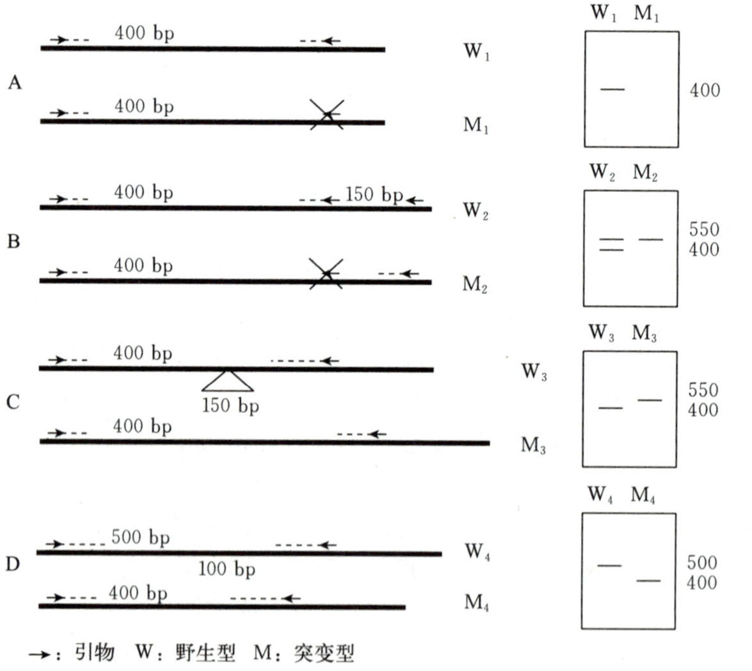

→：引物 W：野生型 M：突变型

图 14-4 随机扩增 PCR 产生多态性的分子基础

A. 引物结合位点突变 1 B. 引物结合位点突变 2 C. 插入突变 D. 缺失突变

**4. STS 标记** 序列标签位点（sequence－tagged site，STS）是在染色体上定位的、序列已知的单拷贝 DNA 短片段。STS 标记的原理是根据单拷贝的 DNA 片段两端的序列，设计一对特异引物，经 PCR 扩增基因组 DNA 而产生的一段长度为几百碱基对的特异序列。由于不同的 STS 序列在基因组中往往只出现一次，从而能够界定基因组的特异位点。用 STS 进行物理作图，可通过 PCR 或杂交途径来完成。STS 标记可以作为比较遗传图谱和物理图谱的共同界标，因此在基因组作图上具有非常重要的作用。

**5. SNP 标记** 单核苷酸多态性（single nucleotide polymorphism，SNP）标记是同一物种不同个体基因组 DNA 的等位序列上单个核苷酸存在差别的现象。其比较的不是 DNA 的片段长度，而是相同序列长度里的单个碱基的差别。因此，SNP 是二等位多态性，其中最少一种在群体中的频率不小于 1%；如果出现频率低于 1%，则视作点突变。SNP 在大多数基因组中存在较高的频率，估计人类基因组中有 300 万个以上，平均 500～1000 bp 中就有一个。SNP 是人类可遗传变异中最常见的一种，占所有已知多态性的 90%以上。在基因组中 SNP 既可存在于基因序列中，也可存在基因以外的非编码序列中。存在于编码序列中的 SNP 虽然较少，但其在遗传疾病研究中却具有重要意义。

### （二）物理图谱

物理图谱（physical map）是利用限制性内切酶将染色体切成片段，再根据重叠序列确定片段间连接顺序，以及遗传标记之间物理距离（bp、kb 或 Mb）建立的图谱。以人类基因组物理图谱为例，在整个基因组中设立了 30000 个序列标签位点（STS）。基本做法是，将获得的目的基因的 cDNA 克隆，进行测序，确定两端的 cDNA 序列，约 200bp，设计合成引物，并分别利用 cDNA 和基因组 DNA 做模板扩增；比较并纯化特异带；利用 STS 制备放射性探针与基因组进行原位杂交，使每隔约 100kb 就有一个标记或可理解为分辨率为 100kb。

物理图谱是用类似物理学的技术来绘制基因“路标”，也就是由 DNA 片段按照结构相似的原则在 DNA 链上设置“路标”，确定基因在基因组序列上的相对位置，“路标”之间的间隔以碱基对的数目来表示。

尽管物理图谱将基因组 DNA 分割成了大量的基因片段，但是由于基因组含有大量的内含子和外显子，每个 STS 之间含有什么样的基因、基因之间关系仍然不够清楚，因此必须进一步构建能够反映基因之间相互关系的基因图谱。

### （三）转录图谱

每种生物各种组织细胞中的 DNA 基本是一样的，然而在每一种组织中，由于执行功能不同，表现型各异，表达的基因也就不同。一般认为，大约只有 10%的基因能得以表达。

转录图谱（transcript map）又称 cDNA 图，是将各器官中表达的 mRNA 转化成 cDNA 作为表达序列标签（expressed sequence tag，EST）构建的分子遗传图。转录图谱更为接近序列图。ETS 属于无名 mRNA 分子的特有序列，可用来设计引物在基因组 DNA 中寻找有关编码序列，目前在美国国家生物技术信息中心（NCBI）数据库中分布的植物 EST 的数目总和已达几万条，所测定的人类基因组的 EST 达 180 万条以上。这些 EST 不仅为基因组遗传图谱的构建提供了大量的分子标记，而且来自不同组织和器官的 EST 也为基因的功能研究提供了有价值的信息。此外，EST 计划还为基因的鉴定提供了候选基因（candida tes gene）。其不足之处在于通过随机测序有时难以获得那些低丰度表达的基因和那些在特殊环境条件下（如生物胁迫和非生物胁迫）诱导表达的基因。因此，为了弥补 EST 计划的不足，必须开展基因组测序。通过分析基因组序列能够获得基因组结构的完整信息，如基因在染色体上的排列顺序、基因间的间隔区结构、启动子的结构以及内含子的分布等。

转录图谱可以将不同种属的同源基因联系起来，这是比较遗传学研究进化保守现象的一个核心问题。仅仅发现并克隆到一个新基因，但不知道其功能，意义不大，提示新基因的功能才是人们最终的目的。

### （四）序列图谱

序列图谱就是一个完整的基因组，是全部核苷酸方位图。序列图是在物理图的基础上完成的。如首先是构建几十万碱基对的 YAC（酵母人工染色体），对 YAC 进行作图，得到重叠的 YAC 连续克隆系，被称为低精度物理作图，然后在几万碱基对的 DNA 片段水平上进行，将 YAC 随机切割后装入黏粒的作图称为高精度物理作图。

## 五、基因组的 DNA 序列测定

在进行大规模序列测定之前，构建基因组图谱是测定大基因组全部核苷酸序列的重要一环。基因组图谱可作为 DNA 序列测定中制订测序方案的依据，以便于更好地分析 DNA 序列。目前在水稻基因组测序中采用的测序策略主要是全基因组鸟枪法测序（shotgun sequencing），其基本步骤如下：

① 建立高度随机、插入片段大小为 2kb 左右的基因组文库。克隆数要达到一定数量，即经末端测序的克隆片段的碱基总数应达到基因组的 5 倍以上。

② 高效、大规模的末端测序。即对文库中每一个克隆进行两端测序。

③ 序列集合。

④ 填补缺口。有两种待填补的缺口：①没有相应模板 DNA 的物理缺口；②有模板 DNA 但未测序的序列缺口。他们建立了插入片段为 15～20kb 的 λ 文库以备缺口填补。

鸟枪法测序的缺点是随着所测基因组总量的增大，所需测序的片段大量增加，另外，高等真核生物（如人类）基因组中有大量重复序列，容易导致判断失误。因此在实际应用时对鸟枪法测序做了一些改进。

**1. 克隆连续序列法**（clone contig） 首先用稀有内切酶将基因组 DNA 切割为长度 0.1～1.0Mb的大片段，克隆到酵母人工染色体（YAC）或细菌人工染色体（BAC）载体上，分别测定单个克隆的序列，再装配、连接成连续的 DNA 分子。

**2. 定向鸟枪射击法**（directed shotgun） 首先根据染色体上已知基因和标记的位置来确定部分 DNA 片段的相对位置，再逐步缩小各片段之间的缺口，然后再测序、装配和构建出不同 DNA 片段的序列。

基因组序列测定可采用上述两种改进的方法结合进行。

## 六、基因组功能的分析

在完成基因组图谱构建以及全部序列测定的基础上，对全基因组的基因功能、基因之间的相互关系和调控机制的进一步研究，标志着对基因组的研究正在进入后基因组学（post-genomics）时代。

后基因组学研究内容包括基因功能、基因表达分析及突变检测。采用的手段包括经典的减法杂交（subtractive hybridization）、差示筛选（differential screening）、cDNA 代表差异分析（representative difference analysis，RDA）以及 mRNA 差异显示（differential display）等，这些技术已被广泛用于鉴定和克隆差异表达的基因，但却不能对基因进行全面系统的分析。于是，基因表达的系统分析（serial analysis of gene expression，SAGE）、cDNA 微阵列（cDNA microarray）和 DNA 芯片（DNA chip）等能够大规模地进行基因差异表达分析的技术应运而生。此外，鉴定基因功能最有效的方法是观察基因表达被阻断或增加后在细胞和整体水平所产生的表现型变异，因此还需要建立模式生物体。

除功能基因组学外，目前后基因组学还衍生出了许多新兴学科，主要有蛋白质组学、生物信息学、环境基因组学、纳米生物科学、基因检测技术、分子诊断技术与微流体芯片等相关学科。

## 第二节　蛋白质组学

### 一、蛋白质组学研究的意义和背景

蛋白质组（proteome）由澳大利亚学者威尔金斯（Wilkins）和威廉姆斯（Williams）等于 1994 年提出，指的是由基因组编码的全部蛋白质，即某一物种、个体、器官、组织乃至细胞的全部蛋白质。与以往的蛋白质化学的研究不同，蛋白质组学（Proteomics）是指蛋白质组为研究的对象，在整体水平上揭示细胞内全部蛋白质的组成及其活动规律的科学。

众所周知，现在已有多个物种的基因组被测序，但在这些基因组中通常有一半以上基因的功能是未知的。从 DNA 到蛋白质，主要存在三个层次的调控，即转录水平调控（transcriptional control）、翻译水平调控（translational control）、翻译后水平调控（post - translational control）。从 mRNA 角度考虑，实际上仅包括了转录水平调控，并不能全面代表蛋白质表达水平。更重要的是，蛋白质复杂的翻译后修饰、蛋白质的亚细胞定位或迁移、蛋白质与蛋白质的相互作用等则几乎无法从 mRNA 水平来判断。蛋白质既是生理功能的执行者，也是生命现象的直接体现者，对蛋白质结构和功能的研究将直接阐明生命在生理或病理条件下的变化机制。蛋白质本身的存在形式和活动规律，如翻译后修饰、蛋白质间相互作用以及蛋白质构象等问题，仍依赖于直接对蛋白质的研究来解决。虽然蛋白质的可变性和多样性等特殊性质导致了蛋白质研究技术远远比核酸技术要复杂和困难得多，但正是这些特性参与和影响着整个生命过程。

传统的对单个蛋白质进行研究的方式已无法满足后基因组时代的要求。这是因为：①生命现象的发生往往是多因素影响的，必然涉及多个蛋白质；②多个蛋白质的参与是交织成网络的，或平行发生，或呈级联的因果关系；③在执行生理功能时蛋白质的表现是多样的、动态的，并不像基因组那样基本固定不变。因此，要对生命的复杂活动有全面和深入的认识，必然具系统论的理念，即在整体、动态、网络的水平上对蛋白质进行研究。研究细胞内全部蛋白质的存在及其活动方式的需要尤为迫切。

目前，蛋白质组学研究已成为 21 世纪生命科学的重要战略前沿，也是后基因组时代生命科学研究的核心内容之一。

### 二、蛋白质组学的研究内容

#### （一）蛋白质组学研究的策略

蛋白质组学一经出现，就有两种研究策略。一种可称为“竭泽法”，即采用高通量的蛋白质组研究技术分析生物体内尽可能多乃至接近所有的蛋白质，这种观点从大规模、系统性的角度来看待蛋白质组学，也更符合蛋白质组学的本质。但是，由于蛋白质表达随空间和时间不断变化，要分析生物体内所有的蛋白质是一个难以实现的目标。另一种策略可称为“功能法”，即研究不同时期细胞蛋白质组成的变化，如蛋白质在不同环境下的差异表达，以发现有差异的蛋白质种类为主要目标。这种观点更倾向于把蛋白质组学作为研究生命现象的手段和方法。

### （二）蛋白质组学研究的内容

蛋白质组学的研究内容主要有两个方面，一是结构蛋白质组学，二是功能蛋白质组学。具体可分为：

**1. 蛋白质鉴定** 可以一维电泳和二维电泳并结合免疫印迹（western blot）等技术以及结合蛋白质芯片及免疫共沉淀技术对蛋白质进行鉴定研究。

**2. 翻译后修饰** 很多mRNA表达产生的蛋白质要经历翻译后修饰，如磷酸化、糖基化、酶原激活等。早期蛋白质组学的研究范围主要是指蛋白质的表达模式（expression profile），翻译后修饰是蛋白质调节功能的重要方式。

**3. 蛋白质功能确定以及蛋白质之间的相互作用研究** 在蛋白质功能方面的研究是极其缺乏的，因为大部分通过基因组测序而新发现的基因编码的蛋白质的功能都是未知的，而对那些已知功能的蛋白而言，它们的功能也大多是通过同源基因功能类推等方法推测出来的。在方法上可以通过分析酶活性和确定酶底物以及细胞因子的生物分析/配基-受体结合分析等；也可以通过基因敲除和RNA技术分析基因表达产物——蛋白质的功能。

另外，也有人试图将蛋白质高级结构的解析即传统的结构生物学纳入蛋白质组学研究范围，但目前仍属独树一帜。

## 三、蛋白质组学的研究技术

技术的发展推动了蛋白质组学的研究的发展，同时也是制约因素。由于蛋白质的复杂性，蛋白质研究技术远比基因技术复杂。

### （一）蛋白质组研究中的样品制备

通常可采用细胞或组织中的全蛋白质组分进行蛋白质分析。也可以进行样品预分级，即采用各种方法将细胞和组织中的全体蛋白质分成几部分，分别进行蛋白质研究。样品预分级的主要方法是根据蛋白质溶解性和蛋白质在细胞中不同的细胞器定位进行分级。样品预分级不仅可以提高低丰度蛋白质的上样量和检测，还可以针对某一细胞器的蛋白质组进行研究。

虽然利用免疫组织化学技术可以做到对蛋白质表达的研究精确到细胞甚至亚细胞水平，但这种技术的致命缺点是通量低。在这方面激光捕获解剖（laser capture microdissection，LCM）是目前较为成熟的技术。LCM技术是一种原位技术，取出的细胞用于蛋白质样品制备，结合抗体芯片或二维电泳-质谱的技术路线，可以对蛋白质的表达进行原位的高通量研究。

### （二）蛋白质组研究中的样品分离和分析

LCM—双向电泳—质谱的技术路线是一条典型的蛋白质组学研究的技术路线。

利用蛋白质的等电点和分子质量通过双向凝胶电泳的方法将各种蛋白质区分开来是一种有效的手段。它在蛋白质组分离技术中起到了关键作用。如何提高双向凝胶的分离容量、灵敏度和分辨率以及对蛋白质差异表达的准确检测是目前双向凝胶电泳技术发展的关键问题。凝胶染色后可以利用凝胶成像分析系统成像，通过专门的蛋白质点切割系统，可以将蛋白质点所在的凝胶区域进行精确切割，再对凝胶中蛋白质进行酶切消化，酶切后的消化物经脱盐、浓缩处理后就可以通过点样系统将蛋白质点样到特定材料的表面。最后这些蛋白质可通过质谱系统进行分析，得到蛋白质的定性数据。

此外，LCM—抗体芯片也是一条重要的蛋白质组学研究的技术路线。即通过 LCM 技术获得感兴趣的细胞类型，制备细胞蛋白质样品，蛋白质经荧光染料标记后和抗体芯片杂交，从而可以比较两种样品蛋白质表达的异同。

关于蛋白质组的研究，也可以将蛋白质组的部分或全部种类的蛋白质制作成蛋白质芯片，这样的蛋白质芯片可以用于蛋白质相互作用研究，蛋白质表达研究和小分子蛋白结合研究等。

## 复习思考题

1. 名词解释

基因组、基因组学、蛋白质组、蛋白质组学、基因图谱、鸟枪法测序

2. 基因组学研究的内容和目标是什么？

3. 试述基因图谱的类型。

4. 简述基因组鸟枪法测序的基本步骤。

5. 蛋白质组学有哪些研究内容？

# 第十五章　表观遗传

**沃丁顿（Conrad Hal Waddington，1905—1975）**

发育生物学家、遗传学家、胚胎学家，出生于英国伍斯特郡。起初学习古生物学，后来对胚胎发育产生了浓厚的兴趣。1939 年在他的《现代遗传学导论》（An Introduction to Modern Genetics）一书中首次提出表观遗传学（epigenetics）这一术语，1942 年指出表观遗传与遗传是相对的，它主要研究基因型和表现型的关系。几十年后，霍利迪（R. Holiday，1994）针对表观遗传学研究的内容提出了更新的系统性论断，也就是人们现在比较统一的认识，即研究的是在不改变基因组序列的可遗传的基因表达改变。

表观遗传学是 20 世纪 80 年代逐渐兴起的一门学科，是在研究与经典孟德尔遗传学遗传法则不相符的许多生命现象过程中逐步发展起来的。表观遗传（epigenetics）是指 DNA 序列不发生变化，但基因表达水平和功能却发生了可遗传的改变。

其实，现在所谓的表观遗传现象人们过去早已注意和研究过，只是注意点不同。但 DNA 甲基化在转基因动、植物中引起转基因沉默（Transgene silencing）等现象使人们将一系列基因序列不变而引起可遗传的表现型变异的现象联系起来，提升了表观遗传修饰和调控的研究热度。

## 第一节　表观遗传现象

### 一、基因组印记

根据孟德尔遗传定律，当一种性状从亲代传到子代，涉及这种性状的基因和染色体无论是来自父方或母方，传递所产生的表现型效应都应该是完全相同的，但是这一普遍规律现已发现在哺乳动物某些组织和细胞中会出现例外，即控制某一表现型的一对等位基因由于亲源不同而差异性表达，机体只表达来自亲本一方的等位基因，而与其自身性别无关。这种由双亲性别决定的基因功能上的差异被称为基因组印记（genomic imprinting）、遗传印记（genetic imprinting）或亲代印记（parental imprinting）。也就是说，这些等位基因在传递上符合孟德尔定律，但在表达方面决定于这个基因来自于双亲的哪一方。

母源的等位基因处于失活状态，该等位基因被称为母源印记；父源的等位基因处于失活状态则被称为父源印记。基因组印记发生在受精之前，决定子代细胞中是父源的还是母源的等位基因表达，在体细胞有丝分裂中这种印记是稳定的，在生殖细胞的减数分裂时被印记的等位基因只有通过另一种性别传递时才会逆转，即母源印记的等位基因只有在男性后代的生殖细胞中被去除。

基因组印记是一正常过程，此现象在一些低等动物和植物中已发现多年。印记的基因只占人类基因组中的少数，可能不超过5%，但在胎儿的生长和行为发育中起着至关重要的作用。基因组印记病主要表现为过度生长、生长迟缓、智力障碍、行为异常。目前在肿瘤的研究中认为印记缺失是引起肿瘤最常见的遗传学因素之一。

### 二、X 染色体失活

在哺乳动中，雌性个体细胞内有两条X染色体，而雄性个体只有1条，为了保持平衡，雌性的一条X染色体被永久失活，这就是剂量补偿效应（dosage compensation）。雌性哺乳动物个体染色体失活遵循 $n-1$ 法则，不论有多少条X染色体，最终只能随机保留一条有活性。

X染色体失活也称里昂化（lyonization），是指雌性哺乳类细胞中两条X染色体的其中之一失去活性成为异染色质，进而因功能受抑制而沉默化。X染色体失活可使雌性不会因为拥有两个X染色体而产生两倍的基因产物，因此可以像雄性般只表现1个X染色体上的基因。对胎盘类，如老鼠与人类而言，所要去活化的X染色体是以随机方式选出的；对于有袋类而言，则只有源自父系的才会发生X染色体失活。

不过现在也发现失活的一条X染色体上的基因并非全都失活，如已知Xg是迄今所知唯一存在于X染色体上的红细胞抗原。但Xg血型的遗传同常染色体一样，即不表现X染色体失活现象。如X0患者缺少1条染色体，而XXX患者多1条染色体，因而都表现异常。

### 三、副 突 变

副突变（paramutation）是指一对等位基因之间的相互作用致使其中一个等位的表达发生变化，且这种变化可以通过减数分裂进行遗传的现象。首次于20世纪50年代在玉米中被发现，后来在其他植物和真菌中也发现这种现象，这也是一种不符合孟德尔遗传规律的遗传形式。甚至在小鼠中也发现这种类似的现象。

基因B-I是控制玉米茎秆中生成花青素积累的一个必需转录因子，如果等位基因B-I突变为B′，则B-I便会受到抑制，并只产生很少量的花青素，最终使玉米茎秆大部分呈现绿色。而且这一结果是可以遗传的——即便B′并不存在，B-I在下一代中也会受到抑制。

## 第二节　表观遗传的修饰和调控

表观遗传调控是指转录前基因在染色质水平上的结构调整，它是真核基因组一种独特的调控机制，所以表观遗传调控研究的是生物可遗传的染色质修饰。目前，表观遗传的解释主要在DNA甲基化、翻译后组蛋白修饰、染色质重塑及非编码RNA等几种方面。

### 一、DNA 甲基化调控表观遗传

表观遗传是一种全新的遗传机制。表观遗传修饰有许多，其中DNA甲基化是基因组DNA的一种最重要的表观遗传修饰方式，是调节基因组功能的重要手段。

DNA甲基化是由DNA甲基转移酶催化S-腺苷甲硫氨酸（SAM）作为甲基供体，将胞嘧啶转化为5-甲基胞嘧啶的反应。甲基化能改变基因的构型，从而影响转录因子的转录，而影响该基因的表达。DNA甲基化一般与基因沉默有关，而去甲基化与基因活化有关。甲基化与去甲基化可由不同类型的DNA甲基转移酶来催化。

DNA甲基化修饰在基因表达、细胞分化及系统发育中起着重要的调节作用。基因甲基化模式的改变可以影响植物的花期、育性、花及叶片的形态等。如果甲基化不足或者太高，都会导致植物生长发育的不正常和形态异常。如最早关于DNA甲基化改变而导致突变体形成的报道是发现一株外形很像柳穿鱼的植物，其花由两侧对称转变为辐射对称的突变体，被认为是由*Lcyc*基因的超甲基化引起的，与其DNA序列变化无关。番茄*Cnr*位点发生DNA超甲基化抑制果实成熟，且产生一系列表观变异，如果实无色、果皮缺乏等。可见，DNA甲基化在生物体的不同部位及发育不同时期均能调控基因的表达，导致生物某些表观形态变异。

## 二、组蛋白的修饰调控表观遗传

组蛋白是真核细胞染色体的结构蛋白，与DNA共同组成核小体。组蛋白中被修饰氨基酸的种类、位置和修饰类型被称为组蛋白密码（histone code），所有这些组蛋白密码组合变化非常多，决定基因表达调控的状态。组蛋白修饰研究的较深入的是共价修饰，包括组蛋白的乙酰化与去乙酰化、甲基化与去甲基化、组蛋白的磷酸化等，这些修饰因素单一或共同作用来调节基因的表达与功能的发挥。如乙酰化及去乙酰化与调节转录、细胞周期、细胞分化、增生、凋亡、衰老、DNA修复有关。近年来发现组蛋白乙酰化或去乙酰化的失常也与多种人类肿瘤的发生有关。不仅如此，血管新生、特发性肺部纤维化、炎症反应均与组蛋白的乙酰化或去乙酰化密切相关。

## 三、染色质重塑

染色质重塑（chromatin remodeling）是由染色质重塑复合物介导的一系列以染色质上核小体变化为基本特征的生物学过程。

重塑复合物调节基因表达机制的假设有两种：

（1）一个转录因子独立地与核小体DNA结合（DNA可以是核小体或核小体之间的），然后，这个转录因子再结合一个重塑复合物，导致附近核小体结构发生稳定性的变化，又导致其他转录因子的结合，这是一个串联反应的过程，也称重建过程。

（2）由重塑复合物首先独立地与核小体结合，不改变其结构，但使其松动并发生滑动，这将导致转录因子的结合，从而使新形成的无核小体的区域稳定，也称滑动过程。

不同类型的重塑复合物会采取不同的重塑方式。许多研究表明，依赖ATP的染色体重塑和肿瘤的发生发展有关系。染色质重塑与其他修饰和基因修复的异常相关联，可以引起生长发育畸形和智力发育迟缓等症状。

## 四、非编码的RNA调控表观遗传

非编码RNA（non-coding RNA，ncRNA）在基因表达中发挥着主要作用，按长短可以分为两大类，即长链非编码RNA和短链非编码RNA。

长链非编码RNA在基因组以至于整个染色体水平发挥顺式调节作用。与X染色体活性有关，影响着染色质结构的改变。短链非编码RNA可介导mRNA的降解，诱导染色体结构的改变，决定着细胞的分化命运，还对外源的核酸序列有降解作用以保护本身的基因组。近年还发现短链非编码 RNA 与很多物种的异染色体形成、基因表达沉默、转座子等重复序列的 DNA 甲基化等有关。

## 第三节　表观遗传学的研究进展

自从沃森和克里克对 DNA 结构进行了完美的阐释后，几十年来全世界的目光都聚焦在以中心法则为核心的染色体基因组学上。表观遗传学的提出无疑是为基因组学开拓了一个新的领域。它补充了中心法则忽略的两个问题，即哪些因素决定了基因的正常转录和翻译以及核酸并不是存储遗传信息的唯一载体。它可以从更微观的视角、深层次的解释许多目前基因组学无法解释的难题。

虽然只有短暂几十年的研究，人类已经取得了一定的成就。如阐明了同一等位基因可因亲源性别不同而产生不同的基因印记疾病的机理，疾病严重程度可因亲源性别而异。表观遗传学信息可直接与药物、饮食、生活习惯和环境因素等联系起来，营养状态如维生素和必需氨基酸能够通过改变表观遗传以导致癌症发生。此外，表观遗传学信息的改变，对包括人体在内的哺乳动物基因组有广泛而重要的效应，如转录抑制、基因组印记、细胞凋亡、染色体失活等。DNA 甲基化模式的改变，影响植物体内代谢的关系，对农业发展具有重要而深远的实用价值。某些抑癌基因局部甲基化水平的异常增加，在肿瘤的发生和发展过程中起到了不容忽视的作用。表观遗传学改变在本质上的可逆性，又为肿瘤的防治提供了新的策略。

表观遗传学使人们认识到，同基因组的序列一样，基因组的修饰也包含有遗传信息。研究基因组水平上表观遗传修饰的科学称为表观基因组学（epigenomics）。1999 年在欧洲成立了一个研究表观基因组的机构，即人类表观基因组协会（Human Epigenome Consortium，HEC）。该协会在 2003 年 10 月正式宣布开始实施人类表观基因组计划（Human Epigenome Project，HEP）。人类表观基因组计划是要绘制出不同组织类型和疾病状态下的人类基因组甲基化可变位点（methylation variable position，MVP）图谱。MVP 也就是指在不同组织类型或疾病状态下，基因组序列中甲基化胞嘧啶的分布和发生概率。这项计划可以进一步加深研究者对于人类基因组的认识，为探寻与人类发育和疾病相关的表观遗传变异提供蓝图。

从表观遗传现象的认识到对表观遗传学的深入研究和现在开始不久的人类表观基因组计划，一套体系完整的表观遗传学学科蓝图已经展现在世人的面前。一些研究成果正激励着人们去探索这片有着巨大潜力的前沿领域。

## 复习思考题

1. 名词解释

表观遗传、DNA 甲基化、染色质重塑、基因组印、X 染色体失活、副突变、表观基因组学

2. 举例说明表观遗传现象。

3. 一般从哪几个方面解释表观遗传现象？

4. 试述 DNA 甲基化在基因表达中是如何发挥作用的？

5. 表观遗传学补充了中心法则忽略的哪两个问题？

# 教 学 实 验

## 实验一　植物 DNA 的提取与测定

### 一、实验目的

1. 掌握植物 DNA 提取的一般方法。
2. 掌握植物 DNA 纯度与浓度测定的方法。

### 二、实验原理

分离不同来源的细胞染色体 DNA 有多种方法，但基本原理和主要步骤是相同的。首先是破碎细胞壁和膜，释放出可溶性的高分子量 DNA，植物细胞可采用在去污剂（SDS）条件下的研磨法。反复冻融细胞也可破碎细胞，小量细胞也可用超声波破碎。其次是通过变性或蛋白酶处理将蛋白质与 DNA 分开，除去蛋白质，除作为蛋白酶降解蛋白质外，常用的简便方法是用苯酚或苯酚和氯仿的混合液反复抽提去除蛋白质。再次是将 DNA 与其他大分子分开，如用 RNase 处理除去 RNA 等。再用乙醇沉淀浓缩高分子的 DNA，最终 DNA 溶液用缓冲液透析，除去盐和残存的有机溶剂。

提取的基因组 DNA 通常可用于构建基因组文库、Southern 杂交（包括 RFLP）及 PCR 分离基因等。在提取过程中，染色体会发生机械断裂，产生大小不同的片段，因此分离基因组 DNA 时应尽量在温和的条件下操作，如尽量减少酚-氯仿抽提、混匀过程要轻缓，以保证得到较长的 DNA。

### 三、实验材料、器具和药品

#### （一）材料

油菜黄化苗。

#### （二）器具

冰箱（－20℃）、冷冻离心机、电子天平、水浴锅、冰壶、移液器（1μL、10μL、100μL、200μL、1000μL,）、吸头（10μL、200μL、1 000μL）、离心管架、吸头盒、研钵、玻璃棒、离心管（5mL）、吹风机、紫外分光光度计。

#### （三）药品

1. DNA 提取液：1mol/L Tris－HCl（pH8.0）10mL、0.5mol/L EDTA（pH8.0）20mL、5mol/L NaCl 20mL、PVP－K30 2g、β-巯基乙醇 2mL、SDS 4g，混匀后加水定容至 200mL。

2. 5mol/L KAc。

3. 酚-氯仿-异戊醇（25∶24∶1）。

4. 氯仿-异戊醇（24∶1）。

5. 异戊醇（－20℃预冷）。
6. 80％乙醇、70％乙醇、无水乙醇。
7. 10mol/L $NH_4Ac$。
8. 1mg/mL RNase。
9. TE－缓冲液：含 10mmol/L Tris－HCl（pH8.0）、1mmol/L EDTA。
10. 1 倍 SSC 缓冲液：含 0.15mol/L 的 NaCl、0.15mol/L 的柠檬酸三钠。

## 四、实验操作

### （一）植物核 DNA 的提取

| 操作流程 | 操作技术要点 |
| --- | --- |
| 1 | 取 0.3g 材料加液氮研磨，加入 1mL DNA 提取液，65℃温浴 15min |
| 2 | 加入 1/5 体积的 5mol/L KAc，冰上反应 30min，然后在 4℃下以 12000r/min 离心 15min |
| 3 | 上清液加等体积的酚-氯仿-异戊醇（25：24：1）混匀，4℃下以 8000r/min 离心 10min |
| 4 | 上清液加 2/3 体积－20℃异丙醇，混匀，－20℃沉淀 30min |
| 5 | 弃上清液，沉淀用 80％乙醇漂洗，吹干，加入 100μL TE 溶解 DNA，放置 30min |
| 6 | 加入 10μL（1mg/mL）RNase，37℃温浴 30min |
| 7 | 加入等体积的酚-氯仿-异戊醇（25：24：1），混匀 10min |
| 8 | 取上清液加等体积氯仿-异戊醇（24：1）混匀，10000r/min 离心 5min |
| 9 | 取上清液，加入 1/3 体积 10mol/L $NH_4Ac$ 混匀，加入 2 倍无水乙醇，缓慢混匀 5min |
| 10 | 4℃下以 10000r/min，离心 10min，弃上清液，吸干水分，用 70％乙醇洗 2～3 次，用吹风机冷风吹干，然后用 70μL 0.1 倍 TE 缓冲液溶解 |

### （二）DNA 的纯度及浓度测定

| 操作流程 | 操作技术要点 |
| --- | --- |
| 纯度测定 | 取少量样品，用 1 倍 SSC 缓冲液依次稀释 5 倍、25 倍、100 倍，测定波长为 230nm、260nm 和 280nm 处的吸光值。计算比值，如 A230/260≥A260/280≥1.8，即表明 RNA 已除干净，蛋白质含量不超过 0.3％，DNA 纯度符合质量要求 |
| 浓度测定 | 从 260nm 处的吸光值读数可以计算样品中的 DNA 浓度。DNA 浓度（50μg/mL）＝50×$OD_{260}$（1.0 $OD_{260}$ 相当于 50μg/mL 的双链 DNA） |

## 五、实验报告

以小组为单位写出实验报告。

# 实验二　花粉母细胞的制片

## 一、实验目的

1. 学习植物花粉母细胞的制片技术。
2. 观察植物减数分裂各个时期染色体的行为特征。

## 二、实验原理

减数分裂是生物在性母细胞成熟时形成配子过程中发生的一种特殊的有丝分裂。它包括连续两次的细胞分裂阶段：第一次分裂为染色体数目的减数分裂；第二次分裂为染色体数目的等数分裂。两次分裂可根据染色体变化特点各分为前期、中期、后期和末期，由于第一次分裂的前期较长，染色体变化比较复杂，故其前期又可分为5个时期。

在减数分裂的整个过程中，同源染色体之间发生联会、交换和分离，非同源染色体之间进行自由组合。最终分裂为染色体数目减半的4个子细胞，从而发育为雌性或雄性配子（$n$）。雌、雄配子通过受精又结合成为合子，发育为新的个体，这样又恢复了原有的染色体数目（$2n$）。由于不同雌、雄配子染色体的重新组合，产生了大量的遗传变异，有利于生物的适应和进化。

## 三、实验材料、器具和药品

### （一）材料

蚕豆、玉米与小麦现蕾孕穗植株。

### （二）器具

显微镜、镊子、解剖针、盖玻片、载玻片、吸水纸、培养皿、酒精灯、冰箱。

### （三）药品

1. Carnoy（卡诺氏）固定液：无水乙醇3份，冰醋酸1份，现配现用。

2. 醋酸洋红：45%醋酸100mL加胭脂红粉（carmine）1g，煮沸，冷却后再加1%～2%的铁明矾水溶液5～10滴，过滤后贮存于棕色瓶中。

## 四、实验操作

### （一）取材与固定

| 材料 | 固定技术要点 |
|---|---|
| 蚕豆 | 1. 取材：蚕豆刚现蕾时，于下午2时取茎顶幼小花束，去掉周围小叶<br>2. 固定：将长约1mm左右的花苞，在固定液中固定3h后，换入70%的乙醇中 |
| 玉米 | 1. 取材：在玉米孕穗初期，即雄穗露尖前7～10d，植株中部略现膨软。于上午7～10时，气温25～30℃取材。先用手从喇叭口往下捏叶鞘，于感觉松软的部位用刀片划开，取出4～6mm长的幼穗<br>2. 固定：材料固定在固定液中，冰箱内保存，或24h后转入70%乙醇中保存 |
| 小麦 | 1. 取材：植株开始挑旗，花药长1.5～2.0mm，呈黄绿色，于上午10时至下午1时取材最合适<br>2. 固定：材料固定在固定液中，冰箱内保存，或24h后转入70%乙醇中保存 |

### （二）制片

| 操作流程 | 操作技术要点 |
|---|---|
| 准备材料 | 取出固定好的花穗，剥开花蕾，取出花药，放在载玻片上 |
| 解离、染色 | 在花药上滴1滴醋酸洋红，并用解剖针横断花药，轻轻压挤，使花粉母细胞散出，用镊子仔细将所有的花药壁残渣清除干净 |
| 压片 | 加盖玻片在低倍镜下做初步检查 |

（续）

| 操作流程 | 操作技术要点 |
| --- | --- |
| 载片处理 | 若材料可用，则将载片移置酒精灯下微微加热，注意切勿使染液沸腾，不可烧干。把片子放在毛边纸下，用拇指匀力下压，使材料分开，并把周围的染色液吸干。若染色浅，在盖片边上稍加染色液再烘再压。若染色过深可用冰醋酸退色 |
| 永久性封片 | 将片子浸入1∶1的95%乙醇冰醋酸溶液中，并加几滴正丁醇。轻轻揭开盖片，浸5～6min。转入95%乙醇与正丁醇1∶1的溶液中1～2min。再转入纯正丁醇透明1～2min。用滤纸吸去多余溶液，打开盖片，加1～2滴树胶封片，赶除气泡后，保存在较低的温度下 |

### （三）镜检

先在低倍镜下寻找花粉母细胞，一般花粉母细胞较大，圆形或扁圆形，细胞核大、着色较浅。而一些形状较小、整齐一致、着色较深的细胞是药壁体细胞，一些形状处于中间略呈扇形的细胞是从四分体脱开后的小孢子或幼小花粉粒。如形状较大，内部较透明并具有明显外壳的细胞则是成熟的花粉粒。观察到有一定分裂相的花粉母细胞后，用高倍镜观察减数分裂各时期染色体的行为和特征。

## 五、实验报告

1. 分组制作减数分裂不同时期图像清晰的片子1～2张。
2. 对所观察到的减数分裂各时期的图像进行绘图，并简要描述染色体的行为和特征。
3. 分析影响制片的因素。

# 实验三　植物染色体核型分析

## 一、实验目的

1. 观察分析植物细胞有丝分裂中期染色体的长短、臂比和随体等形态特征。
2. 初步掌握染色体组型分析的方法。

## 二、实验原理

各种生物染色体的形态、结构和数目都是相对稳定的。每一个生物细胞内特定的染色体组成，称为染色体组型。染色体组型分析是阐明生物染色体组的构成，从而为物种的起源和进化的研究提供客观根据，为调查异源染色体的附加、代换乃至易位提供细胞学证明。

植物染色体的组型分析，往往从细胞的形态学特点来分析。在染色体组型分析时，染色体制片要求分裂相多，染色体分散，互不重叠，能清楚显示着丝点的位置。通过显微测量或显微摄影，测量放大照片上的每个染色体，根据染色体的长度和其他形态特征，依次配对、排列、编号，并对各染色体的形态特征做出描述。具体的形态学指标是：①染色体长度；②着丝粒位置；③副缢痕的有无和位置；④随体的有无、形状和大小。

## 三、实验材料、器具和药品

### （一）材料

大麦种子及大麦染色体示范图片。

### （二）器具

显微镜、冰箱、温箱、显微摄影设备、测微尺、剪刀、镊子、培养皿、小烧杯、玻璃棒、载玻片、盖玻片、酒精灯、滤纸等。

### （三）药品

饱和的对二氯苯溶液、0.075mol/L KCl 溶液、2%国产纤维素酶、乙酸甲醇（1∶2）固定液、pH7.2 的磷酸缓冲液、二甲苯、加拿大树胶、Giemsa（吉姆萨）染色液。

1. Giemsa 母液配制：取 0.5g Giemsa，加几滴甘油，充分研磨至无颗粒时，加入 33mL 甘油，放在 56℃水浴中 90min。再加入 33mL 甲醇，热过滤，倒入棕色瓶中，置于 4℃冰箱中存放半个月后使用。

2. Giemsa 染色液的配制：取 Giemsa 母液用磷酸缓冲液以 1∶10 稀释而成。

## 四、实验操作

### （一）大麦染色体标本制作

| 操作流程 | 操作技术要点 |
|---|---|
| 材料培养 | 种子在 25℃下发芽到根长 1cm 左右，洗净 |
| 预处理 | 剪下 2mm 左右的根尖，室温下用对二氯苯饱和液处理 3h 左右，洗净 |
| 前低渗 | 室温下用 0.075mol/L 氯化钾溶液处理 30min，洗净 |
| 酶解 | 25℃下酶液处理 3h 左右 |
| 后低渗 | 水洗 2～3 次后，在蒸馏水中停留 30min |
| 固定 | 固定液处理 30min 左右 |
| 制备细胞悬液 | 倒去大部分固定液，用玻璃棒将根尖捣碎，再加适量固定液，制成悬液 |
| 制片 | 吸取少许悬液，滴于冰冻的载玻片上，轻轻吹气后在酒精灯下加热干燥 |
| 染色 | 用磷酸缓冲稀释的 Giemsa 染色液染色 5min，洗净 |
| 封片 | 显微镜下检查，将染色体分散好、清晰的片子用二甲苯透明后，再用加拿大胶封固 |

### （二）大麦染色体组型分析

| 操作流程 | 操作技术要点 |
|---|---|
| 染色体计数 | 选取 100 个左右染色体分散好的细胞，进行染色体计数，得出大麦染色体数目 |
| 染色体拍照 | 在染色体标本中选取 5～10 个染色体平直、收缩适度、着丝点清楚的细胞，进行拍照放大 |
| 染色体计算 | 测量染色体长度，长臂（$p$）和短臂（$q$）的长度（分别量到着丝点中部），计算臂比（臂比＝长臂长度/短臂长度）、相对长度（相对长度＝单个染色体长度/ 整套单倍染色体总长×100%） |
| 染色体配对 | 根据染色体的相对长度、臂比、随体的有无和形态特征，将同源染色体相配成对 |

（续）

| 操作流程 | 操作技术要点 |
| --- | --- |
| 染色体排列 | 按一定顺序将一个细胞内的染色体进行排队、编号。排列方式有多种，一般从大到小排列（如玉米、草棉核型）；相同长度的染色体，按短臂长度排列，短臂长的在前；有特殊标记的染色体（如随体）可特殊排列（如栽培大麦核型）；性染色体单独另排或放在最后。也可将形态相同的染色体归为一组，分成若干组，按组排列（如山羊草属植物染色体核型）；异源多倍体要根据不同染色体组排列（如普通小麦核型要按 A、B、D 3 个染色体组排列） |
| 剪贴 | 用剪刀沿染色体边缘将每一条染色体剪下来，按照先后顺序把同源染色体排列好，粘贴在作业纸上。粘贴时，应使着丝点处于同一水平线上，并一律短臂在上，长臂在下 |
| 校正 | 根据测量数据校正目测同源染色体配对和染色体排列顺序是否正确，再进行重新排列 |
| 分类 | 依据臂比，将染色体进行分类。染色体分类标准见表实 3－1 |

**表实 3－1　染色体分类标准**

| 臂比值（长臂/短臂） | 染色体类型 | 简记 |
| --- | --- | --- |
| 1.00 | 正中部着丝点染色体 | M |
| 1.01～1.70 | 中部着丝点染色体 | m |
| 1.71～3.00 | 近中部着丝点染色体 | sm |
| 3.01～7.00 | 近端部着丝点染色体 | st |
| 7.01～∞ | 端部着丝点染色体 | t |
| ∞ | 端着丝点染色体 | T |

## 五、实验作业

1. 根据染色体图片制作染色体组型图，并绘制染色体模式图。
2. 将所测量的染色体各数据分别填入下表，并写出染色体形态类型和组型。

| 编号 | 长臂 | 短臂 | 全长 | 臂比 | 相对长度 | 随体有无 | 染色体类型 |
| --- | --- | --- | --- | --- | --- | --- | --- |
| 1 | | | | | | | |
| 2 | | | | | | | |
| 3 | | | | | | | |
| 4 | | | | | | | |
| ⋮ | | | | | | | |

# 实验四　小麦杂交技术

## 一、实验目的

1. 了解小麦的花器结构和开花习性。
2. 掌握小麦的有性杂交技术。

## 二、实验原理

小麦是自花授粉作物，通常自然异交率极低，为了提高育种效率，促进品种间的基因重组，进行小麦的人工有性杂交是小麦育种中最常用的方法。

### （一）花器构造

小麦属复穗状花序（图实 4－1），由许多互生的小穗组成，小穗基部着生 2 个护颖和 3～9 朵小花，但正常发育的都是基部的 2～5 朵小花，小穗上部的小花往往退化。每朵小花自外向里有外颖、内颖各 1 片；鳞片 2 个；雄蕊（花丝、花药）3 个；雌蕊（子房、柱头、花柱）1 个，呈羽毛状分裂。外颖顶端有芒或无芒。

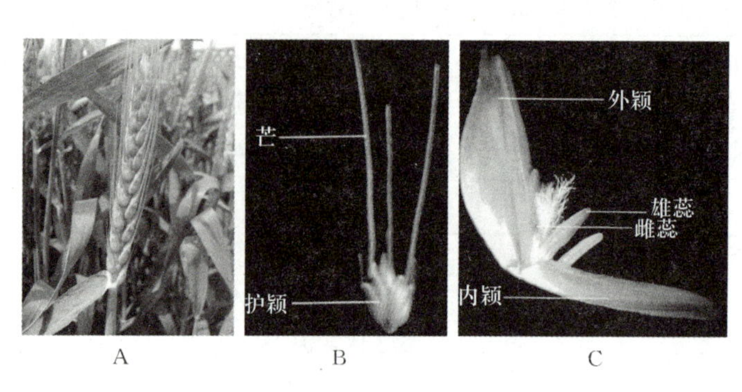


图实 4－1　小麦的花器构造

A. 小麦的穗　B. 小穗　C. 小花

（B 与 C 图参考崔金梅，郭天财，等．2008. 小麦的穗）

### （二）开花习性

小麦多数品种为开颖授粉，也有少数闭颖授粉。通常小麦抽穗 2～4d 开花（有的当天就开花，也有的抽穗 10d 才开花），小麦的开花昼夜进行，其开花的高峰期随地区、品种、当时温、湿度有所差异。通常一天有 2 个高峰，上午 8～11 时、下午 2～6 时开花最盛，小麦开花的最适温度 18～23℃，最适相对湿度 70％～80％，小麦花粉在田间条件下的生活力约 20min。

小麦的开花顺序，就全株而言先主穗后分蘖穗；同一穗上，先中部的小穗，然后依次向上、向下两端开放；就一个小穗而言，先基部第一朵小花，然后依次向上，全穗开花3～5d。

小麦开花时，鳞片吸水膨胀，迫使外颖张开，同时花丝迅速伸长并伸出颖片外，花粉囊破裂而散粉，一朵小花开花时间很短，一般 15～20min，开花后花粉落在柱头上 1～2h 开始萌发。

## 三、实验材料、器具和药品

### （一）材料

田间或温室内种植的不同品种的小麦植株。

### （二）器具

镊子、剪刀、硫酸纸制套袋（俗称羊皮纸袋）（15cm×5cm）、大头针、吊牌、铅笔等。

### （三）药品

70％～75％的乙醇。

## 四、实验操作

小麦杂交技术包括人工去雄和人工授粉两大环节。

## （一）小麦人工去雄

| 操作流程 | 操作技术要点 |
|---|---|
| 选穗 | 1. 根据确定的杂交组合，在母本群体内选择典型、健壮植株的主茎穗<br>2. 要求刚抽出叶鞘、花药呈绿色的穗 |
| 整穗 | 1. 去尾：用镊子去掉穗基部发育不良的小穗<br>2. 掐头：用镊子去掉穗顶部发育不良的小穗，留中部 10 个发育较一致的小穗<br>3. 摘心：用镊子摘除每个小穗中部的小花，留 2 个基本小花 |
| 剪颖 | 用剪刀剪去每个小穗 2/5 的颖壳 |
| 去雄 | 由下向上，由左向右，通过小花侧部伸入镊子摘除每朵小花的 3 枚雄蕊 |
| 套袋 | 选用无破损的羊皮纸袋，套在已去雄的小麦穗上，纸袋口处左右折 45°包好麦穗轴，密封好，用大头针扎好 |
| 挂牌 | 1. 用铅笔按顺序在吊牌上标记好母本名称、去雄时间、操作人员，并在表实 4－1 上做好记录<br>2. 将吊牌挂系于穗下、旗叶上的麦穗轴上 |

选穗

整穗

剪颖

去雄

套袋

挂牌

## （二）小麦人工授粉

在去雄后 1～3d 内进行授粉，结实率较高。授粉以上午 8 时以后（最好 8～11 时）下午 4 时以前开花较盛时为宜，授粉前先检查去雄后的母本穗柱头有无损伤。如柱头已呈羽毛状分叉、有光泽，表明正是授粉适期。以捻穗授粉。

| 操作流程 | 操作技术要点 |
|---|---|
| 选穗 | 选择中上部小花的花药即将伸出的父本穗 |
| 剪颖 | 用剪刀剪去每个小穗 1/2 的颖壳 |
| 暖穗 | 把剪过颖壳的父本穗插在土中，在阳光下晒 2～3min（或用双手捧暖），待有花药伸出颖壳即将散粉时，准备授粉 |
| 授粉 | 用剪刀剪去袋子顶部，手持父本穗中部迅速将其放入袋中，手捻动穗轴数次，使花粉散入，再用大头针扎好折叠好的袋口 |
| 写牌 | 用铅笔按顺序在原吊牌上补充标记好父本名称、授粉时间、操作人员，并在表实 4－1 上做好记录 |

选穗

剪颖

暖穗

授粉

写牌

## （三）小麦收获及考种

小麦成熟后，按组合把杂交穗带吊牌分别收获，晒干后考种（脱粒，调查结实率、籽粒颜色、质地等，并记录于表实 4－1），将籽粒带吊牌一起装入纸袋（纸袋上标明杂交组合、籽粒数、收获日期），放于阴凉干燥处储存待日后播种。

表实 4-1 小麦杂交记录表

操作人员：

| 组合 | 母本 | 父本 | 去雄日期 | 授粉日期 | 授粉小花数 | 结实小花数 | 结实率（%） | 籽粒颜色 | 籽粒质地 |
|---|---|---|---|---|---|---|---|---|---|
| 1 | | | | | | | | | |
| 2 | | | | | | | | | |
| … | | | | | | | | | |

## 五、实验建议

1. 写出小麦杂交的过程，并根据结实情况分析影响小麦杂交成败的因素。
2. 实验中，杂交组合最好结合育种工作选配亲本。
3. 利用遗传规律促进育种实践。

# 实验五　玉米的有性杂交和杂种的性状分析

## 一、实验目的

1. 掌握玉米的有性杂交技术及其在育种实践上的应用。
2. 进一步验证与加深理解三大遗传定律。

## 二、实验原理

玉米（*Zes mays*）为单性花雌雄同株异花植物，具有明显的遗传变异性，由于其杂交技术简便，果穗大、籽粒多而且性状显著，便于遗传分析。经过多年来的研究，人们对它的遗传规律已有较清楚的了解，因此，目前玉米已经被普遍应用于遗传学实验研究。

### （一）玉米的花器构造与开花习性

玉米雄花穗聚集成圆锥形花序，雌花为肉穗花序。玉米开花，通常是以雄穗散粉和雌穗吐丝为标志的。开花时雄穗先抽出，抽穗后 2～3d 开始开花，主轴中上部的花先开，然后向顶端和下方延伸，侧枝开花的顺序是自上而下的，全过程需 7～8d，又因品种和气候条件而不同。通常以开花后的第二天至第四天散粉最多，每天散粉时间为上午 5～11 时，而以 8～10 时为最盛。花粉的生活力与当时的气候条件密切相关，在 25℃、相对湿度在 80%左右时，则能保持 24h，而在高温干燥条件下，花粉会很快失去生活力。雌蕊花丝（花柱）伸出苞叶后，称为吐丝，一般比同株雄穗晚 3～5d 通常在果穗基部以上 1/3 处的花丝最先伸出，然后上下部花丝陆续外伸，顶部的最后伸出，一般 5～7d 可全部抽齐。花丝一经抽出，其各部位都有接受花粉的能力，这种能力可以保持 10d 以上，但以第一至第三天内受粉的生活力最强。未受精前的花丝可以不断伸长（可达 40cm），色泽新鲜，受精后则变为褐色而枯萎。

根据玉米的开花习性可知，雄蕊在始花后的第二至第四天散粉最多，而上午 8～10 时的花粉生活力较强，所以这时采集花粉最好。雌蕊在吐丝的第三天至第四天时生活力也较强，这时授粉结实率最高。这种情况，可供人工杂交实践参考。

### （二）玉米籽粒性状的遗传

玉米中作为主要遗传分析对象的是籽粒（颖果）的性状，它包括籽粒的结构、成分、色泽等多方面的差异。玉米籽粒由果皮、胚乳和胚三部分组成，胚乳包括糊粉层和淀粉层。如属于淀粉层的性状有糯性与非糯性、甜与非甜、凹陷与饱满等，以及属于果皮性状的马齿与硬粒等，主要受1对基因的控制。而籽粒颜色的遗传则较为复杂，这是因为果皮、胚乳糊粉层、淀粉层的颜色均会影响籽粒颜色。如属于淀粉层的黄色或白色，则由1对基因控制，属于果皮的红色与花斑（白底红条纹）、棕色与白色等主要为2对基因控制的，而属于糊粉层的紫、红、白色等，主要为7对基因所控制。鉴别籽粒颜色属于何层时，可先将籽粒加水浸泡后，用镊子或小刀进行分层剖析即可查知。

当用黄粒玉米做父本、白粒玉米做母本进行杂交时，母本植株当代就结出黄色的籽粒，我们把这种黄色在当代就能表现出来的现象称为当代显性（也称胚乳直感），造成当代显性的原因主要是由于带有显性基因的花粉直接作用于胚乳的结果，所以这种现象又称花粉直感。上述胚乳糊粉层、淀粉层有关的性状均表现胚乳直感。

## 三、实验材料、器具和药品

### （一）材料

在一块地力均匀、能有效利用空间隔离或时间隔离的试验田中生长的不同类型的玉米品系，包括各种相对性状如黄粒与白粒，甜粒与非甜粒等。

### （二）器具

硫酸纸制套袋（小袋20cm×13cm，大袋26cm×16cm）、大头针（回形针）、小刀、剪刀、镊子、铅笔、吊牌等。

### （三）药品

70%～75%的酒精。

## 四、实验操作

本实验包括玉米的杂交组合选定、人工杂交和杂交结果分析三部分。

### （一）玉米杂交组合选定

为了验证三大遗传定律而选定玉米的杂交组合。

| 验证遗传定律 | 玉米杂交组合选择及分析世代 |
|---|---|
| 分离定律 | 1. 白色×黄色及其 $F_1$ 自交得 $F_2$，对 $F_1$ 测交得 $F_t$<br>2. 糯性×非糯性及其 $F_1$（可对其花粉鉴定）自交得 $F_2$，对 $F_1$ 测交得 $F_t$<br>3. 甜×非甜及其 $F_1$ 自交得 $F_2$，对 $F_1$ 测交得 $F_t$<br>4. 凹陷×饱满及其 $F_1$ 自交得 $F_2$，对 $F_1$ 测交得 $F_t$<br>5. 马齿型×硬粒型及其 $F_1$ 自交得 $F_2$，对 $F_1$ 测交得 $F_t$ |
| 独立分配定律 | 1. 黄色非糯性×白色糯性及其 $F_1$ 自交得 $F_2$，对 $F_1$ 测交得 $F_t$<br>2. 黄色非甜×白色甜及其 $F_1$ 自交得 $F_2$，对 $F_1$ 测交得 $F_t$ |
| 连锁交换定律 | 白色凹陷×黄色饱满及其 $F_1$ 自交得 $F_2$，对 $F_1$ 测交得 $F_t$ |

## （二）玉米人工杂交

| 操作流程 | 操作技术要点 |
| --- | --- |
| 选择亲本 | 为验证三大遗传定律，需要选择表现在籽粒上的相对性状明显的纯系（自交系）作为亲本，如上述杂交组合选择中：黄粒与白粒、甜粒与非甜粒、糯粒与非糯粒、凹陷粒与饱满粒、马齿粒与硬粒。若材料不纯，须经自交提纯后方可应用 |
| 隔离 | 1. 在种植上要注意时间与空间的隔离<br>2. 在雌、雄穗上加套透光防水的硫酸纸袋，以防外来花粉的污染<br>3. 套袋时，母本的雌穗应在苞叶露出而花丝尚未伸出之前，也可先剪去顶端一段苞叶后用小袋套之。同时套袋下口折好，用大头针或回形针把套袋与苞叶别在一起，以防脱落<br>4. 授粉的前一天下午，选好父本的雄穗，先轻轻抖动除去外来花粉，然后迅速用大袋套住并将袋口折齐别好 |
| 授粉 | 1. 当雌穗花丝伸出苞叶 3cm 左右时，为授粉的最适时机，一般在上午 9～10 时，先将父本雄穗轻轻弯曲，振击雄穗，使花粉落于袋内，然后取下套袋，将花粉集中在袋内一角，接着将母本的套袋取下（或打开上口），迅速将花粉均匀地撒在花丝上，随即用原袋套住果穗上端，用大头针或回形针连同苞叶一并别好<br>2. 授粉时切勿混入其他植株上的花粉，雄穗的套袋不可连续使用，以免混杂，操作人员，在给下一株授粉前，要用酒精擦手，杀死黏附在手上的花粉 |
| 挂牌 | 用铅笔按顺序在吊牌上注明：杂交亲本、授粉日期、操作人员等，然后系在果穗所在节的茎上 |

## （三）杂交结果分析

将上述各杂交组合所收获的果穗进行观察、鉴别，计算与分析，并用图解表示之。

**1. 一对性状的分离** 查阅玉米连锁遗传图，所选性状的基因位于玉米的第________染色体上，显性基因为______，隐性基因为________。将相关内容填入表实 5－1 中。

**表实 5－1 杂交组合_______×_______一对性状的分离**

| $F_1$ 表现型 | | $F_1$ 基因型 | |
| --- | --- | --- | --- |
| $F_2$ 表现型 | | | $F_2$ 总计 |
| 第 1 组观察值 | | | |
| 第 2 组观察值 | | | |
| 第 3 组观察值 | | | |
| 第 4 组观察值 | | | |
| 第 5 组观察值 | | | |
| 第 6 组观察值 | | | |
| 观察值求和（$O$） | | | |
| 预期值（$E$） | | | |
| 差值（$O-E$） | | | |
| $\frac{(\lvert O-E\rvert-0.5)^2}{E}$ | | | $\chi^2=$ |
| $df=$_______，$\alpha=$_______，$\chi^2_\alpha=$_______ | | 结论：$\chi^2$ _______ $\chi^2_\alpha$，（是否）_______符合 3∶1 | |

（续）

| 对 $F_1$ 测交组合 | | | |
| --- | --- | --- | --- |
| $F_t$ 表现型 | | | $F_t$ 总计 |
| 第 1 组观察值 | | | |
| 第 2 组观察值 | | | |
| 第 3 组观察值 | | | |
| 第 4 组观察值 | | | |
| 第 5 组观察值 | | | |
| 第 6 组观察值 | | | |
| 观察值求和（*O*） | | | |
| 预期值（*E*） | | | |
| 差值（*O*−*E*） | | | |
| $\frac{(\lvert O-E \rvert-0.5)^2}{E}$ | | | $\chi^2=$ |
| $df=$_______，$\alpha=$_______，$\chi^2_\alpha=$_______ | | 结论：$\chi^2$ _______ $\chi^2_\alpha$，（是否）_______符合 1∶1 | |

**2. 两对性状的独立分配**　查阅玉米连锁遗传图，所选性状的基因分别位于玉米的第________、________染色体上，显性基因分别是________与________，隐性基因分别是________与________。将相关内容填入表实 5－2 中。

**表实 5－2　杂交组合________×________两对性状的独立分配**

| $F_1$ 表现型 | | | $F_1$ 基因型 | | |
| --- | --- | --- | --- | --- | --- |
| $F_2$ 表现型 | | | | | $F_2$ 总计 |
| 第 1 组观察值 | | | | | |
| 第 2 组观察值 | | | | | |
| 第 3 组观察值 | | | | | |
| 第 4 组观察值 | | | | | |
| 第 5 组观察值 | | | | | |
| 第 6 组观察值 | | | | | |
| 观察值求和（*O*） | | | | | |
| 预期值（*E*） | | | | | |
| 差值（*O*−*E*） | | | | | |
| $\frac{(O-E)^2}{E}$ | | | | | $\chi^2=$ |
| $df=$_______，$\alpha=$_______，$\chi^2_\alpha=$_______ | | | 结论：$\chi^2$ _______ $\chi^2_\alpha$，（是否）_______符合 9∶3∶3∶1 | | |

（续）

| 对 $F_1$ 测交组合 | | | | | |
|---|---|---|---|---|---|
| $F_t$ 表现型 | | | | | $F_t$ 总计 |
| 第 1 组观察值 | | | | | |
| 第 2 组观察值 | | | | | |
| 第 3 组观察值 | | | | | |
| 第 4 组观察值 | | | | | |
| 第 5 组观察值 | | | | | |
| 第 6 组观察值 | | | | | |
| 观察值求和（$O$） | | | | | |
| 预期值（$E$） | | | | | |
| 差值（$O-E$） | | | | | |
| $\frac{(O-E)^2}{E}$ | | | | | $\chi^2=$ |
| $df=$______，$\alpha=$______，$\chi^2_\alpha=$______ | | | 结论：$\chi^2$______$\chi^2_\alpha$，（是否）______符合 1∶1∶1∶1 | | |

**3. 两对性状的连锁交换** 查阅玉米连锁遗传图，所选性状的基因均位于玉米的第______染色体上，显性基因分别是______与______，隐性基因分别是______与______。将相关内容填入表实 5-3。

**表实 5-3 杂交组合______×______两对性状的连锁交换**

| $F_1$ 表现型 | | | $F_1$ 基因型 | | |
|---|---|---|---|---|---|
| $F_2$ 表现型 | | | | | $F_2$ 总计 |
| 第 1 组观察值 | | | | | |
| 第 2 组观察值 | | | | | |
| 第 3 组观察值 | | | | | |
| 第 4 组观察值 | | | | | |
| 第 5 组观察值 | | | | | |
| 第 6 组观察值 | | | | | |
| 观察值求和（$O$） | | | | | |
| 预期值（$E$） | | | | | |
| 差值（$O-E$） | | | | | |
| $\frac{(O-E)^2}{E}$ | | | | | $\chi^2=$ |
| $df=$______，$\alpha=$______，$\chi^2_\alpha=$______ | | | 结论：$\chi^2$______$\chi^2_\alpha$，（是否）______符合 9∶3∶3∶1 | | |

（续）

| 利用自交法估算交换值 | | | | | |
|---|---|---|---|---|---|
| 对 $F_1$ 测交组合 | | | | | |
| $F_t$ 表现型 | | | | | $F_t$ 总计 |
| 第 1 组观察值 | | | | | |
| 第 2 组观察值 | | | | | |
| 第 3 组观察值 | | | | | |
| 第 4 组观察值 | | | | | |
| 第 5 组观察值 | | | | | |
| 第 6 组观察值 | | | | | |
| 观察值求和（$O$） | | | | | |
| 预期值（$E$） | | | | | |
| 差值（$O-E$） | | | | | |
| $\frac{(O-E)^2}{E}$ | | | | | $\chi^2=$ |
| $df=$______，$\alpha=$______，$\chi^2_\alpha=$______ | | | 结论：$\chi^2$ ______ $\chi^2_\alpha$，（是否）______符合 1∶1∶1∶1 | | |
| 利用测交法估算交换值 | | | | | |
| 两个交换值是否______相一致 | 基因______与______在第______染色体上的遗传距离是______cm | | | | |

## 五、实验建议

1. 将杂交亲本与 $F_1$ 同时种植，这样可以在同一时间内观察两世代的遗传表现。

2. 学生可以分成若干小组，对上述内容选做 1～2 个组合，实验完毕写出报告，然后举行一次实验报告会，相互交流，加深对遗传规律的理解。

3. 对于杂交组合糯性×非糯性的 $F_1$ 做花粉鉴定，与其测交结果进行比较。

4. 教师也可以根据实际情况准备一些杂种果穗，供学生分析。

# 实验六　植物遗传率的测定

## 一、实验目的

通过实验，初步掌握植物遗传率的估算方法。

## 二、实验原理

数量性状受多基因的支配，多基因的作用有累加性，因而 $F_1$ 往往表现为两个亲本的中间类型，$F_2$ 的分离表现为接近常态分布的连续变异。根据数量性状的研究方法，遗传性状的变异的量值用方差表示，并在方差分解的基础上定义了遗传率。

遗传率表示的是亲本传递某一性状的能力，有广义遗传率和狭义遗传率之分。广义遗传率（$h_B^2$）是指遗传方差（$V_G$）在总的表现型方差（$V_P$）中所占的比例。狭义遗传率（$h_N^2$）是指遗传方差中基因加性方差（$V_A$）与表现型方差的比值。

由于基因型一致的世代（$P_1$、$P_2$、$F_1$）不提供基因方差，所以将它们的表现型作为环境方差来估算遗传率，即：

$$(\text{广义遗传率})\ h_B^2 = \frac{V_{F_2} - \frac{1}{3}(V_{P_1} + V_{P_2} + V_{F_1})}{V_{F_1}} \times 100\%$$

$$(\text{狭义遗传率})\ h_N^2 = \frac{2V_{F_2} - (V_{B_1} + V_{B_2})}{V_{F_2}} \times 100\%$$

## 三、实验操作

### （一）准备材料

小麦品种及各种杂种后代：$P_1$、$P_2$、$F_1$、$F_2$（$F_1\otimes$）、$B_1$（$F_1\times P_1$）、$B_2$（$F_1\times P_2$）。

### （二）田间设计

不分离世代 $P_1$、$P_2$、$F_1$ 为单行（5m 行长）区，各回交后代均为 5 行区，分离世代 $F_2$ 种 15 行区。株距 10cm。

### （三）抽样考种调查

抽穗前随机取样。$P_1$、$P_2$、$F_1$ 各 20 株；$B_1$、$B_2$ 各 50 株；$F_2$ 100 株，分别挂牌编号，然后对所测的性状进行调查。

### （四）资料处理

**1. 整理数据** 将调查结果登记造表并计算整理。

**2.** 计算两亲本及各杂种的表型方差：$V = \dfrac{\sum(x-\bar{x})}{n-1} = \dfrac{\sum x^2 - \dfrac{(\sum x)^2}{n}}{n-1}$

**3. 估算遗传率** 代入公式求 $h_B^2$ 和 $h_N^2$。

## 四、作 业

以小组为单位取一组数据，每个同学在整理数据的基础上，求出该性状的广义遗传率和狭义遗传率。

# 实验七 染色体结构变异的观察

## 一、实验目的

了解和鉴别各种染色体结构变异在减数分裂过程中的细胞学特征。

## 二、实验原理

染色体结构变异主要有缺失、重复、倒位和易位 4 种。其发生过程一般是同源染色体或非同源染色体之间在断裂后重接时发生差错的结果。在减数分裂过程中，染色体结构变异的杂合体常表现出不正常的细胞学行为，从而导致特殊的细胞学特征。在粗线期观察，缺失杂合体或重复杂合体可见到染色体突出的环或瘤；倒位杂合体可见到倒位圈，或在分裂后期出现染色体桥；易位杂合体可见到十字形联会，或在其终变期出现四体环或四体链。

## 三、实验材料、器具和药品

### （一）材料

植物染色体结构变异的照片、幻灯片和永久片。玉米（*Zea mays*，$2n=20$）第 9 染色体臂间倒位、第 8 与第 10 染色体相互易位（T8－10）杂合体植株的雄穗。经 $^{60}Co\gamma$ 射线处理的大麦（*Hordeum Dulgare*，$2n=14$）、蚕豆（*Vicia faba*，$2n=12$）等植物的种子。

### （二）器具

幻灯机、显微镜、水浴锅、培养皿、载玻片、盖玻片、镊子、解剖针、刀片、温度计、纱布、吸水纸。

### （三）药品

无水酒精、70%酒精、冰乙酸、45%乙酸、1mol/L 盐酸、丙酸-水合氯醛-铁矾-苏木精染色液。

## 四、实验操作

| 操作流程 | 操作技术要点 |
| --- | --- |
| 染色体结构变异细胞学特征观察 | 观看照片、幻灯片和永久片，了解染色体各种结构变异的细胞学特征 |
| 玉米倒位、易位杂合体染色体行为特征观察 | 1. 制片：玉米雄穗的取材、固定及其花粉母细胞减数分裂制片<br>2. 镜检：<br>（1）倒位。观察玉米第 9 染色体臂间倒位杂合体在粗线期所形成的倒位圈<br>（2）易位。在粗线期中可观察到第 8 和第 10 染色体所形成的十字形交叉。终变期可观察到由两对染色体相互易位所组成的 8 个二价体和 1 个圆环（$8\text{II}+O_4$），由两对染色体相互易位所组成的 8 个二价体和 1 个链状（$8\text{II}+C_4$）及 3 对染色体易位形成的 7 个二价体和 1 个大环（$7\text{II}+O_6$） |
| 电离辐射染色体结构变异观察 | 1. 取材、固定：将经照射后的种子发芽，待根长 1cm 左右时切取根尖，卡诺氏固定液固定 0.5～24h 后，转入 70%乙醇中保存<br>2. 解离：取根尖用水洗净，放入试管，加 1mol/L 盐酸浸没根尖，在 60℃恒温下解离 10～15min<br>3. 染色制片：丙酸-水合氯醛-铁矾-苏木精染色法，为了便于压碎根尖可用两块载玻片将材料放中间，然后分开，加 1 滴 45%乙酸，分色软化，再用盖玻片压片<br>4. 镜检：观察后期染色体桥、断片和间期的微核 |

## 五、作　　业

1. 镜检观察玉米倒位、易位杂合体花粉母细胞减数分裂过程中染色体的行为，并绘图，分别描述染色体结构变异的特点。

2. 镜检观察辐射处理后各种染色体畸变，进行绘图，并注明畸变类型及其特点。

# 实验八　植物多倍体的诱发实验

## 一、实验目的

通过实验，进一步了解人工诱导多倍体的原理，并初步掌握秋水仙素诱发多倍体的一般方法。

## 二、实验原理

植物多倍体是指细胞中的染色体数具有3整套或更多套数的植物。随着染色体组倍数的增加，可使一些作物的经济性状发生有利的改变。因此，植物多倍体的研究和利用是育种工作中值得重视的途径之一。

人工诱导多倍体的方法很多，分为物理的（温度剧变、机械损伤、各种射线处理等）和化学的（各种植物碱、麻醉剂、植物生长激素等）诱导方法。其中，秋水仙素是诱导多倍体植物最有效的方法之一。秋水仙素是从百合科秋水仙属的一个种，秋水仙（*Colchicum autumnale*. L.）的器官和种子内提炼出来的一种植物碱。它的化学分子式为 $C_{22}H_{25}O_6N$。其有剧毒，所以使用时要特别注意，切勿使药液进入眼内或口中。秋水仙素诱发植物产生多倍体的作用极为显著。它的作用在于阻止分裂细胞形成纺锤丝，而对染色体的结构和复制无显著影响。若浓度适合，药剂在细胞中扩散后，不致发生严重毒害，细胞发育到一定时期后仍可恢复常态，继续分裂，只是染色体数目加倍成为多倍体细胞，并在此基础上进一步发育成多倍体植物。

## 三、实验材料、器具和药品

### （一）材料

洋葱、水稻、大麦种子，烟草幼苗和植株。

### （二）器具

显微镜、烧杯、量筒、酒精灯、广口瓶、水浴锅、培养皿、镊子、剪刀、解剖针、刀片、棉花、载玻片、盖玻片、指管、温箱。

### （三）药品

0.2%～0.4%秋水仙素水溶液、45%乙酸、醋酸洋红染液、70%乙醇、0.1%～0.2%升汞、蒸馏水。

## 四、实验步骤

| 操作流程 | 操作技术要点 |
| --- | --- |
| 秋水仙素溶液配制 | 取秋水仙素1g（先用少许95%乙醇助溶），溶于250～500mL蒸馏水中，配成0.2%～0.4%秋水仙素水溶液。一般以0.4%的水溶液收效较大 |

（续）

| 操作流程 | 操作技术要点 |
| --- | --- |
| 洋葱多倍体诱发处理 | 1. 把制备好的秋水仙素溶液分装到3～5个小培养皿中，每一培养皿中放一个洋葱鳞茎，使其生根部位刚和液面接触<br>2. 另选3～5个培养皿内放清水，放洋葱作为对照<br>3. 在25℃下培养数日，待鳞茎长出幼根即可进行观察<br>4. 固定，用刀片切取经处理而肥大的根尖及对照的根尖（长2～5mm），投入3份乙醇、1份乙酸的溶液中，1h取出<br>5. 压片，观察经秋水仙素处理后处于分裂中的细胞染色体数目的变化，与对照进行比较 |
| 水稻种子多倍体诱发处理 | 1. 将水稻种子洗净用水浸1d或干燥种子用0.1%～0.2%升汞溶液消毒8～10min，再用清水洗净，散放在底上铺有滤纸的培养皿中<br>2. 在总数1/2的培养皿中，徐徐注入0.2%秋水仙素溶液，另半数培养皿注入清水作为对照，加盖<br>3. 25℃培养箱中培养，待种子萌发后，继续处理24h。在处理过程中，仍经常注意药液的蒸发随时添加清水，保持原处理药液浓度<br>4. 处理后，用清水冲洗净种子上的残液再播种或沙培<br>5. 观察处理种子比对照的种子的发芽快慢，种芽大小，初步区分出加倍是否成功 |
| 烟草幼苗或成株多倍体诱发处理 | 1. 若烟草幼苗较小，可将种植幼苗的钵、盆倒置架起来，只使茎端的生长点浸入装有0.2%～0.4%秋水仙素水溶液的器皿中进行处理。并用湿滤纸或纱布将根盖好，避免失水干燥。处理后的幼苗，用清水冲洗残液后，进行栽种或沙培<br>2. 对于成株烟草则采用将蘸有0.1%～0.4%秋水仙素水溶液的棉球，置于烟草顶芽、腋芽的生长点处，并且经常滴加清水保持药液浓度的方法。处理幼苗或成株的生长点所需时间在24～48h，处理后将植株上残存药液充分洗净，待进一步生长后，进行观察和鉴定 |
| 多倍体的观察与鉴定 | 1. 处理后的植株和未处理植株在外部形态上和结构上观察，常采用的方法是观察和比较两者气孔的大小。在显微镜下观察，经加倍的多倍体叶面气孔比二倍体大很多，从外部形态上加倍后生长的植株比二倍体高大，叶片肥厚<br>2. 进行镜检观察染色体数目的变化 |

## 五、作　业

1. 与二倍体细胞相比，加倍后的植物细胞有哪些不同特征？
2. 使用秋水仙素诱导多倍体时应注意哪些问题？

# 实验九　小麦雄性不育的鉴别

## 一、实验目的

通过对几种小麦雄性不育系（株）的观察，了解雄性不育的特点，掌握辨认雄性不育的方法。

## 二、实验原理

雄性不育系（株）植株的长相与其正常植株基本一样，不同之处，主要表现在花器雄蕊部分异常（败育）。具体表现为无花药或花药瘦小、干秕不开裂，花粉皱缩或花粉貌似正常，但无生育能力。因此，虽然其雌蕊正常，但自交仍不能结实。

## 三、实验材料、器具和药品

### （一）材料

1. 小麦太谷细胞核雄性不育材料。

2. 小麦细胞质雄性不育系：T 型（具提莫菲维小麦细胞质）雄性不育系及保持系；K 型（具黏果山羊草细胞质）雄性不育系及保持系。

3. 不育系（材料）×不同基因型品种获得的 $F_1$ 若干个。

### （二）器具

显微镜、镊子、载玻片、盖玻片、硫酸纸袋、剪刀、大头针、吊牌、铅笔。

### （三）药品

0.1%碘-碘化钾水溶液　取 2g 碘化钾溶于 100mL 蒸馏水中，再加入 1g 碘，待完全溶解后，再加蒸馏水定容至 300mL，储于棕色瓶中备用。

## 四、实验操作

### （一）雄性不育的识别

在小麦抽穗开花期间对已知的细胞质雄性不育系和保持系以及显性核不育材料进行形态观察，将其特点记入下表。

| 类型 | T 型不育性 | | K 型不育性 | | 太谷核不育性 | |
|---|---|---|---|---|---|---|
| | 不育系 | 保持系 | 不育系 | 保持系 | 不育株 | 正常株 |
| 花药大小 | | | | | | |
| 花药形状 | | | | | | |
| 开花时花药是否开裂 | | | | | | |
| 开花时花药是否外挂 | | | | | | |
| 开花期间穗子是否蓬松 | | | | | | |

### （二）花粉鉴别

取 K 型、T 型小麦雄性不育系及保持系的成熟花药，置于载玻片上，加一滴 0.1%碘-碘化钾液，用镊子夹破花药，将花粉挤出，清除花药壁，在显微镜下用低倍镜观察，将其特点记入下表。

| 类型 | | 花粉形态 | 花粉相对大小 | 花粉染色情况 |
|---|---|---|---|---|
| T 型不育性 | 不育系 | | | |
| | 保持系 | | | |
| K 型不育性 | 不育系 | | | |
| | 保持系 | | | |

### （三）显性核不育材料不育株率和细胞质雄性不育 $F_1$ 不育度的调查统计

**1. 显性核不育材料不育株率的调查统计**　在显性雄性不育群体中根据不育株和正常株的特征，调查不育株占总株数的百分率，并进行适合度的测定。

$$不育株率=\frac{不育株数}{调查总株数}\times 100\%$$

| | 不育株 | 可育株 | 总计 |
|---|---|---|---|
| 观察值（$O$） | | | |
| 预期值（$E$） | | | |
| 差值（$O-E$） | | | |
| $\frac{(O-E)^2}{E}$ | | | $\chi^2=$ |

**2. $F_1$ 不育度的调查统计** 在 $F_1$ 群体中于开花前套袋自交，待乳熟期到成熟后每个材料调查 10 株以上，分别按国际法和国内法计算不育度。

$$不育度(国际法)=\sum\frac{每穗不结实小花数}{每穗基部两朵小花数}\times 100\%$$

$$不育度(国内法)=\sum\frac{每穗基部两朵小花不结实数}{每穗基部两朵小花数}\times 100\%$$

## 五、实验报告

综合实验结果，写出实验报告。

附：雄性不育性的外在特征

现以小麦 T 型雄性不育性为例，把雄性不育株与正常可育株的一些性状列入表实 9－1 中。T 型雄性不育系是将普通小麦（*Triticum aestivum*）细胞核导入提莫菲维小麦（*Triticum timopheevii*）细胞质中得到的雄性不育系。

**表实 9－1 小麦 T 型雄性不育株与正常可育株的性状比较**

| 主要性状 | 雄性不育株 | 正常可育株 |
|---|---|---|
| 开花时开颖的角度 | 较大，外观显著 | 较小，外观不显著 |
| 开花时开颖的时间 | 可达 10d 左右 | 短暂，不常看到 |
| 开花时雌蕊的柱头 | 伸出颖外可达数日 | 不伸出 |
| 开花时花药 | 不伸出颖外 | 多数品种伸出 |
| 花药形态 | 瘦小，空瘪，箭头状 | 肥大，饱满，鼓囊状 |
| 花药开裂与否 | 不开裂 | 纵裂或孔裂 |
| 花粉数量 | 很少，不散出 | 很多，随药裂散出 |
| 花粉形态 | 皱缩，空瘪 | 圆球形 |
| 花粉内含物 | 无或很少 | 饱满 |
| 花粉对碘液的反应 | 不染色、个别染色较浅 | 染成蓝黑色 |
| 套袋隔离自交 | 不结实 | 正常结实 |

应该指出的是：①不同植物的花器构造不同，不育株的特征也不同。如开颖角度大、开颖时间长是小麦及许多禾谷类雄性不育株最易识别的特征，但对水稻及棉花等就不适用。②同是一种作物，雄性不育性的类型不同，则表现出的性状特征也有差异。如小麦太谷（Tal）显性核不育株属于无花粉、严重花药败育型，小麦 T 型不育株花药为瘦小空瘪的箭

头状，而小麦 K 型不育株的花药较大，顶端略收缩，花粉粒球形，可被碘溶液染色（比正常可育株的花粉略小 1/3 左右），开花时花药也外挂，只是花药不开裂。

植物雄性不育性的基本特征是花粉或雄蕊发育不良或功能不正常，没有受精能力，所以套袋自交时不能结实，也不能作杂交父本，但可接受正常的花粉而结实。

# 实验十 人群中 PTC 味盲基因频率的分析

## 一、实验目的

通过对人体遗传性状的分析及基因频率的计算，了解选择对改变基因频率的作用。

## 二、实验原理

人体对苯硫脲（PTC）尝味的能力是由一对等位基因（Tt）所决定的遗传性状，其中 T 对 t 为不完全显性。正常尝味者的基因型为 TT，能尝出 1/6000000～1/750000 的 PTC 溶液的苦味；具有基因 Tt 的人尝味能力较低，只能尝出 1/380000～1/480000 的 PTC 溶液的苦味；而基因型为 tt 的人只能尝出浓于 1/24000 的 PTC 溶液的苦味，甚至对 PTC 的结晶物也尝不出苦味来，在遗传学上被称为味盲。

根据群体遗传学的哈迪-温伯格定律，如果没有其他因素的干扰，人群中基因 t 的频率也将会世代传递而不发生变化。

如果我们假定，某种选择作用对隐性纯合子 tt 不利，使其适应值为 0（即 100%被淘汰），则基因 t 频率将会发生改变，如下表所示：

| 基因型 | TT | Tt | tt | 合计 |
|---|---|---|---|---|
| 初始频率 | $p_0{}^2$ | $2p_0q_0$ | $q_0{}^2$ | 1 |
| 适应值 | 1 | 1 | 0 | |
| 选择后频率 | $p_0{}^2$ | $2p_0q_0$ | 0 | $p_0{}^2+2p_0q_0$ |
| 相对频率 | $p_0^2/(p_0{}^2+2p_0q_0)$ | $2p_0q_0/(p_0{}^2+2p_0q_0)$ | 0 | 1 |

选择后基因 t 的频率为：

$$q_1=(1/2\times 2p_0q_0)/(p_0{}^2+2p_0q_0)=p_0q_0/p_0(p_0+2q_0)=q_0/(1+q_0)$$

选择后基因 t 频率的改变量为：

$$\Delta q=q_1-q_0=q_0/(1+q_0)-q_0=-q_0{}^2/(1+q_0)$$

## 三、实验药品和器具

**1. PTC 溶液** 取 PTC 结晶 1.3g，加蒸馏水 1000mL，时时摇晃，在室温（20℃左右）下 1～2d，使其完全溶解，即为原液。原液的 PTC 浓度约为 1/750，原液稀释 1 倍为 2 号液，2 号液稀释 1 倍为 3 号液，以此类推，直至配成 14 号液，浓度为 1/6000000。将配好的 14 种 PTC 溶液分别置于消毒好的滴瓶中。

**2. 器具** 若干滴管。

## 四、实验操作

| 操作流程 | 操作技术要点 |
|---|---|
| 1 | 让受试者坐于椅子上，仰头张嘴。用滴管滴 5～10 滴 14 号于受试者舌根部，让受试者徐徐下咽品味，然后用蒸馏水做同样的试验 |
| 2 | 询问受试者能否鉴别此两种溶液的味道，若不能鉴别或鉴别不准确，则依次用 13 号、12 号……溶液重复试验，直至能明确鉴别 PTC 的苦味为止 |
| 3 | 当受试者鉴别出某一号浓度溶液时，应当再用此号溶液重复尝味 3 次，3 次结果相同时，才是可靠的 |
| 4 | tt 基因型的阈值范围为 1～6 号液，Tt 基因型的阈值范围为 7～10 号液，TT 基因型的阈值范围为 11～14 号液。根据测试结果，记录并统计调查人群中的各种基因型人数 |
| 指示注意 | 测定时应将 PTC 溶液与蒸馏水反复交替给受试者，以免由于受试者的猜想及其他心理作用而影响结果的准确性 |

## 五、实验报告

1. 根据实验结果，算出味盲者 tt 基因型的频率。
2. 求出基因 t 与基因 T 的频率。
3. 假定 tt 基因型的适应值为 0，求出选择后基因 t 的频率（$q_1$）及改变量 $\Delta q$ 的值。

# 实验十一　大肠杆菌感受态细胞的制备和转化

## 一、实验目的

大肠杆菌（*E. Coli*）是基因工程中最常用的受体细胞，通过转化实验，掌握大肠杆菌感受态细胞制备和转化的原理和方法。

## 二、实验原理

在进行基因克隆时，体外构建的 DNA 重组子必须导入合适的受体细胞，才可以复制，增殖和表达。裸露的外源 DNA 直接进入细胞体内称为转化。重组载体可以通过转化直接导入受体细胞，从而实现基因在异源细胞的表达。进行转化时，要求细胞处于容易吸收外源 DNA 的状态，即感受态，重组分子才能进入细胞内。

通过一定浓度氯化钙溶液处理大肠杆菌细胞，在 0℃冷冻处理时，处于氯化钙低渗溶液中的大肠杆菌细胞膨胀成球形。DNA 可吸附于其表面。在短暂的热冲击（42.0～43.5℃）下，大肠杆菌细胞处于易于接受外源 DNA 的感受态，吸收外源 DNA，然后在丰富培养基内复原并增殖，表达外源基因。

pAc222 是应用较广泛的一种质粒，它带有硫酸卡那霉素的抗性基因。因此，被 pAc222 所转化的大肠杆菌细胞就具有对硫酸卡那霉素抗性这种表现型，从而使转化子与非转化子在选择培养基上区分开来。

## 三、实验材料、器具和药品

### （一）材料

大肠杆菌 DH5α 菌株、pAc222 质粒

### （二）器具

超净工作台、恒温水浴锅、1000μL 移液器、恒温摇床、冷冻离心机、培养箱、培养皿、三角瓶、离心管（50mL）、移液管（10mL）、吸头（1000μL）、接菌试管、滤纸等。

### （三）药品

1. 0.1mol/L $CaCl_2$（灭菌）。

2. 培养基　LB 液体培养基、固体培养基。

配制每升培养基，应在 950mL 去离子水中加入：

| | |
|---|---|
| 胰蛋白胨（bacto－typtone） | 10g |
| 酵母提取物（bacto－yeast extract） | 5g |
| 氯化钠 | 10g |

摇动容器直至溶质完全溶解，用 1mol/L 氢氧化钠调节 pH 至 7.0，加入去离子水至终总体积为 1L，即为 LB 液体培养基（用前 121℃湿热高温灭菌 20min，冷却）。

在上述培养基中，按 15g/L 的量加入琼脂，加热溶解后，再用上法调节 pH。倒平板时，将高压灭菌的固体培养基置室温冷却至 50℃左右，在无菌的条件下，将其分别倒入已灭菌的平皿中（厚度为 2～3mm），室温放至固化，即成 LB 固体培养基。

3. 硫酸卡那霉素（Kan）　用无菌水配制成 100mg/mL 溶液，置－20℃冰箱保存。

## 四、实验操作

实验分为感受态细胞的制备和质粒的转化两个部分。操作均须无菌环境，在超净工作台上进行。

### （一）大肠杆菌感受态细胞的制备

| 操作流程 | 操作技术要点 |
|---|---|
| 接种培养 | 1. 从大肠杆菌 DH5α 的培养平板上挑取一个单菌落接种于 5mL LB 液体培养基的试管中，37℃振荡培养过夜<br>2. 以 1%的接种量（0.5mL）将以上过夜培养物接种于液体培养基中。37℃振荡培养 3～6h，至光密度为 0.4～0.6 OD 时停止培养 |
| 4℃离心 | 1. 将菌液转移到 1.5mL 离心管中，冰上放置 20min<br>2. 4000r/min，4℃，离心 10min，弃上清液，倒置离心管 1min，滴干滤液，回收细胞 |
| 氯化钙处理 | 1. 离心管中加入冰冷的 0.1mol/L 氯化钙 10mL<br>2. 立即放在冰上，并用移液器轻柔吹打至悬浮状态，保温 30min |
| 4℃离心 | 4000r/min，4℃，离心 10min，弃上清液，回收细胞 |
| 保存细胞 | 1. 用冰冷的含 15%甘油 0.1mol/L 氯化钙 1mL 悬浮细胞（务必放冰上）<br>2. 分装细胞，每 100μL 一份。此细胞为感受态细胞 |

### （二）质粒 pAc222 的转化

| 操作流程 | 操作技术要点 |
|---|---|
| 菌质混合 | 1. 在 100μL 感受态细胞中加入 pAc222 DNA1μL（≤50ng），混匀<br>2. 同时做以下对照管<br>受体菌对照：100μL 感受态细菌＋2μL 无菌水<br>质粒对照：100μL 0.1mol/L 氯化钙溶液＋1μL 质粒 |
| 冷冻处理 | 以上混合液冰上放置 30min |
| 热激 | 1. 将管放到 42℃水浴中热击 90s<br>2. 取出迅速冰浴 10min |
| 复苏 | 每管加 1mL LB 液体培养基，37℃慢摇复苏 1h |
| 培养 | 1. 取 50μL 已转化的感受态细胞或对照样品，各分别涂在含有 50～200mg/mL 硫酸卡那霉素（Kan）的 LB 培养皿上<br>2. 待琼脂吸收菌液后，倒置培养皿，于 37℃培养过夜 |
| 观察 | 次日观察在抗性培养基上生长的菌落，并记录转化情况 |

## 五、预期实验结果

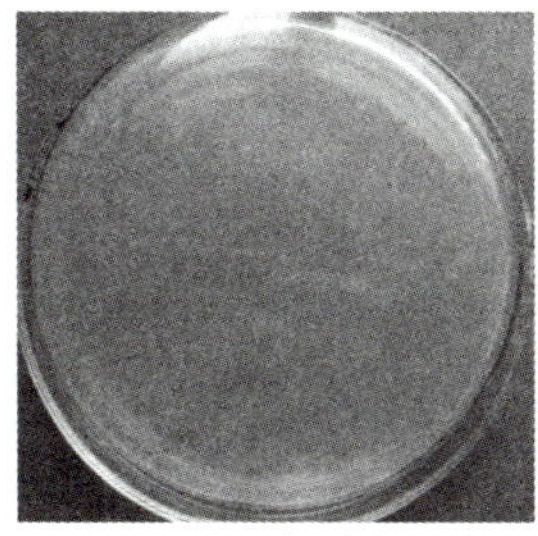

0.1mol/L氯化钙质粒

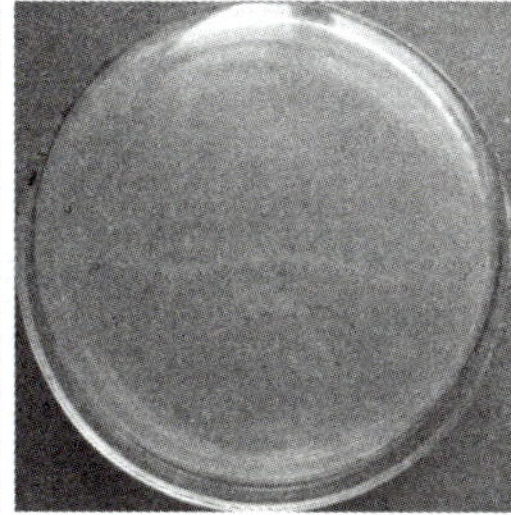

感受态细菌＋无菌水

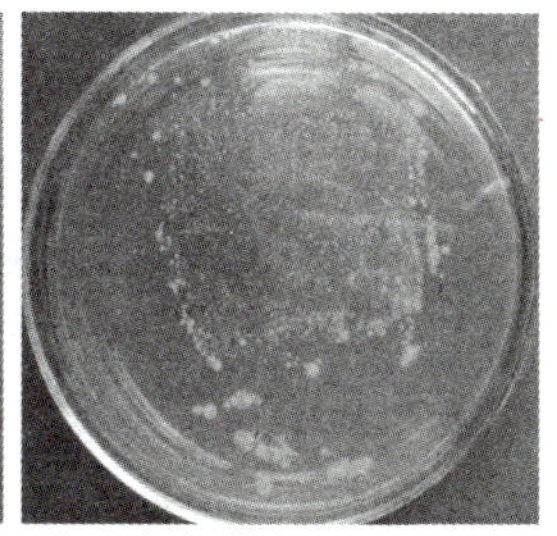

感受态细菌＋pAc222质粒

## 六、实验报告

1. 记录各培养平板（选择培养基、非选择培养基）中的生长状况。
2. 对 pAc222 转化样品在选择培养基中生长的菌落进行计数。

# 复习思考题参考答案

注：将各章分析计算性质的复习思考题的答案附于此，以供参考。

## 第二章　细胞分裂与染色体行为

1～6. 略。7.（1）①0，②24，③48，④0，⑤48；（2）①48，②24，③24，④12，⑤12。8.（1）92，23；（2）92，23；（3）92，23；（4）46，0；（5）46，0；（6）23，0。9.（1）30；（2）30；（3）30；（4）30；（5）60；（6）60；（7）30；（8）60。10.（1）20 条；（2）20 条；（3）30 条；（4）20 条；（5）20 条；（6）10 条；（7）10 条；（8）20 条；（9）10 条；（10）20 条。11. 16。12. 略。13.（1）－；（2）－；（3）－；（4）－；（5）－；（6）＋；（7）＋；（8）－；（9）＋；（10）－。14.（1）①800，②200，③100，④25；（2）①400，②200，③100，④100。15. 略。

## 第三章　孟德尔定律

1～2. 略。3. 50%。4～5. 略。6. 9 黑色∶3 赤褐色∶3 红色∶1 柠檬色。7. YyMm 与 Yymm。8. 亲本基因型为 AAbb 与 aaBB；$F_2$ 红花与白花基因型为 AaBB 与 Aabb，或 AABb 与 aaBb。9. AaCCRr。10.（1）AaBb×aaBb；（2）AaBb×Aabb；（3）AABb×aaBb；（4）AaBB×aabb；（5）Aabb×aaBb。11. 1/420；1/72。12. $F_1$ 的基因型全为 AaRr，表型全为无芒抗锈病；$F_2$ 的基因型及比例为：1AARR∶2AARr∶2AaRR∶4AaRr∶1AArr∶2Aarr∶1aaRR∶2aaRr∶1aarr，表型及比例为：9 无芒抗锈病∶3 无芒感锈病∶3 有芒抗锈病∶1 有芒感锈病；45 株。13. 640 株；90 株。14. 略。15. $F_1$ 表型全为中间叶型紫花；$F_2$ 表型及比例为：3 宽叶紫花∶1 宽叶白花∶6 中间叶型紫花∶2 中间叶型白花∶3 窄叶紫花∶1 窄叶白花。

## 第四章　连锁交换定律

1～6. 略。7. 约 34723 株；约 412 株。8. A（a）与 C（c）完全连锁；交换值为 0。9. 20%；51%圆形、单一花序（OS）∶24%圆形、复状花序（Os）∶24%长形、单一花序（oS）∶1%长形、复状花序（os）。10. 连锁，交换值约 8.6%；利用其计算 $F_2$ 约 10817 株（若利用 38/442 作为交换值计算 $F_2$ 约 10824 株）；约 446 株。11.（1）3 对基因连锁，a 在 b 与 c 之间，b、a 间遗传距离为 10.2cM，a、c 间遗传距离为 8.5cM，b、c 间遗传距离为 18.7cM；（2）＋＋c/＋＋c 与 b a＋/b a＋；（3）并发系数约为 0.23，干扰系数约为 0.77；（4）160 株。12～13. 略。14. Bb。15. 0.16%；35.8% Abc/abc∶35.8% aBC/abc∶9.2% AbC/abc∶9.2%aBc/abc∶4.2%abc/abc∶4.2%ABC/abc∶0.8%ABc/abc∶0.8%abC/abc。

## 第五章　数量性状遗传

1～6. 略。7. 4 对。8.（1）150cm；（2）有 7 个，AABbcc、AAbbCc、AaBBcc、AabbCC、

AaBbCc、aaBBCc 和 aaBbCC；（3）1/64，20/64，1/64。9. 略。10.（1）35.2%（或 33.0%或 33.8%等）；（2）27.0%；（3）3.08（或 2.89 或 2.95 等）；（4）2.36。

## 第六章　近亲繁殖和杂种优势

1. 略。2. 2.06%。3. 4.83%。4. 略。5. 85.32%和 98.44%。6～9. 略。10. 1/8；1/16。

## 第七章　基因突变

1～9. 略。10. $5\times10^{-4}$。

## 第八章　染色体变异

1～5. 略。6. 1AA∶4Aa∶1aa；1AAAA∶8AAAa∶18AAaa∶8Aaaa∶1aaaa。7. 略。8.（1）S；（2）12，11。9. 5%，50%，45%。10. 略。

## 第九章　细胞质遗传

1～8. 略。9.（1）不育系的可能基因型有 $rf_1rf_1rf_2rf_2rf_3rf_3$、$rf_1rf_1Rf_2Rf_2rf_3rf_3$、$rf_1rf_1rf_2rf_2Rf_3Rf_3$，恢复系的可能基因型有 $Rf_1Rf_1Rf_2Rf_2Rf_3Rf_3$、$Rf_1Rf_1rf_2rf_2rf_3rf_3$、$Rf_1Rf_1Rf_2Rf_2rf_3rf_3$、$Rf_1Rf_1rf_2rf_2Rf_3Rf_3$、$rf_1rf_1Rf_2Rf_2Rf_3Rf_3$；(2) $rf_1rf_1rf_2rf_2rf_3rf_3\times Rf_1Rf_1Rf_2Rf_2Rf_3Rf_3$、$rf_1rf_1Rf_2Rf_2rf_3rf_3\times Rf_1Rf_1rf_2rf_2Rf_3Rf_3$ 或 $rf_1rf_1rf_2rf_2Rf_3Rf_3\times Rf_1Rf_1Rf_2Rf_2rf_3rf_3$；(3) $rf_1rf_1Rf_2Rf_2rf_3rf_3\times Rf_1Rf_1Rf_2Rf_2Rf_3Rf_3$ 或 $rf_1rf_1rf_2rf_2Rf_3Rf_3\times Rf_1Rf_1Rf_2Rf_2Rf_3Rf_3$。10. 不育系为两对基因控制的质核互作不育型的孢子体不育。

## 第十章　群体遗传与进化

1. 略。2. MM 约为 0.302，MN 约为 0.493，NN 约为 0.205；M 约为 0.549，N 约为 0.451。3～4. 略。5.（1）0.2；（2）0.04，0.16%；（3）95。6. 0.32%。7. 450 人，60 人。8～10. 略。

# 参 考 文 献


安彩泰 . 1983. 植物的性别决定和遗传 [J] . 遗传，5 (3)：44 - 46.

蔡太生 . 2004. 医学遗传学基础 [M] . 郑州：郑州大学出版社 .

蔡旭 . 1988. 植物遗传育种学 [M] . 2 版 . 北京：科学出版社 .

陈三凤，刘德虎 . 2003. 现代微生物遗传学 [M] . 北京：化学工业出版社 .

程经有 . 1994. 遗传学 [M] . 北京：农业出版社 .

戴朝曦 . 1998. 遗传学 [M] . 北京：高等教育出版社 .

董玉玮，候进慧，朱必才，等 . 2005. 表观遗传学的相关概念和研究进展 [J] . 生物学杂志，22 (1)：1 -3.

段民孝 . 2001. 基因组学研究概述 [J] . 北京农业科学，(2)：6 - 10.

傅焕延 . 1987. 遗传学实验 [M] . 济南：山东科学技术出版 .

高翼之 . 2000. “基因”一词的由来 [J] . 遗传，22 (2)：107 - 108.

高翼之 . 2001. 遗传学第一个十年中的 W. 贝特森 [J] . 遗传，23 (3)：251 - 254.

高翼之 . 2002. 摩尔根与染色体遗传学说的建立 [J] . 遗传，24 (4)：459 - 462.

郭蔼光 . 2000. 基因工程及分子生物学实验指导 [M] . 杨凌：西北农林科技大学 .

国家自然科学基金委员会 . 1997. 遗传学・自然科学学科发展战略调研报告 [M] . 北京：科学出版社 .

何蓓如，董普辉，宋喜悦，等 . 2003. 小麦温度敏感不育系 A3314 温敏特性研究 [J] . 麦类作物学报 (1)：1 - 6.

何觉民 . 1993. 生态遗传雄性不育理论与两系杂交作物 . 杂交小麦研究进展 [M] . 北京：农业出版社 .

河北师范大学 . 1982. 遗传学实验 [M] . 北京：高等教育出版社 .

季道藩 . 2000. 遗传学 [M] . 北京：中国农业出版社 .

贾树彪，李盛贤，郭时杰 . 1999. 摩尔根年谱——果蝇遗传研究简评 [J] . 生物学杂志，16 (3)：9 - 11.

李光雷，喻树迅，范术丽，等 . 2011. 表观遗传学研究进展 [J] . 生物技术通报 (1)：40 - 49.

李广军 . 1997. 遗传学教程 [M] . 天津：天津科学技术出版社 .

李国珍 . 1985. 染色体及其研究方法 [M] . 北京：科学出版社 .

李锁平 . 2010. 遗传学 [M] . 开封：河南大学出版社 .

李惟基 . 2002. 新编遗传学教程 [M] . 北京：中国农业大学出版社 .

李惟基 . 2007. 遗传学 [M] . 北京：中国农业大学出版社 .

梁春阳，李军，束静，等 . 2004. 水稻不育系安农 S - 1 育性转换及相关基因的表达分析 [J] . 遗传学报 (5)：513 - 517.

刘垂玗 . 1984. 数量遗传学的第一个世纪：多基因学说的形成和发展 [J] . 自然辩证法通讯 (1)：46 - 52.

刘国瑞 . 1984. 遗传学三百题解 [M] . 北京：北京师范大学出版社 .

刘庆昌 . 2010. 遗传学 [M] . 2 版 . 北京：科学出版社 .

刘世强 . 1986. 实用遗传学 [M] . 沈阳：辽宁科学技术出版社 .

刘忠松，官春云 . 2001. 植物雄性不育机理的研究及应用 [M] . 北京：中国农业出版社 .

刘祖洞 . 1990. 遗传学 (上下册) [M] . 2 版 . 北京：高等教育出版社 .

刘祖洞 . 1984. 关于交换与重组，交换值与重组值 [J] . 遗传，6 (2)：47.

陆德如，陈永青 . 2002. 基因工程 [M] . 北京：化学工业出版社 .

罗洪，罗静初．2003. 托马斯·亨特·摩尔根［J］. 遗传，25（2）：3－4.
吕爱枝，靳占忠．2005. 作物遗传育种［M］. 北京：高等教育出版社．
马翎健，何蓓如．2004. 小麦光敏雄性不育基因的遗传分析及 RAPD 标记［J］. 作物学报（9）：912－915.
毛盛贤，刘国瑞，冯新芹．1987. 遗传学基本原理及解题指导［M］. 北京：北京师范大学出版社．
牛宝龙，翁宏飚，孟智启．2001. 昆虫的性别决定与性别控制［J］. 浙江农业学报，13（6）：327－334.
潘沈元，华卫建．1995. 交换值、重组值的概念及其相互关系［J］. 遗传，17（6）：34－37.
庞永红，候进慧，董玉玮，等．2005. 鱼类和两栖类性别决定的研究进展［J］. 生物学杂志，22（5）：5－7.
瞿礼嘉，顾红雅．1998. 现代生物技术导论［M］. 北京：高等教育出版社．
饶毅．2013. 摩尔根与遗传学：研究与教育［J］. 中国科学（生命科学），43（5）：440－446.
盛祖嘉，沈仁权 1998. 分子遗传学［M］. 上海：复旦大学出版社．
石春海．2003. 遗传学［M］. 杭州：浙江大学出版社．
孙乃恩，孙东旭．1990. 分子遗传学［M］. 南京：南京大学出版社．
孙勇如．1989. 遗传学手册［M］. 长沙：湖南科学技术出版社．
王德寿，吴天利，张耀光．2000. 鱼类性别决定及其机制的研究进展［J］. 西南师范大学学报（自然科学版），25（3）：296－304.
王虹．2006. 弗雷德里克·桑格［J］. 遗传，28（9）：1055－1056.
王金发．2000. 分子生物学与基因工程习题集［M］. 北京：科学出版社．
王身立．2001. 基因研究 140 年大事年表［J］. 湖南师范大学自然科学学报，24（1）：69－77.
王亚馥，戴灼华．2002. 遗传学［M］. 北京：高等教育出版社．
吴鹤龄，林锦湖．1983. 遗传学实验方法和技术［M］. 北京：高等教育出版社．
谢兆辉．2008. 生物化学大师——弗雷德里克·桑格［J］. 生物学通报，43（10）：61－62.
杨超，聂刘旺．2003. 两栖爬行动物性别决定的研究进展［J］. 安徽师范大学学报（自然科学版），26（2）：169－172.
杨大翔．2004. 遗传学实验［M］. 北京：科学出版社．
杨业华．2004. 普通遗传学［M］. 北京：高等教育出版社．
叶林柏，郜金荣．2004. 基础分子生物学（21 世纪高等院校教材，生物科学类）［M］. 北京：科学出版社．
尹华奇，武小金．1991. 水稻雄性不育的分类方法初探［J］. 杂交水稻，（5）：36－38.
余诞年．1998. 番茄基因的分子标记与遗传作图［J］. 园艺学报，25（4）：361－366.
余诞年．2000. 遗传学的发展与遗传学教学改革刍议［J］. 遗传，22（6）：413－415.
张爱民，黄铁成．1998. 正在走向生产的杂种小麦［M］. 北京：中国农业大学出版社．
张正斌．2001. 小麦遗传学［M］. 北京：中国农业出版社．
赵光强．2002. 植物的性、性染色体及性别决定［J］. 生物学通报，37（12）：19－21.
浙江农业大学．1986. 遗传学［M］. 2 版. 北京：中国农业出版社．
周希澄，郭平仲，冀耀如．1982. 遗传学［M］. 北京：高等教育出版社．
朱军．2002. 遗传学［M］. 3 版. 北京：中国农业出版社．
祝水金．2005. 遗传学实验指导［M］. 2 版. 北京：中国农业出版社．
EJ 加德纳．1984. 遗传学原理［M］. 北京：科学出版社．
H 里斯，R N 琼斯．1983. 染色体遗传学［M］. 张勋令，译. 北京：科学出版社．
P C 温特，G I 希基，H L 弗来彻．遗传学——现代生物学精要速览［M］. 谢雍，译 2001. 北京：科学出版社．
S L 埃尔罗德，W 斯坦斯菲尔德．遗传学（全美经典学习指导系列）［M］. 2004. 北京：科学出版社．
W 比克莫尔，J 克雷格．染色体带：基因组的图形［M］. 2000. 房德兴，译. 北京：科学出版社．

# 读者意见反馈

亲爱的读者：

感谢您选用中国农业出版社出版的职业教育规划教材。为了提升我们的服务质量，为职业教育提供更加优质的教材，敬请您在百忙之中抽出时间对我们的教材提出宝贵意见。我们将根据您的反馈信息改进工作，以优质的服务和高质量的教材回报您的支持和爱护。

地　　址：北京市朝阳区麦子店街 18 号楼（100125）

中国农业出版社职业教育出版分社

联系方式：QQ（1492997993）

教材名称：　　　　　　　　　　　ISBN：

个人资料

姓名：__________________所在院校及所学专业：__________________

通信地址：____________________________________

联系电话：__________________电子信箱：__________________

您使用本教材是作为：□指定教材□选用教材□辅导教材□自学教材

您对本教材的总体满意度：

从内容质量角度看□很满意□满意□一般□不满意

改进意见：____________________________________

从印装质量角度看□很满意□满意□一般□不满意

改进意见：____________________________________

本教材最令您满意的是：

□指导明确□内容充实□讲解详尽□实例丰富□技术先进实用□其他____________

您认为本教材在哪些方面需要改进？（可另附页）

□封面设计□版式设计□印装质量□内容□其他__________________

您认为本教材在内容上哪些地方应进行修改？（可另附页）

____________________________________________

____________________________________________

本教材存在的错误：（可另附页）

第________页，第________行：________________应改为：________________

第________页，第________行：________________应改为：________________

第________页，第________行：________________应改为：________________

您提供的勘误信息可通过 QQ 发给我们，我们会安排编辑尽快核实改正，所提问题一经采纳，会有精美小礼品赠送。非常感谢您对我社工作的大力支持！

**图书在版编目（CIP）数据**

遗传学／申顺先主编．—4版．—北京：中国农业出版社，2019.11（2024.1重印）
“十二五”职业教育国家规划教材　经全国职业教育教材审定委员会审定　高等职业教育农业农村部“十三五”规划教材
ISBN 978-7-109-26164-8

Ⅰ.①遗…　Ⅱ.①申…　Ⅲ.①遗传学—高等职业教育—教材　Ⅳ.①Q3

中国版本图书馆CIP数据核字（2019）第242234号

中国农业出版社出版
地址：北京市朝阳区麦子店街18号楼
邮编：100125
责任编辑：王　斌
版式设计：王　晨　　责任校对：刘丽香
印刷：北京中兴印刷有限公司
版次：2001年8月第1版　　2019年11月第4版
印次：2024年1月第4版北京第6次印刷
发行：新华书店北京发行所
开本：787mm×1092mm　1/16
印张：18
字数：420千字
定价：54.00元